中文版

Cinema 4D 三维建模与视觉设计案例教程

主　编　马　飞　裴荣阳　林晓芳

中国建设科技出版社有限责任公司
China Construction Science and Technology Press Co., Ltd.
北　京

图书在版编目（CIP）数据
中文版Cinema 4D三维建模与视觉设计案例教程 / 马飞，裴荣阳，林晓芳主编. -- 北京 : 中国建设科技出版社有限责任公司，2025. 1. -- ISBN 978-7-5160-4384-4
Ⅰ. TP391.414
中国国家版本馆CIP数据核字第2025HB3895号

内 容 提 要

本书遵循理论知识“必需、够用”的原则，采用项目任务式结构，通过大量案例系统、详细地介绍了使用Cinema 4D进行三维建模与视觉设计的基础知识和方法。全书分为九个项目，分别为Cinema 4D基础知识，基本体建模与样条建模，多边形建模，生成器建模与变形器建模，材质、灯光与环境，摄像机与渲染器，体积与毛发，制作工业产品模型，制作化妆品海报。

本书结构合理、内容实用、体例新颖、模块丰富、讲解详细，并且注重培养读者的实践能力，可以作为各院校的专用教材。

中文版Cinema 4D三维建模与视觉设计案例教程
ZHONGWENBAN Cinema 4D SANWEI JIANMO YU SHIJUE SHEJI ANLI JIAOCHENG
马　飞　裴荣阳　林晓芳　主　编

出版发行：中国建设科技出版社有限责任公司
地　　址：北京市西城区白纸坊东街2号院6号楼
邮　　编：100054
经　　销：全国各地新华书店
印　　刷：三河市祥达印刷包装有限公司
开　　本：889 mm×1194 mm　1/16
印　　张：16
字　　数：410千字
版　　次：2025年1月第1版
印　　次：2025年1月第1次
定　　价：69.80元

本社网址：www.jskjcbs.com，微信公众号：zgjskjcbs

本书如有印装质量问题，由我社事业发展中心负责调换，联系电话：（010）63567692

前言
PREFACE

在数字化和信息化快速发展的当代，掌握三维建模技术已经成为设计师不可或缺的技能之一。利用三维建模技术，设计师可以将自己的创意概念转化为可视化模型，并且通过为模型制作材质、为场景添加灯光和模拟场景环境，能够显著提高作品的表现力和吸引力，增强用户体验。三维建模技术在视觉设计领域扮演着至关重要的角色，设计师通过学习三维建模技术，能够提高自己的设计能力和创新能力，拓宽个人的职业发展道路。

Cinema 4D 是一款集三维建模、材质制作、渲染、动画制作等功能于一体的三维图形设计软件，具有操作简单、容易上手等特点，近年来逐渐成为众多设计师首选的设计工具。鉴于此，我们精心编写了本书，旨在培养读者使用 Cinema 4D 独立制作三维模型的能力，帮助其拓宽就业渠道。

本书具有以下特色。

1. 育人为本，德技并修

为积极贯彻党的二十大精神，全面践行“立德树人、德技并修”的育人理念，书中每个项目首页设有“素质目标”，引导读者在学习知识和技能的过程中提升个人的综合素养；正文中设有“素养提升”模块，引导读者成为精益求精、追求卓越的实践者，同时增强读者的文化自信和创新意识。

2. 校企合作，职业引领

为了突出本书内容的实用性和适用性，帮助读者实现从校园到企业的平稳过渡，我们在编写本书时走访了多家设计公司，并且与三维模型制作人员就其在工作中遇到的问题进行了深入交流，最后结合企业对人才的基本素质和能力要求，确定了本书的结构和内容。此外，本书中的部分案例由我们走访的设计公司提供。读者通过学习这些案例，能够快速提高其职业技能水平。

3. 体例新颖，易教易学

本书采用项目任务式结构，每个项目分为多个任务，除项目八和项目九外，每个任务均由“任务导入”“理论知识”和“任务实施”三个部分组成。

★ 任务导入：概括本任务的知识点，并且结合相关案例，让读者在开始学习本任务前对本任务的内容有大致的了解，并且通过提问的方式激发读者的学习兴趣，让读者带着问题学习本任务的内容。

★ 理论知识：以必需、够用为原则选取知识点，并且只讲解 Cinema 4D 中常用的功能，让读者在最短的时间内快速掌握软件中的常用功能。

★ 任务实施：以应用为主线，讲解一个或多个案例的制作过程，让读者将所学的理论知识应用到实践中，加深读者对理论知识的理解，提高读者的实践能力和创新能力。

此外，本书设有“小贴士”“答疑解惑”“探索与分享”“经验之谈”等模块。这些模块能够有效增强本书的可读性、趣味性与互动性。本书每个项目后还设有“学习成果自测”和“学习成果评价”模块，可以帮助读者检验学习情况。

4. 案例典型，讲解详细

本书所有的案例均是我们精心挑选和设计的，不仅与理论知识结合紧密，而且具有操作简单、针对性强、设计精美、符合实际应用等特点。本书项目八和项目九中的案例是我们结合自己多年积累的设计经验制作的，综合应用了本书所介绍的知识点。此外，本书所有案例的操作步骤详细，操作图清晰。

5. 平台支撑，资源丰富

本书提供了丰富的数字资源，读者既可以借助手机或其他移动设备扫描二维码观看微课视频，又可以登录文旌综合教育平台“文旌课堂”查看和下载本书配套资源，如课件、微课、教案、素材与实例等。读者在使用本书的过程中有任何疑问，都可以在该平台上寻求帮助。

本书由李艳花担任主审，马飞、裴荣阳、林晓芳担任主编，封心宇、邓妍洁、王晓飞、任晓燕、吴文忠、陈燕、邓超担任副主编。

由于编者水平有限，书中可能存在疏漏与不妥之处，敬请广大读者批评指正。

本书配套资源下载网址和联系方式

网址：https://www.wenjingketang.com

电话：400-117-9835

邮箱：book@wenjingketang.com

目 录

CONTENTS

项目二 基本体建模与样条建模 ·················· 029

项目三 多边形建模 ·················· 061

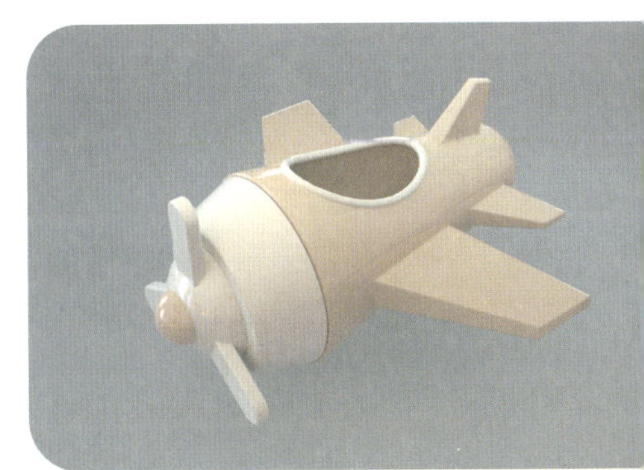

新
年
快

项目七 体积与毛发 ······ 186

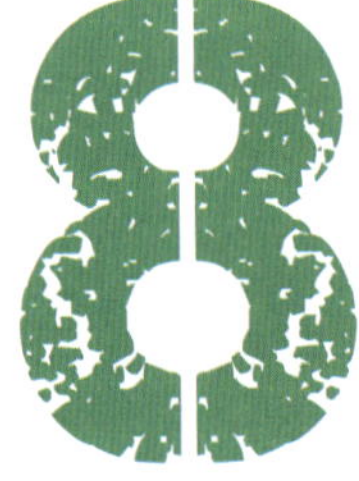

项目八 制作工业产品模型 ······ 205

项目一

Cinema 4D 基础知识

项目引言

Cinema 4D是一款功能强大、应用广泛的三维建模、动画制作和渲染软件，有建模、毛发、粒子、动力学、运动图形、渲染等模块，适用于栏目包装、工业产品设计、电商广告设计、影视动画等领域。

本项目主要介绍Cinema 4D的工作界面、工程文件和视图的基本操作、对象的层级关系、空白对象、对象和坐标系的基本操作等内容。

知识目标

- 熟悉Cinema 4D的工作界面。
- 掌握工程文件和视图的基本操作。
- 了解对象的层级关系与空白对象。
- 掌握选择、移动、旋转、缩放对象的方法。
- 掌握复制、删除、隐藏、显示对象的方法。
- 掌握切换与调整坐标系的方法。

素质目标

- 通过学习文件的基本操作，明白对文件合理命名并归档的重要性，养成规范存储文件的良好习惯。
- 通过学习视图和对象的基本操作，明白“万丈高楼平地起”的道理，一步一个脚印，打好基础。

任务一 初识 Cinema 4D

任务导入

Cinema 4D 具有三维建模、动画制作和渲染功能，操作简单，容易上手。以三维建模为例，Cinema 4D 为用户提供了基本体建模、样条建模、多边形建模、生成器建模、变形器建模等多种建模方式，能够有效提高用户的三维建模效率。如图 1-1-1 所示的场景就是综合采用上述 5 种建模方式搭建的。

三维建模的流程主要包括创建模型、制作材质、布置灯光、创建摄像机、渲染场景等。创建模型后，需要为其制作材质，以增强模型的真实感。Cinema 4D 的材质编辑器界面简洁，用户在其中可以非常方便地制作金属、玻璃、塑料、皮革等材质。制作材质并将其赋予模型后的场景如图 1-1-2 所示。

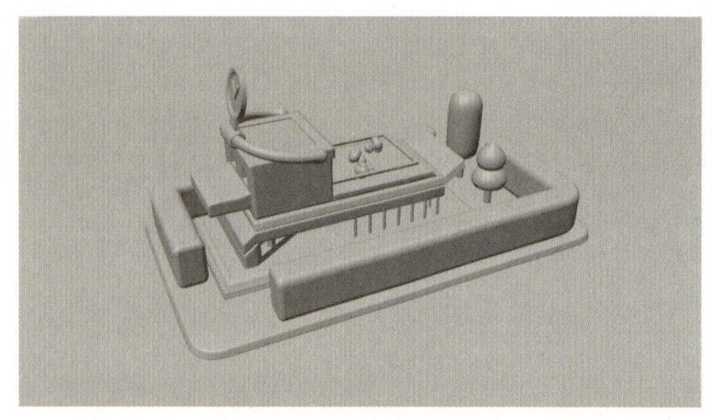

图 1-1-1　场景

图 1-1-2　制作材质并将其赋予模型后的场景

制作完材质后，需要布置灯光和创建摄像机。Cinema 4D 在光影方面具有绝佳的表现力，用户通过合理布置灯光，可以增强模型的质感、场景的真实感，烘托场景氛围。摄像机就像导演的眼睛，用户通过合理创建摄像机，可以获得所需的画面。布置灯光并创建摄像机后的场景如图 1-1-3 所示。

布置好灯光并创建摄像机后，还需要利用渲染器将场景渲染输出为图片或视频。Cinema 4D 的渲染器功能强大，可以快速渲染复杂的场景，并且在渲染时，用户还可以对场景中的全局光照、投影效果、模型的反射和折射效果、画面的景深等进行调整。图 1-1-4 为渲染输出的画面。

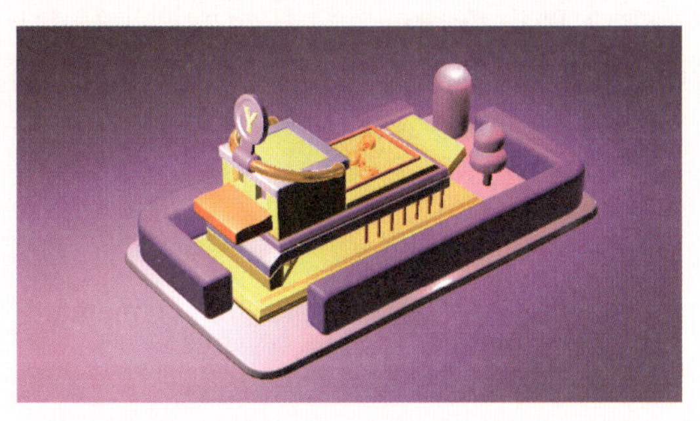

图 1-1-3 布置灯光并创建摄像机后的场景

图 1-1-4 渲染输出的画面

想一想：

（1）Cinema 4D 的哪些优势使得它被广泛应用于栏目包装、工业产品设计、电商广告设计、影视动画制作等领域？

（2）怎样操作才能将在 Cinema 4D 中创建的模型导入 3ds Max、Maya 等三维建模和动画制作软件中，或者将在这些软件中创建的模型导入 Cinema 4D 中？

（3）将某个视图旋转一定角度后，怎样使该视图恢复至旋转前的视角？

一、Cinema 4D 的工作界面

安装好 Cinema 4D 后，选择“开始”→“所有应用”→“Maxon”→“Maxon Cinema 4D 25”应用程序，可打开该软件。图 1-1-5 为 Cinema 4D 的工作界面。

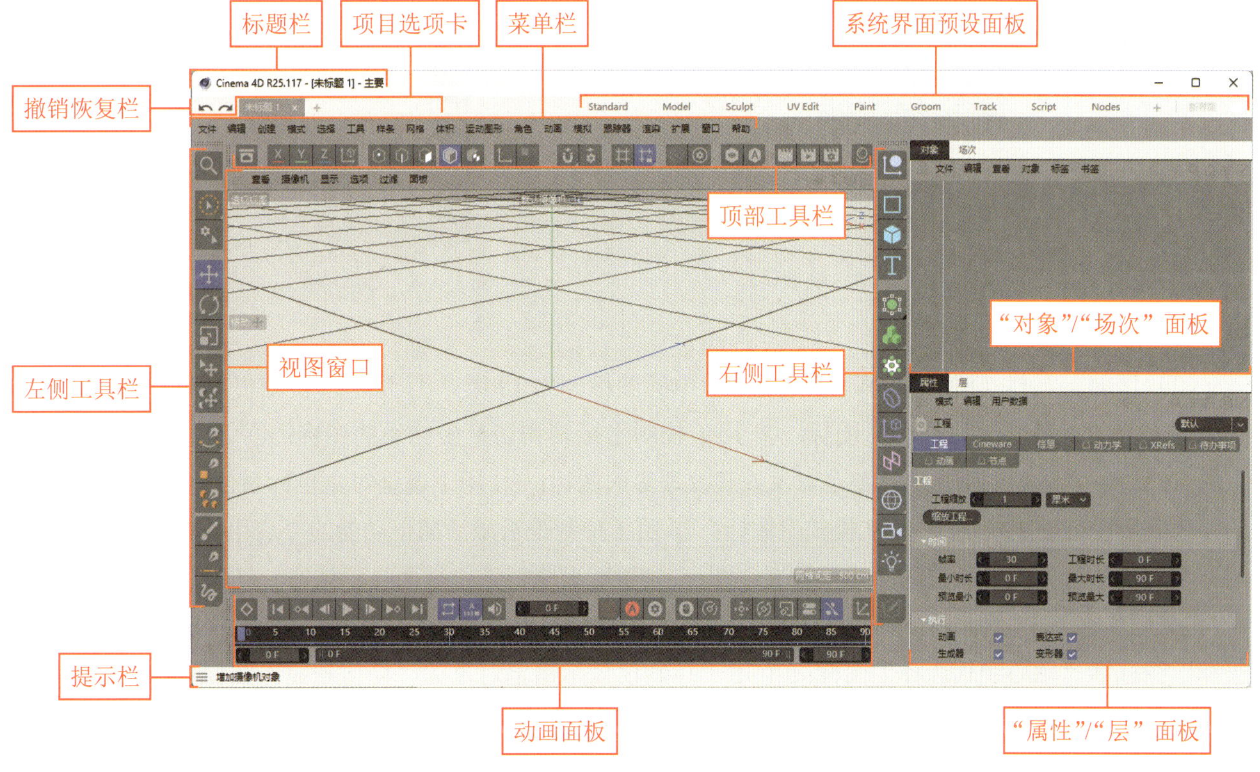

图 1-1-5 Cinema 4D 的工作界面

在 Cinema 4D 工作界面的系统界面预设面板中选择不同的选项，可打开相应的工作界面。下面以软件默认选中“Standard”选项时的工作界面为例，介绍其中的工具栏、“对象”/“场次”面板、“属性”/“层”面板的功能。

（一）工具栏

Cinema 4D 中的常用工具以图标的形式分类显示在不同的工具栏中。默认状态下，Cinema 4D 的工作界面中的工具栏包括左侧工具栏、顶部工具栏和右侧工具栏。

（1）左侧工具栏（图 1-1-6）。左侧工具栏中的图标分为 4 组：① 用于查找命令的“命令器”图标；② 用于控制对象选择方式的“实时选择”工具组中的图标和控制所选对象类别的“选择过滤”图标；③ 用于对对象进行移动、旋转、缩放等操作的图标；④ 绘制样条、多边形（面）等二维和三维对象的图标。

图 1-1-6　左侧工具栏

小贴士

在左侧工具栏、顶部工具栏和右侧工具栏中的任意位置右击，在弹出的快捷菜单（图 1-1-7）中选择“显示”→“文本”菜单项，可使图标的名称显示在图标的右侧，然后选择“显示”→“文字居于图标下方”菜单项，可使图标的名称显示在图标的下方。

长按右下角有三角符号的图标，在展开的列表中可选择隐藏的命令，如图 1-1-8 所示。

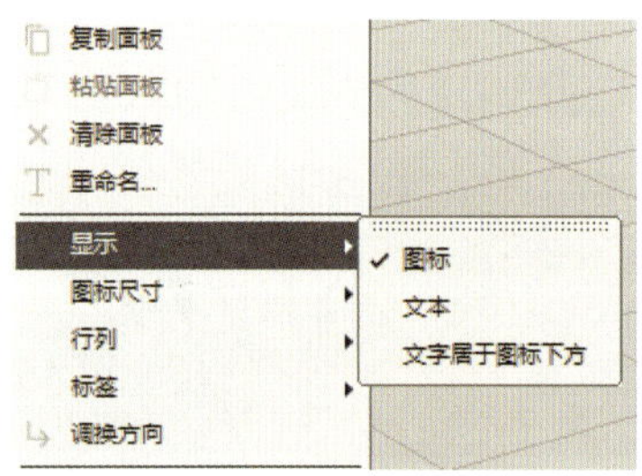

图 1-1-7　快捷菜单

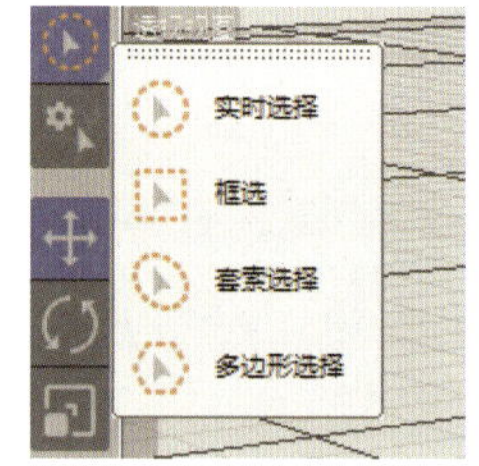

图 1-1-8　选择隐藏的命令

（2）顶部工具栏（图 1-1-9）。顶部工具栏中的图标分为 10 组：① 供用户使用提前准备的模型、材质、灯光等的“资产浏览器 ...”图标；② 用于控制坐标轴和切换坐标系的图标；③ 用于控制选择对象上的点、边、多边形，还是选择整个对象或其纹理等的图标；④ 用于调整对象坐标系位置的“启用轴心”图标和采用模型 UV 模式的“UV 模式”图标；⑤ 用于控制是否激活捕捉功能的“启用捕捉”工具组中的图标和用于进行捕捉等设置的“建模设置”图标；⑥ 用于控制工作平面显示状态、切换工作平面类型的“工作平面”图标和“锁定工作平面”工具组中的图标；⑦ 用于控制选择范围、进行软选择设置的“软选择”图标和“轴心和软选择”图标；⑧ 用于控制仅显示指定对象的“视窗独显”图标和“视窗独显自动”工具组中的图标；⑨ 用于渲染和进行渲染设置的图标；⑩ 用于制作、管理材质的“材质管理器 ...”图标。

图 1-1-9　顶部工具栏

（3）右侧工具栏（图 1-1-10）。右侧工具栏中的图标分为 5 组：① 用于创建空白对象的“空白”图标；② 用于创建样条和基本体的图标；③ 用于编辑模型和动画效果的图标；④ 用于布置环境、灯光和创建摄像机的图标；⑤ 用于将网格参数对象和样条参数对象转换为可编辑对象的“转为可编辑对象”图标。

图 1-1-10　右侧工具栏

（二）“对象”/“场次”面板

“对象”面板（图 1-1-11）由菜单栏、对象列表区、层管理区、对象隐藏和显示区、标签栏区组成。对象列表区显示了场景中所有样条、基本体、生成器、变形器、灯光、摄像机、粒子等对象的名称，用户可以在该区域编辑对象的名称、设置对象之间的层级关系。此外，用户可以在层管理区利用图层控制对象；利用对象隐藏和显示区中的图标控制是否显示或渲染对象；选中某个对象后，利用“标签”下的菜单为该对象添加材质标签、摄像机标签等。单击标签栏区中的标签，在“属性”面板中可修改该标签的参数。选中某个标签后按“Delete”键，可删除该标签。

“场次”面板主要用于记录各场次中对象、摄像机和渲染的参数，可以一次渲染多个场次中的对象。用户合理地利用该面板，可以有效减少重复劳动，提高工作效果。

（三）“属性”/“层”面板

“属性”面板主要用于显示和供用户修改所选对象的参数。例如，选中使用“立方体”命令创建的立方体，“属性”面板中会显示该立方体的参数，用户可根据需要修改这些参数，如图 1-1-12 所示。在“属性”面板中选择“模式”→“工程”菜单，还可以在打开的面板中对当前工程文件的相关参数进行设置。

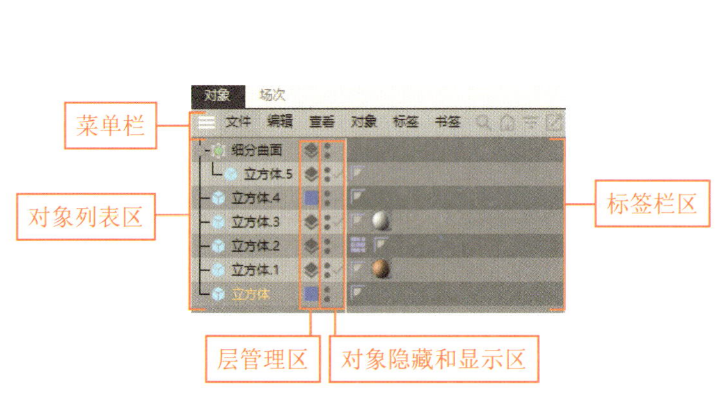

图 1-1-11　“对象”面板

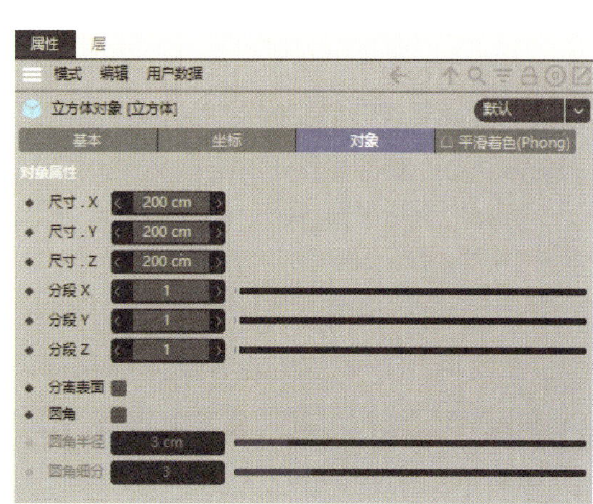

图 1-1-12　“属性”面板

此外，当场景中的对象非常多时，为了方便操作，用户可以利用“层”面板分层管理视图窗口中的对象。

二、工程文件的基本操作

（一）新建、保存与打开工程文件

1．新建工程文件

打开 Cinema 4D 后，该软件会自动新建一个名称为“未标题 1”的工程文件，用户可直接在该工程文件中进行操作。如果用户想新建工程文件，可选择“文件”→“新建项目”菜单（或按“Ctrl+N”组合键）。

2．保存工程文件

选择“文件”→“保存项目”菜单（或按“Ctrl+S”组合键），可保存工程文件。如果希望将当前打开的工程文件以其他名称或格式储存，可选择“文件”→“另存项目为 ...”菜单（或按“Shift+Ctrl+S”组合键），然后在打开的“保存文件”对话框中进行设置，最后单击“保存”按钮。

如果当前的工程文件中含有外部文件（如贴图、参考图等），为防止外部文件的名称或储存路径改变导致当前工程文件显示不正常，可选择“文件”→“保存工程（包含资源）...”菜单，然后在打开的“保存文件”对话框中进行设置，最后单击“保存”按钮。

素养提升

在实际工作中，一个项目常常是数名人员分工合作、相互协调，并且经过多次修改和不断优化完成的，涉及的文件和素材非常多。规范文件的名称并对文件进行归档，不仅能够避免文件丢失，还有助于团队成员更好地协同工作。为提高团队整体的工作效率、增强团队成员间的信任、营造和谐的工作氛围，读者应养成规范存储文件的良好习惯。

3．打开工程文件

打开工程文件的常用方法有 3 种。

方法 1：选择“文件”→“打开项目 ...”菜单（或按“Ctrl+O”组合键），在打开的“打开文件”对话框中选择要打开的工程文件，然后单击“打开”按钮。

方法 2：双击要打开的工程文件。

方法 3：按住左键将工程文件拖至 Cinema 4D 视图窗口中后释放左键。

（二）导出与导入工程文件

在实际工作中，经常需要将 Cinema 4D 中的对象导入其他软件，或者将其他软件中的对象导入 Cinema 4D。这时，就需要对 Cinema 4D 中的工程文件进行导出操作，或者将其他格式的文件导入 Cinema 4D。

1．导出工程文件

对 Cinema 4D 中的工程文件进行导出操作时，可根据需要选择“文件”→“导出…”下的菜单，然后在打开的对话框中进行设置。例如，将在 Cinema 4D 中的工程文件导出为 3ds Max、Maya 都可以打开的工程文件时，常选择“文件”→“导出…”下的“FBX（*.fbx）”或“Wavefront OBJ（*.obj）”菜单。图 1-1-13 为选择“FBX（*.fbx）”菜单后，软件弹出的对话框。用户可根据需要，在该对话框中进行导出设置。

2．导入工程文件

在 3ds Max、Maya 中新建的工程文件是无法直接导入 Cinema 4D 中的。若要导入，则需要先在相应的软件中将这些工程文件导出为“fbx”“obj”或 Cinema 4D 可以识别的其他格式，然后在 Cinema 4D 中选择“文件”→“合并项目…”菜单（或按“Ctrl+Shift+O”组合键），在打开的对话框中根据需要进行设置。

图 1-1-13　“FBX 2020.1 导出设置”对话框

三、视图的基本操作

（一）切换视图

Cinema 4D 默认显示的视图为透视视图。当视图窗口中仅显示一个视图时，在工作界面中按一下鼠标滚轮，视图窗口中同时显示 4 个视图（默认状态下显示的视图为透视视图、顶视图、右视图、正视图），如图 1-1-14（a）所示；将鼠标指针移至任意一个视图（如正视图）中并按一下鼠标滚轮，视图窗口中仅显示该视图，如图 1-1-14（b）所示。

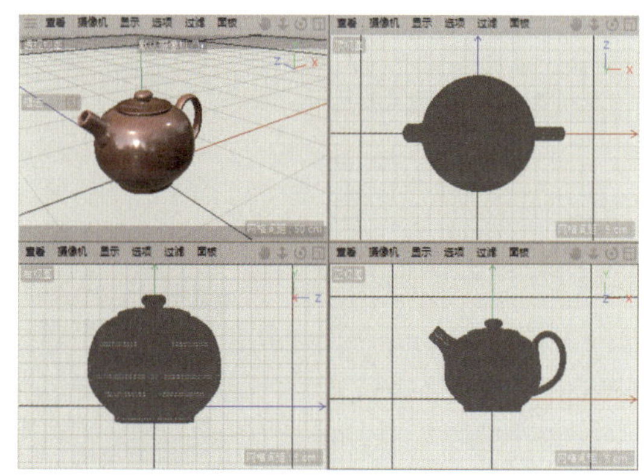

（a）同时显示 4 个视图

（b）仅显示正视图

图 1-1-14　切换视图

除使用鼠标切换视图外，还可以使用快捷键切换视图。在默认状态下，将鼠标指针移至 Cinema 4D 的工作界面中，然后按“F1”至“F4”键，视图窗口中依次显示透视视图、顶视图、右视图、正视图；按“F5”键，视图窗口中同时显示 4 个视图。

答疑解惑

问：可以将某个视图变成其他视图吗？

答：可以。例如，要将右视图变成左视图，可在右视图上方的菜单栏中选择“摄像机”→“左视图”菜单。

（二）平移、缩放与旋转视图

每个视图的右上方都有一个“移动摄像机”图标、“缩放摄像机”图标和“轨道摄像机”图标。拖动其中任意一个图标，可平移、缩放或旋转相应的视图，且缩放和旋转的中心为该视图的中心。

此外，使用键盘和鼠标也可以平移、缩放、旋转视图，具体的操作方法如表 1-1-1 所示。

表 1-1-1　使用键盘和鼠标平移、缩放、旋转视图的操作方法

操作	键盘和鼠标
平移视图	“Alt”键＋鼠标滚轮
缩放视图	“Alt”键＋鼠标右键
	滚动鼠标滚轮
旋转视图	“Alt”键＋鼠标左键
操作方法：将鼠标指针移至要操作的视图窗口中，然后按住“Alt”键和左键、滚轮或右键并拖动鼠标，可以视图窗口的中心为中心旋转视图、平移视图，或者以单击的位置为中心缩放视图	

答疑解惑

问：不小心将正视图旋转了一定角度，怎样操作才能使其恢复至旋转前的视角？

答：在正视图上方的菜单栏中选择“查看”→“撤销视图”菜单（或按“Ctrl+Shift+Z”组合键），可撤销对正视图进行的上一步操作；选择“查看”→“恢复默认场景”菜单，可使正视图恢复至软件默认的视角。

（三）切换模型的显示样式

利用视图窗口中“显示”下的菜单（图 1-1-15）可以切换模型的显示样式。常用的显示样式有以下几种。

（1）光影着色：视图窗口中会显示模型的材质和光照效果，如图 1-1-16（a）所示。该显示样式为软件默认的显示样式。

（2）光影着色（线条）：视图窗口中不仅显示模型的材质和光影，还显示模型的线框，如图 1-1-16（b）所示。

（3）常量着色：视图窗口中显示模型材质的颜色，不显示光影，通常在制作贴图时使用，如图 1-1-16（c）所示。

（4）线条：视图窗口中仅显示模型的线框，不显示模型的材质和光影，如图 1-1-16（d）所示。

图 1-1-15　“显示”下的菜单

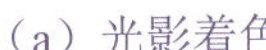
（a）光影着色

（b）光影着色（线条）

（c）常量着色

（d）线条

图 1-1-16　常用的显示样式

小贴士

在创建模型的过程中，可根据需要在视图窗口的菜单栏中选择“过滤”→“工作平面”菜单，以隐藏或显示栅格。

探索与分享

打开本书配套素材“素材与实例”→“项目一”→“吉他”→“吉他 .c4d”文件，按顺序进行以下操作，并就操作过程中遇到的问题和自己的新发现与同学交流讨论：

（1）分别利用视图窗口中的“缩放摄像机”图标和鼠标滚轮缩放视图。

（2）切换视图和视图的显示样式，并且使右视图显示为左视图。

（3）隐藏视图窗口中的栅格。

（4）选择“文件”→“另存项目为 ...”菜单和“文件”→“保存工程（包含资源）...”菜单，分别将该文件储存在其他位置。

四、对象的层级关系

（一）层级关系对对象的影响

在 Cinema 4D 中，对象与对象之间有 3 种层级关系，分别为父级、子级与平级。父级对象会影响其子级对象，子级对象不会影响其父级对象，平级对象之间互不影响。下面以图 1-1-17 所示的模型为例，介绍对象的层级关系。

（1）父级对象会影响其子级对象。“托盘”为“粽子 1”和“粽子 2”的父级对象，移动、旋转、缩放“托盘”时，“粽子 1”和“粽子 2”也会被移动、旋转、缩放，如图 1-1-18 所示。

（2）子级对象不会影响其父级对象。“粽子 1”和“粽子 2”为“托盘”的子级对象，移动、旋转、缩放“粽子 1”和“粽子 2”时，“托盘”不会产生任何变化，如图 1-1-19 和图 1-1-20 所示。

（3）平级对象之间互不影响。对“粽子 1”或“粽子 2”进行移动、旋转、缩放时，均不会影响与其为平级关系的另一个对象，如图 1-1-19 和图 1-1-20 所示。

图 1-1-17　模型

图 1-1-18　旋转“托盘”

图 1-1-19　旋转“粽子 1”

图 1-1-20　缩放“粽子 2”

（二）调整对象的层级关系

在“对象”面板中选中要调整层级关系的对象 *A*，然后按住左键并拖动鼠标，当鼠标指针位于对象 *B* 上时，鼠标指针的右侧会出现向下的箭头，此时松开左键，可使对象 *A* 成为对象 *B* 的子级。如果对象 *A* 为对象 *B* 的子级，选中对象 *A*，然后按住左键并拖动鼠标，当鼠标指针位于对象 *B* 的上方或下方时，鼠标指针的右侧会出现向左的箭头，此时松开左键，可使对象 *A* 与对象 *B* 成为平级。

五、空白对象

空白对象是一个不包含任何内容的虚拟对象。若想对视图窗口中的多个对象同时进行某些操作，可先使用“空白”命令对这些对象进行编组，再对编好的组进行操作。创建与使用空白对象的方法有以下两种。

方法 1：单击右侧工具栏中的“空白”图标，创建一个空白对象，然后在“对象”面板中将需要编组的对象设置为空白对象的子级。

方法 2：选中两个或两个以上的对象，然后在视图窗口中右击，在弹出的快捷菜单中选择“群组对象”菜单项（或按“Alt+G”组合键）。此时，“对象”面板中会出现一个“空白”对象，该对象为编组对象的父级，如图 1-1-21 所示。

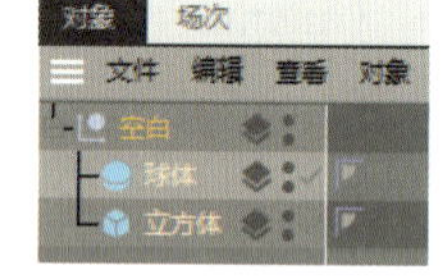

图 1-1-21　“对象”面板

小贴士

使用上述两种方法创建的“空白”对象，其坐标系的位置不同。使用方法 1 创建的空白对象，其坐标原点位于视图的中心；使用方法 2 创建的空白对象，其坐标原点的位置与编组对象的位置有关。

如果要对已编组的对象解组，可将鼠标指针移至“对象”面板中要解组对象所在组的名称上，然后右击，在弹出的快捷菜单中选择“解组对象”菜单项；或者在“对象”面板中选择要解组对象所在的组，然后按“Shift+G”组合键。

任务实施——自定义快捷键和工作环境

Cinema 4D 中的命令多如牛毛，然而常用的命令并不多。为这些常用的命令分别指定不同的快捷键，通过按快捷键来执行命令，可大大提高工作效率。Cinema 4D 默认的工作环境虽然能够满足大多数用户的需要，但是对于工作界面中字体、字号、图标、提示信息的显示设置，工程文件自动保存的时间间隔和储存路径，图形单位，不同的用户可能有不同的需求。下面将逐一介绍自定义快捷键和工作环境的方法。

步骤 1 自定义快捷键。选择“窗口”→“自定义布局”→“命令管理器 ...”菜单（或按“Shift+F12”组合键），打开“命令管理器”对话框，然后在“名称过滤”编辑框中输入命令名称中的关键字，在该编辑框下方选择要自定义快捷键的命令，接着单击“快捷键”编辑框并按快捷键（图 1-1-22），最后单击“指定”按钮。若指定的快捷键已有对应的命令，软件会弹出“Cinema 4D”对话框，单击“是”按钮，即可将该快捷键设为所选命令的快捷键。

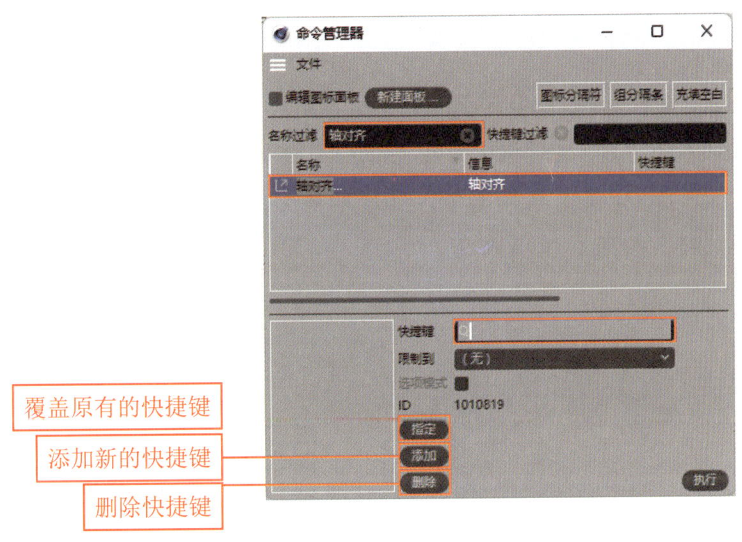

图 1-1-22 “命令管理器”对话框

经验之谈

在“名称过滤”编辑框下方选择所需命令，然后按住左键将该命令拖至顶部工具栏中的合适位置后松开左键，可将该命令的图标添加在顶部工具栏中。此时若选择“窗口”→“自定义布局”→“保存为启动布局”菜单，则在重新打开 Cinema 4D 时，仍可以在顶部工具栏中看到该图标。

步骤 2 更改工作界面中字体、字号、图标和提示信息的显示设置。选择“编辑”→“设置 ...”菜单，在打开的“设置”对话框中选择“用户界面”选项，在其右侧的“用户界面”设置区可设置工作界面中文字的字体、字号等；勾选“在菜单中显示图标”和“在菜单中显示热键”复选框，可在菜单中显示命令的图标和快捷键；勾选“显示气泡式帮助”复选框，将鼠标指针移至工具栏中的任一图标上，鼠标指针附近将出现提示信息。工作界面中字体、字号、图标、提示信息的显示设置如图 1-1-23 所示。

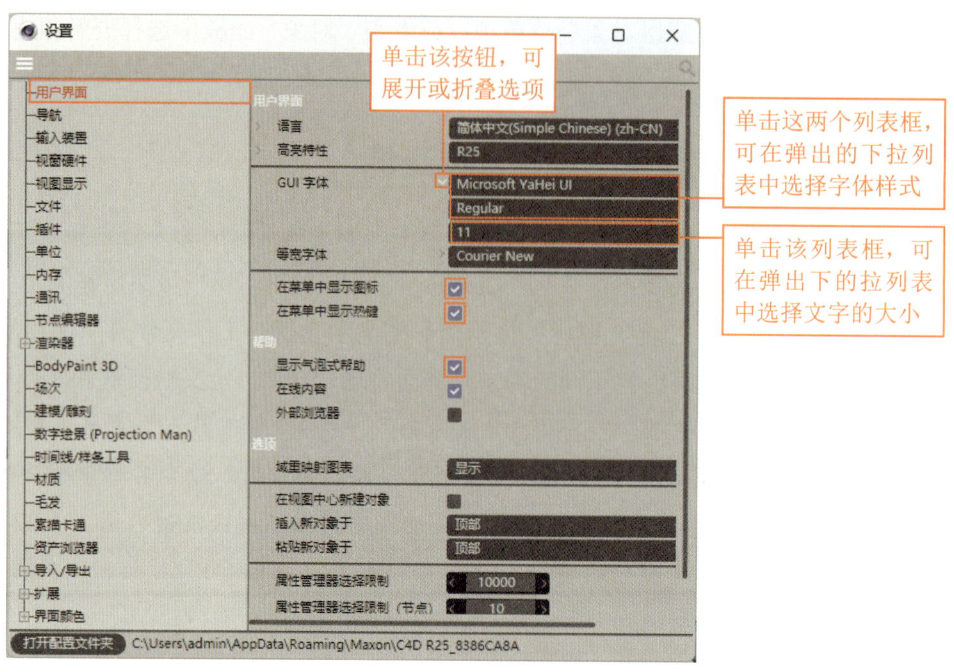

图 1-1-23 工作界面中字体、字号、图标和提示信息的显示设置

步骤 3 设置工程文件自动保存的时间间隔和储存路径。在“设置”对话框中选择“文件”选项，在“每（分钟）”和“到（拷贝）”编辑框中可设置工程文件自动保存的时间间隔和自动保存的数量，在“保存至”下拉列表中选择“自定义目录”选项，然后单击该选项右侧的“...”按钮，在打开的对话框中可设置工程文件的储存路径，如图 1-1-24 所示。

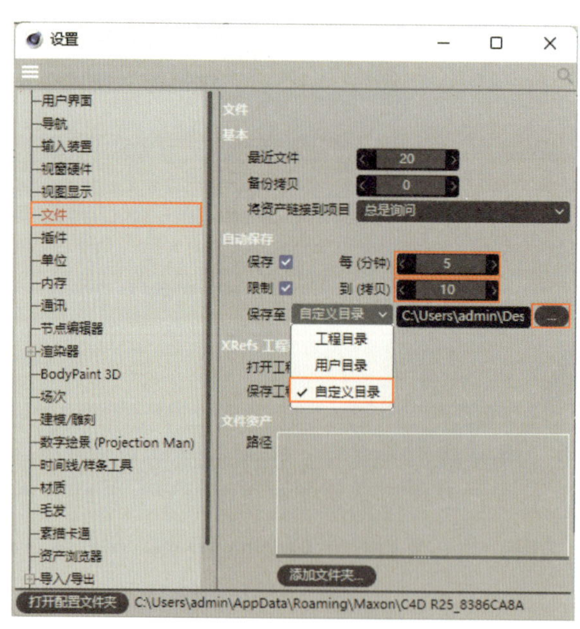

图 1-1-24 设置工程文件自动保存的时间间隔和储存路径

步骤 4 设置图形单位。在“设置”对话框中选择“单位”选项，然后在“基本”设置区的“单位显示”下拉列表中根据需要选择单位。

任务二 掌握对象和坐标系的基本操作

任务导入

对象的基本操作包括对象的选择、移动、旋转、缩放、复制、删除、隐藏、显示等。在 Cinema 4D 中无论是建模、赋予模型材质，还是布置灯光、创建摄像机，都会用到对象的基本操作知识。例如，在布置如图 1-2-1 所示的场景时，就用到了对象的选择、移动、旋转、缩放、复制等操作。此外，在建模过程中，有时还需要切换、调整坐标系。

图 1-2-1　场景效果

想一想：

（1）图 1-2-1 中起装饰作用的金属杆是怎样快速复制出来的？

（2）图 1-2-1 中如果只有一条管道，怎样快速创建另一条管道？

（3）怎样操作才能将小球、圆角矩形框和其下方的管道的中心在竖直方向上对齐？

一、选择对象

在 Cinema 4D 中，利用左侧工具栏中的图标既可以直接在视图窗口中选择对象，也可以在“对象”面板中选择对象。

（一）在视图窗口中选择对象

选择对象的方式主要有单击选择和框选两种。常用左侧工具栏“实时选择”工具组（图 1-2-2）中的“实时选择”图标和“框选”图标选择对象。

（1）单击选择。单击“实时选择”图标，鼠标指针处会出现一个圆圈，在视图窗口中单击，可选中该圆圈内的对象及与圆圈相交的对象。长按“实时选择”图标，在展开的列表中选择“框选”命令，然后在要选择的对象上单击，也可选中该对象。

（2）框选。单击“框选”图标，然后在视图窗口中按住左键并拖动鼠标，可创建一个矩形（图 1-2-3），释放左键后，该矩形区域内的对象和与该矩形相交的对象都会被选中，如图 1-2-4 所示。

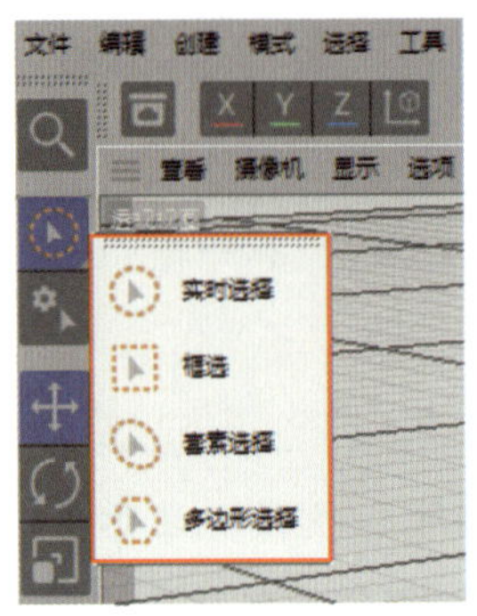

图 1-2-2 “实时选择”工具组

图 1-2-3 创建一个矩形

图 1-2-4 框选结果

小贴士

要选中多个对象，可在视图窗口中选中某个对象后，按住“Shift”键选择其他对象（加选）。在视图窗口中单击，然后按“Ctrl+A”组合键，可选中视图窗口中的所有对象（包括隐藏的对象）。按住“Ctrl”键后选择已选中的对象（减选），可从已选中的对象中去除该对象。

（二）在“对象”面板中选择对象

在“对象”面板中选择对象的名称，可选中该对象。将鼠标指针移至“对象”面板中的空白处，然后按住左键并拖动鼠标，可选中多个对象。按住“Ctrl”键，然后在“对象”面板中选择对象的名称，可加选或减选相应的对象。在“对象”面板中选择某个对象的名称，然后按住“Shift”键选择其他对象的名称，可选中这两个对象及对象列表区中这两个对象名称之间的所有对象。

二、移动、旋转与缩放对象

在 Cinema 4D 中，既可以使用左侧工具栏中的“移动”图标、“旋转”图标、“缩放”图标随意移动、旋转、缩放对象，也可以借助坐标管理器、使用“启动量化”命令和“Shift”键精确地移动、旋转、缩放对象。

（一）使用左侧工具栏中的图标移动、旋转、缩放对象

单击左侧工具栏中的“移动”图标（或按“E”键）、“旋转”图标（或按“R”键）、“缩放”图标（或按“T”键），然后选中要操作的对象，视图窗口中会出现移动 Gizmo、旋转 Gizmo、缩放 Gizmo，利用它们可以移动、旋转、缩放该对象。

（1）移动对象。将鼠标指针移至移动 Gizmo 的某个坐标轴、坐标平面或视图窗口中的其他位置，按住左键并拖动鼠标，可使对象沿着该坐标轴、坐标平面移动，或在任意方向上自由地移动。图 1-2-5 为沿 *Z* 轴移动小象。

（2）旋转对象。将鼠标指针移至旋转 Gizmo 的某个线圈上或其他位置，按住左键并拖动鼠标，可使对象绕该线圈所代表的坐标轴旋转或在任意方向上自由地旋转。图 1-2-6 为绕 *Z* 轴旋转小象。

（3）缩放对象。对于网格参数对象，在单击“缩放”图标并选中该对象后，若将鼠标指针移至缩放 Gizmo 的某个坐标轴、坐标平面或视图窗口中的其他位置，按住左键并拖动鼠标，则可使该对象均匀地缩放；若将鼠标指针移至缩放 Gizmo 的黄色小圆点上，然后按住左键并拖动鼠标，则可使该对象沿拖动方向缩放，如图 1-2-7 所示。

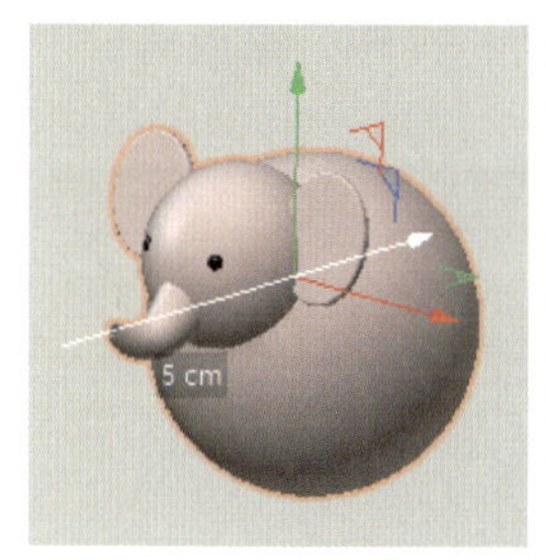

图 1-2-5　沿 *Z* 轴移动小象

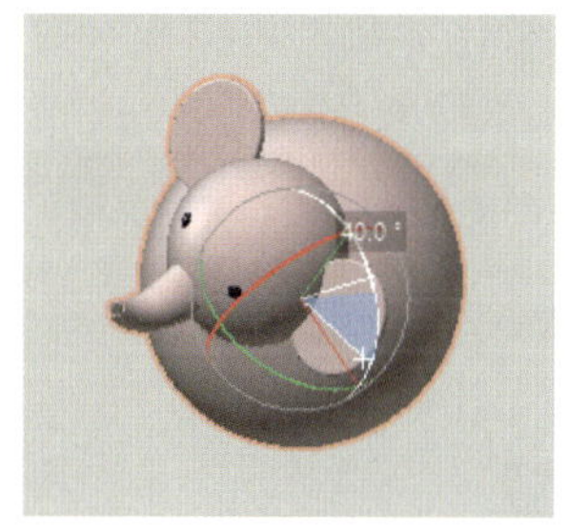

图 1-2-6　绕 *Z* 轴旋转小象

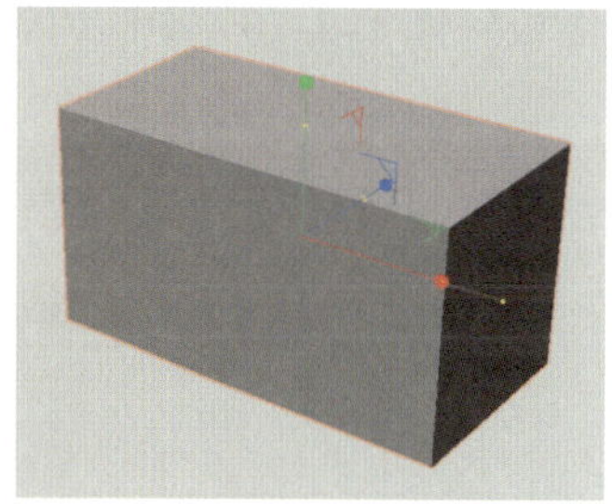

图 1-2-7　沿 *X* 轴缩放立方体

小贴士

Cinema 4D 中的网格参数对象是指利用右侧工具栏中的“立方体”工具组中的图标创建的对象。选中网格参数对象，在“属性”面板“对象”选项卡中可通过修改参数调整其尺寸。

单击左侧工具栏中的“移动”图标和“旋转”图标并选中要操作的网格参数对象，若该对象上只有一个黄色小圆点，拖动该小圆点可均匀缩放该对象；若该对象上有多个黄色小圆点，拖动其中任意一个，可非均匀地缩放该对象。

（二）借助坐标管理器移动、旋转、缩放对象

借助坐标管理器既可以调整对象坐标系的位置和旋转角度，也可以调整对象和对象上部分点、边、面的位置、旋转角度和大小。选择“窗口”→“坐标管理器 ...”菜单，或者单击动画面板右上角处的图标，均可打开坐标管理器，如图 1-2-8 所示。

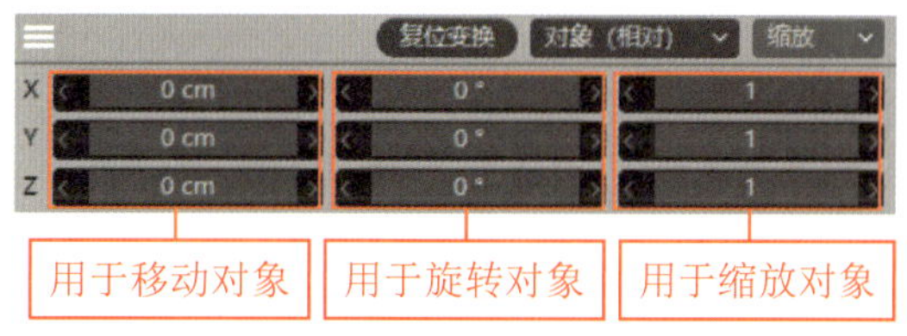

图 1-2-8　坐标管理器

选中要移动、旋转、缩放的对象，在管理器面板的第 1 列、第 2 列和第 3 列的编辑框中输入数值，可移动、旋转、缩放该对象。选中某个对象，然后在“缩放”列表框中单击，在弹出的下拉列表中可选择缩放对象的方式；单击“复位变换”按钮，可使所选对象恢复至移动、旋转前的状态。

（三）使用“启用量化”命令移动、旋转、缩放对象

使用顶部工具栏中的“启用量化”图标和左侧工具栏中的“移动”图标、“旋转”图标或“缩放”图标，可以按设置的数值精确地移动、旋转、缩放对象。具体的操作方法：① 长按顶部工具栏中

的“启动捕捉”图标，在展开的列表中选择“启用量化”命令，如图 1-2-9 所示；② 单击左侧工具栏中的“实时选择”图标、“移动”图标、“旋转”图标或“缩放”图标，拖动任意一个坐标轴或旋转 Gizmo 的某个线圈。

单击顶部工具栏中的“建模设置”图标，然后在弹出的窗口中选择“量化”选项卡，接着在“量化”面板（图 1-2-10）中的编辑框内输入量化参数，可按该参数的整数倍移动、旋转、缩放对象。

图 1-2-9 选择“启用量化”选项

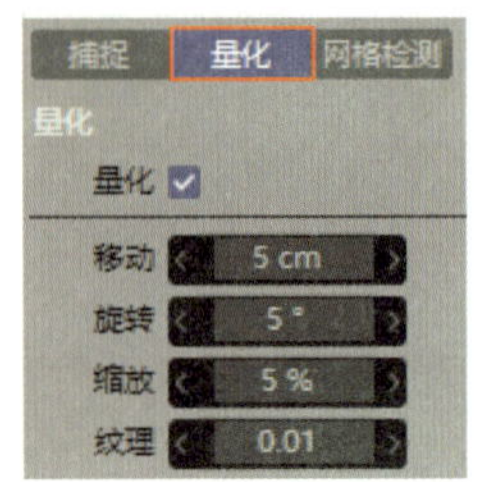

图 1-2-10 “量化”面板

（四）使用“Shift”键移动、旋转、缩放对象

单击左侧工具栏中的“实时选择”图标、“移动”图标、“旋转”图标或“缩放”图标，然后使用鼠标和“Shift”键可以按设置的量化参数精确地移动、旋转、缩放对象，如图 1-2-11 所示。具体的操作方法：单击左侧工具栏中的“实时选择”图标、“移动”图标、“旋转”图标或“缩放”图标，在拖动任一坐标轴、坐标平面或旋转 Gizmo 的某个线圈的同时按住“Shift”键。移动、旋转、缩放的量化参数可在如图 1-2-10 所示的“量化”面板中设置。

旋转对象

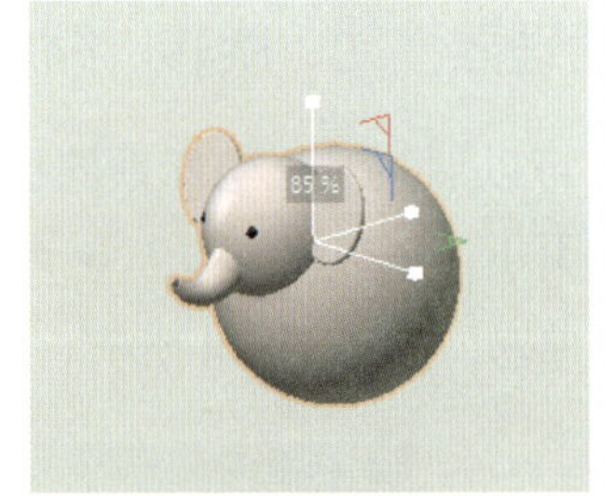

缩放对象

图 1-2-11 按设置的量化参数旋转、缩放对象

探索与分享

打开本书配套素材“素材与实例”→“项目一”→“粽子”→“粽子 .c4d”文件，按顺序进行以下操作，并就操作过程中遇到的问题和自己的新发现与同学交流讨论：

（1）快速选中视图窗口中的所有粽子。

（2）将所有粽子均匀放大至 140%。

（3）将放大后的粽子移至托盘中的合适位置。

（4）旋转托盘中间的粽子，使其与其他粽子的摆放角度基本一致。

三、复制与删除对象

（一）复制对象

复制对象的方法很多，下面仅介绍其中最常用的 4 种。

方法 1：单击左侧工具栏中的“实时选择”图标，然后选中要复制的对象并且按住“Ctrl”键，接着将鼠标指针移至该对象的某个坐标轴、坐标平面上并按住左键拖动鼠标，即可复制该对象，如图 1-2-12 所示。

方法 2：单击左侧工具栏中的“移动”图标、“旋转”图标或“缩放”图标，然后选中要复制的对象，接着按住“Ctrl”键，或者在选中某个坐标轴、坐标平面后按住“Ctrl”键和“Shift”键移动、旋转或缩放该对象，即可得到该对象的副本。图 1-2-13 为使用“旋转”命令、“Ctrl”键和“Shift”键复制对象。

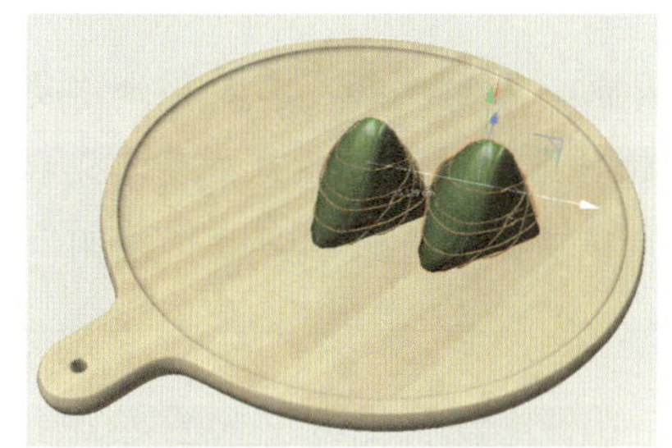

图 1-2-12 复制对象 ①

图 1-2-13 复制对象 ②

方法 3：选中要复制的对象，按“Ctrl+C”组合键后再按“Ctrl+V”组合键，即可将该对象原位复制一份，复制得到的对象与原对象重合。

方法 4：选中要复制的对象，然后选择“工具”→“复制”菜单，在“属性”面板中设置副本的数量、复制模式和生成副本的模式后，在“位置”“缩放”“旋转”卷展栏中设置副本的移动距离、旋转角度和缩放比例（图 1-2-14），最后单击“应用”按钮。图 1-2-15 和图 1-2-16 分别为按照“线性”模式和“圆环”模式移动并复制对象。

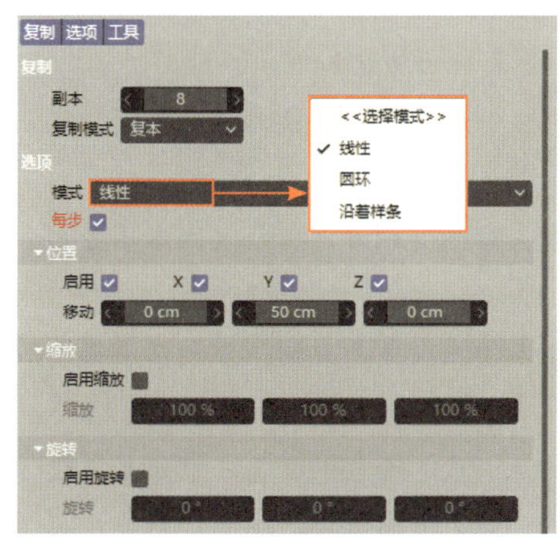

图 1-2-14 设置复制参数

图 1-2-15 按照“线性”模式移动并复制对象

图 1-2-16 按照“圆环”模式移动并复制对象

下面通过复制图 1-2-17（a）中的罐头瓶，介绍复制对象的具体操作，复制效果如图 1-2-17（b）所示。

（a）复制前

（b）复制后

图 1-2-17　复制罐头瓶前、后效果

步骤 1　打开素材。打开本书配套素材“素材与实例”→“项目一”→“罐头瓶”→“罐头瓶.c4d”文件。

步骤 2　使用“复制”命令复制罐头瓶。选中罐头瓶，然后选择“工具”→“复制”菜单，在“属性”面板“副本”编辑框中输入副本数量“4”，采用软件默认的复制模式“复本”和副本的生成模式“线性”，接着按照图 1-2-18 中的参数设置移动方向和移动距离，最后单击“应用”按钮，结果如图 1-2-19 所示。

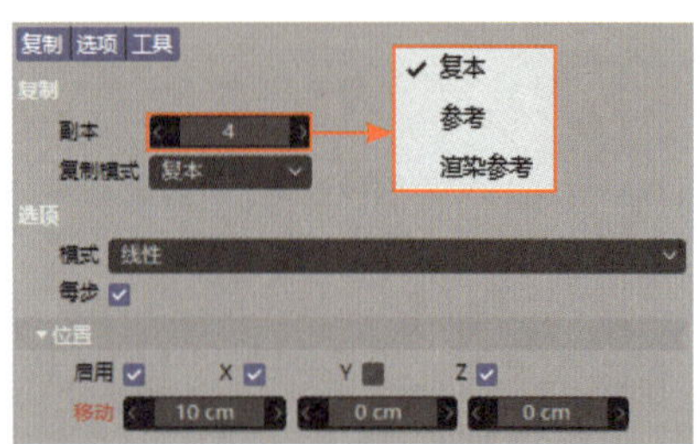

图 1-2-18　“属性”面板

图 1-2-19　复制第 1 排罐头瓶

知识窗

如图 1-2-18 所示的“复制模式”列表框中各选项和“每步”复选框的功能如下。

（1）“复本”选项：原对象与其副本是相互独立的，修改其中任一对象（如修改对象的长度、宽度、高度尺寸或缩放对象），其他对象均不受影响。

（2）“参考”选项：原对象与其副本有主次关系，修改原对象会影响其副本，但修改副本不会影响原对象。

（3）“渲染参考”选项：与选择“参考”选项时原对象与其副本的主次关系相同，但是在渲染副本时，软件会直接复制原对象的渲染数据。

（4）“每步”复选框：勾选该复选框，相邻副本同一位置上的点、边、面间的距离与“位置”设置区相应编辑框中的数值相同；取消勾选该复选框，软件将在 *X*、*Y*、*Z* 方向上按“位置”卷展栏各编辑框中的数值平均分配相邻对象间的距离。

步骤 3 使用“移动”命令和“Ctrl”键复制罐头瓶。按“E”键执行“移动”命令，确保所有罐头瓶处于选中状态，然后将鼠标指针移至 Z 轴上，按住“Ctrl”键和左键沿 Z 轴的负向拖动鼠标至合适位置后释放左键，复制出第 2 排罐头瓶，如图 1-2-20 所示。

图 1-2-20 复制第 2 排罐头瓶

步骤 4 使用同样的方法复制出第 3 排罐头瓶。

探索与分享

除了使用“移动”命令和“Ctrl”键复制第 2 排、第 3 排罐头瓶，使用“复制”命令也可以达到相同的效果。学生使用“复制”命令复制第 2 排、第 3 排罐头瓶，教师随机选择几名学生，让其分享自己在复制时所设置的参数。

（二）删除对象

在视图窗口或“对象”面板中选中对象，按“Delete”键即可删除该对象。

四、隐藏与显示对象

在 Cinema 4D 中，用户既可以借助“对象”面板或者使用“视窗独显”命令隐藏与显示对象，也可以利用右键快捷菜单中的“隐藏对象”和“显示对象”菜单项隐藏与显示对象。下面介绍前两种最常用的隐藏与显示对象的方法。

（一）借助“对象”面板隐藏与显示对象

在“对象”面板中单击对象名称后的第 1 个圆形图标，可使该对象在隐藏与显示间切换。当对象名称后的第 1 个圆形图标为灰色和绿色时，在视图窗口中显示该对象；当对象名称后的第 1 个圆形图标为红色时，在视图窗口中该对象不显示，如图 1-2-21 所示。

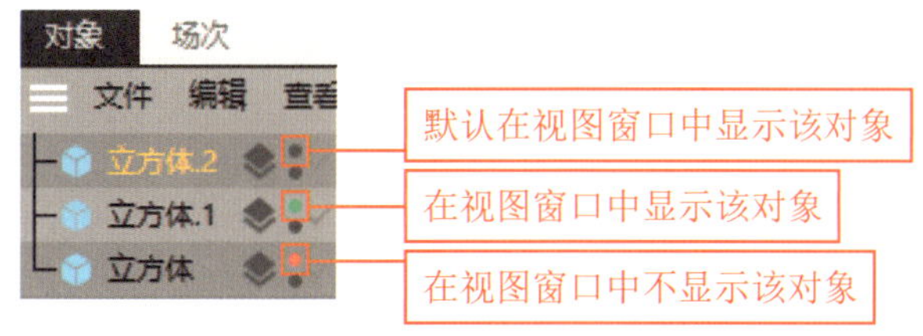

图 1-2-21 隐藏和显示对象

小贴士

利用第 2 个圆形图标可以控制对象在渲染图中是否显示。

（二）使用“视窗独显”命令隐藏与显示对象

选中对象后，单击顶部工具栏中的“视窗独显”图标，除了选中的对象，视图窗口中的其他对象皆被隐藏；再次单击“视窗独显”图标，可使使用该命令隐藏的对象重新显示。

小贴士

对于借助“对象”面板和使用“视窗独显”命令隐藏的对象，只能再次借助该面板和使用该命令将其显示。

五、切换与调整坐标系

（一）切换坐标系

Cinema 4D 中有 3 种坐标系，即世界坐标系、全局坐标系和对象坐标系。世界坐标系位于视图窗口的中心，在视图窗口中选择“过滤”→“世界轴心”菜单，可隐藏或显示世界坐标系。选中视图窗口中的某个对象，可显示对象坐标系，如图 1-2-22（a）所示；单击顶部工具栏中的“坐标系统”图标，可将对象坐标系切换为全局坐标系，如图 1-2-22（b）所示。世界坐标系和全局坐标系不会随着对象的旋转而旋转，对象坐标系会随着对象的旋转而旋转。

（a）对象坐标系

（b）全局坐标系

图 1-2-22　对象坐标系和全局坐标系

小贴士

为了使表达更加简洁，下文所称坐标系均为对象坐标系。

（二）调整坐标系

使用顶部工具栏中的“启用轴心”图标可以控制仅调整坐标系。在默认情况下，“启用轴心”图标处于非激活状态，单击该图标，可将其激活，然后使用“移动”或“旋转”命令，可移动或旋转坐标系，如图 1-2-23 所示。需要注意的是，只能调整可编辑对象的坐标系，无法调整网格参数对象的坐标系。

移动前

移动后

图 1-2-23　移动坐标系

在建模过程中，有时需要将两个对象以其上的某个点、边或面的中心为参照对齐。这时，可通过精确调整坐标系来实现。这里介绍两种精确调整坐标系的方法。

（1）使用“启用捕捉”图标和“移动”命令调整坐标系。单击顶部工具栏中的“启用轴心”图标和“启用捕捉”图标，将其激活，然后单击顶部工具栏中的“建模设置”图标，在弹出的窗口中选择“捕捉”选项卡，接着在打开的“捕捉”面板（图 1-2-24）中勾选需要的复选框，最后拖动坐标系（只能是可编辑对象的坐标系），可将坐标系移至对象上的某个点上或边、面的中心及其他位置。

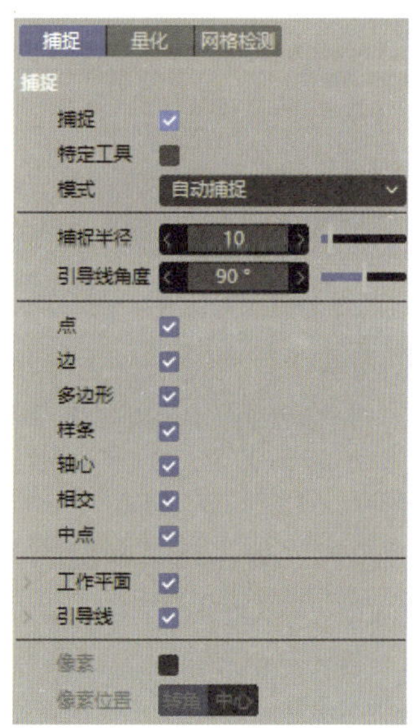

图 1-2-24　“捕捉”面板

（2）使用“轴对齐”命令调整坐标系。选中要对齐的对象，然后选择“工具”→“轴心”→“轴对齐 ...”菜单，在打开的“轴对齐”对话框（图 1-2-25）中进行对齐设置，最后单击“执行”按钮，可将坐标系与选中的对象对齐。

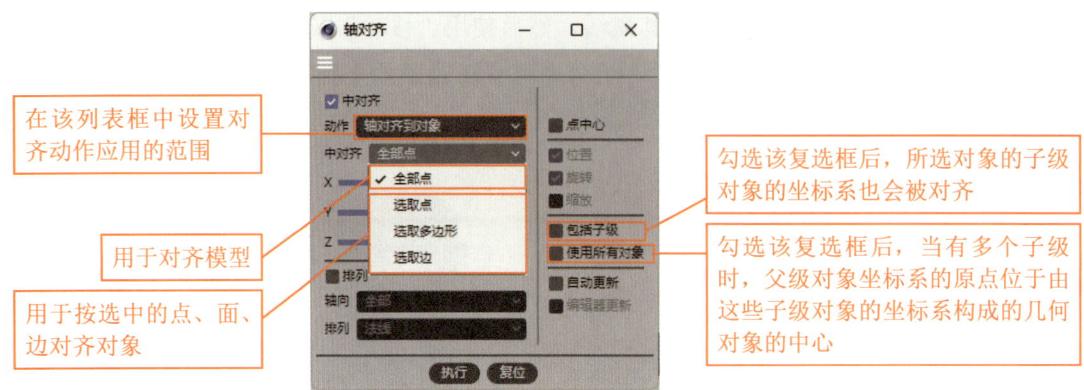

图 1-2-25 “轴对齐”对话框

下面通过将立方体的坐标系移至所选面的中心，并复制该立方体，学习调整对象坐标系的操作方法。

步骤 1 单击右侧工具栏中的“立方体”图标，创建一个立方体，按“C”键将其转换为可编辑对象。此时，该立方体的坐标系位于视图窗口的中心，如图 1-2-26（a）所示。

步骤 2 单击顶部工具栏中的“多边形”图标，然后选中立方体的侧面，如图 1-2-26（b）所示。

步骤 3 选择“工具”→“轴心”→“轴对齐 ...”菜单，打开“轴对齐”对话框。在该对话框的“动作”列表框中选择“轴对齐到对象”选项，在“中对齐”列表框中选择“选取多边形”选项，最后单击“执行”按钮并关闭对话框。单击顶部工具栏中的“模型”图标，切换到编辑模型模式，可以看到坐标系位于所选平面的中心，如图 1-2-26（c）所示。

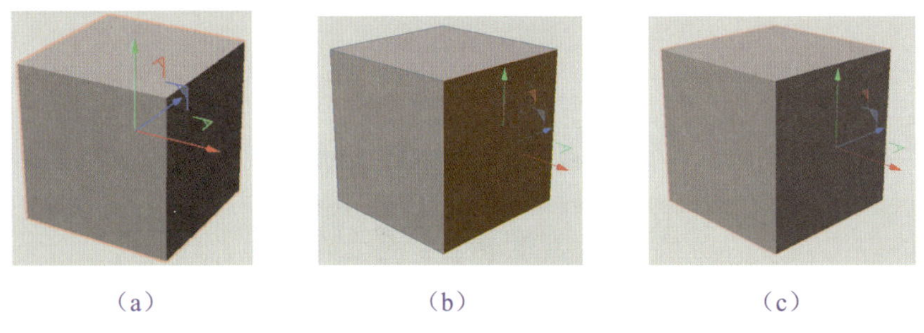

（a） （b） （c）

图 1-2-26 调整坐标系

步骤 4 选中立方体，按“R”键执行“旋转”命令，然后选中 Z 轴线圈，按住“Ctrl”键和“Shift”键并拖动鼠标，当出现提示信息“180°”时松开左键，结果如图 1-2-27 所示。

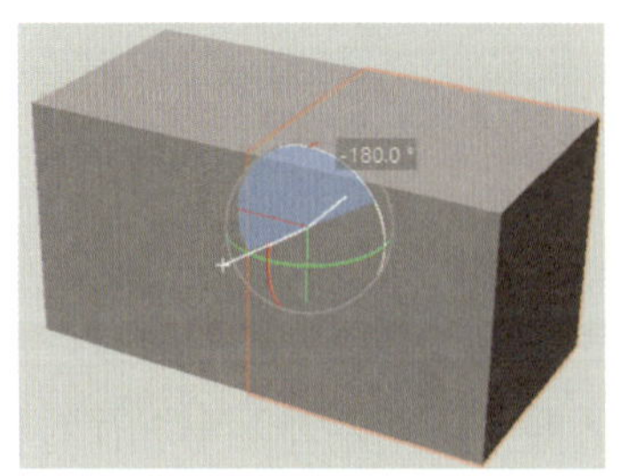

图 1-2-27 复制立方体

探索与分享

让学生使用“启用捕捉”图标和“移动”命令将立方体的坐标系移至其顶面的中心，教师随机选择几名学生，让他们分享自己是如何操作的。

任务实施——布置公园

下面通过布置公园，继续学习对象的选择、移动、旋转、缩放、复制等基本操作。布置公园前、后效果如图 1-2-28 所示。

（a）布置前

（b）布置后

图 1-2-28 布置公园前、后效果

制作思路

该公园中有大转轮、支柱、吊箱、草坪、树、踏步石。布置公园时，可使用“移动”命令复制出另一侧的大转轮。创建另一侧大转轮的支柱时，可先将坐标系的原点移至两个支柱的对称平面上，然后使用“旋转”命令复制出另一侧的支柱。吊箱共有 8 个，呈环形分布，可使用“复制”命令创建，再调整所有吊箱的旋转角度和位置。草坪为上下两层，复制出上层的草坪，再将其缩放。小树和大树的制作方法与草坪的制作方法相同。创建一个立方体并设置其参数，制作一块踏步石，最后使用“复制”命令制作其他踏步石。

扫一扫

布置公园

制作步骤

步骤 1 打开素材。打开本书配套素材“素材与实例”→“项目一”→“公园场景”→“公园场景 .c4d”文件。

步骤 2 复制大转轮。选中大转轮，按“E”键执行“移动”命令，然后选中 Z 轴，按住“Ctrl”键、“Shift”键和左键沿 Z 轴正向拖动鼠标，当视图窗口中出现提示信息“70 cm”时松开左键，结果如图 1-2-29 所示。

步骤 3 对大转轮编组。选中两个大转轮，按“Alt+G”组合键对它们编组，然后在“对象”面板中双击“空白”，在编辑框中输入名称“大转轮组”并按“Enter”键，结果如图 1-2-30 所示。

图 1-2-29　复制大转轮

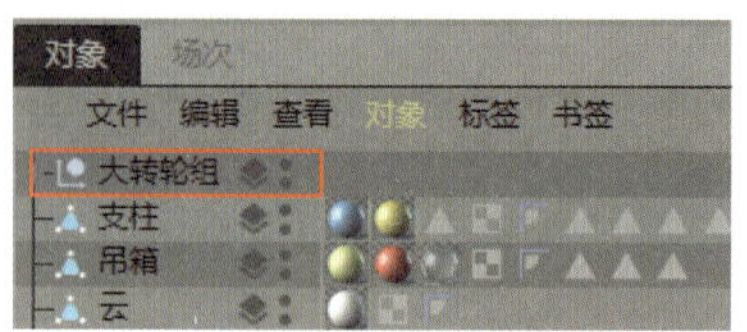

图 1-2-30　对大转轮编组

步骤 4　调整支柱坐标系的位置。选中“支柱”，在右视图中可看到该支柱坐标系的原点不在世界坐标系的 *XY* 平面内。单击动画面板中的“坐标管理器 ...”图标，打开坐标管理器。单击顶部工具栏中的“启用轴心”图标，将其激活，然后在坐标管理器中将与 *Z* 轴对应的“移动”编辑框中的数值设为 0（图 1-2-31），使支柱坐标系的原点位于世界坐标系的 *XY* 平面内。再次单击顶部工具栏中的“启用轴心”图标，结束坐标系的调整，结果如图 1-2-32 所示。

步骤 5　复制支柱。选中支柱，按“R”键执行“旋转”命令，然后将鼠标指针移至 *Y* 轴线圈上，然后按住“Ctrl”键和“Shift”键并拖动鼠标，当出现提示信息“180°”时松开左键，结果如图 1-2-33 所示。

图 1-2-31　坐标管理器

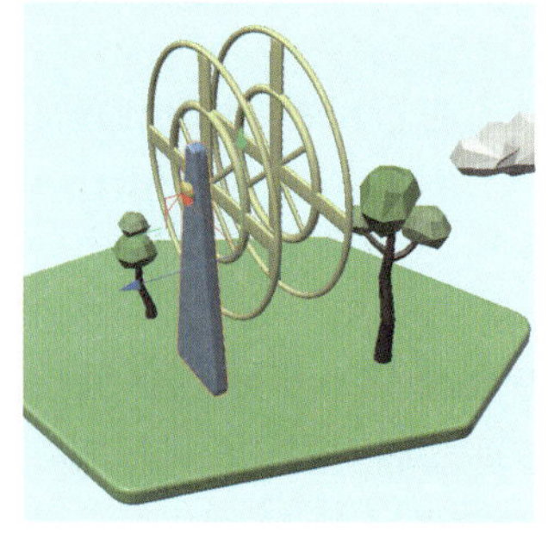

图 1-2-32　调整支柱的坐标系

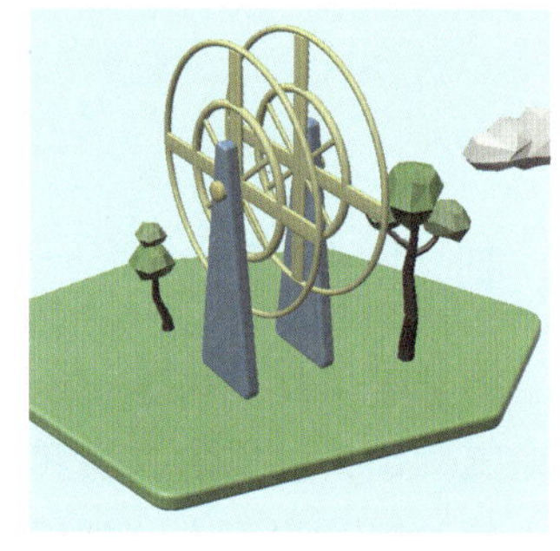

图 1-2-33　复制支柱

经验之谈

在透视视图中移动、旋转对象时，尽量沿坐标轴进行移动或旋转，否则很容易出现对象错位问题。

步骤 6　对支柱编组。选中两个支柱，按“Alt+G”组合键对其编组，并将组的名称设为“支柱组”。

步骤 7　复制吊箱。在“对象”面板中选择“吊箱”，单击顶部工具栏中的“视窗独显”图标，将其独立显示。选择“工具”→“复制”菜单，在“属性”面板中将副本数量设为 7、副本的生成模式设为“圆环”、半径设为 125 cm，取消勾选“对齐切线”复选框，如图 1-2-34 所示。设置好需要的参数后，单击“应用”按钮，结果如图 1-2-35 所示。

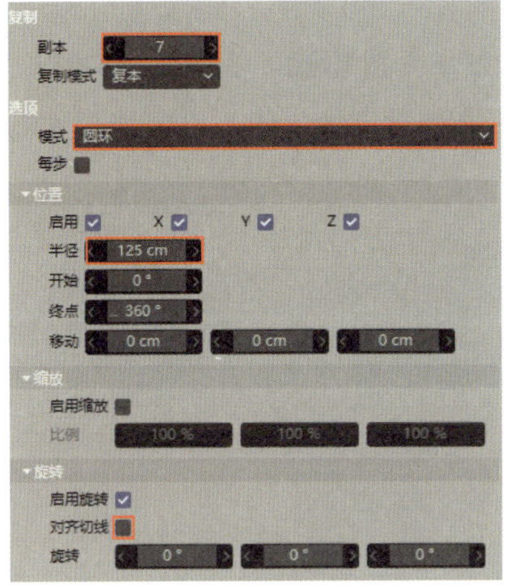

图 1-2-34 “属性”面板 ①

图 1-2-35 复制吊箱

步骤 8 调整对象的层级关系。在“对象”面板中拖动“吊箱”，当鼠标指针位于“吊箱 - 副本”上并出现向下的箭头时松开左键，即可将“吊箱”设为“吊箱 - 副本”的子级，最后将“吊箱 - 副本”命名为“吊箱组”，如图 1-2-36 所示。

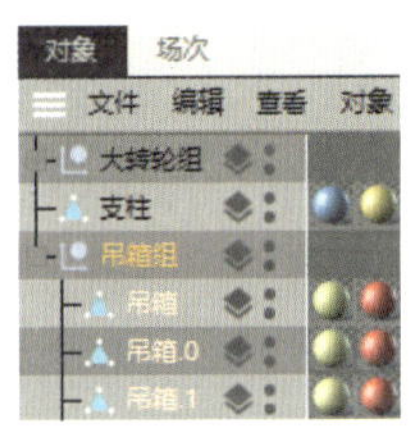

图 1-2-36 调整父子级关系

步骤 9 调整吊箱的角度和位置。单击顶部工具栏中的“视窗独显”图标，结束独立显示状态。确保“吊箱组”处于选中状态，按“R”键执行“旋转”命令，然后选中 *X* 轴线圈，按住“Shift”键拖动鼠标，将“吊箱组”绕轴旋转 –90°；按“E”键执行“移动”命令，然后将“吊箱组”移至合适位置，结果如图 1-2-37 所示。

步骤 10 复制并缩放草坪。在“对象”面板中选中“草坪”，按“E”键执行“移动”命令，然后选中 *Y* 轴，按住“Ctrl”键和“Shift”键并拖动鼠标，当出现提示信息“20 cm”时松开左键；按“T”键执行“缩放”命令，然后按住“Shift”键拖动 *XZ* 坐标平面，将“草坪 .1”缩放至 85%，如图 1-2-38 所示。

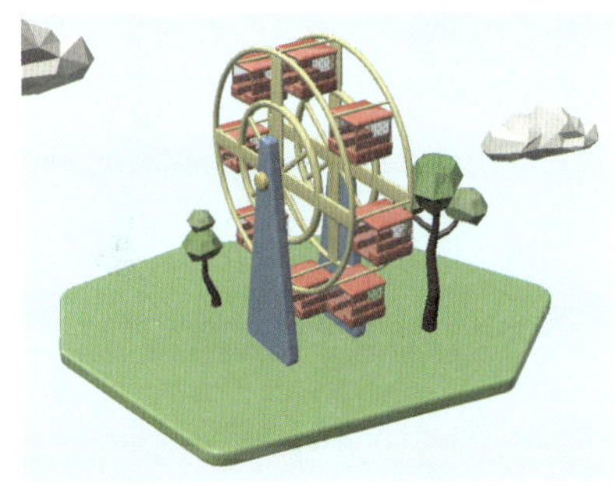
图 1-2-37 移动吊箱

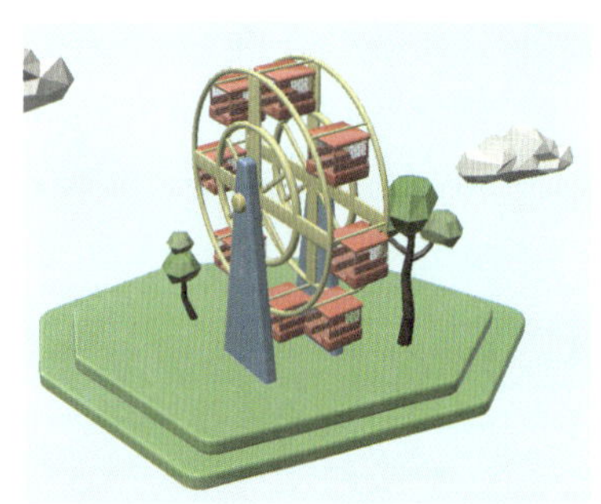
图 1-2-38 复制并缩放草坪

步骤 11　复制树。参照图 1-2-39 复制并移动视图窗口中的大树和小树。

步骤 12　制作第 1 块踏步石。单击右侧工具栏中的“立方体”图标，在视图窗口中创建一个立方体，然后在“属性”面板中按图 1-2-40 设置其尺寸、圆角半径和圆角细分值，以制作踏步石，最后沿 X 轴将该踏步石移至合适位置，结果如图 1-2-41 所示。

图 1-2-39　复制树

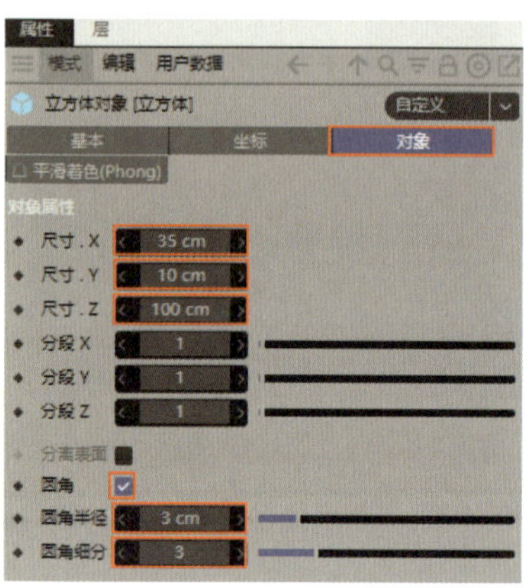

图 1-2-40　“属性”面板②

步骤 13　制作其余踏步石。确保在步骤 12 中创建的踏步石处于选中状态，然后选择“工具”→“复制”菜单，在“属性”面板中将副本数量设为 4、生成副本的模式设为线性，取消勾选“每步”复选框，其余参数按照图 1-2-42 进行设置。最后单击“应用”按钮，完成踏步石的复制。

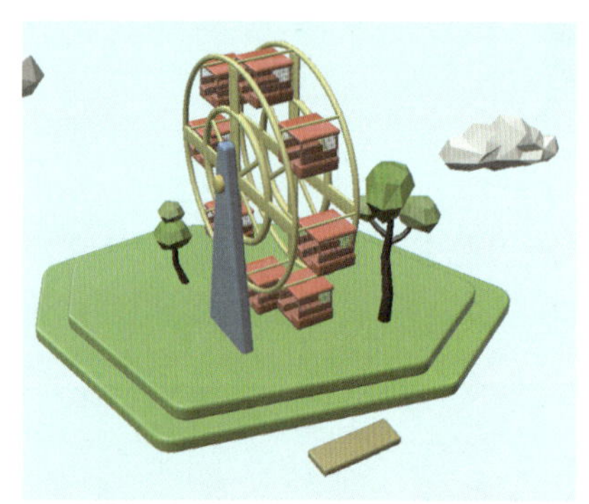

图 1-2-41　制作第 1 块踏步石

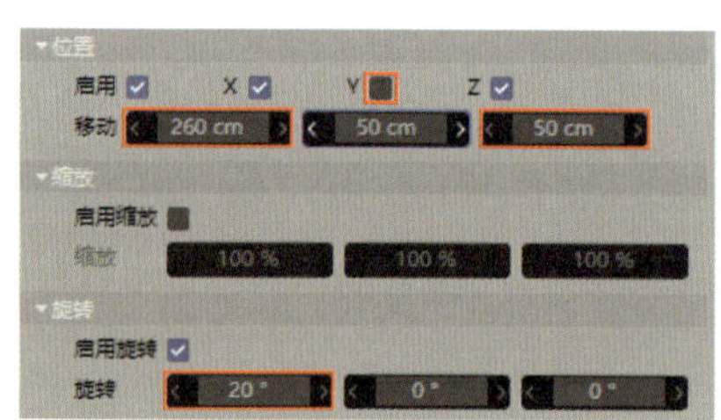

图 1-2-42　“属性”面板③

学习成果自测

自测习题一　制作气球花

打开本书配套素材“素材与实例”→“项目一”→“气球花”→“气球花 .c4d”文件，利用本项目所学知识，在图 1-3-1（a）的基础上制作如图 1-3-1（b）所示的气球花。

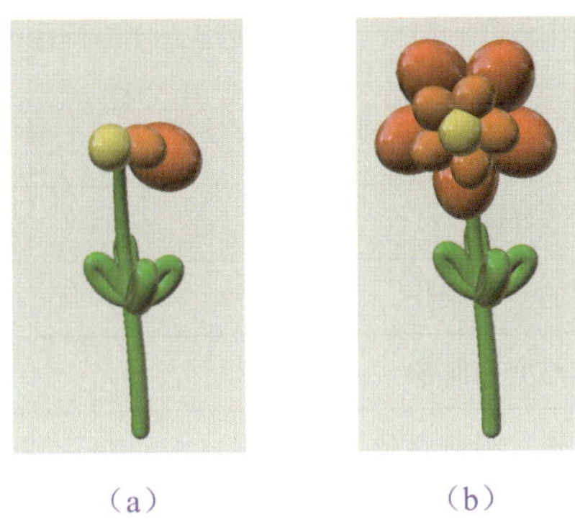

（a）　　（b）

图 1-3-1　制作气球花

提示：

复制花瓣前，需要单击顶部工具栏中的“启用轴心”图标，然后将花瓣的坐标原点移至花蕊的中心，即视图窗口的中心。将坐标原点移至所需位置后，需要再次单击“启用轴心”图标。

自测习题二　整理水果摊

打开本书配套素材“素材与实例”→“项目一”→“水果摊”→“水果摊 .c4d”文件，利用本项目所学知识整理水果摊。水果摊整理前、后效果如图 1-3-2 所示。

整理前

整理后

图 1-3-2　水果摊整理前、后效果

提示：

将视图上方的橘汁瓶按顺时针方向绕 X 轴旋转 50°，然后将其移至合适的位置。复制火龙果后，需要调整其大小和位置。

学习成果评价

请进行学习成果评价，并将评价结果填入表 1-4-1。

表 1-4-1 学习成果评价表

<table>
<tr><td>班级</td><td></td><td>组号</td><td></td><td>日期</td><td colspan="2"></td></tr>
<tr><td>姓名</td><td></td><td>学号</td><td></td><td>指导教师</td><td colspan="2"></td></tr>
<tr><td>评价项目</td><td colspan="3">评价内容</td><td>满分</td><td>自我评分</td><td>教师评分</td></tr>
<tr><td rowspan="6">知识
（50%）</td><td colspan="3">Cinema 4D 的工作界面</td><td>5</td><td></td><td></td></tr>
<tr><td colspan="3">工程文件和视图的基本操作</td><td>10</td><td></td><td></td></tr>
<tr><td colspan="3">对象的层级关系与空白对象</td><td>5</td><td></td><td></td></tr>
<tr><td colspan="3">选择、移动、旋转、缩放对象</td><td>10</td><td></td><td></td></tr>
<tr><td colspan="3">复制、删除、隐藏、显示对象</td><td>10</td><td></td><td></td></tr>
<tr><td colspan="3">切换与调整坐标系</td><td>10</td><td></td><td></td></tr>
<tr><td rowspan="2">技能
（30%）</td><td colspan="3">能够自定义快捷键和工作环境</td><td>10</td><td></td><td></td></tr>
<tr><td colspan="3">能够利用已有的对象布置场景</td><td>20</td><td></td><td></td></tr>
<tr><td rowspan="3">素养
（20%）</td><td colspan="3">积极参与课堂讨论</td><td>6</td><td></td><td></td></tr>
<tr><td colspan="3">具备良好的学习态度，认真完成任务实施</td><td>6</td><td></td><td></td></tr>
<tr><td colspan="3">养成规范存储文件的良好习惯</td><td>8</td><td></td><td></td></tr>
<tr><td colspan="4">合计</td><td>100</td><td></td><td></td></tr>
<tr><td colspan="4">总分（自我评分 × 40% + 教师评分 × 60%）</td><td colspan="3"></td></tr>
<tr><td>自我评价</td><td colspan="6"></td></tr>
<tr><td>教师评价</td><td colspan="6"></td></tr>
</table>

项目二

基本体建模与样条建模

项目引言

通过对软件提供的网格参数对象进行编辑和组合来创建模型的方法称为基本体建模；先创建样条，然后使用样条生成器创建模型的方法称为样条建模。基本体建模与样条建模是两种最简单且常用的建模方法，也是学习多边形建模的基础。

本项目主要介绍基本体建模和样条建模的基础知识和基本操作。

知识目标

- 熟悉创建基本体的方法和基本体参数的功能。
- 掌握将基本体转换为可编辑对象的方法。
- 熟悉创建样条参数对象的方法。
- 掌握自由绘制样条的方法。
- 掌握编辑样条的方法。
- 掌握基于样条创建模型时常用生成器的使用方法。

素质目标

- 通过建模，理解“先整体，再局部”的建模思路，培养从宏观到微观认识事物的能力，掌握整体和部分的辩证关系。
- 在建模过程中不断提高自己的观察能力和对复杂模型的分解能力，培养积极的心态和创造性思维，牢固树立效率意识。

任务一 使用基本体建模

任务导入

立方体、圆柱体、球体等基本体在我们的生活中无处不在，这些基本体经过编辑和组合，构成了各种各样的模型，如图 2-1-1 所示。在使用基本体建模时，不仅要掌握创建基本体的方法，还要拥有化繁为简的能力，在创建模型时要能够灵活变通、合理分析。在制作复杂模型时，首先应思考是否能够将其分解为一个或多个基本体，然后对基本体进行编辑和组合，以便降低模型制作的难度。

图 2-1-1 微波炉、喇叭和沙发模型

想一想：

（1）图 2-1-1 中的模型可以被分解为哪些基本体？

（2）在 Cinema 4D 中如何使用基本体制作出图 2-1-1 中的喇叭模型？

一、常用的基本体及其参数

基本体由平面和曲面围成。Cinema 4D 中的基本体共有 18 种，包括立方体、圆柱体、平面、圆盘、多边形、球体等。长按右侧工具栏中的“立方体”图标，在展开的列表（图 2-1-2）中选择所需命令，可以创建相应的基本体。图 2-1-3 所示为常用的基本体。

选中创建的基本体，在“属性”面板中可以修改该基本体的参数。在 Cinema 4D 中创建的基本体称为网格参数对象。建模时，可以通过修改网格参数对象的参数来调整其尺寸；若要编辑网格参数对象的点、边、面或坐标系，则需要将其转换为可编辑对象。

选中不同的基本体，“属性”面板中的选项卡虽然有所不同，但是其中的部分编辑框、复选框、按钮等的功能大同小异。下面以立方体和圆锥体为例，介绍“属性”面板常用选项卡中部分编辑框、复选框、按钮的功能。

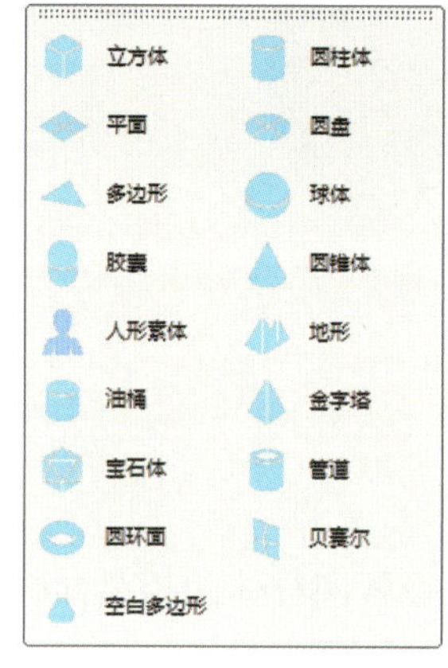

图 2-1-2 展开的列表

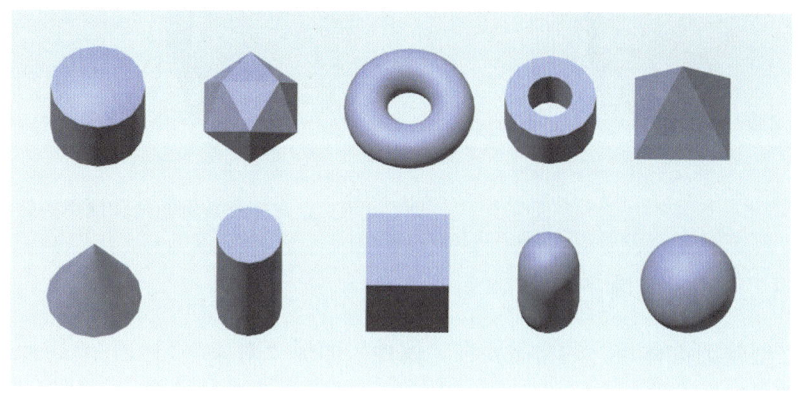

图 2-1-3 常用的基本体

(一) 立方体的参数

创建立方体后，通常需要在“属性”面板“对象”选项卡（图 2-1-4）中设置立方体的相关参数。“对象”选项卡中的编辑框和复选框的功能如下。

① “尺寸 . X”“尺寸 . Y”“尺寸 . Z”编辑框：设置立方体的尺寸。

② “分段 X”“分段 Y”“分段 Z”编辑框：设置立方体的分段数，如图 2-1-5 所示。

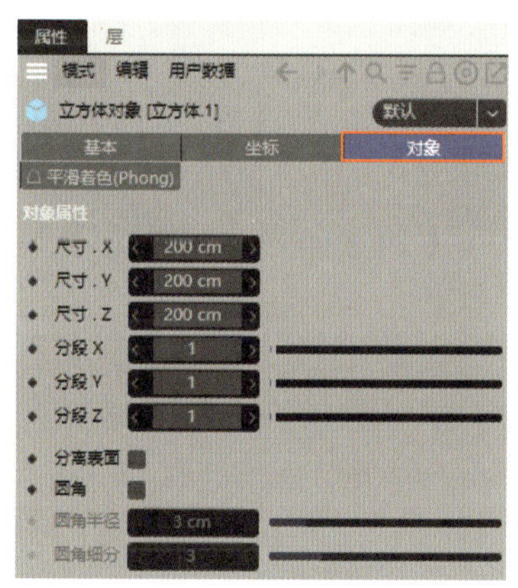

图 2-1-4 “对象”选项卡①

分段数为 1

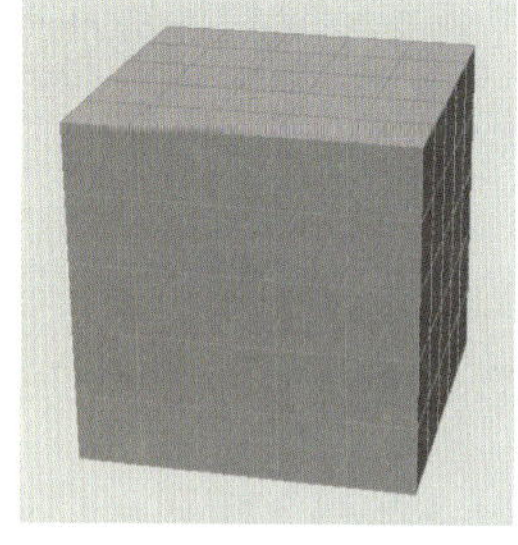

分段数为 10

图 2-1-5 分段数不同的立方体

③ “分离表面”复选框：勾选该复选框后，再将立方体转换为可编辑对象，则该立方体的每一个面都会被单独分离出来。

④ “圆角”复选框：可控制是否对立方体的边进行圆角或斜角处理。勾选该复选框后，通过在“圆角半径”和“圆角细分”编辑框中输入数值，可调整立方体棱边的形状和圆弧面或斜面的大小，如图 2-1-6 所示。

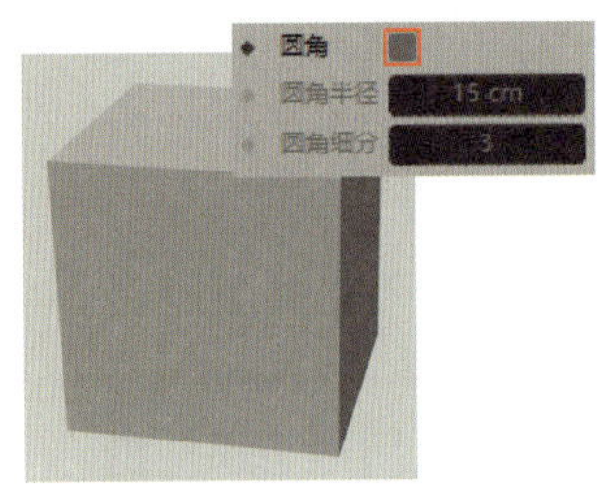

勾选“圆角”复选框前

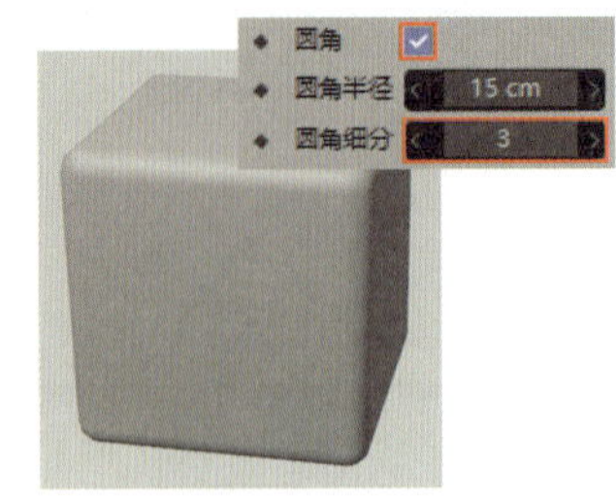

圆角细分值为 3

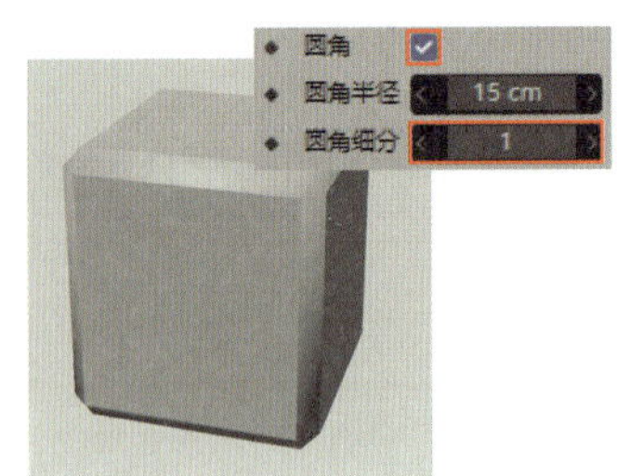

圆角细分值为 1

图 2-1-6　立方体及其倒圆角和倒角的效果

（二）圆锥体的参数

创建圆锥体后，通常需要在“属性”面板“对象”“封顶”“切片”选项卡中设置圆锥体的相关参数。

1.“对象”选项卡

“对象”选项卡（图 2-1-7）中的编辑框和按钮的功能如下。

①“顶部半径”“底部半径”编辑框：设置圆锥体两端的半径。

②“高度”“高度分段”编辑框：设置圆锥体的高度和高度上的分段数。

③“旋转分段”编辑框：设置圆锥体侧面的数量，旋转分段数不同时的效果如图 2-1-8 所示。

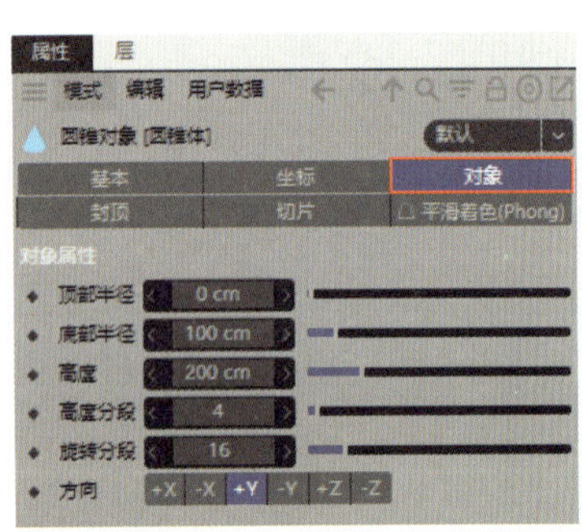

图 2-1-7　“对象”选项卡②

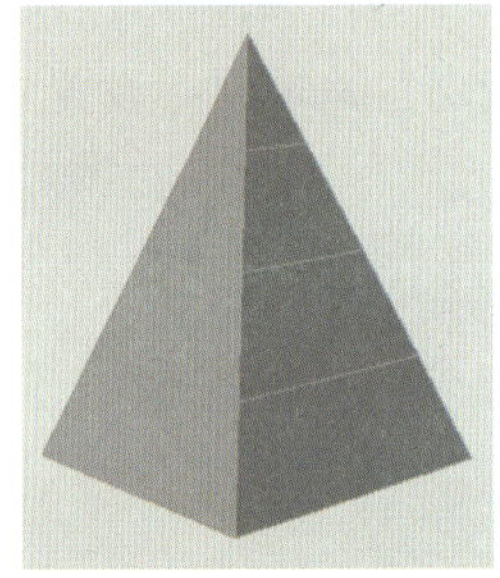
旋转分段数为 3

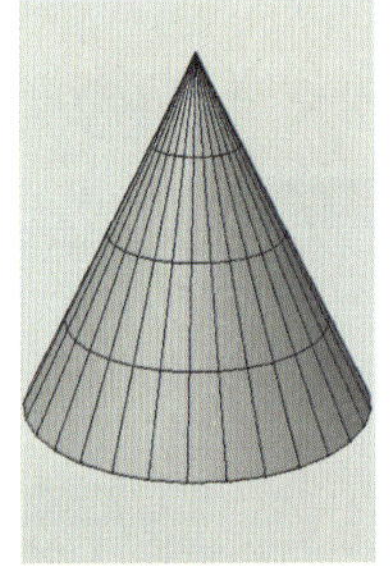
旋转分段数为 30

图 2-1-8　旋转分段数不同时的效果

④“方向”按钮：设置圆锥体的朝向。

2.“封顶”选项卡

“封顶”选项卡（图 2-1-9）中的复选框和部分编辑框的功能如下。

①“封顶”复选框：勾选该复选框后，创建的圆锥体有底面，创建的圆台有顶面和底面。

②“封顶分段”编辑框：设置圆锥体底面的分段数和圆台顶面、底面的分段数。

③“顶部”复选框：勾选该复选框后，可设置圆台顶面棱边处圆弧面和斜面的大小。

④“底部”复选框：勾选该复选框后，可设置圆锥体和圆台的底面

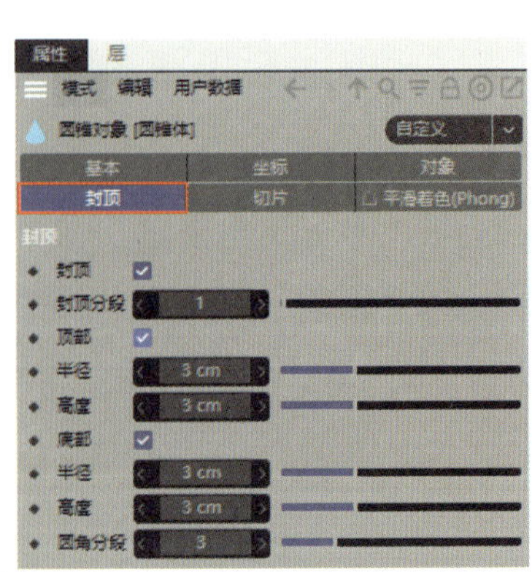

图 2-1-9　“封顶”选项卡

棱边处圆弧面和斜面的大小。

⑤“圆角分段”编辑框：分段数越多，圆角越光滑；当分段数为 1 时，棱边将变成一个斜面。

3.“切片”选项卡

“切片”选项卡（图 2-1-10）中的部分复选框和编辑框的功能如下。

①“切片”复选框：勾选该复选框后，可以按指定的角度创建圆锥体，如图 2-1-11 所示。

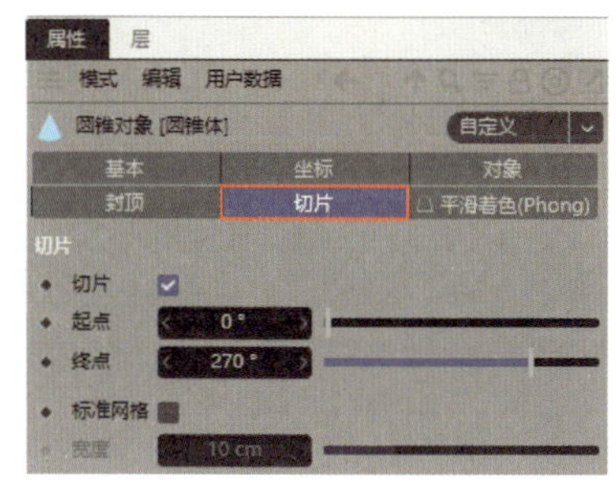

图 2-1-10 “切片”选项卡

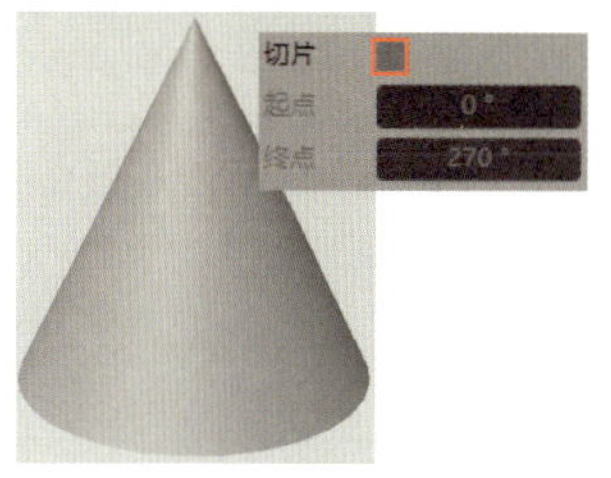

勾选“切片”复选框前

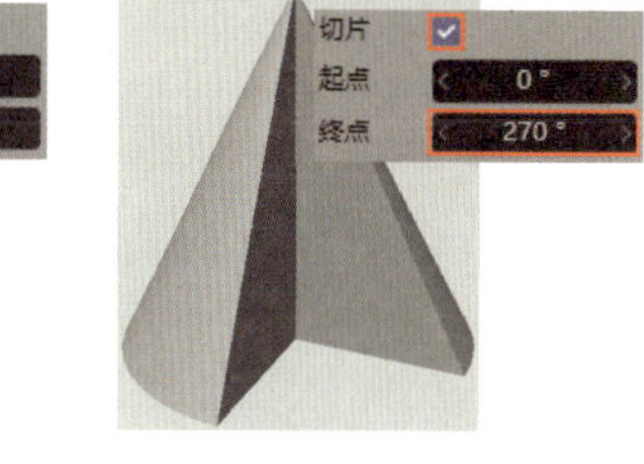

勾选“切片”复选框后

图 2-1-11 按指定的角度创建圆锥体

②“起点”“终点”编辑框：设置圆锥体切片的开始角度和结束角度。

探索与分享

分段数不仅会影响模型的平滑程度，还会改变模型的形状。请同学们利用前面所学知识创建一个五棱台（图 2-1-12）和三棱柱（图 2-1-13），然后在课堂上分享自己设置的参数。

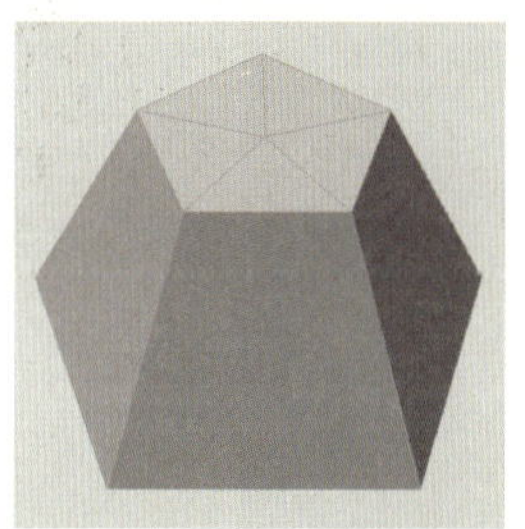

图 2-1-12 五棱台

图 2-1-13 三棱柱

二、将基本体转换为可编辑对象

可编辑对象是可以直接编辑其点、边、面和坐标系的对象。如果要对网格参数对象的点、边、面或坐标系进行编辑，则须先将该网格参数对象转换为可编辑对象。选中基本体后按“C”键，可将该基本体转换为可编辑对象。

将基本体转换为可编辑对象后，在“对象”面板中可以看到该基本体的图标变为可编辑对象的图标，如图 2-1-14 所示。单击顶部工具栏中的“点”图标、“边”图标、“多边形”图标，然后选中已转换为可编辑对象的基本体的点、边、面，即可对其进行编辑；单击“模型”图标并选中已转换为可编辑对象的基本体，可对其进行编辑。例如，要移动立方体右上角的点，需要先将该立方体转换为可编辑对象，再单击顶部工具栏中的“点”图标，在选中立方体右上角的点后，使用“移动”命令将其移动，如图 2-1-15 所示。

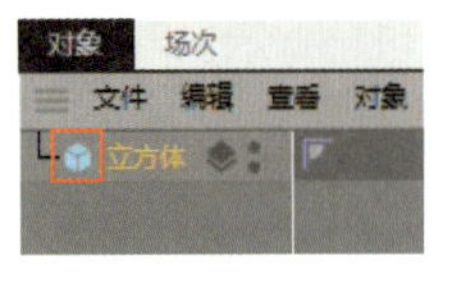

变化前

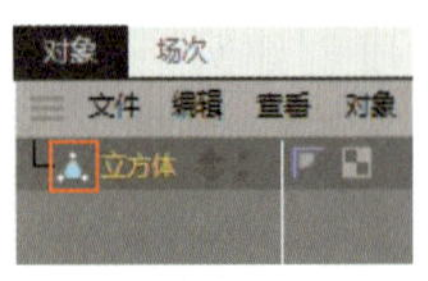

变化后

图 2-1-14　图标变化前、后效果

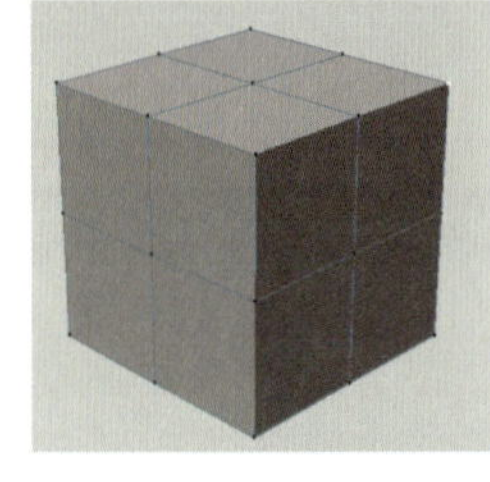

移动前

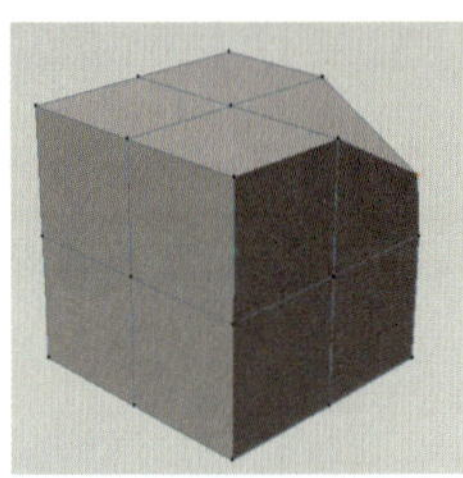

移动后

图 2-1-15　移动立方体右上角的点

答疑解惑

问：能将可编辑对象转换为网格参数对象吗？

答：不能。在 Cinema 4D 中，只能将网格参数对象转换为可编辑对象，无法将可编辑对象转换为网格参数对象。

任务实施一——制作道路交通信号灯

下面通过制作图 2-1-16 中的道路交通信号灯，继续学习使用基本体建模的相关知识。

图 2-1-16　道路交通信号灯渲染图

扫一扫

制作道路交通信号灯

制作思路

道路交通信号灯由信号灯壳体、用于减少外来光源对信号灯光学效果产生干扰的遮沿、保护信号灯光源的面罩 3 部分组成。由于红灯、黄灯、绿灯的遮沿和面罩均相同，因此先创建位于中间的黄灯的遮沿和面罩，再通过复制得到红灯与绿灯的遮沿和面罩。

信号灯壳体由两个圆角长方体组成，可使用“立方体”和“移动”命令制作；遮沿的基本体是半条管道，可先使用“管道”命令创建一条完整的管道，再使其变成半条管道；面罩的基本体是球体，可先使用“球体”命令创建一个完整的球体，将其转换为可编辑对象后，再删除球体上多余的面，使其成为半个球体。

制作步骤

步骤 1　单击右侧工具栏中的“立方体”图标，创建一个立方体，然后在“属性”面板“对象”选项卡中按图 2-1-17（a）设置尺寸、圆角半径、圆角细分值。

步骤 2　单击右侧工具栏中的“立方体”图标，创建一个立方体，然后在“属性”面板“对象”选项卡中按图 2-1-17（b）设置尺寸、圆角半径、圆角细分值。按“E”键执行“移动”命令，然后沿 Z 轴将“立方体 .1”移至合适的位置，结果如图 2-1-18 所示。

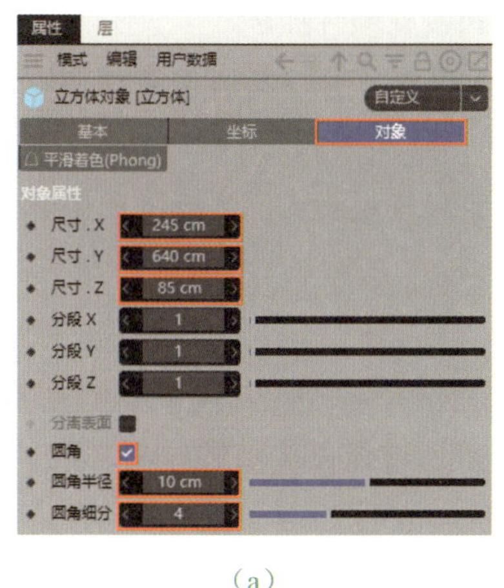

（a）

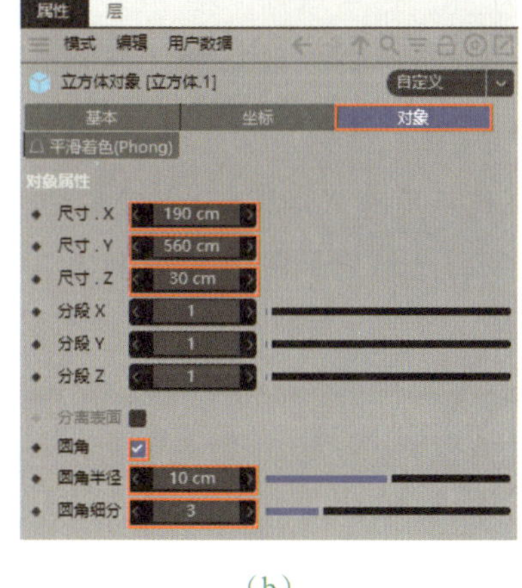

（b）

图 2-1-17　“对象”选项卡 ①

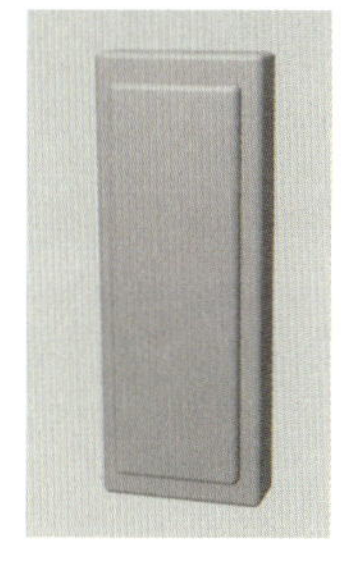

图 2-1-18　信号灯壳体

步骤 3　长按右侧工具栏中的“立方体”图标，在展开的列表中选择“管道”命令，创建一条管道，然后单击顶部工具栏中的“视窗独显”图标，接着在“属性”面板“对象”选项卡中按图 2-1-19 设置管道的外部半径、内部半径、旋转分段数、高度和圆角半径值；在“切片”选项卡中勾选“切片”复选框，使用软件默认的角度值；再次选择“对象”选项卡，单击其中的“–Z”按钮，调整管道的方向。此时，黄灯的遮沿如图 2-1-20 所示。

步骤 4　再次单击顶部工具栏中的“视窗独显”图标，显示信号灯壳体，按“E”键执行“移动”命令，然后沿 Z 轴将黄灯的遮沿移至合适的位置，结果如图 2-1-21 所示。

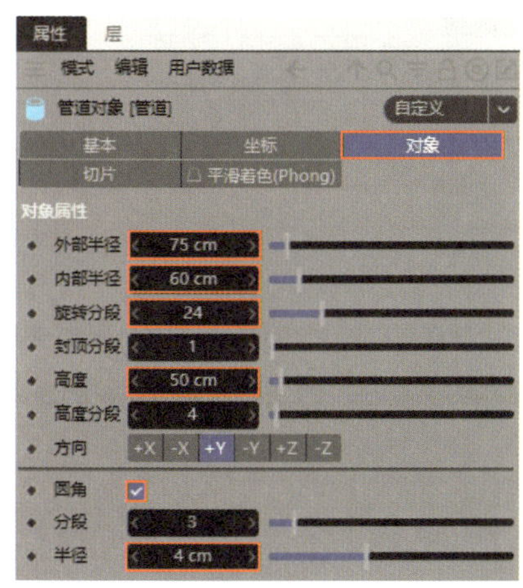

图 2-1-19　“对象”选项卡 ②

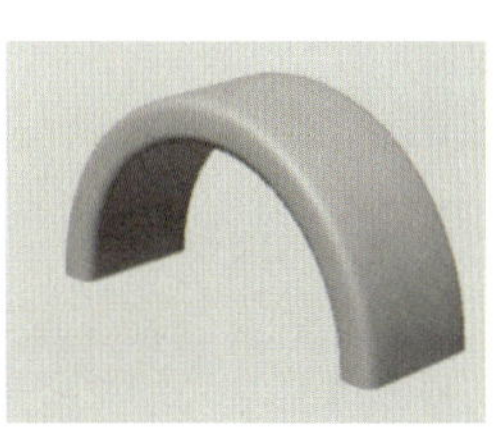

图 2-1-20　黄灯的遮沿

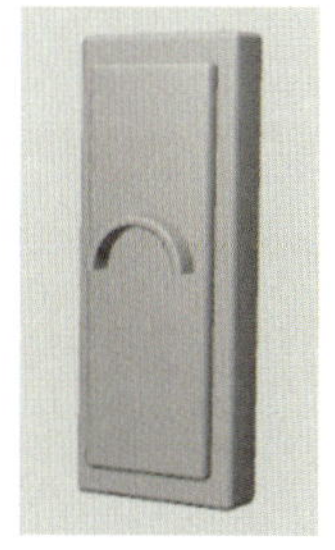

图 2-1-21　黄灯遮沿的位置

小贴士

在建模过程中根据需要，可随时选中要单独显示的对象，然后单击顶部工具栏中的“视窗独显”图标，使所选对象单独显示。

步骤 5 长按右侧工具栏中的“立方体”图标，在展开的列表中选择“球体”命令，创建一个球体，然后沿 Z 轴将该球体移至视图窗口中的任一空白位置，接着在“属性”面板“对象”选项卡中将该球体的半径设为 60 cm、分段数设为 36。选中球体，按“C”键将其转换为可编辑对象。

步骤 6 单击顶部工具栏中的“多边形”图标，切换到编辑面模式。长按左侧工具栏中的“实时选择”图标，在展开的列表中选择“框选”命令，然后在右视图中选中如图 2-1-22 所示的面，按“Delete”键将其删除。单击顶部工具栏中的“模型”图标，切换到编辑模型模式，然后将球体沿 Z 轴移至合适的位置，完成黄灯面罩的制作，结果如图 2-1-23 所示。

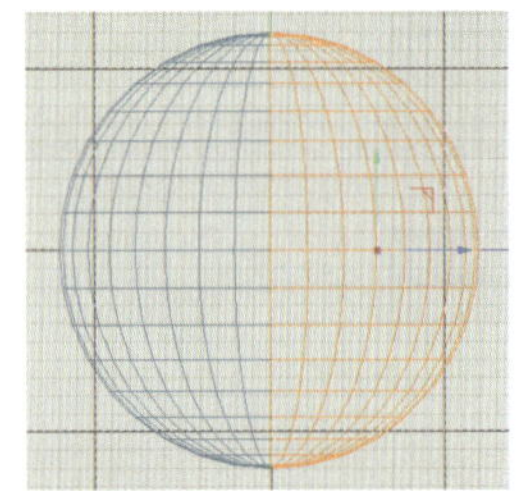

图 2-1-22　选中要删除的面

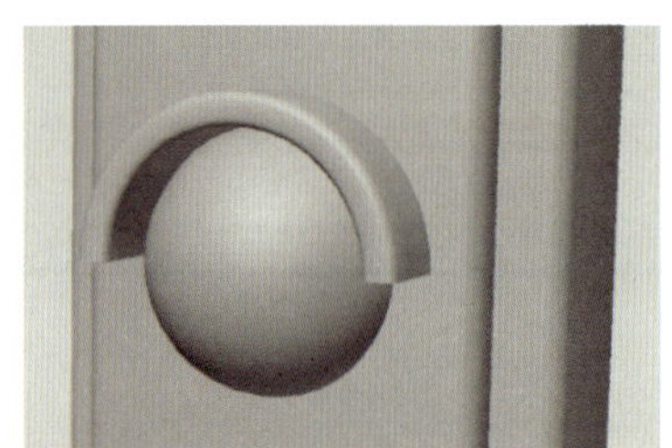

图 2-1-23　黄灯的面罩

步骤 7 选中黄灯的遮沿和面罩，将鼠标指针移至 Y 轴上并按住左键，然后按住“Ctrl”键和“Shift”键向上拖动鼠标，当出现提示信息“165 cm”时松开左键，即可得到红灯的遮沿和面罩；将鼠标指针移至红灯处的 Y 轴上并按住左键，然后按住“Ctrl”键和“Shift”键向下拖动鼠标，当出现提示信息“330 cm”时松开左键，即可得到绿灯的遮沿和面罩，结果如图 2-1-24 所示。

步骤 8 在“对象”面板中对构成交通信号灯的所有对象进行分组，并对组重命名，以便后续查看和修改。调整后的“对象”面板如图 2-1-25 所示。

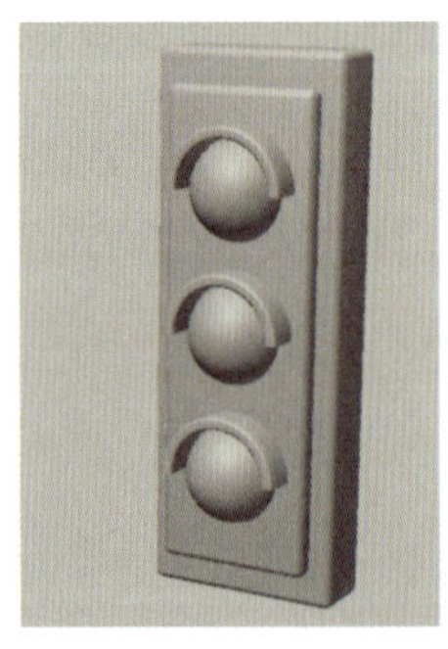

图 2-1-24　红灯和绿灯的遮沿与面罩

图 2-1-25　调整后的“对象”面板

任务实施二——制作沙发

下面通过制作图 2-1-26 中的沙发，进一步学习使用基本体建模的相关知识。

图 2-1-26　沙发渲染图

制作思路

图 2-1-26 中的沙发由座面、靠背、扶手、坐垫、靠垫、沙发脚组成。首先用圆角长方体制作座面、靠背和右侧扶手，然后将右侧扶手转换为可编辑对象，调整右侧扶手坐标系的位置，最后将右侧扶手旋转并复制 1 份，得到左侧扶手。坐垫和靠垫共有 3 组，并且均可以用圆角长方体制作，在制作好其中的一组后，对其进行复制即可。沙发脚共有 4 个，可使用“圆锥体”命令制作出其中的一个，然后调整其坐标系的位置、旋转并复制沙发脚，得到第 2 个沙发脚，最后调整两个沙发脚坐标系的位置，旋转并复制这两个沙发脚。

制作步骤

步骤 1　制作座面。单击右侧工具栏中的“立方体”图标，创建一个立方体，并将其名称设为“座面”。在“属性”面板“对象”选项卡中将座面在 *X*、*Y*、*Z* 轴方向上的尺寸分别设为 235 cm、10 cm、85 cm，然后勾选“圆角”复选框，并将圆角半径设为 1 cm。

步骤 2　制作靠背。单击右侧工具栏中的“立方体”图标，创建一个立方体，并将其名称设为“靠背”。在“属性”面板“对象”选项卡中将靠背在 *X*、*Y*、*Z* 轴方向上的尺寸分别设为 235 cm、55 cm、10 cm，然后勾选“圆角”复选框，并将圆角半径设为 1 cm，最后沿 *Y*、*Z* 轴移动靠背至合适的位置（图 2-1-27）。

步骤 3　制作右侧扶手。单击右侧工具栏中的“立方体”图标，创建一个立方体，并将其名称设为“扶手”。在“属性”面板“对象”选项卡中将扶手在 *X*、*Y*、*Z* 轴方向上的尺寸分别设为 10 cm、40 cm、75 cm，然后勾选“圆角”复选框，将圆角半径设为 1 cm，最后沿 3 个坐标轴方向移动扶手至合适的位置（图 2-1-28）。

步骤 4　制作左侧扶手。选中右侧扶手，按“C”键将其转换为可编辑对象。单击顶部工具栏中的“启用轴心”图标，将其激活。单击动画面板中的“坐标管理器 ...”图标，打开坐标管理器，在与 *X* 轴对应的“移动”编辑框中输入“0”，将右侧扶手坐标系的原点移至世界坐标系的 *YZ* 平面内；再次单击顶部工具栏中的“启用轴心”图标，结束坐标系的调整。确认右侧扶手被选中，按“R”键执行“旋转”命令，然后选中 Y 轴线圈，按住“Ctrl”键和“Shift”键拖动鼠标，当出现提示信息“180°”时松开左键。

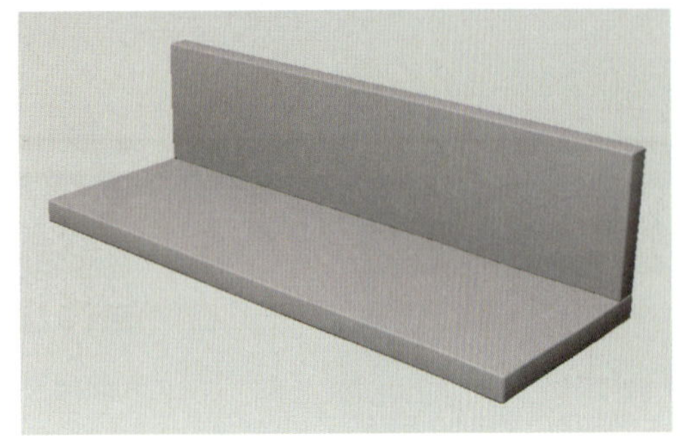

图 2-1-27　靠背的位置

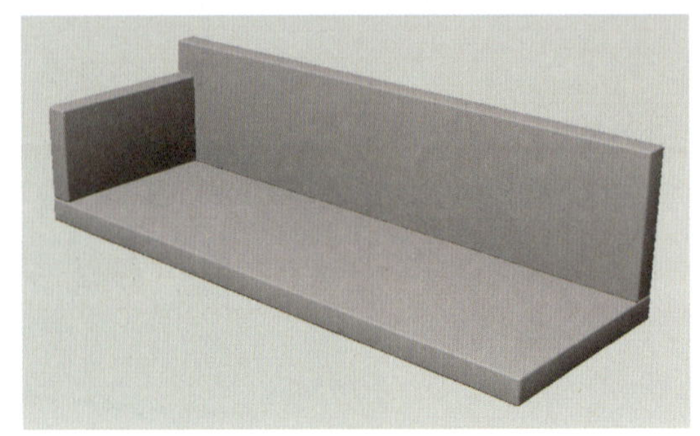

图 2-1-28　右侧扶手的位置

步骤 5　制作坐垫。单击右侧工具栏中的“立方体”图标，创建一个立方体，并将其名称设为“坐垫”。在“属性”面板“对象”选项卡中将坐垫在 X、Y、Z 轴方向上的尺寸分别设为 70 cm、10 cm、75 cm，然后勾选“圆角”复选框，将圆角半径设为 3 cm，最后沿 Y、Z 轴将坐垫移至座面上方合适的位置（图 2-1-29）。

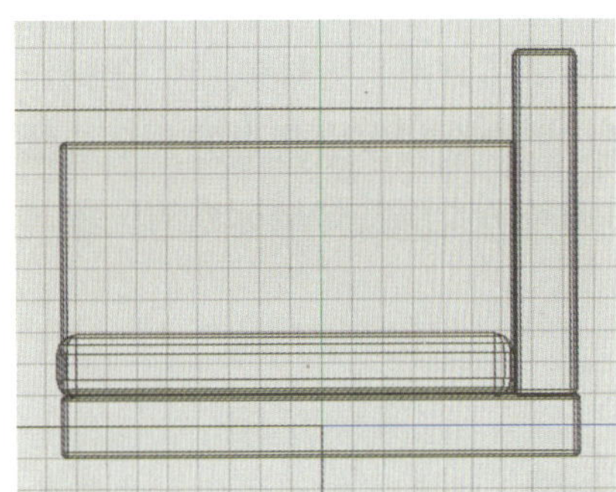

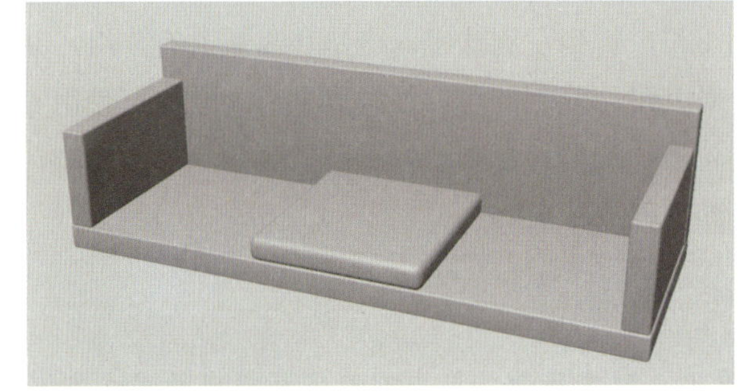

图 2-1-29　中间坐垫的位置

步骤 6　制作靠垫。单击右侧工具栏中的“立方体”图标，创建一个立方体，并将其名称设为“靠垫”。在“属性”面板“对象”选项卡中将靠垫在 X、Y、Z 轴方向上的尺寸分别设为 70 cm、40 cm、15 cm，然后勾选“圆角”复选框，将圆角半径设为 3 cm。

步骤 7　制作其余的坐垫和靠垫。选中已制作的坐垫和靠垫，将鼠标指针移至 X 轴上并按住左键，然后按住“Ctrl”键和“Shift”键将坐垫与靠垫分别向其左右两侧复制一份，移动距离均为 70 cm，结果如图 2-1-30 所示。

图 2-1-30　制作坐垫和靠垫

步骤 8　制作第 1 个沙发脚。长按右侧工具栏中的“立方体”图标，在展开的列表中选择“圆锥体”命令，创建一个圆锥体，并将其名称设为“沙发脚”。在“属性”面板“对象”选项卡中将沙发脚的顶部半径设为 4 cm、底部半径设为 6 cm、高度设为 10 cm、旋转分段数设为 24、方向设为“–Y”；在“封顶”选项卡中勾选“封顶”和“顶部”复选框，在“半径”和“高度”编辑框中分别输入“1”。设置完成后，将沙发脚移至沙发底部合适的位置（图 2-1-31）。

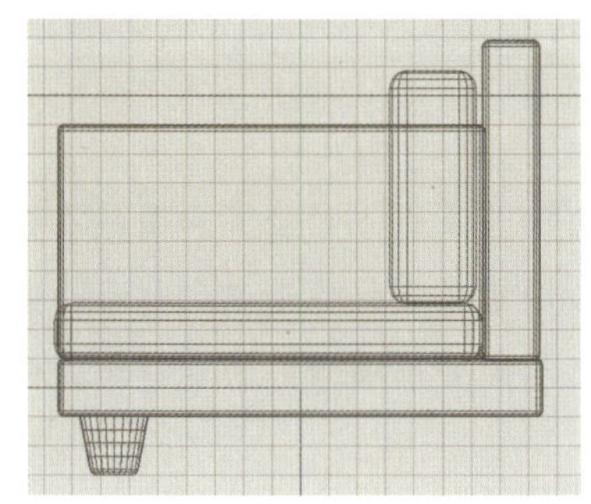

图 2-1-31　第 1 个沙发脚的位置

步骤 9　制作第 2 个沙发脚。选中沙发脚，按“C”键将其转换为可编辑对象。单击顶部工具栏中的“启用轴心”图标，然后在坐标管理器中将与 *X* 轴对应的“移动”编辑框中的数值设为 0，将沙发脚坐标系的原点移至世界坐标系的 *YZ* 平面内，最后单击顶部工具栏中的“启用轴心”图标。确认沙发脚被选中，然后按“R”键执行“旋转”命令，接着选中 *Y* 轴线圈，按住“Ctrl”键和“Shift”键并拖动鼠标，当出现提示信息“180°”时松开左键。

步骤 10　制作其余两个沙发脚。选中视图窗口中的两个沙发脚，单击顶部工具栏中的“启用轴心”图标，然后在坐标管理器中将与 *Z* 轴对应的“移动”编辑框中的数值设为 0，将两个沙发脚的坐标系原点与世界坐标系原点在 *Y* 轴方向上对齐（图 2-1-32），最后单击顶部工具栏中的“启用轴心”图标。确认两个沙发脚处于选中状态，然后选中 *Y* 轴线圈，按住“Ctrl”和“Shift”键并拖动鼠标，当出现提示信息“180°”时松开左键，结果如图 2-1-33 所示。

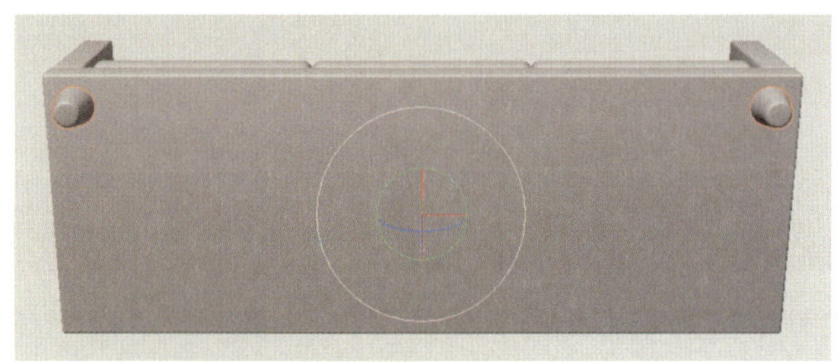

图 2-1-32　两个沙发脚坐标系的位置

图 2-1-33　制作其余两个沙发脚

步骤 11　在“对象”面板中对构成沙发的所有对象进行分组，并对组重命名，以便后续查看和修改。

经验之谈

在制作对称模型时，为了使模型的对称部分与对称平面的距离相等，经常使用“旋转”命令、“Ctrl”键和“Shift”键旋转并复制对象。

任务二 使用样条建模

任务导入

二维图形是由一条或多条样条构成的，样条的形状取决于其上锚点的位置和曲线在锚点处的曲率。在Cinema 4D中不仅可以创建样条参数对象，还可以自由绘制任意形状的样条。创建样条后，使用样条生成器可以将样条转换为模型。如图2-2-1所示的音乐场景中的音符便是使用样条和样条生成器制作的。

图2-2-1 音乐场景

想一想：

（1）除音符外，图2-2-1中的哪些模型还适合使用样条建模方法来制作？

（2）绘制出音符的样条后，怎样才能制作出该音符的模型？

一、创建样条参数对象

Cinema 4D中的样条参数对象包括弧线、圆环、螺旋线、矩形等。长按右侧工具栏中的“矩形”图标，在展开的列表（图2-2-2）中选择所需命令，可以创建相应的样条。此外，单击右侧工具栏中的“文本样条”图标，可以创建文本样条。

图2-2-2 展开的列表

选中创建的样条参数对象，在“属性”面板中可以修改该样条的参数。若要编辑样条参数对象上锚点的位置、锚点处曲线的曲率或样条参数对象的坐标系，则需要选中该样条参数对象，然后按“C”键，将其转换为可编辑对象。

选中不同的样条参数对象，“属性”面板中的选项卡虽然有所不同，但是其中部分编辑框、复选框、按钮的功能大同小异。下面以螺旋线和矩形为例，介绍

“属性”面板“对象”选项卡中常用编辑框、复选框、按钮的功能。

（一）螺旋线的参数

创建螺旋线后，通常需要在“属性”面板“对象”选项卡中（图 2-2-3）设置螺旋线的相关参数。“对象”选项卡中的编辑框和按钮的功能如下。

①“起始半径”“终点半径”编辑框：设置螺旋线在起点和终点处的曲率半径。在如图 2-2-4 所示的螺旋线中，A、B 点到 Z 轴的距离分别为起始半径和终点半径。

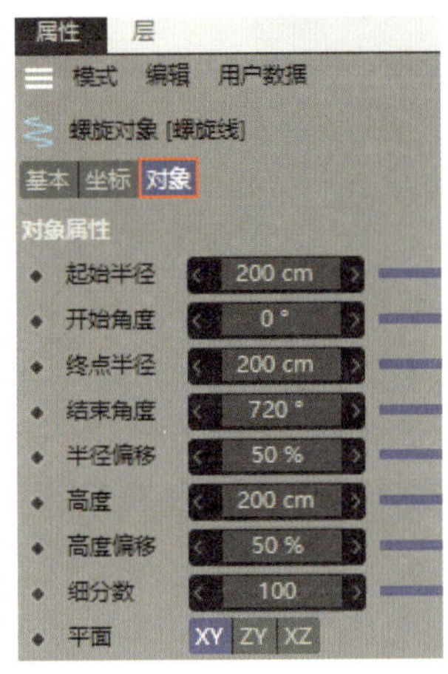

图 2-2-3　“对象”选项卡 ①

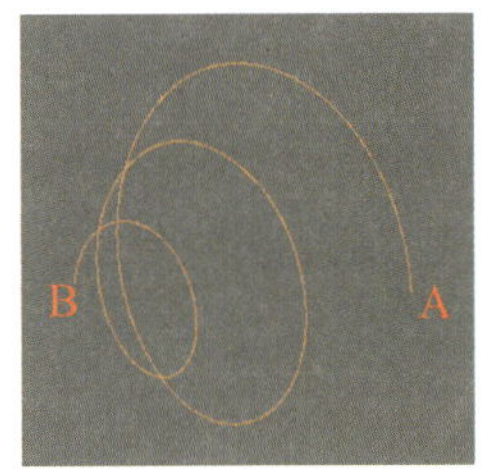

图 2-2-4　螺旋线

②“开始角度”“结束角度”编辑框：设置螺旋线起点、终点的切线与螺旋线轴线的夹角。结束角度与开始角度的差值除以 360° 所得的商为螺旋线的圈数。

③“高度”编辑框：设置螺旋线的总高度。

④“高度偏移”编辑框：设置螺旋线的高度变化。高度偏移值越小，螺旋线底部越紧凑；高度偏移值越大，螺旋线顶部越紧凑。

⑤“细分数”编辑框：数值越大，螺旋线越光滑。

⑥“平面”按钮：设置螺旋线的朝向。

（二）矩形的参数

创建矩形后，通常需要在“属性”面板“对象”选项卡（图 2-2-5）中设置矩形的相关参数。“对象”选项卡中的编辑框和复选框的功能如下。

①“宽度”“高度”编辑框：设置矩形的尺寸。

②“圆角”复选框：勾选该复选框后，可使矩形产生圆角效果，如图 2-2-6 所示。

③“半径”编辑框：设置圆角的半径。

④“角度”编辑框：当点插值方式为“自动适应”时，勾选“圆角”复选框后，在“角度”编辑框中输入“90”，可使矩形产生斜角效果，如图 2-2-7 所示。

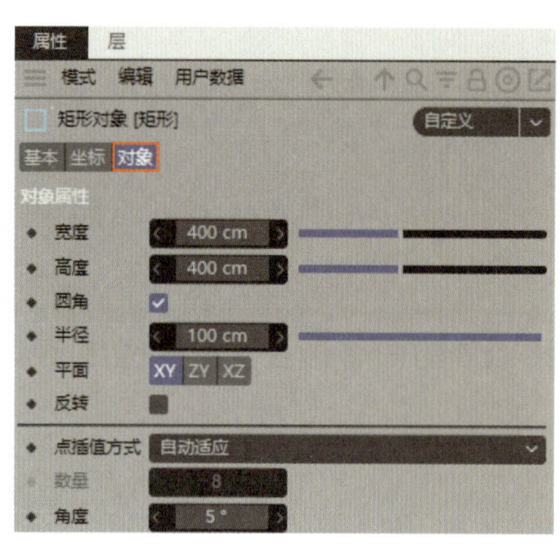

图 2-2-5 “对象”选项卡②

图 2-2-6 矩形的圆角效果

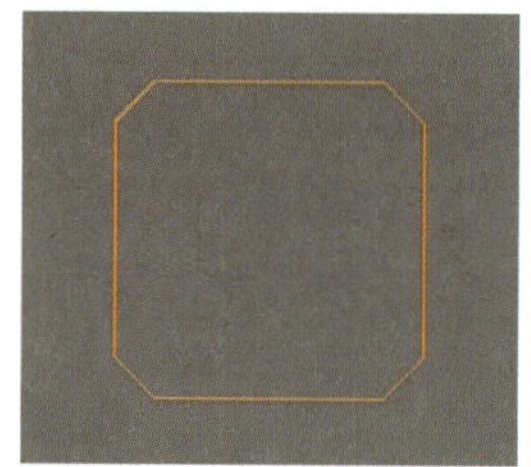
图 2-2-7 矩形的斜角效果

二、自由绘制样条

长按左侧工具栏中的“样条画笔”图标，利用展开的列表（图 2-2-8）中的“样条画笔”“草绘”“样条弧线工具”命令可以自由绘制样条。

图 2-2-8 展开的列表

（一）使用“样条画笔”命令绘制样条

使用“样条画笔”命令可以自由绘制样条，其“属性”面板如图 2-2-9 所示。在默认状态下，使用“样条画笔”命令绘制的样条为贝塞尔样条。当“类型”列表框中的选项为“贝塞尔”时，在视图窗口中单击，可创建直线锚点，两个相邻的直线锚点之间为直线；按住左键并拖动鼠标，可创建曲线锚点，直线锚点与曲线锚点、曲线锚点与曲线锚点之间为曲线。依次指定各锚点的位置，然后按“Esc”键，即可完成样条的绘制。图 2-2-10 为使用“样条画笔”命令绘制的贝塞尔样条。

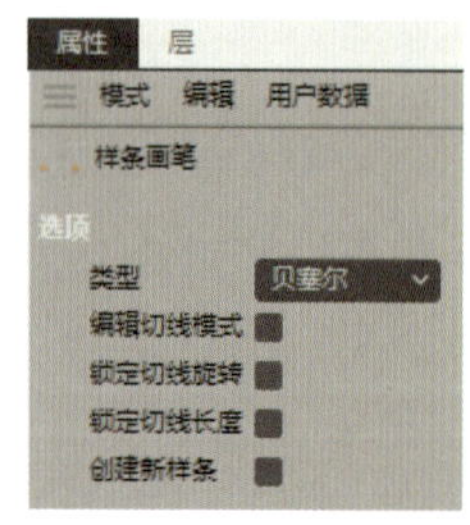

图 2-2-9 “属性”面板

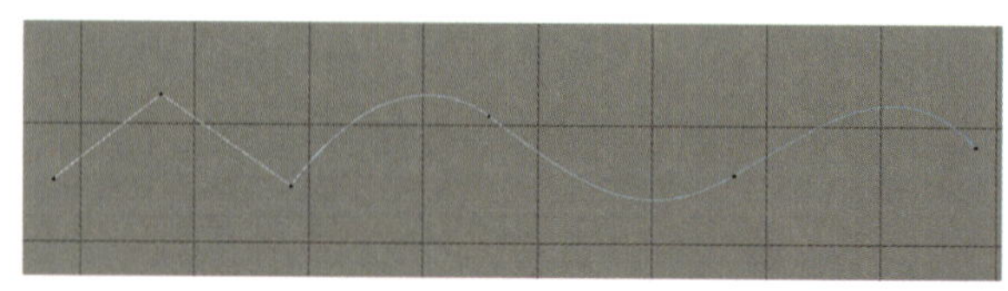
图 2-2-10 使用“样条画笔”命令绘制的贝塞尔样条

选择“样条画笔”命令，然后在“属性”面板“类型”列表框中单击，在弹出的下拉列表中选择“线性”“立方”“Akima”“B- 样条”选项，接着在视图窗口中单击，可绘制线性样条、立方样条、Akima

样条和B-样条。若勾选“属性”面板中的“创建新样条”复选框，则绘制的每一段样条都是一个独立的对象。

小贴士

使用“样条画笔”命令绘制样条时，Cinema 4D会自动切换到编辑点模式，在此模式下，用户只能对样条上的锚点进行操作。若要对整段样条进行操作（如移动、旋转等），则应单击顶部工具栏中的“模型”图标，切换到编辑模型模式。

探索与分享

选择“样条画笔”命令，通过在“属性”面板“类型”列表框中选择样条的种类，绘制线性样条、立方样条、Akima样条、B-样条和贝塞尔样条。教师选择几名学生，让其介绍每种样条的特点。

（二）使用“草绘”命令绘制样条

使用“草绘”命令绘制样条类似于现实生活中的徒手绘画。使用“草绘”命令绘制样条的具体操作：选择“草绘”命令，按住左键并拖动鼠标至所需位置，然后释放左键，软件将沿鼠标指针经过的路径自动生成曲线锚点和曲线，并且结束样条的绘制。

（三）使用“样条弧线工具”命令绘制样条

使用“样条弧线工具”命令可以绘制带有圆弧的样条，其具体操作：选择“样条弧线工具”命令，按住左键并拖动鼠标至所需位置，然后释放左键；按住左键并拖动鼠标，指定圆弧的半径和圆弧端点的位置；按住左键并拖动鼠标，绘制其他圆弧；单击或按“Esc”键，结束样条的绘制。使用“样条弧线工具”命令绘制的第一段样条为直线，此后绘制的样条均为弧线。

三、编辑样条

在Cinema 4D中，既可以对一段样条上的锚点和构成样条的曲线进行编辑，也可以编辑多段样条。常使用“样条画笔”命令和“平滑样条”命令对一段样条上的锚点和构成样条的曲线进行编辑，使用“布尔命令”下的菜单编辑多段样条。

（一）使用“样条画笔”命令编辑样条

绘制样条后，单击左侧工具栏中的“样条画笔”图标，然后选择需要编辑的锚点或曲线，利用右键快捷菜单中的菜单项可编辑所选对象。

1. 编辑样条上的锚点

编辑样条上的锚点包括切换锚点的类型，移动、添加、删除锚点，调整手柄的长度和方向。

（1）设置锚点的类型。将鼠标指针移至锚点上（不要单击），当该锚点高亮显示时右击，在弹出的快捷菜单（图 2-2-11）中选择“硬相切”菜单项，可将该锚点设为直线锚点；选择“软相切”菜单项，可将该锚点设为曲线锚点。在锚点上双击，可使该锚点在直线锚点与曲线锚点之间切换。

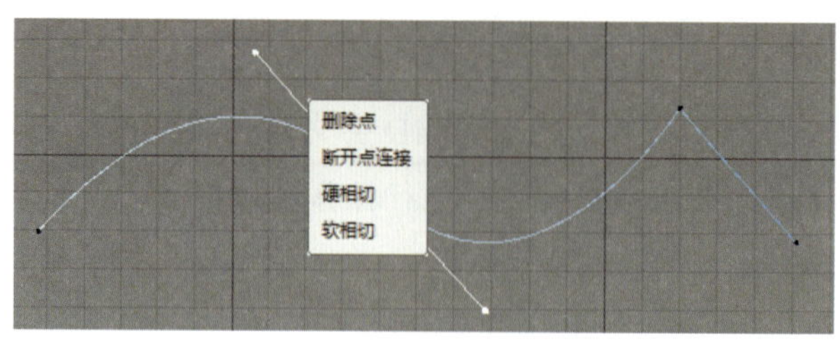

图 2-2-11 快捷菜单 ①

（2）移动、添加、删除锚点。将鼠标指针移至锚点上，当鼠标指针处出现移动图标时拖动鼠标，可移动该锚点；按住“Ctrl”键在样条上单击，可在单击处添加锚点；按住“Ctrl”键在锚点上单击，可删除该锚点。

（3）调整手柄的长度和方向。选中一个曲线锚点，锚点的两侧出现两个手柄，如图 2-2-12（a）所示，拖动一侧的手柄，可以调整该侧手柄的长度和两侧手柄的方向，从而改变样条的弧度，如图 2-2-12（b）所示；选中一个曲线锚点，在按住“Shift”键的同时拖动一侧的手柄，可单独调整该侧手柄的长度和方向，从而改变样条的形状，如图 2-2-12（c）所示。

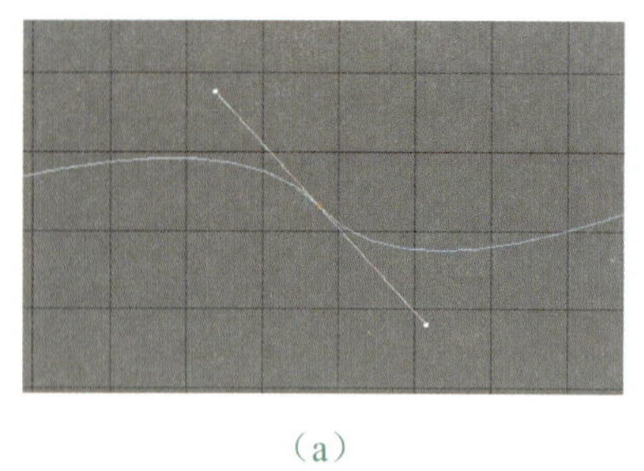

（a）

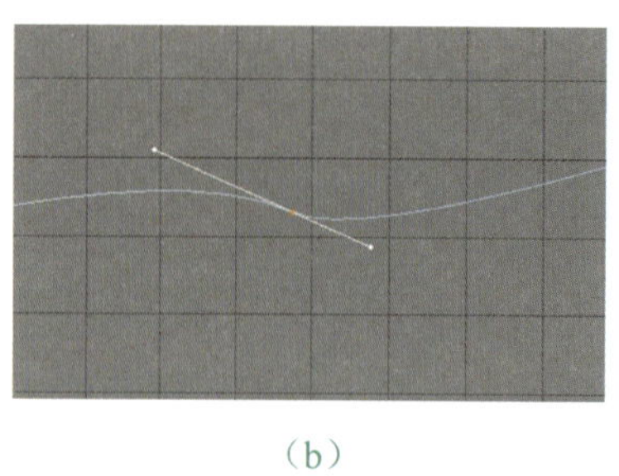

（b）

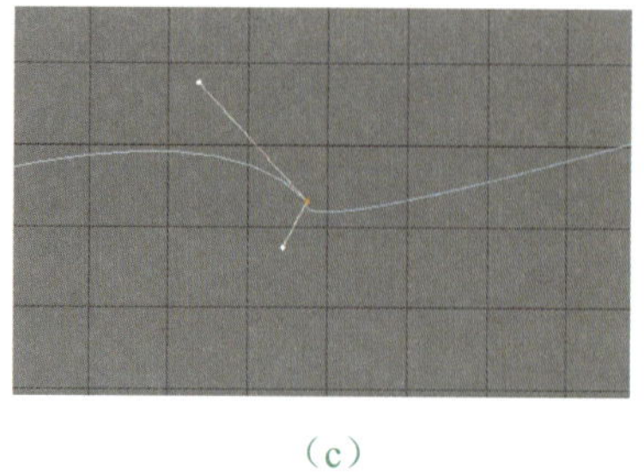

（c）

图 2-2-12 调整手柄的长度和方向

小贴士

使用“样条画笔”命令编辑样条时，若勾选“属性”面板中的“锁定切线长度”复选框，则不能调整手柄的长度；若勾选“属性”面板中的“锁定切线旋转”复选框，则不能调整手柄的角度。

2. 编辑构成样条的曲线

（1）切换曲线的类型。将鼠标指针移至曲线上（不要单击），当该曲线高亮显示时右击，在弹出的快捷菜单（图 2-2-13）中选择“硬边”菜单项，可将该曲线设为直线；选择“软边”菜单项，可将该直线设为曲线。在曲线上双击，可切换曲线的类型。

（2）创建轮廓。确保要编辑的样条处于选中状态，然后在视图窗口中右击，在弹出的快捷菜单（图 2-2-14）中选择“创建轮廓”菜单项，然后在“属性”面板中设置轮廓距离并单击“应用”按钮，或者在视图窗口中拖动鼠标，可为该样条创建轮廓，如图 2-2-15 所示。

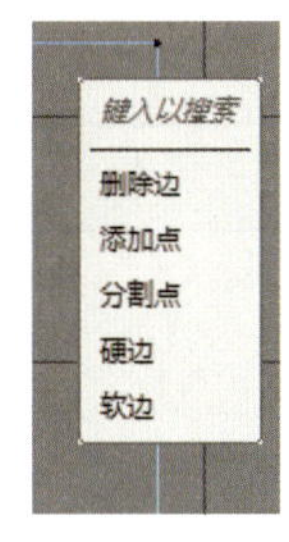

图 2-2-13　快捷菜单 ②

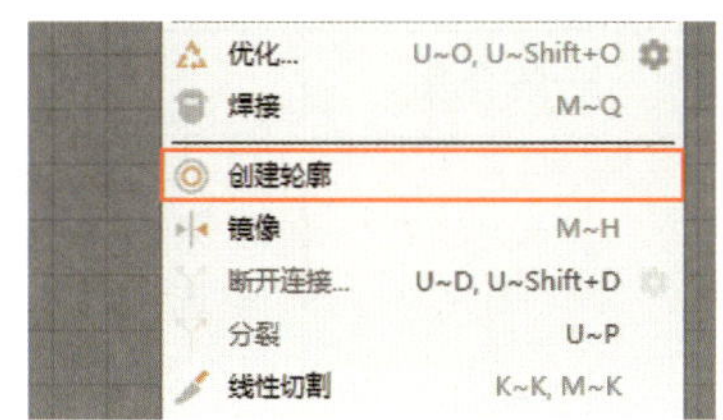

图 2-2-14　快捷菜单 ③

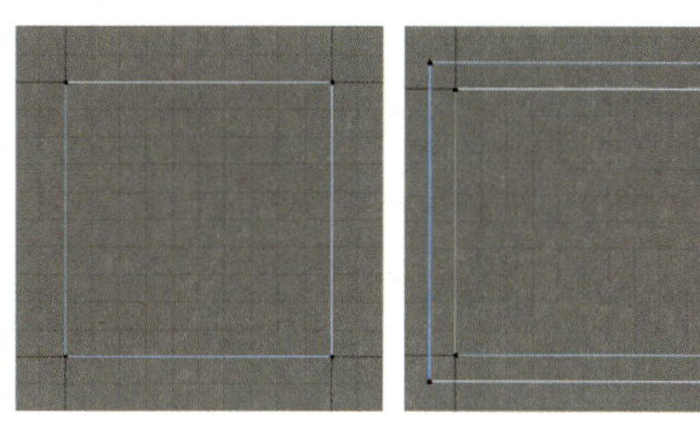

图 2-2-15　创建轮廓

（3）倒角。选中锚点，在视图窗口中右击，在弹出的快捷菜单中选择“倒角”菜单项，然后在“属性”面板中设置圆角的半径并单击“应用”按钮，或者在视图窗口中拖动鼠标，均可对选中的锚点倒圆角，如图 2-2-16（a）所示；在“对象”面板中选中整段样条，利用弹出的快捷菜单中的“倒角”菜单项可对样条的所有锚点倒圆角，如图 2-2-16（b）所示。选择“倒角”菜单项后，勾选“平直”复选框，可对锚点倒角，倒角的效果如图 2-2-17 所示。

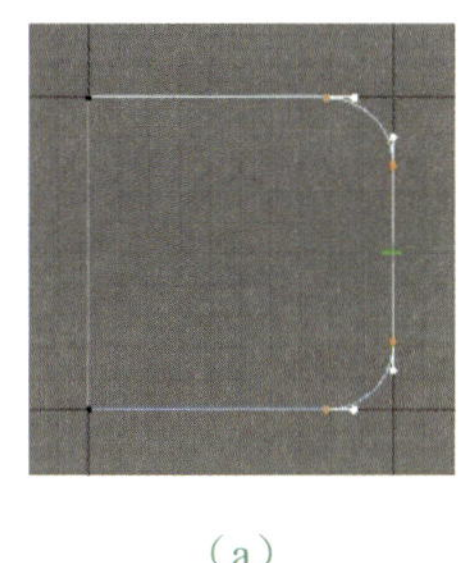

（a）

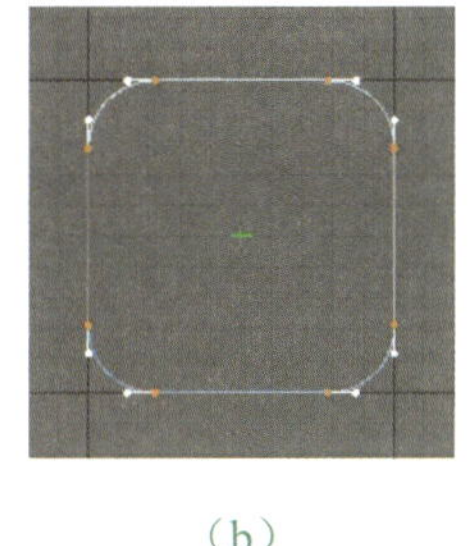

（b）

图 2-2-16　倒圆角的效果

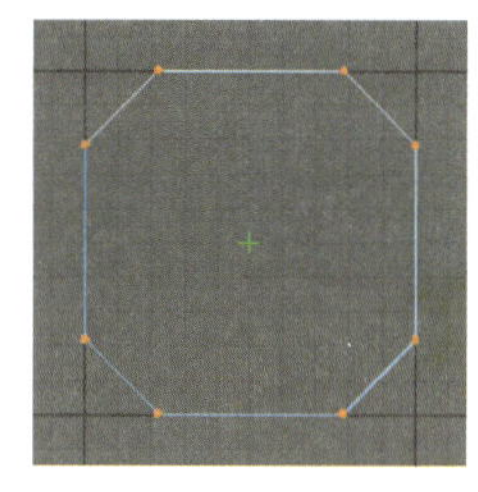

图 2-2-17　倒角的效果

（二）使用“平滑样条”命令编辑样条

使用“平滑样条”命令可使样条变得平滑。具体操作：长按左侧工具栏中的“样条画笔”图标，在展开的列表中选择“平滑样条”命令，然后将鼠标指针移至样条上，按住左键并拖动鼠标。

（三）使用“布尔命令”下的菜单编辑样条

对两段或两段以上的样条进行布尔运算，可以产生新的样条。依次选中要编辑的样条，然后选择“样条”→“布尔命令”下的“样条差集”“样条并集”“样条合集”“样条或集”“样条交集”菜单，可对所选样条进行相应的布尔运算。对样条进行布尔运算的 5 个命令的功能如表 2-2-1 所示。

表 2-2-1　对样条进行布尔运算的 5 个命令的功能

原对象	说明	模型	样条差集	说明	模型
	圆为 *A*，花瓣形样条为 *B*，*A* 和 *B* 为两个独立的对象			依次选择 *A* 和 *B*，再选择“样条差集”菜单，可产生 *B*–*A* 的效果	

续表

样条并集	说明	模型	样条合集	说明	模型
	依次选择 *A* 和 *B*，再选择“样条并集”菜单，可产生 *B*+*A* 的效果，且重合区域的样条被删除			依次选择 *A* 和 *B*，再选择“样条合集”菜单，可保留 *A* 与 *B* 重合区域内的样条	
样条或集	**说明**	**模型**	**样条交集**	**说明**	**模型**
	依次选择 *A* 和 *B*，再选择“样条或集”菜单，可保留用 *A* 与 *B* 构成的区域减去两者重合的区域后剩余区域内的样条			依次选择 *A* 和 *B*，再选择“样条交集”菜单，可产生 *B*+*A* 的效果，且保留重合区域内的样条	

小贴士

对样条进行布尔运算时，布尔运算的结果与选择样条的顺序有关，并且最后选择的样条始终为目标样条。例如，依次选中样条 *A* 和样条 *B*，然后选择“样条”→“布尔命令”→“样条差集”菜单，可产生 *B*–*A* 的效果。

使用“布尔命令”下的菜单可以对包括样条参数对象在内的所有样条进行布尔运算。样条参数对象在参与布尔运算后，自动变为可编辑对象。

四、基于样条创建模型

绘制样条后，使用“挤压”生成器、“旋转”生成器、“扫描”生成器和“放样”生成器，可基于样条创建模型。使用生成器创建模型的方法有两种。

方法 1：长按右侧工具栏中的“细分曲面”图标，在展开的列表（图 2-2-18）中选择所需命令，然后在“对象”面板中将样条设为生成器的子级。

方法 2：选中要进行挤压或旋转的样条，按住“Alt”键后长按右侧工具栏中的“细分曲面”图标，在展开的列表（图 2-2-18）中选择所需命令。

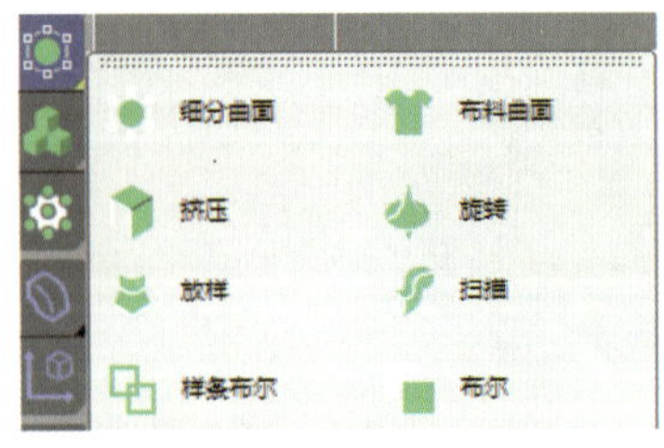

图 2-2-18　展开的列表

（一）“挤压”生成器

将样条作为横截面，使用“挤压”生成器将该横截面沿指定的方向拉伸，可生成模型，如图 2-2-19 所示。为样条应用“挤压”生成器后，通常需要在“属性”面板“对象”选项卡（图 2-2-20）中设置与挤压相关的参数。“对象”选项卡中常用编辑框的功能如下所示。

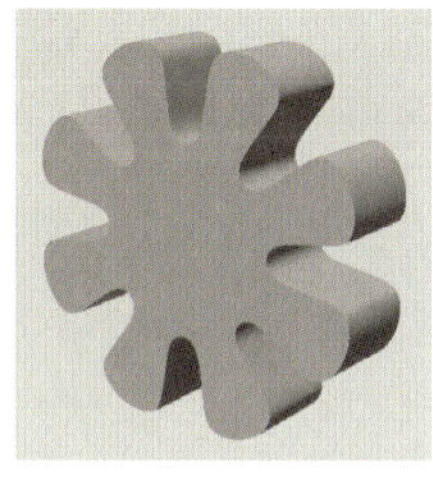

图 2-2-19 挤压效果

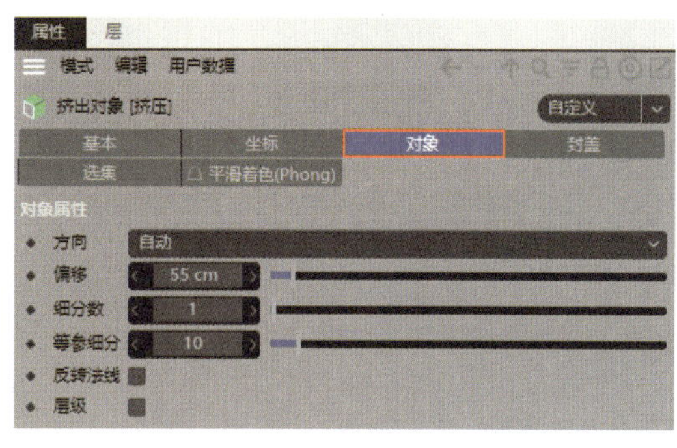

图 2-2-20 “对象”选项卡①

①“偏移”编辑框：设置挤压的距离。

②“细分数”编辑框：设置模型的细分数量，数值越大，挤压方向上的细分线越多。

（二）“旋转”生成器

使用“旋转”生成器可以使样条绕旋转轴旋转来生成模型，如图 2-2-21 所示。创建“旋转”生成器后，通常需要在“属性”面板“对象”选项卡（图 2-2-22）中设置与旋转相关的参数。“对象”选项卡中的常用编辑框的功能如下。

旋转前

旋转后

图 2-2-21 旋转前、后效果

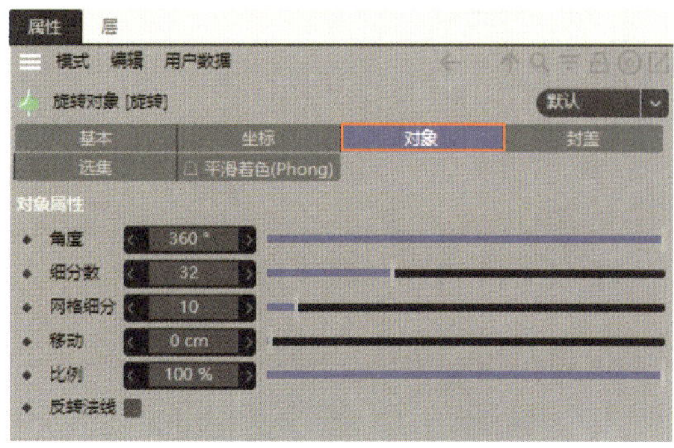

图 2-2-22 “对象”选项卡②

①“角度”编辑框：设置样条绕旋转轴旋转的角度，如图 2-2-23 所示。

②“移动”编辑框：设置模型的结束位置与起始位置在旋转轴上的距离差，如图 2-2-24 所示。

③“比例”编辑框：设置模型另一侧的缩放比例，如图 2-2-25 所示。

旋转角度为 360°

旋转角度为 180°

图 2-2-23 旋转角度不同时的效果

移动距离为 0 cm

移动距离为 700 cm

图 2-2-24 移动距离不同时的效果

缩放比例为 100%

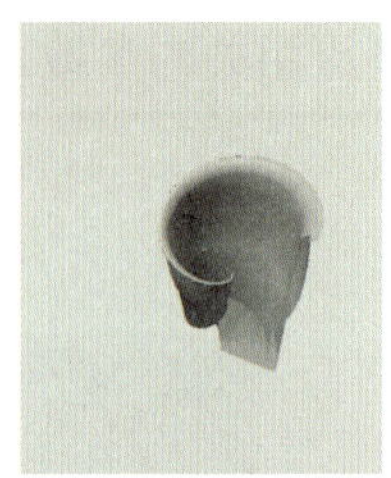
缩放比例为 20%

图 2-2-25 缩放比例不同时的效果

答疑解惑

问：为什么使用“旋转”生成器创建的模型的中间有孔洞？

答：使用“旋转”生成器创建模型时，如果想要使模型的中间封闭，则需要将模型中间部分的锚点与“旋转”生成器的旋转轴对齐。在默认状态下，“旋转”生成器的旋转轴与世界坐标系的 *Y* 轴重合。

（三）“扫描”生成器

使用“扫描”生成器可以使一条作为横截面的样条沿着另一条作为路径的样条运动，从而生成模型。创建“扫描”生成器后，可根据需要在“对象”面板中设置样条的层级关系。在“对象”面板中，“扫描”生成器的第 1 个子级对象为横截面，第 2 个子级对象为横截面的运动路径。例如，在图 2-2-26 中，“矩形”和“小房子”同为“扫描”的子级，第 1 个子级对象“矩形”为横截面，第 2 个子级对象“小房子”为横截面的运动路径。

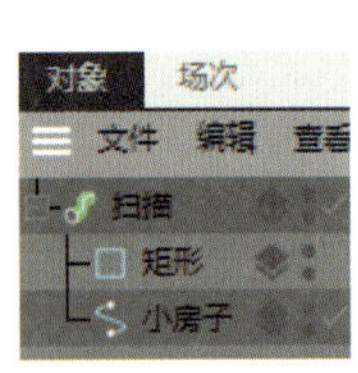

“对象”面板

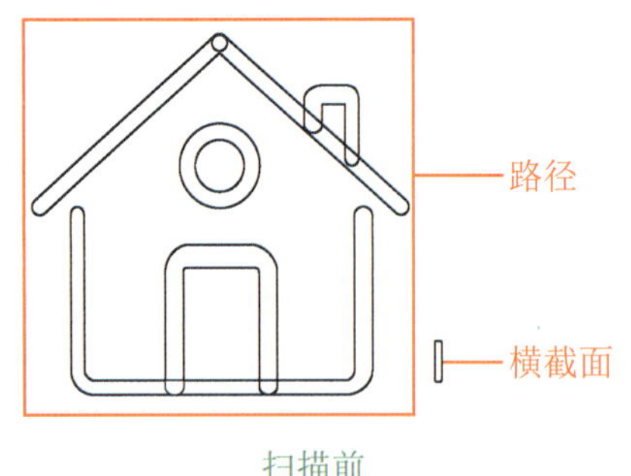

扫描前

扫描后

图 2-2-26 使用“扫描”生成器创建模型

使用“扫描”生成器创建模型后，利用“属性”面板“对象”选项卡中“细节”卷展栏下的缩放曲线（图 2-2-27），可调整模型各部分横截面的大小，如图 2-2-28 所示。“缩放”设置区中的横轴代表路径的缩放大小，纵轴代表横截面的缩放大小。调整缩放曲线的方法如下：① 拖动缩放曲线上的锚点或手柄；

② 按住“Ctrl”键单击缩放曲线，可在单击处创建一个锚点，然后拖动该锚点，可以调整曲线；③ 选中不需要的锚点并按“Delete”键，可删除该锚点。

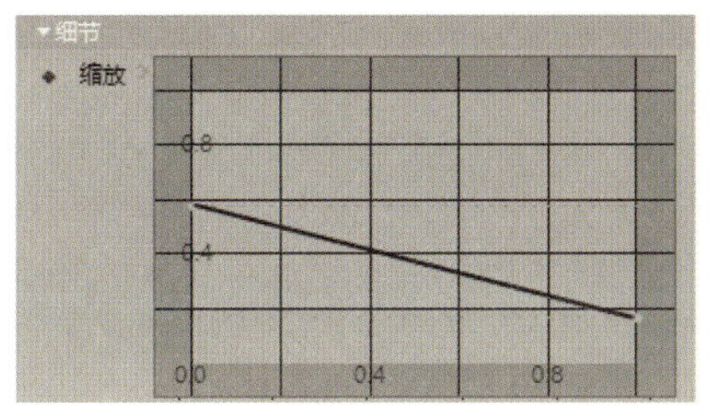

图 2-2-27　缩放曲线

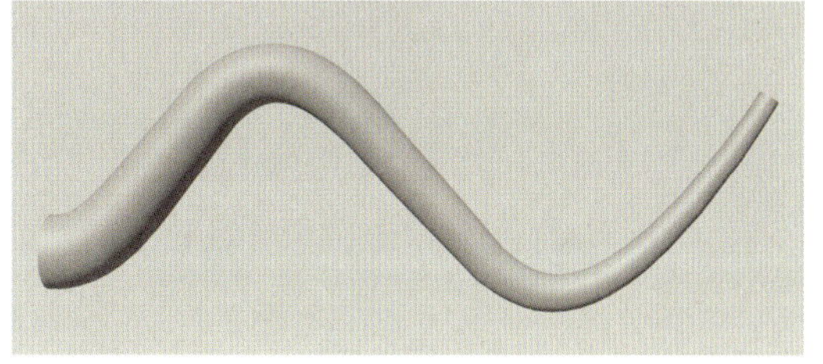

图 2-2-28　模型横截面大小不同时的效果

创建“扫描”生成器后，通常需要在“属性”面板“封盖”选项卡（图 2-2-29）中设置与封盖相关的参数。“封盖”选项卡中的常用复选框、选项和编辑框的功能如下。

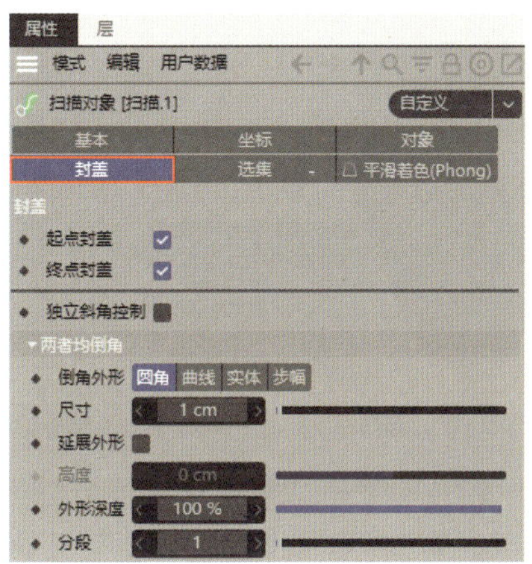

图 2-2-29　“封盖”选项卡

①“起点封盖”“终点封盖”复选框：勾选该复选框后，在默认状态下，模型的起点和终点处会生成平面，如图 2-2-30 所示。通过设置倒角的类型和相关参数，可使该平面产生变化。

②“倒角外形”选项：设置模型的起点和终点处的形状。

③“尺寸”编辑框：设置模型的起点或终点到模型的起始端或终止端的距离，如图 2-2-31 所示。

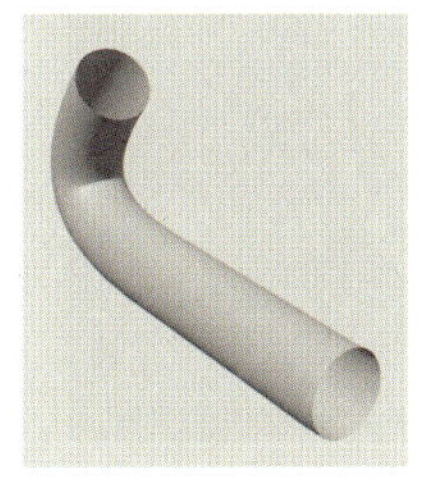

勾选前

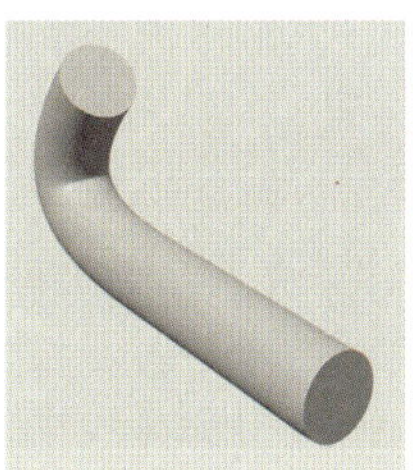

勾选后

图 2-2-30　勾选“起点封盖”和“终点封盖”前、后效果

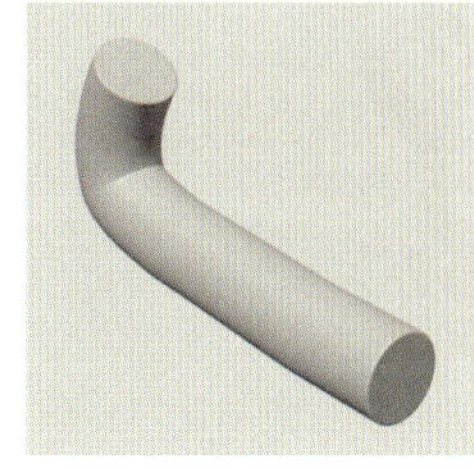

尺寸为 1 cm

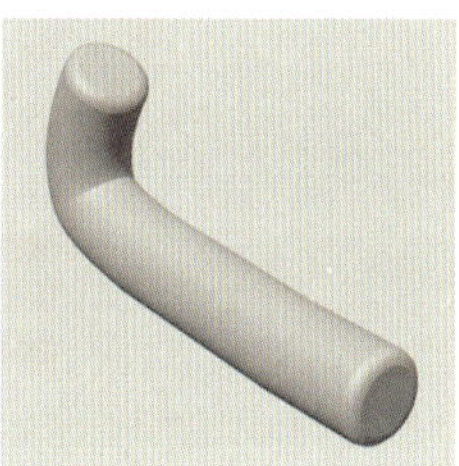

尺寸为 5 cm

图 2-2-31　距离不同时模型的效果

④“分段”编辑框：分段数越多，圆角越光滑；当分段数为 1 时，棱边处产生斜面，如图 2-2-32 所示。

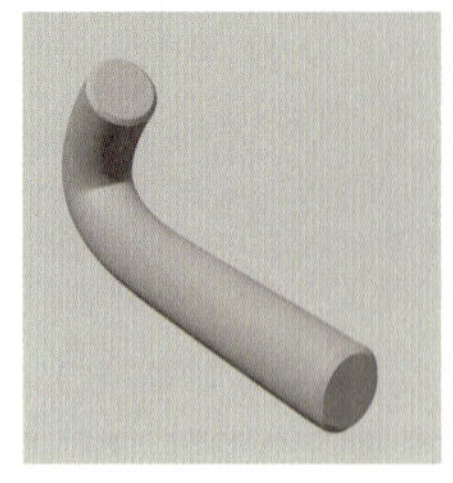

分段数为 1

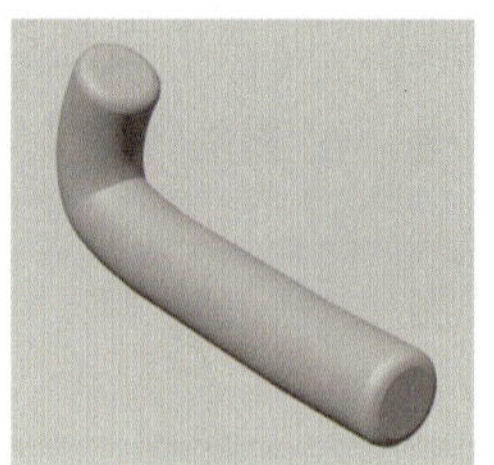

分段数为 3

图 2-2-32　分段数不同时模型的效果

（四）“放样”生成器

使用“放样”生成器可以连接两条或两条以上的样条，以生成模型。创建“放样”生成器后，可根据需要，在“对象”面板中设置样条的层级关系。图 2-2-33 为使用“放样”生成器创建模型。

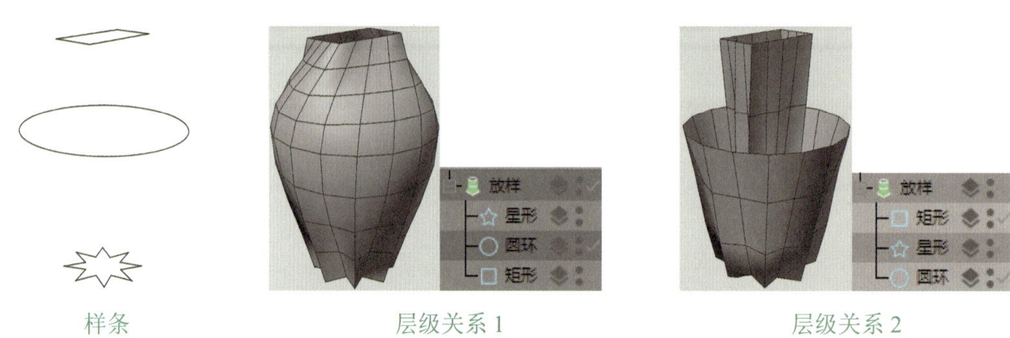

样条　　层级关系 1　　层级关系 2

图 2-2-33　使用“放样”生成器创建模型

任务实施一——制作图标

下面通过参照图 2-2-34 制作图 2-2-35 中的图标模型，继续学习使用样条建模的相关知识。

图 2-2-34　图标参考图

图 2-2-35　图标模型渲染图

制作思路

图 2-2-35 中的图标由灯座、灯泡、灯丝、圆环 4 个部分组成。首先在正视图中导入参考图，然后绘制灯座和灯泡的轮廓线，再对所绘制的轮廓线进行挤出，最后制作外侧的圆环。对于灯座部分，可使用

“矩形”命令绘制其中的两个圆角矩形，使用“矩形”“圆环”“样条差集”命令绘制第3条轮廓线。因为灯泡和灯丝左右对称，所以可先使用“样条画笔”命令绘制灯泡和灯丝一侧的轮廓线，再使用“对称”生成器生成另一侧的轮廓线。外侧的圆环可使用“扫描”生成器创建，横截面为矩形，路径为圆。

扫一扫

制作图标

制作步骤

步骤1　将本书配套素材“素材与实例”→“项目二”→“图标”→“图标.png”文件拖到正视图窗口中后释放左键。按“Shift+V”组合键，或在“属性”面板中选择“模式”→“视图设置”菜单，然后在打开的面板中选择“背景”选项卡，在“透明度”编辑框中输入“90”并按“Enter”键。

步骤2　单击右侧工具栏中的“矩形”图标，创建一个矩形，然后在“属性”面板“对象”选项卡中将矩形的宽度设为140 cm、高度设为30 cm，接着勾选“圆角”复选框，并将矩形的圆角半径设为15 cm，最后将圆角矩形沿Y轴向下移至合适的位置（图2-2-36）。选中视图窗口中的圆角矩形，按住“Ctrl”键沿Y轴向下移动鼠标指针至合适的位置，以复制该圆角矩形。

步骤3　长按右侧工具栏中的“矩形”图标，在展开的列表中选择“圆环”命令，创建一个圆环，然后在“属性”面板“对象”选项卡中勾选“椭圆”复选框，将椭圆的长半径和短半径分别设为45 cm、25 cm，最后将椭圆沿Y轴向下移至合适的位置。单击右侧工具栏中的“矩形”图标，创建一个矩形，然后将创建的矩形沿Y轴向下移至合适的位置（图2-2-37）。

步骤4　按住“Ctrl”键在“对象”面板中依次选中“矩形.2”和“圆环”，然后选择“样条”→“布尔命令”→“样条差集”菜单，可得到如图2-2-38所示的差集效果。

图2-2-36　矩形的位置①

图2-2-37　矩形的位置②

图2-2-38　差集效果

步骤5　将鼠标指针移至“对象”面板中，按“Ctrl+A”组合键选中视图窗口中的所有样条，然后在“对象”面板中的任一对象的名称上右击，在弹出的快捷菜单中选择“连接对象+删除”菜单项，将选中的样条合并，最后将样条的名称设为“灯座”。

步骤6　单击顶部工具栏中的“建模设置”图标，在展开的面板中勾选“捕捉”“点”“引导线”复选框。单击左侧工具栏中的“样条画笔”图标，在图2-2-39中的箭头处单击，创建第1个锚点；向右移动鼠标指针，待出现水平引导线时在合适的位置单击，创建第2个锚点；向上移动鼠标指针，待出现竖直引导线时在合适的位置单击，创建第3个锚点；将鼠标指针移至合适的位置并按住左键拖动鼠标，以调整曲线的曲率，最后释放左键，创建第4个锚点；参照图2-2-40绘制右半边灯泡的轮廓线。绘制完成后按“Esc”键。

答疑解惑

问：绘制样条时，若想取消创建的某个锚点但不结束“样条画笔”命令，该怎样操作？

答：按“Ctrl+Z”组合键。

步骤7 选中图2-2-40中箭头处的锚点，然后在视图窗口中右击，在弹出的快捷菜单中选择“倒角”菜单项，接着在“属性”面板“半径”编辑框中输入“15”并按“Enter”键，结果如图2-2-41所示。

图2-2-39 创建第1个锚点

图2-2-40 右半边灯泡的轮廓线

图2-2-41 绘制圆角

步骤8 单击左侧工具栏中的“样条画笔”图标，捕捉图2-2-39中箭头处的锚点并单击，然后参照图2-2-42绘制右半边灯丝的轮廓线，最后将样条的名称设为“灯泡”。

步骤9 选中“灯泡”，确认顶部工具栏中的“点”图标处于激活状态，然后在视图窗口中右击，在弹出的快捷菜单中选中“创建轮廓”菜单项，接着在“属性”面板“距离”编辑框中输入“28”并按“Enter”键，结果如图2-2-43所示。

图2-2-42 绘制右半边灯丝的轮廓线

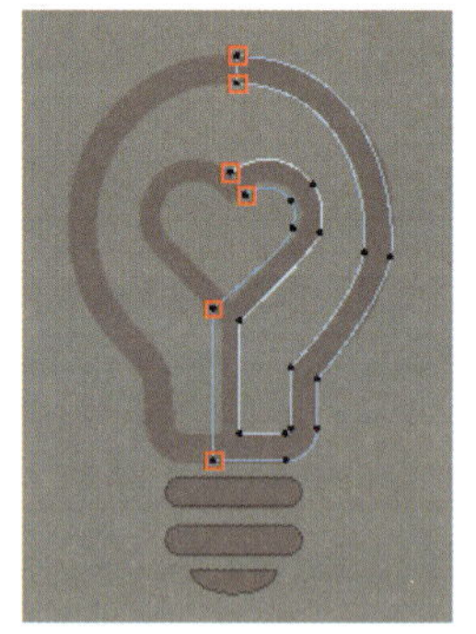

图2-2-43 绘制的轮廓线

步骤10 单击动画面板中的“坐标管理器…”图标，打开坐标管理器，分别选中图2-2-43中红色矩形框内的锚点，在坐标管理器中与*X*轴对应的“移动”编辑框中输入“0”并按“Enter”键（图2-2-44），最后根据需要调整其余锚点的位置或曲线的形状，结果如图2-2-45所示。

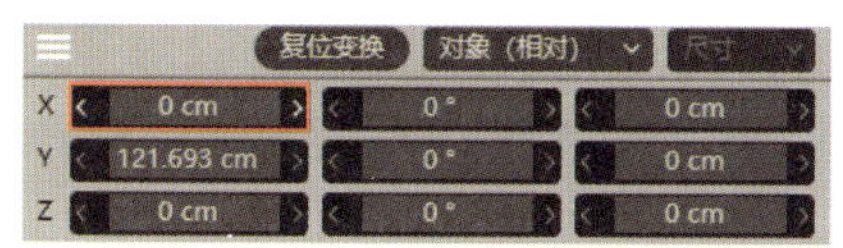

图 2-2-44　坐标管理器

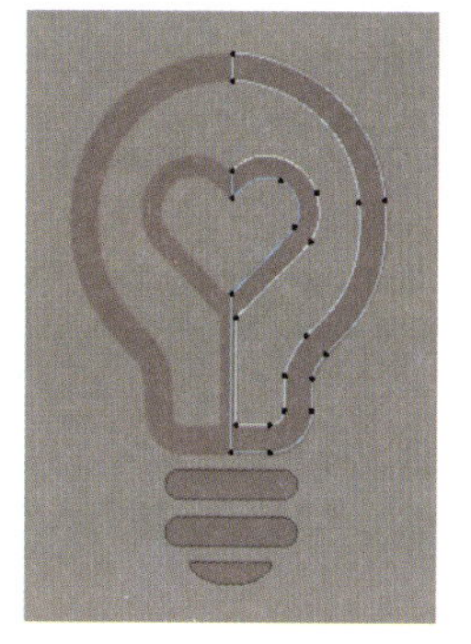

图 2-2-45　编辑样条

步骤 11　选中“灯泡”，按住“Alt”键后长按右侧工具栏中的“细分曲面”图标，在展开的列表中选择“对称”命令，以生成另一侧的灯泡轮廓线和灯丝轮廓线。

步骤 12　选中“对称”和“灯座”，按住“Alt”键后长按右侧工具栏中的“细分曲面”图标，在展开的列表中选择“挤压”命令，创建两个“挤压”生成器，然后在“属性”面板“对象”选项卡中将挤压的方向设为 Z、挤压距离设为 50 cm。设置完成后的灯座、灯泡、灯丝如图 2-2-46 所示。

步骤 13　激活正视图，使用右侧工具栏中的“圆环”命令创建一个半径为 330 cm 的圆环，再使用右侧工具栏中的“矩形”命令创建一个宽度为 28 cm、高度为 50 cm 的矩形。

步骤 14　长按右侧工具栏中的“细分曲面”图标，在展开的列表中选择“扫描”命令，创建一个“扫描”生成器，然后将“矩形”设为“扫描”的第 1 个子级，将“圆环”设为“扫描”的第 2 个子级。制作完成后的图标如图 2-2-47 所示。

图 2-2-46　设置完成后的灯座、灯泡、灯丝

图 2-2-47　制作完成后的图标

素养提升

同一个模型的制作方法有多种，学生只有善于思考、勤于练习，才能快速厘清制作思路，并且合理地使用命令去高效地创建模型。学生在学习过程中应保持严谨认真、耐心细致的态度，勤动手、多尝试，不断提高建模效率，进而提高个人的职业竞争力。

任务实施二 ——制作奖杯

下面通过制作图 2-2-48 中的奖杯模型，进一步学习使用样条建模的相关知识。

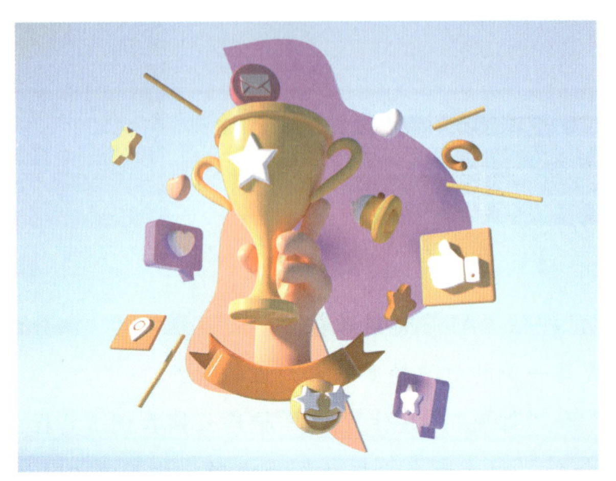

扫一扫

制作奖杯

图 2-2-48 奖杯渲染图

制作思路

图 2-2-48 中的奖杯由杯身、把手、星形装饰 3 个部分组成。导入参考图，使用“样条画笔”命令绘制出杯身的轮廓线，然后使用“旋转”生成器将其转换为模型，即可完成杯身的制作。根据参考图绘制出右侧把手的路径，然后创建一个圆环，将其作为把手的横截面，最后使用“扫描”生成器制作出右侧把手。旋转并复制右侧把手，制作出左侧的把手。创建星形样条，然后使用“挤压”生成器将其转换为模型，最后将制作的星形装饰移至奖杯上。

制作步骤

步骤 1 导入参考图。将本书配套素材“素材与实例”→“项目二”→“奖杯”→“奖杯 .png”文件拖到正视图窗口中后释放左键。按“Shift+V”组合键，或在“属性”面板中选择“模式”→“视图设置”菜单，然后在打开的面板中选择“背景”选项卡，在“透明度”编辑框中输入“35”并按“Enter”键。

步骤 2 绘制杯身的轮廓线。单击顶部工具栏中的“建模设置”图标，在展开的面板中勾选“捕捉”“点”“引导线”复选框。单击左侧工具栏中的“样条画笔”图标，在图 2-2-49 中的箭头处单击，创建第 1 个锚点；向右移动鼠标指针，待出现水平引导线时在合适的位置单击，创建第 2 个锚点；向上移动鼠标指针，待出现竖直引导线时在合适的位置单击，创建第 3 个锚点；将鼠标指针移至合适的位置并按住左键拖动鼠标，以调整曲线的曲率，最后释放左键，创建第 4 个锚点；参照图 2-2-49 绘制右半边奖杯的轮廓线。绘制完成后按“Esc”键。选中图 2-2-50 中红色矩形框内的锚点，在其中的任一锚点上右击，在弹出的快捷菜单中选择“硬相切”菜单项。

步骤 3 对杯身的轮廓线倒圆角。选中图 2-2-50 中红色矩形框内的锚点，在视图窗口中右击，在弹出的快捷菜单中选择“倒角”菜单项，接着在“属性”面板“半径”编辑框中输入“5”并按“Enter”键。

步骤 4 调整锚点的位置。单击动画面板中的“坐标管理器 ...”图标，打开坐标管理器，分别选中图 2-2-51 中箭头处的锚点，在坐标管理器中与 X 轴对应的“移动”编辑框中输入“0”并按“Enter”键。

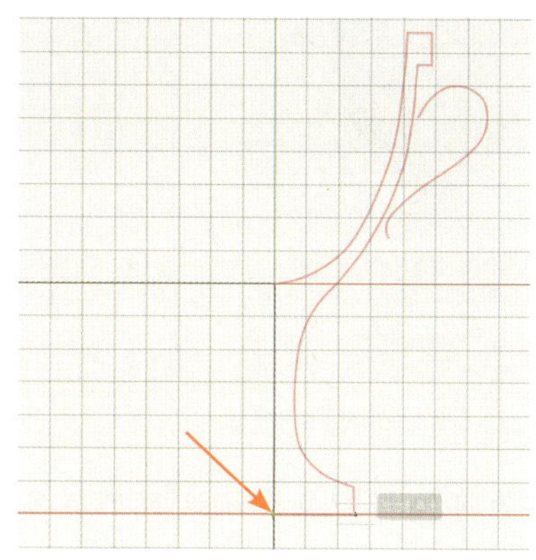
图 2-2-49　创建第 1 个锚点

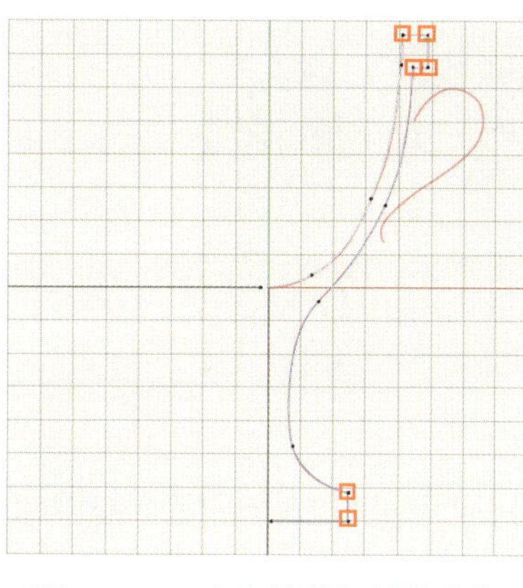
图 2-2-50　右半边奖杯的轮廓线

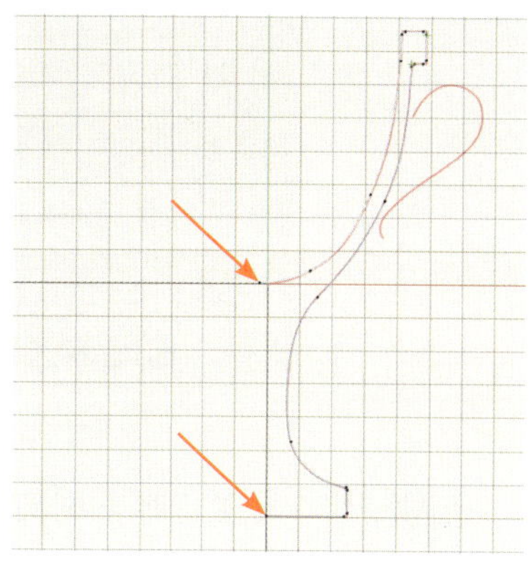
图 2-2-51　箭头处的锚点

步骤 5　制作杯身模型。选中“样条”，按住“Alt”键后长按右侧工具栏中的“细分曲面”图标，在展开的列表中选择“旋转”命令。制作完成后的杯身如图 2-2-52 所示。

步骤 6　绘制把手的横截面和该横截面的运动路径。使用“样条画笔”命令绘制把手横截面的运动路径，并将其名称设为“路径”。使用右侧工具栏中的“圆环”命令创建一个半径为 30 cm 的圆环，将其作为把手的横截面。

步骤 7　制作把手模型。长按右侧工具栏中的“细分曲面”图标，在展开的列表中选择“扫描”命令，然后将“圆环”设为“扫描”的第 1 个子级，将“路径”设为“扫描”的第 2 个子级。制作完成后的把手如图 2-2-53 所示。

图 2-2-52　制作完成后的杯身

图 2-2-53　制作完成后的把手

步骤 8　调整把手的细节。选中图 2-2-53 中的把手，在“属性”面板中选择“对象”选项卡，然后单击“细节”卷展栏使其展开，接着将缩放曲线的两个端点分别向下拖至合适的位置，再利用端点处的手柄调整缩放曲线的形状（图 2-2-54）；选择“封盖”选项卡，将把手两端的圆角半径设为 5 cm。制作完成的把手如图 2-2-55 所示。

步骤 9　复制把手。选中把手，按“R”键执行“旋转”命令，然后选中 X 轴线圈，按住“Ctrl”键和“Shift”键拖动鼠标，当出现提示信息“–180°”时松开左键。

步骤 10　创建星形样条。激活正视图，长按右侧工具栏中的“矩形”图标，在展开的列表中选择“星形”命令，然后在“属性”面板“对象”选项卡中将星形的内部半径设为 50 cm、外部半径设为

105 cm、顶点数量设为 5。

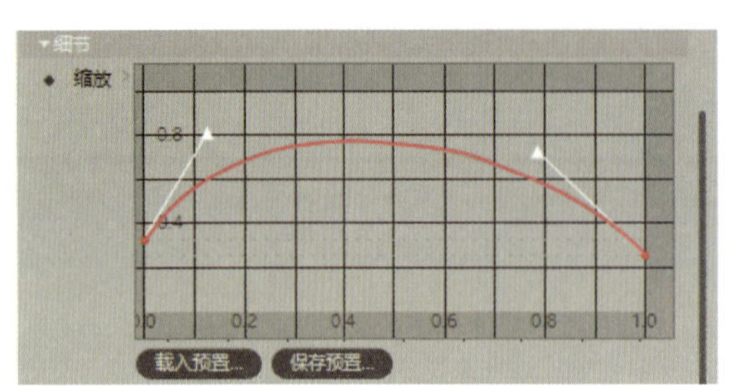

图 2-2-54 缩放曲线的形状

图 2-2-55 制作完成的把手

步骤 11 对星形样条倒圆角。选中“星形”，按“C”键将其转换为可编辑对象。确认星形样条处于选中状态，单击顶部工具栏中的“点”图标，切换到编辑点模式，然后在视图窗口中右击，在弹出的快捷菜单中选择“倒角”菜单项，接着在“属性”面板“半径”编辑框中输入“5”并按“Enter”键。

步骤 12 制作星形装饰。确保“星形”处于选中状态，按住“Alt”键后长按右侧工具栏中的“细分曲面”图标，在展开的列表中选择“挤压”命令，然后在“属性”面板“对象”选项卡中将挤压的距离设为 20 cm，接着在“封盖”选项卡中选择“两者均倒角”卷展栏中的“圆角”选项，在“尺寸”编辑框中输入“5”，最后将星形装饰移至合适的位置并对其进行旋转，结果如图 2-2-56 所示。

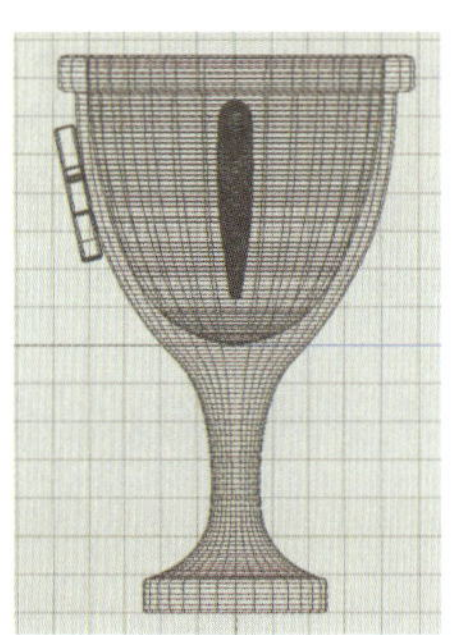

图 2-2-56 制作星形装饰

任务实施三——制作护手霜软管

下面通过制作图 2-2-57 中的护手霜软管，进一步学习使用样条建模的相关知识。

图 2-2-57 护手霜软管渲染图

扫一扫
制作护手霜软管

制作思路

护手霜分为盖子和管状体两个部分。首先利用圆柱体制作出盖子，然后使用“圆环”命令创建管状体不同位置处的横截面，接着使用“放样”生成器连接所创建的横截面，以制作管状体的基本形状，最后通过增加横截面，优化管状体的形状。

制作步骤

步骤 1 长按右侧工具栏中的“立方体”图标，在展开的列表中选择“圆柱体”命令，然后将创建的圆柱体的名称设为“盖子”。在“属性”面板“对象”选项卡中将盖子的半径设为 25 cm、高度设为 40 cm、旋转分段数设为 24；在“封顶”选项卡中勾选“圆角”复选框，将盖子的圆角半径设为 2 cm。

步骤 2 长按右侧工具栏中的“矩形”图标，在展开的列表中选择“圆环”命令，然后在“属性”面板“对象”选项卡中将圆环的半径设为 15 cm、平面设为 *XZ*，在“坐标”选项卡“P.Y”编辑框中输入“–20”。

步骤 3 选中“圆环”，按“E”键执行“移动”命令，然后选中 *Y* 轴，接着按住“Ctrl”键和“Shift”键并向下移动鼠标指针，当出现提示信息“5 cm”时松开左键，复制一个圆环。

步骤 4 创建一个圆环，在“属性”面板“对象”选项卡中将圆环的半径设为 45 cm、平面设为 *XZ*，在“数量”编辑框中输入“24”，使圆环变得更光滑；在“坐标”选项卡“P.Y”编辑框中输入“–35”。

步骤 5 创建一个圆环，在“属性”面板“对象”选项卡中勾选“椭圆”复选框，将椭圆的长半径和短半径分别设为 60 cm、2 cm，将平面设为 *XZ*，在“数量”编辑框中输入“24”；在“坐标”选项卡“P.Y”编辑框中输入“–380”。此时，视图窗口中护手霜软管的横截面如图 2-2-58 所示。

步骤 6 长按右侧工具栏中的“细分曲面”图标，在展开的列表中选择“放样”命令，创建一个“放样”生成器，在“对象”面板中将“圆环”“圆环 .1”“圆环 .2”“圆环 .3”按顺序设为“放样”的子级，如图 2-2-59 所示。此时，制作的管状体如图 2-2-60 所示。

图 2-2-58 护手霜软管的横截面

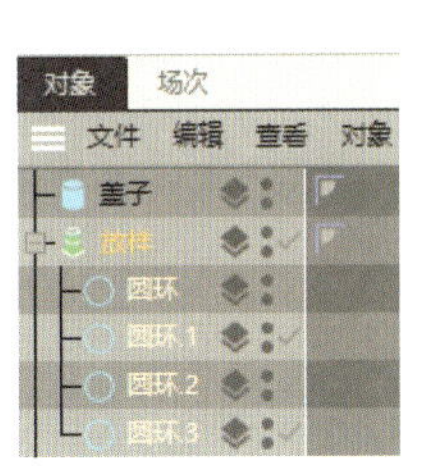

图 2-2-59 “放样”的子级

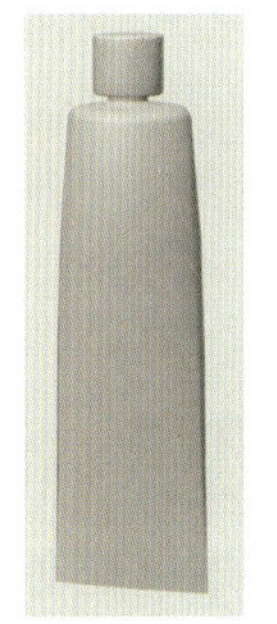

图 2-2-60 制作的管状体

步骤 7 选中“圆环 .2”，然后选中 *Y* 轴，接着按住“Ctrl”键和“Shift”键并向下移动鼠标指针，当出现提示信息“5 cm”时松开左键，复制一个圆环。在“对象”面板中将“圆环 .4”调整到“圆环 .2”的下面，然后在“属性”面板“对象”选项卡中将圆环的半径设为 47 cm。

步骤 8 选中“圆环 .3”，然后选中 *Y* 轴，按住“Ctrl”键和“Shift”键并向上移动鼠标指针，当出现提示信息“30 cm”时松开左键，复制一个椭圆，接着将该椭圆的短半径设为 5 cm，最后在“对象”面板中将“圆环 .5”调整到“圆环 .4”的下面。

步骤 9 选中“圆环 .5”，然后选中 Y 轴，接着按住“Ctrl”键和“Shift”键并向上移动鼠标指针，当出现提示信息“10 cm”时松开左键，复制一个椭圆，最后将该椭圆的短半径设为 10 cm，并在“对象”面板中将“圆环 .6”调整到“圆环 .4”的下面。设置完成后的“对象”面板如图 2-2-61 所示，制作完成的护手霜软管如图 2-2-62 所示。

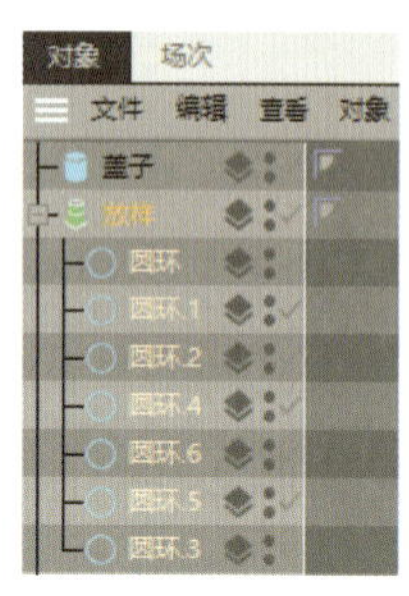

图 2-2-61 “对象”面板

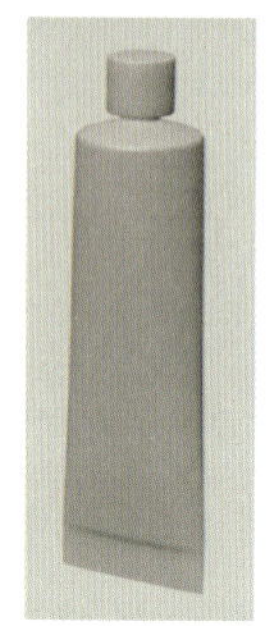

图 2-2-62 制作完成的护手霜软管

学习成果自测

自测习题一 制作皮箱

利用本项目所学知识制作图 2-3-1 中的皮箱。

图 2-3-1 皮箱渲染图

自测习题二 制作鱼缸

参照本书配套素材“素材与实例”→“项目二”→“鱼缸”→“鱼缸 .png”文件，利用本项目所学知识制作图 2-3-2 中的鱼缸。

图 2-3-2　鱼缸渲染图

提示：

绘制鱼缸截面时，需要绘制出鱼缸的厚度，同时应注意调整鱼缸底面中心处锚点的位置，避免鱼缸的底面出现孔洞。

自测习题三　制作洗发膏瓶

利用本项目所学知识制作图 2-3-3 中的洗发膏瓶。

图 2-3-3　洗发膏瓶渲染图

提示：

瓶身和按压部分均可以使用“圆柱体”命令创建，压嘴口可使用“扫描”命令创建。

学习成果评价

请进行学习成果评价，并将评价结果填入表 2-4-1。

表 2-4-1　学习成果评价表

班级		组号		日期	
姓名		学号		指导教师	
评价项目	评价内容		满分	自我评分	教师评分
知识（50%）	创建基本体的方法和基本体参数的功能		5		
	将基本体转换为可编辑对象的方法		10		
	创建样条参数对象的方法		5		
	自由绘制样条的方法		10		
	编辑样条的方法		10		
	基于样条创建模型时常用生成器的使用方法		10		
技能（30%）	使用网格参数对象创建模型		15		
	使用样条参数对象创建模型		15		
素养（20%）	积极参与课堂讨论		6		
	具备良好的学习态度，认真完成任务实施		6		
	能够从宏观和微观两个维度认识事物，明白整体与局部的关系		8		
合计			100		
总分（自我评分 × 40%＋教师评分 × 60%）					
自我评价					
教师评价					

项目三

多边形建模

项目引言

使用基本体、样条和生成器只能制作较简单的模型。对于形状和结构较为复杂的模型，通常需要先使用基本体或者样条与生成器创建出模型的基本形状，再通过编辑模型上的点、边、面来制作。

本项目主要介绍多边形建模的基本操作和编辑点、边、面的常用命令。

知识目标

- 掌握点、边、面的选择方法。
- 了解平滑着色标签与选择集标签。
- 了解细分曲面、法线与卡线。
- 掌握编辑点的常用命令。
- 掌握编辑边的常用命令。
- 掌握编辑面的常用命令。

素质目标

- 通过学习编辑点、边、面的常用命令，培养严谨细致的工作作风和精益求精的工匠精神。
- 通过创建复杂模型，培养化繁为简的思维方式，提升透过复杂的表象把握事物本质的能力。

任务一 掌握多边形建模的基本操作

任务导入

多边形建模是一种通过编辑可编辑对象上的点、边、面来创建模型的建模方法。在建模过程中，制作者根据需要，可以删减可编辑对象的点、边、面，也可以在可编辑对象上添加点、边、面，还可以调整可编辑对象的点、边、面的位置。

多边形建模的流程：① 使用基本体或样条与生成器制作模型的基本形状；② 将所创建的对象转换为可编辑对象，通过编辑可编辑对象的点、边、面设计模型的外观造型；③ 对可编辑对象卡线，再使用“细分曲面”生成器对该对象进行平滑细分处理。图 3-1-1 为茶杯的制作流程。

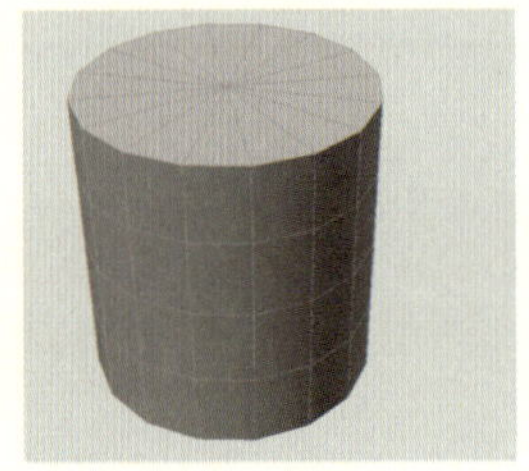

制作基本形状

设计外观造型

卡线并进行平滑细分处理

图 3-1-1　茶杯的制作流程

想一想：

（1）使用哪些选择工具可以选中可编辑对象的点、边、面？

（2）图 3-1-1 中茶杯的厚度和平滑效果是怎样制作出来的？

一、点、边、面的选择

选中可编辑对象，单击顶部工具栏中的“点”图标、“边”图标或“多边形”图标，然后使用左侧工具栏中的选择工具和“选择”菜单中的命令，可选中可编辑对象上的点、边或面。

（一）使用选择工具选择点、边、面

切换至点、边或面模式后，单击左侧工具栏中的“实时选择”图标、“移动”图标、“旋转”图标、“缩放”图标，然后在要选择的点、边或面上单击，可将其选中；按住“Shift”键并单击可编辑对象的点、边或面，或者按住左键并拖动鼠标，可选中可编辑对象上的多个点、边或面。单击“框选”图标，采用框选方式可选中创建的矩形区域内可编辑对象上的点、边或面。选中可编辑对象上的点、边或面，按住“Shift”键并单击顶部工具栏中的“边”图标、“多边形”图标或“点”图标，可选

中与所选的点、边或面相连接的边、面或点。

此外，长按左侧工具栏中的“循环选择”图标，使用展开的列表中的“循环选择”“环状选择”“路径选择”“选择平滑着色断开”命令，可以选中可编辑对象上具有一定关系的点、边或面。

（1）“循环选择”命令。使用“循环选择”命令可以快速选中某条循环边上的所有点，或选中某条循环边，或选中某个循环面，如图 3-1-2 所示。

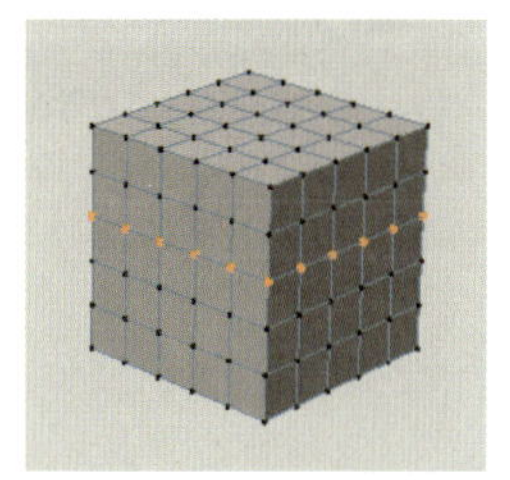
选中循环边上的所有点

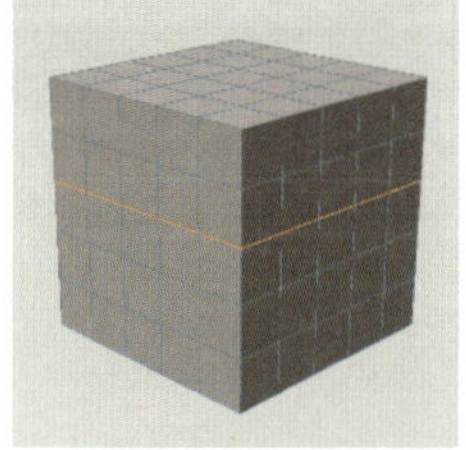
选中循环边

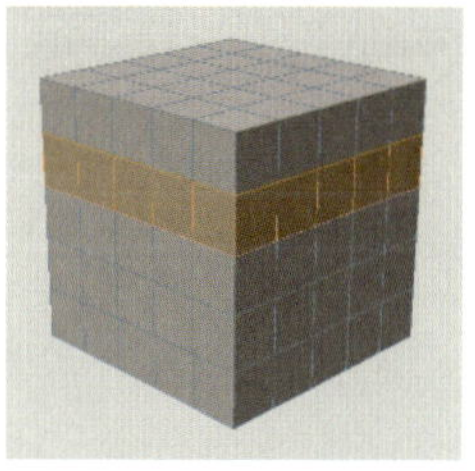
选中循环面

图 3-1-2　使用“循环选择”命令选中点、边、面

小贴士

循环边由多条首尾相连的边构成，循环面上两个相邻的面共用同一条边。循环边和循环面可以是封闭的，也可以是开放的。

（2）“环状选择”命令。使用“环状选择”命令可以选中构成循环面的平行边上的所有点，或选中构成循环面的平行边，或选中循环面，如图 3-1-3 所示。

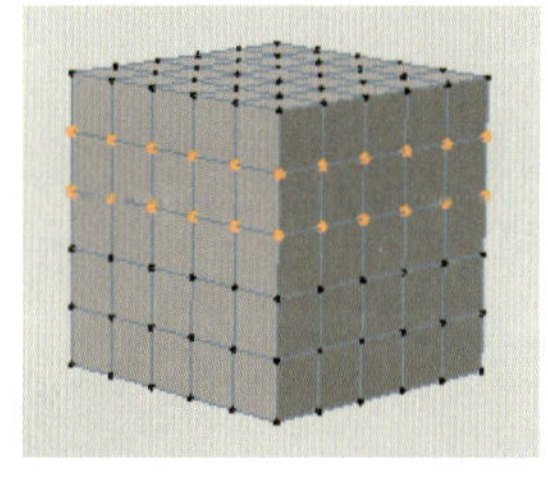
选中平行边上的所有点

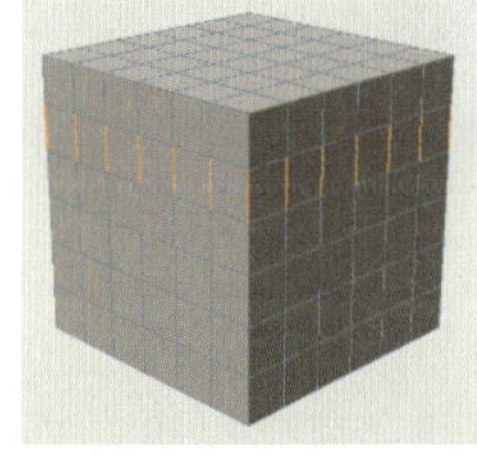
选中平行边

选中循环面

图 3-1-3　使用“环状选择”命令选中点、边、面

（3）“路径选择”命令。在切换至点模式或边模式后选择“路径选择”命令，再将鼠标指针移至可编辑对象上，按住左键并拖动鼠标，可选中所选择的路径上的所有点或所有边，如图 3-1-4 所示。

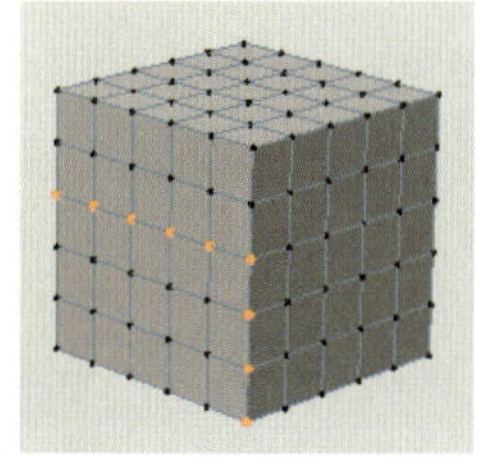
选中路径上的所有点

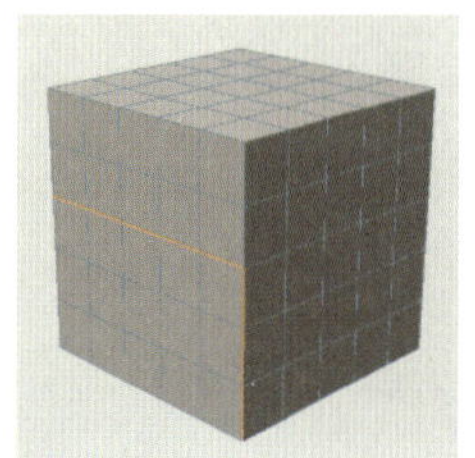
选中路径上的所有边

图 3-1-4　使用“路径选择”命令选中点和边

（4）“选择平滑着色断开”命令。使用“选择平滑着色断开”命令可以根据设置的平滑着色角度来选择点、边或面，如图 3-1-5 所示。可在“属性”面板“平滑着色（Phong）”选项卡中设置平滑着色角度。

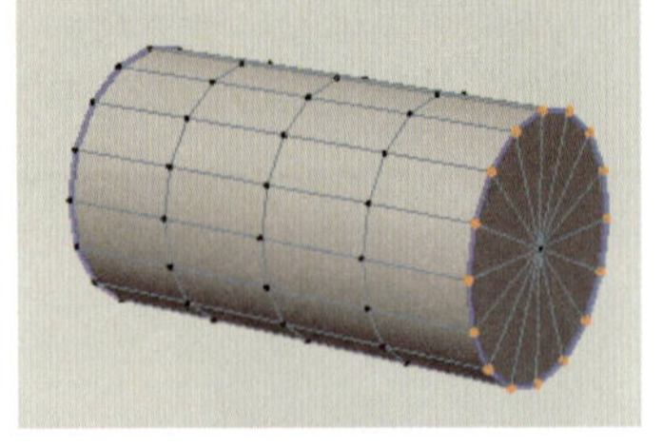

选中点

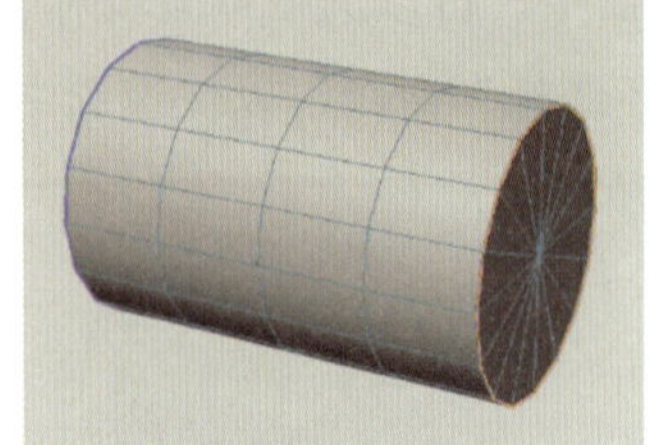
选中边

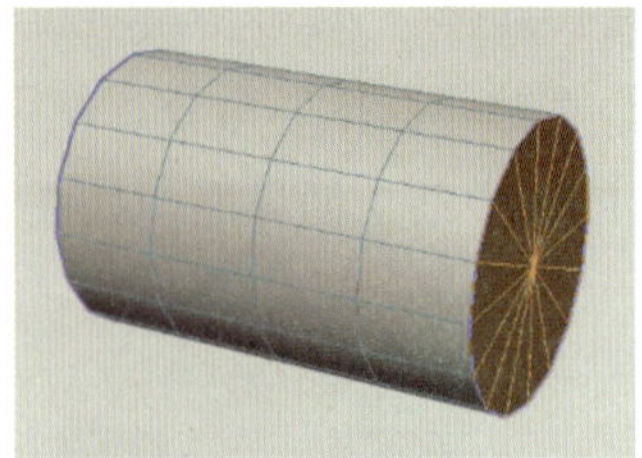
选中面

图 3-1-5　使用“选择平滑着色断开”命令选中点、边、面

探索与分享

学生完成下列操作后，教师随机选择几名学生，让其分享自己在操作过程中的新发现：

（1）创建一个立方体，将 *X*、*Y*、*Z* 轴方向上的分段数均设为 8，然后将该立方体转换为可编辑对象，接着切换至边模式，选择“移动”“旋转”或“缩放”命令，最后双击立方体上的某条边。

（2）创建如图 3-1-5 所示的圆柱体，然后选择该图中已选中的点、边、面。

（二）使用“选择”菜单中的命令选择点、边、面

除使用左侧工具栏中的选择工具外，使用“选择”菜单中的“轮廓选择”“填充选择”“全选”“反选”“扩展选择”命令，也可以选择可编辑对象上的点、边、面。

（1）“轮廓选择”命令。当可编辑对象上有孔洞时，使用“轮廓选择”命令可以选中该对象上所有孔洞的轮廓，如图 3-1-6 所示。只有在边模式下，“轮廓选择”命令才可用。

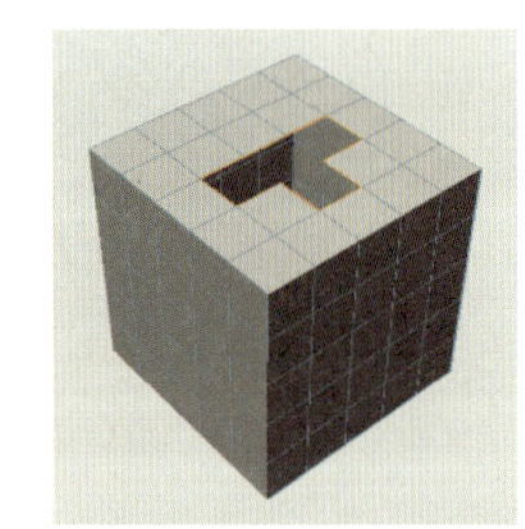
图 3-1-6　使用“轮廓选择”命令选中边

（2）“填充选择”命令。使用“填充选择”命令可将已选中的循环边或循环面作为边界来选择可编辑对象一侧的面，该命令常与“循环选择”命令配合使用。如图 3-1-7 所示，使用“循环选择”命令选中一条循环边，然后选择“选择”→“填充选择”菜单，接着在选中的循环边的一侧单击，可选中该侧可编辑对象的所有面。

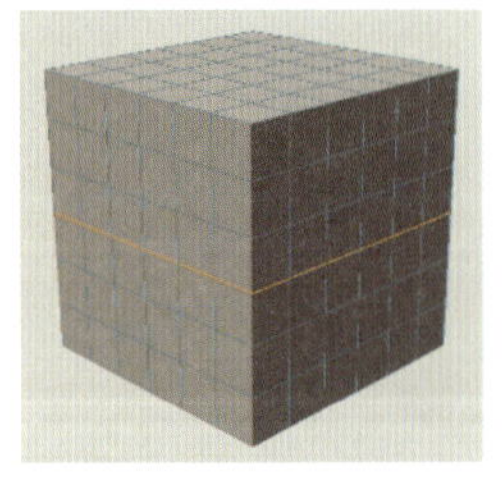

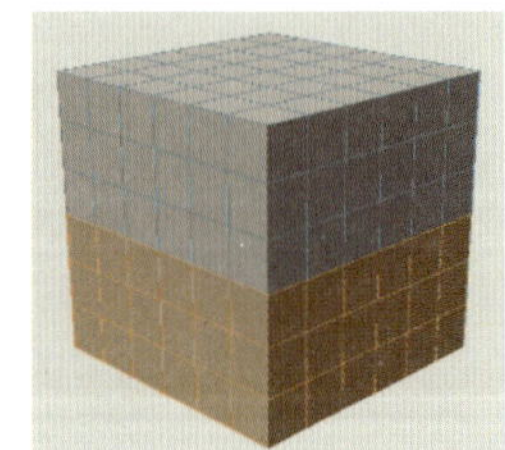

图 3-1-7　使用“填充选择”命令选中面

（3）“全选”命令。使用“全选”命令（或按“Ctrl+A”组合键）可以快速选中可编辑对象上所有的

点、边或面。

(4)“反选”命令。使用“反选”命令（或依次按“U”和“I”键）可以快速选中除已选中的点、边或面外的其他点、边或面；再次选择“反选”命令，可选中最初选中的点、边或面。图 3-1-8（b）为使用“反选”命令选中的边。

(5)“扩展选择”命令。使用“扩展选择”命令（或依次按“U”和“Y”键）可以快速选中与已选中的点、边或面相邻的点、边或面。图 3-1-8（c）为使用“扩展选择”命令选中的边。

（a）原对象

（b）使用“反选”命令选中的边

（c）使用“扩展选择”命令选中的边

图 3-1-8　使用“反选”和“扩展选择”命令选中边

二、平滑着色标签与选择集标签

标签是一种功能组件，以图标的形式显示在“对象”面板中。在 Cinema 4D 中，按照功能的不同，可将标签分为建模标签、材质标签、摄像机标签、模拟标签、毛发标签、渲染标签等。以下介绍多边形建模中较常用的平滑着色标签与选择集标签。

（一）平滑着色标签

平滑着色标签可以使对象（包括基本体、可编辑对象）的面与面之间产生平滑过渡效果或切割效果。选中某个对象，在“对象”面板中该对象的名称上右击，在弹出的快捷菜单中选择“建模标签”→“平滑着色（Phong）”菜单项，或选中某个对象，选择“创建”→“标签”→“建模标签”→“平滑着色（Phong）”菜单，均可为该对象创建平滑着色标签，该标签显示在“对象”面板中所选对象名称的右侧。单击“对象”面板中标签的图标，在“属性”面板“标签”选项卡中可设置平滑着色角度。为同一对象设置不同平滑着色角度后，该对象的效果如图 3-1-9 所示。

平滑着色角度为 0°

平滑着色角度为 180°

图 3-1-9　平滑着色角度不同时对象的效果

（二）选择集标签

使用选择集标签可以将选中的点、边或面以标签的形式记录下来，节省了下次使用时逐一选择点、边或面所花的时间。创建选择集标签的具体操作：选中可编辑对象上要记录的点、边或面，然后选择“选择”→“存储选集”菜单，当前选中的点、边或面便以标签的形式被添加到“对象”面板中；在“对象”面板中双击选择集标签，可选中该选择集中的点、边或面，同时，Cinema 4D 会自动切换至相应的点模式、边模式或面模式。

三、细分曲面

在使用基本体建模时，往往通过增加基本体的分段数获得曲面的平滑效果，通过增加圆角分段数，使基本体的棱边产生平滑效果。可编辑对象与基本体不同，用户无法通过增加可编辑对象的分段数使可编辑对象的曲面和棱边产生平滑效果，但是使用“细分曲面”生成器可增加可编辑对象的曲面，使其产生平滑效果。

细分曲面的具体操作：单击右侧工具栏中的“细分曲面”图标，创建“细分曲面”生成器，然后在“对象”面板中将“细分曲面”生成器设为可编辑对象的父级。使用“细分曲面”生成器前、后效果如图 3-1-10 所示。

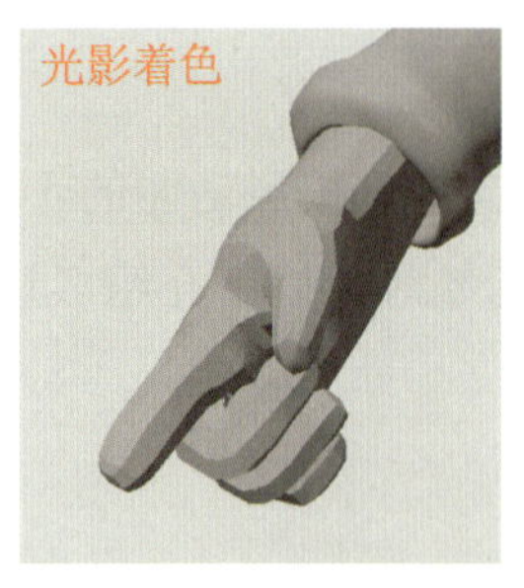

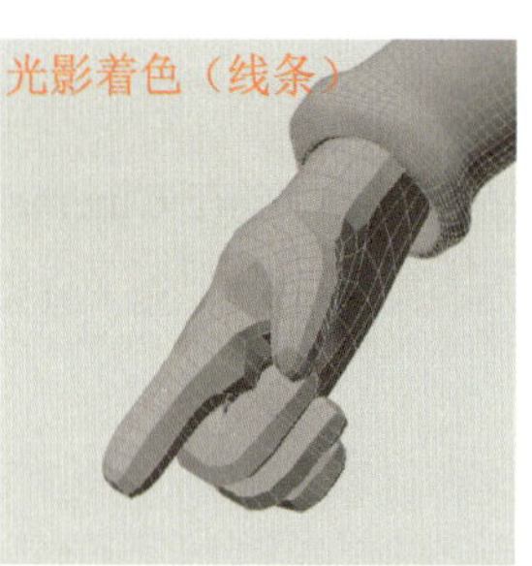

使用前

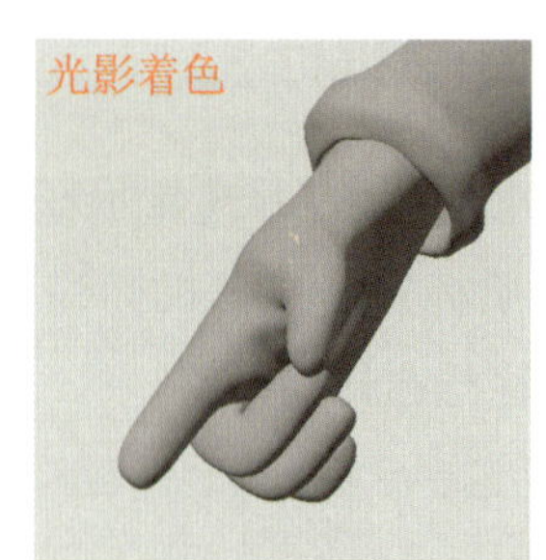

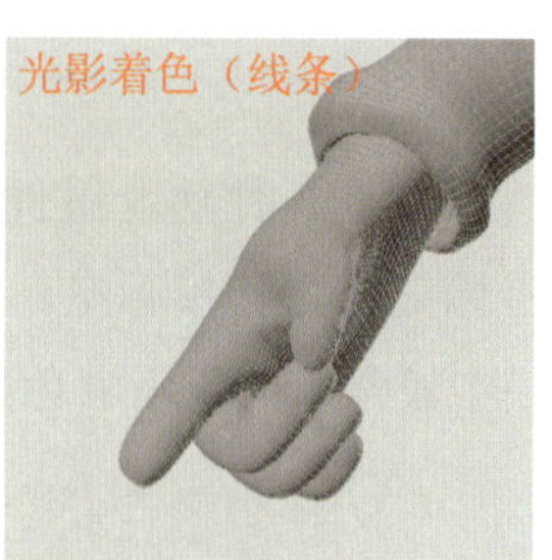

使用后

图 3-1-10　使用“细分曲面”生成器前、后效果

四、卡线与法线

（一）卡线

使用“细分曲面”生成器可以使模型的曲面和棱边产生平滑效果，但是直接对模型使用“细分曲面”生成器会破坏该模型原本的形状，甚至使该模型走样，如图 3-1-11 所示。因此在使用“细分曲面”生成器前，需要先对模型卡线，如图 3-1-12 所示。

使用“细分曲面”生成器后，模型上分段线越密集的部分产生的形变越小。当模型上的分段线不能满足建模要求时，可以为该模型添加分段线。模型棱边处分段线间的距离越大，细分曲面后，该棱边越柔和，如图 3-1-13 所示；模型棱边处分段线间的距离越小，细分曲面后，该棱边越硬朗，如图 3-1-14 所示。

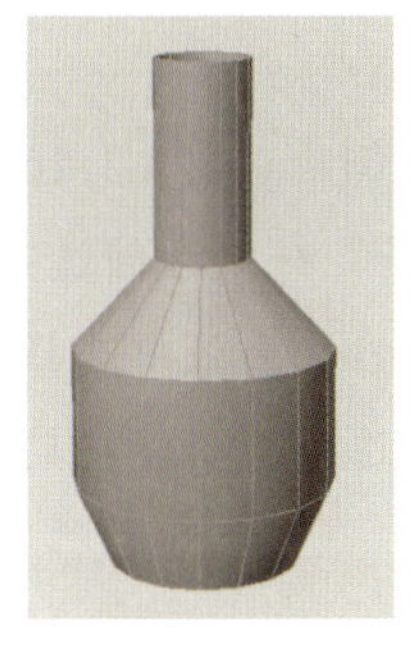

原模型

细分曲面后的效果

图 3-1-11 直接使用“细分曲面”生成器

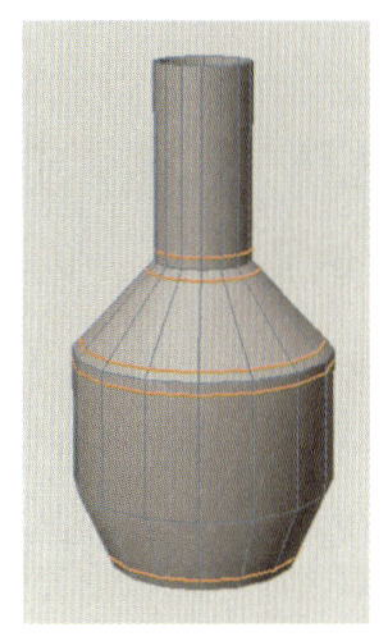

卡线效果

细分曲面后的效果

图 3-1-12 先卡线再使用“细分曲面”生成器

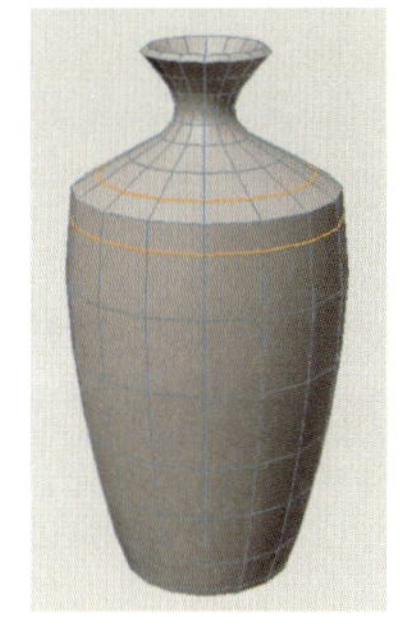

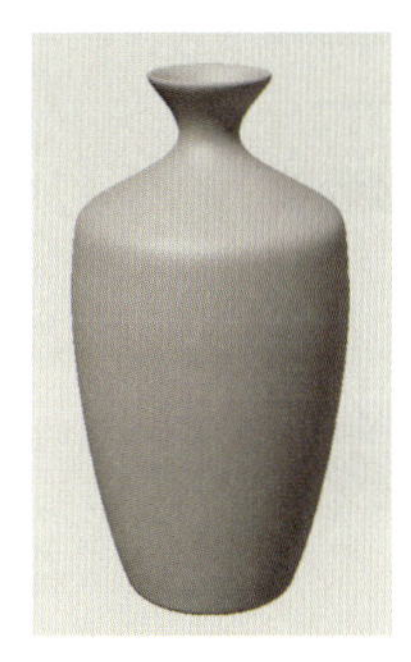

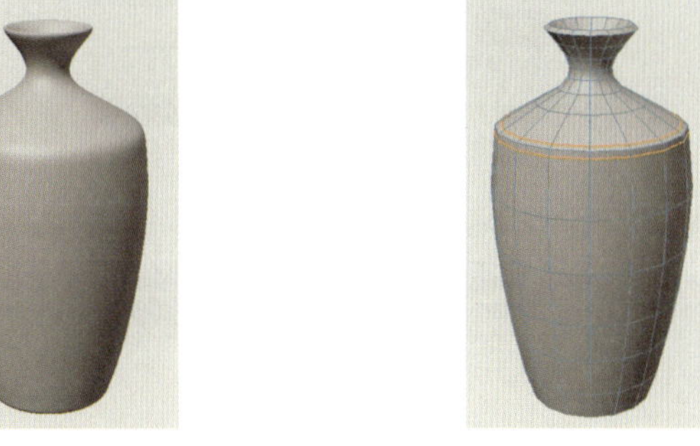

图 3-1-13 分段线间距离距离较大时细分曲面的效果

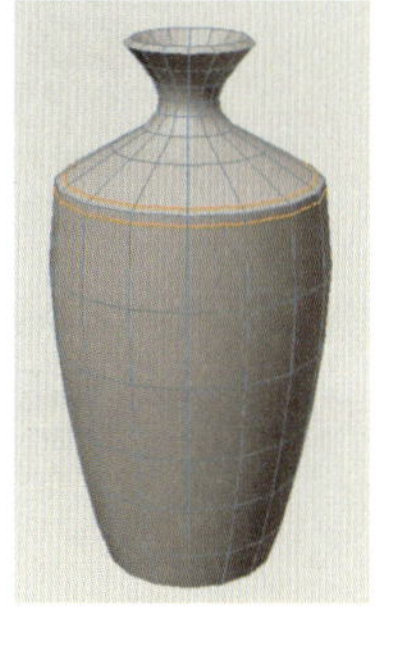

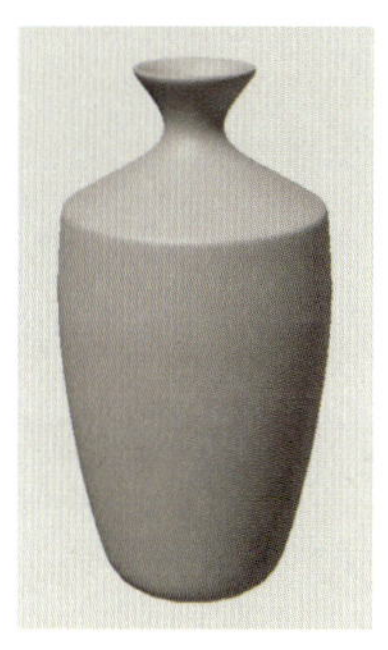

图 3-1-14 分段线间距离距离较小时细分曲面的效果

在 Cinema 4D 中，卡线的方法有很多，下面介绍 3 种最常用的方法。

方法 1：使用“倒角”变形器卡线。具体操作：长按右侧工具栏中的“弯曲”图标，在展开的列表中选择“倒角”命令，然后在“对象”面板中将“倒角”变形器设为模型的子级。为了不影响模型原有的结构线，通常在“倒角”变形器的“属性”面板中将构成模式设为“边”、倒角模式设为“实体”、偏移模式设为“固定距离”，如图 3-1-15 所示。

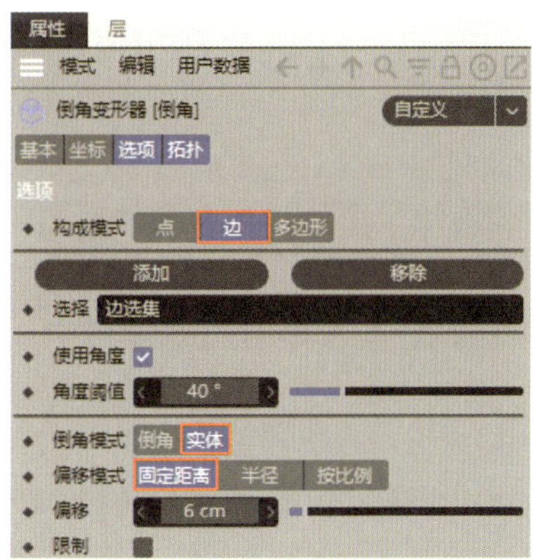

图 3-1-15 “属性”面板

小贴士

利用图 3-1-15 中的“选择”编辑框可以对模型的某个点、某条边或某个面进行倒角（图 3-1-16）。具体操作：① 选中要进行倒角的点、边或面［图 3-1-16（a）］，然后选择“选择”→“存储选集”菜单，将选中的点、边或面以标签的形式记录下来；② 在“倒角”变形器的“属性”面板中选择与选择集标签相对应的“点”“边”或“多边形”选项卡，然后将“对象”面板中的选择集标签拖动到“选择”编辑框中［图 3-1-16（b）］，结果如图 3-1-16（c）所示。

（a）

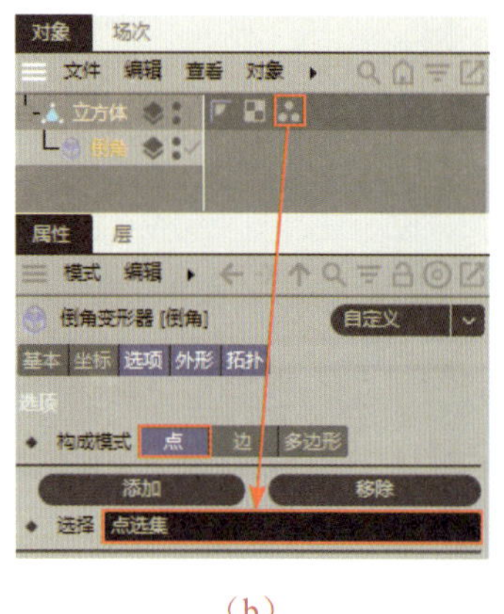

（b）

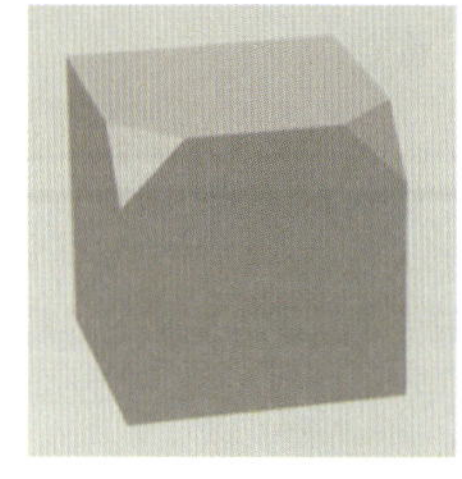

（c）

图 3-1-16　对指定的点进行倒角

方法 2：使用“倒角”命令卡线。具体操作：选中模型上的点、边或面，然后在视图窗口中右击，在弹出的快捷菜单中选择“倒角”菜单项，接着在视图窗口中拖动鼠标，或在“属性”面板中设置倒角模式、偏移距离等参数，最后单击“应用”按钮。

方法 3：使用“循环/路径切割”命令卡线。具体操作：选中模型，切换至点模式、边模式或面模式，然后在视图窗口中右击，在弹出的快捷菜单中选择“循环/路径切割”菜单项，接着将鼠标指针移至要卡线处的分段线上，待出现新的分段线（图 3-1-17）时移动鼠标指针并在合适的位置单击。

探索与分享

打开本书配套素材“素材与实例”→“项目三”→“茶杯”→“茶杯 .c4d”文件，为茶杯卡线并进行平滑处理。教师随机选择几名学生，让其分享自己是如何卡线并使茶杯产生平滑效果的。

（二）法线

法线是指过曲面上一点而且和曲面在该点的切平面垂直的直线。选中构成模型的面，可以看到该面为橙色和蓝色（图 3-1-18）。橙色代表正面，蓝色代表反面。选中模型的面，然后在视图窗口中右击，在弹出的快捷菜单中选择“反转法线 ...”菜单项，可使该面的法线反转。

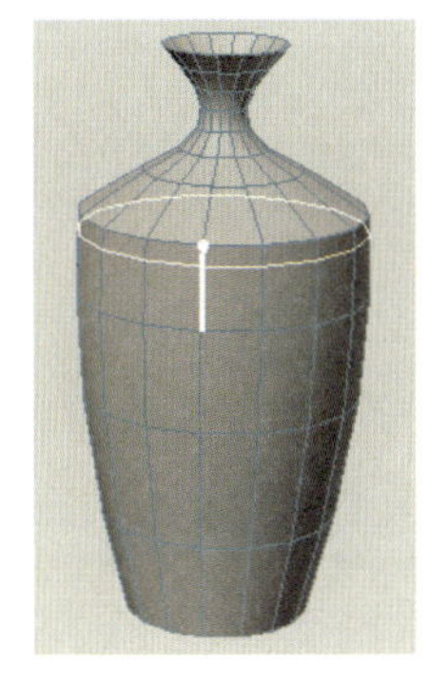

图 3-1-17　新的分段线

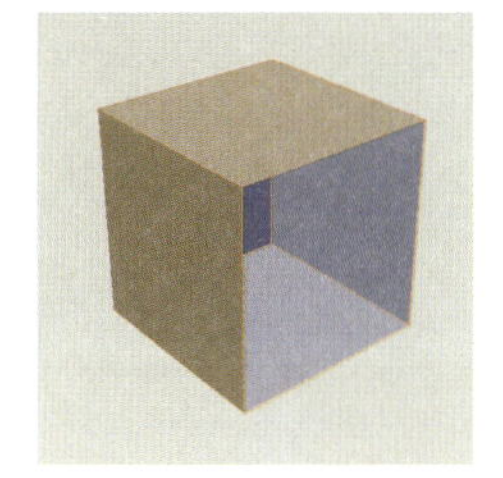

图 3-1-18　曲面的颜色

任务实施——制作足球

下面通过制作图 3-1-19 中的足球，继续学习多边形建模的基础操作。

图 3-1-19　足球渲染图

制作足球

制作思路

使用“宝石体”命令创建一个宝石体，然后将宝石体转换为可编辑对象。删除可编辑对象上多余的边，使该对象上的面均为五边形和六边形，从而制作出足球的基本形状。选中可编辑对象上所有的面并对其进行倒角和挤压，制作出面与面之间的凹陷部分，然后使用“倒角”变形器进行卡线，以控制可编辑对象在细分曲面之后的形状，接着使用“细分曲面”生成器对可编辑对象进行平滑处理，最后使用“球化”变形器使可编辑对象产生球化效果。

制作步骤

步骤 1　长按右侧工具栏中的“立方体”图标，在展开的列表中选择“宝石体”命令，创建一个宝石体，然后在“属性”面板“对象”选项卡中将宝石体的类型设为“碳原子”，结果如图 3-1-20 所示。

步骤 2　选中“宝石体”，按“C”键，将其转换为可编辑对象。单击顶部工具栏中的“边”图标，切换至边模式。长按左侧工具栏中的“循环选择”图标，在展开的列表中选择“选择平滑着色断开”命令，然后在“属性”面板中单击“全选”按钮，选中所有正五边形和正六边形的边，结果如图 3-1-21（a）所示。

步骤 3　依次按“U”“I”键，选择“反选对象”菜单项，结果如图 3-1-21（b）所示。在视图窗口中右击，在弹出的快捷菜单中选择“消除”菜单项（或按“Ctrl+Delete”组合键），以删除选中的边，结果如图 3-1-21（c）所示。

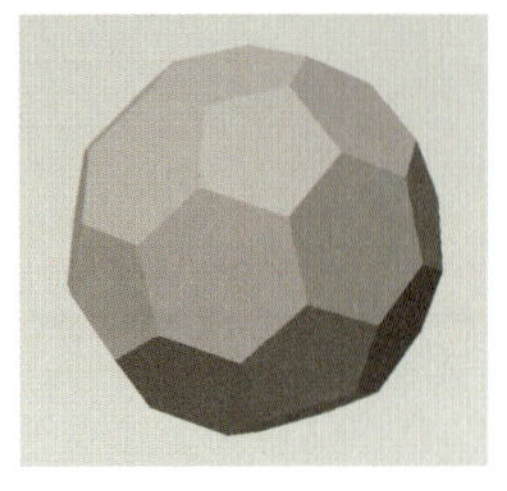

图 3-1-20　宝石体

（a）

（b）

（c）

图 3-1-21　删除多余的边

步骤 4　单击顶部工具栏中的“多边形”图标，切换至面模式。按“Ctrl+A”组合键，以选中可编辑对象所有的面，然后在视图窗口中右击，在弹出的快捷菜单中选择“倒角”菜单项，接着在“属性”面板“工具选项”选项卡中将倒角模式设为“倒棱”、偏移模式设为“固定距离”、倒角距离设为 2 cm；在“多边形挤压”选项卡中将所选中面的挤出值设为 5 cm，并取消勾选“保持组”复选框，结果如图 3-1-22 所示。

步骤 5　单击顶部工具栏中的“模型”图标，选中“宝石体”，然后按住“Shift”键并长按右侧工具栏中的“弯曲”图标，在展开的列表中选择“倒角”命令，创建一个“倒角”变形器，接着在“属性”面板“选项”选项卡中将倒角模式设为“实体”、偏移值设为 1 cm，结果如图 3-1-23 所示。

步骤 6　选中“宝石体”，按住“Alt”键单击右侧工具栏中的“细分曲面”图标，创建一个“细分曲面”生成器。

步骤 7　长按右侧工具栏中的“弯曲”图标，在展开的列表中选择“球化”命令，创建一个“球化”变形器，然后选中“细分曲面”和“球化”，按“Alt+G”组合键对其编组，此时的“对象”面板如图 3-1-24 所示。在“对象”面板中选择“球化”，然后在“属性”面板“对象”选项卡中将球化强度设为 75%，使宝石体的所有棱边和面产生球化效果，结果如图 3-1-25 所示。

图 3-1-22　挤出效果

图 3-1-23　卡线效果

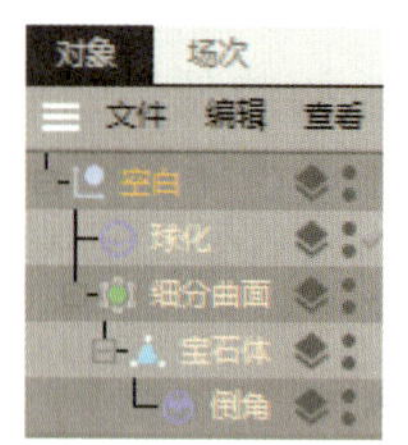

图 3-1-24　“对象”面板

图 3-1-25　球化效果

任务二　掌握编辑点、边、面的常用命令

任务导入

在多边形建模的过程中，对于可编辑对象的点、边、面，既可以使用“移动”“缩放”等命令来编辑，也可以使用专门用于编辑点、边、面的命令来编辑。例如，如图 3-2-1（a）所示的模型是在如图 3-2-1（b）所示管道的基础上，通过使用“循环/路径切割”命令添加分段线，再使用“挤压”命令对面进行挤压后得到的。在制作图3-2-2 中的沙漏和存钱罐时，也用到了编辑点、边、面的命令。

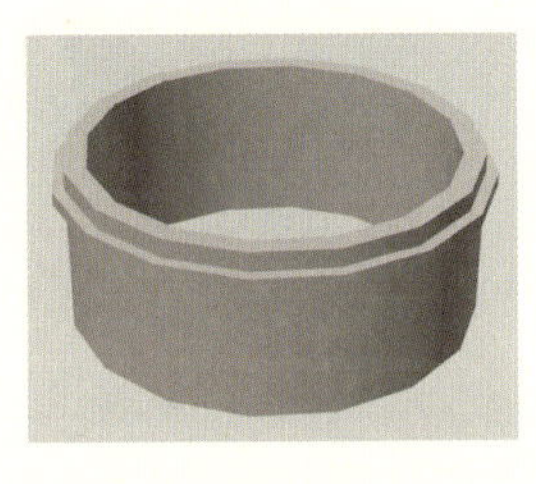

（a）

（b）

图 3-2-1　通过编辑可编辑对象的点、边、面创建模型

图 3-2-2　沙漏和存钱罐

想一想：

（1）图 3-2-2 中的沙漏和存钱罐是在哪些基本体的基础上制作的？

（2）在制作图 3-2-2 中的沙漏和存钱罐时，会用到哪些编辑点、边、面的命令？

一、编辑点的常用命令

选中可编辑对象，单击顶部工具栏中的“点”图标，切换至点模式，然后在视图窗口中右击，利用弹出的快捷菜单中的“多边形画笔”“创建点”“封闭多边形孔洞”等菜单项，可对可编辑对象上的点进行编辑。下面介绍编辑点的几个常用命令。

（1）“多边形画笔”命令。执行“多边形画笔”命令后，可进行如下操作：① 在某个点上单击，然后单击另一个点或另一条边，即可创建一条边，如图 3-2-3（a）所示的斜边；② 拖动点可移动该点的位置，当将某个点拖动到另一个点上时，两个点合为一个点，如图 3-2-3（b）所示；③ 在不同位置连续单击，可创建多边形［图 3-2-3（c）中的三棱柱］，最后双击或单击第 1 个点，可结束绘制多边形。

（a）

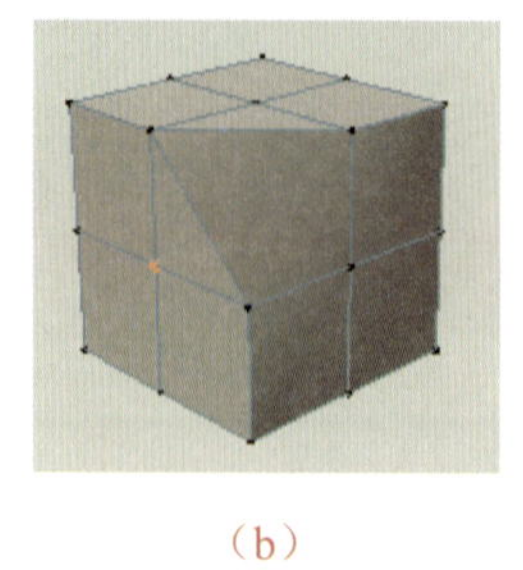

（b）

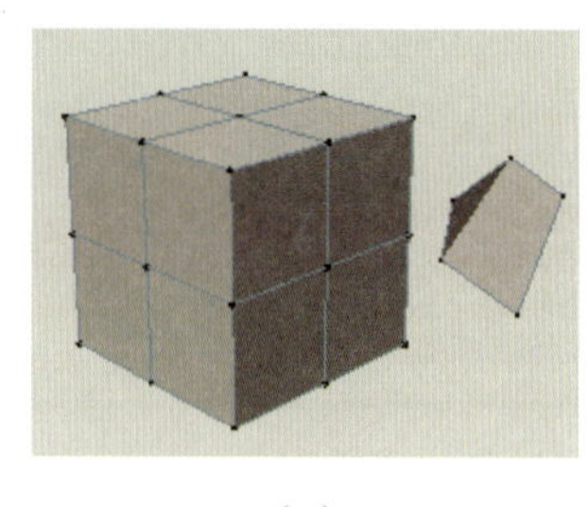

（c）

图 3-2-3　使用“多边形画笔”命令编辑点

（2）“创建点”命令。执行“创建点”命令后，在可编辑对象的边、面上单击，可添加点。在面上添加点后，该点与该面的顶点间将产生边，如图 3-2-4 所示。

（3）“封闭多边形孔洞”命令。执行“封闭多边形孔洞”命令后，单击可编辑对象孔洞的边界线，该孔洞处将产生一个面，如图 3-2-5 所示。

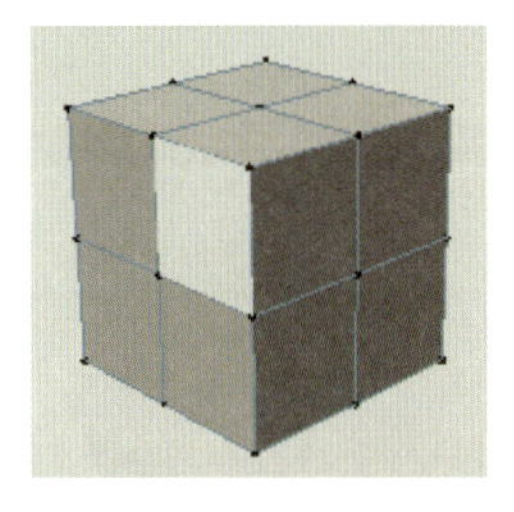

添加点前

添加点后

图 3-2-4　使用“创建点”命令添加点

封闭孔洞前

封闭孔洞后

图 3-2-5　使用“封闭多边形孔洞”命令封闭孔洞

（4）“焊接”命令。选中可编辑对象的多个点后执行“焊接”命令，再单击其中的一个点或在这几个点的中心处单击，可将这几个点合并为一个点，且该点位于单击处，如图 3-2-6 所示。

（5）“缝合”命令。执行“缝合”命令后，将可编辑对象的某个点拖动至另一个点上，可将这两个点合并为一个点，如图 3-2-7（b）所示；按住“Ctrl”键并将可编辑对象的某个点拖动至另一个点，可将这两个点合并为一个点，且该点位于被合并的两个点的中间，如图 3-2-7（c）所示。

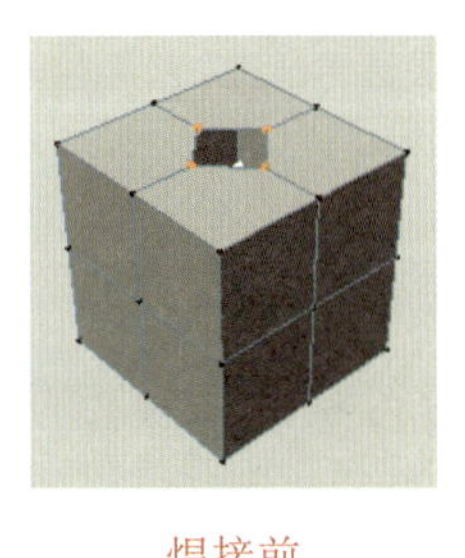

焊接前

焊接后

图 3-2-6　使用“焊接”命令编辑点

（a）

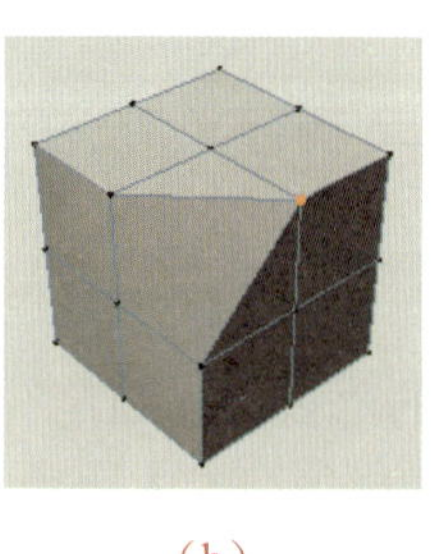

（b）

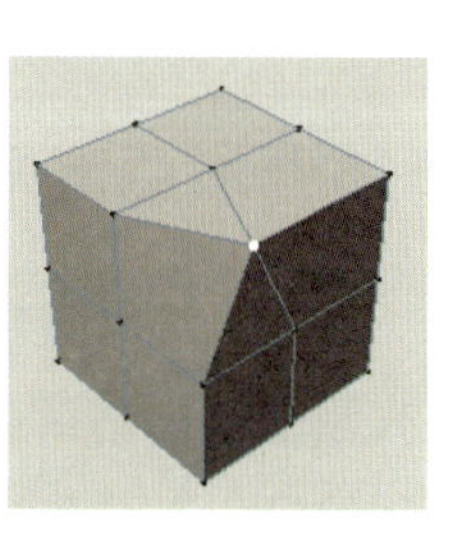

（c）

图 3-2-7　使用“缝合”命令编辑点

（6）“优化”命令。选中可编辑对象（或需要合并的点），然后执行“优化”命令，可将该对象上间距小于公差值（默认值为 0.001 cm）的所有点合并为一个点。单击“优化”命令右侧的“设置”图标，在弹出的对话框中可设置公差值。

（7）“笔刷”命令。执行“笔刷”命令后，将鼠标指针移至可编辑对象上合适的位置，然后按住左键并拖动鼠标，可使该对象产生形变，如图 3-2-8 所示。

（8）“滑动”命令。执行“滑动”命令后拖动可编辑对象的点，可将该点移至与其相连的边上的任意位置，如图 3-2-9 所示。

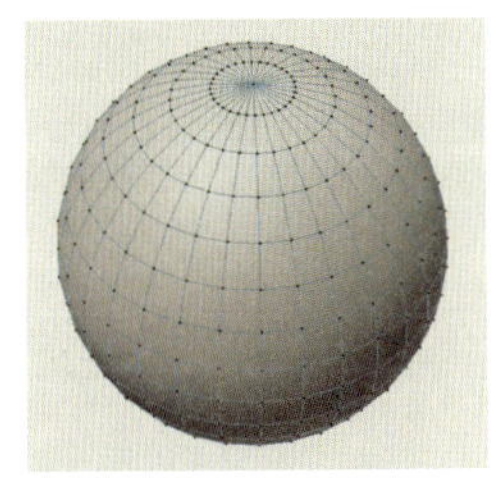

产生形变前

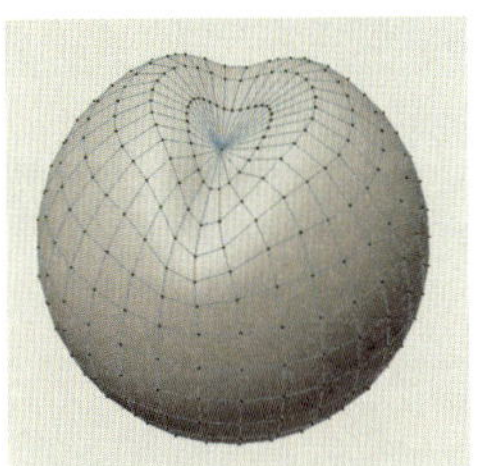

产生形变后

图 3-2-8　使用“笔刷”命令使可编辑对象产生形变

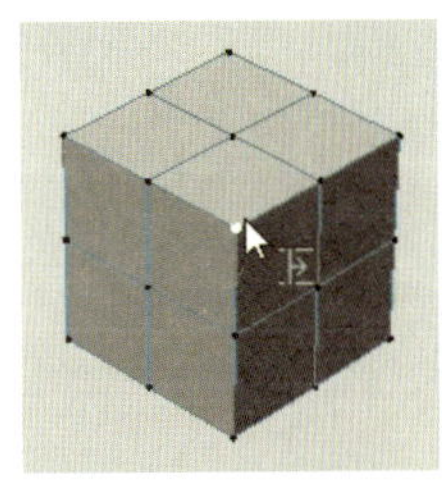

编辑点前

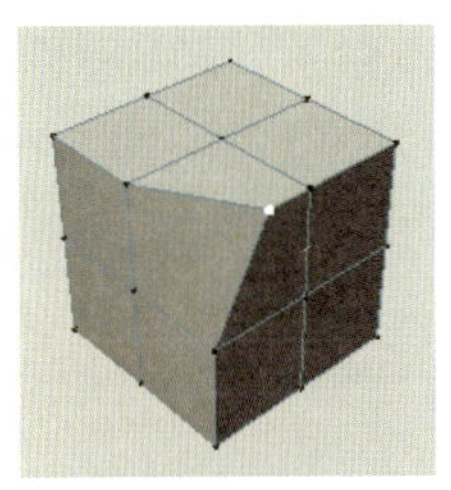

编辑点后

图 3-2-9　使用“滑动”命令编辑点

二、编辑边的常用命令

选中可编辑对象，单击顶部工具栏中的“边”图标，切换至边模式，然后在视图窗口中右击，利用弹出的快捷菜单中的“桥接”“缝合”“线性切割”等菜单项，可对可编辑对象的边进行编辑。下面介绍编辑边的几个常用命令。

（1）“桥接”命令。执行“桥接”命令，然后将可编辑对象的一条边拖动至另一条边处并松开左键，这两条边之间将产生一个面，如图 3-2-10 所示。

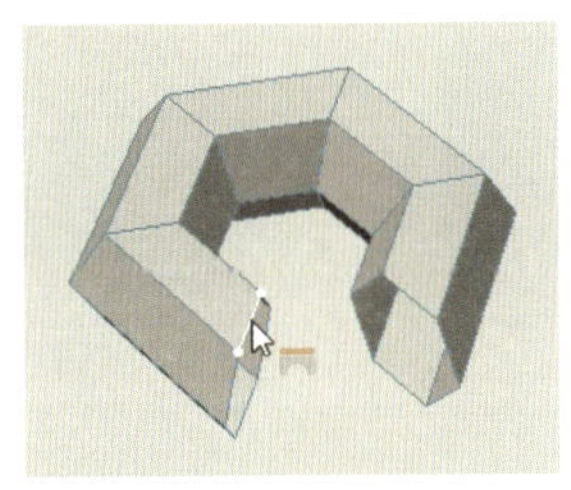

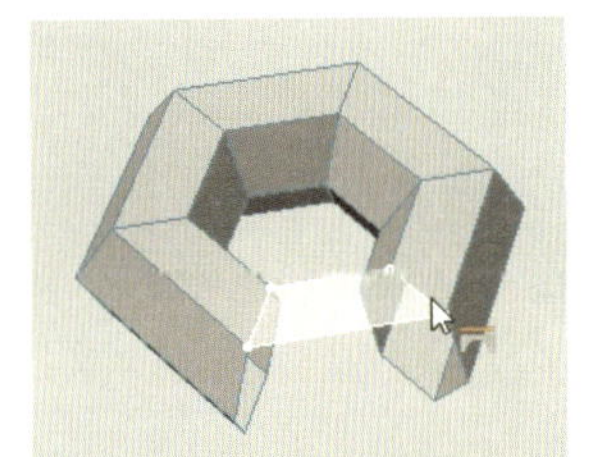

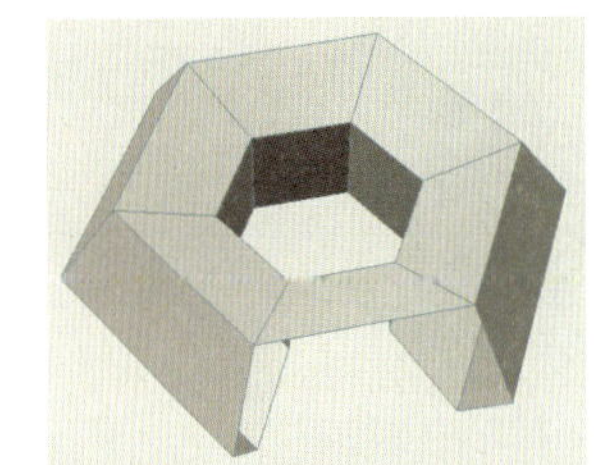

图 3-2-10　使用“桥接”命令编辑边

（2）“缝合”命令。执行“缝合”命令，然后将可编辑对象的一条边拖动至另一条边处［图 3-2-11（a）］，可将选中的第 1 条边的两个端点移至选中的第 2 条边的两个端点处，并且使这两条边对应位置的端点合并为一个点，如图 3-2-11（b）所示；按住“Ctrl”键将可编辑对象的一条边拖动至另一条边处，可使这两条边对应位置的端点合并，合并后的端点位于合并前两个端点的中间位置，如图 3-2-11（c）所示；按住“Shift”键将可编辑对象的一条边拖动至另一条边处，这两条边之间将产生一个面，如图 3-2-11（d）所示。

（3）“线性切割”命令。执行“线性切割”命令，在可编辑对象上的合适的位置或视图窗口中的空白位置单击，以指定切割线的一个端点，然后将鼠标指针移至合适的位置并单击，可绘制一条切割线，接着移动鼠标指针并在合适的位置单击，可继续绘制切割线，最后按“Esc”键结束绘制。此时，与切割线相交的边将被切割，如图 3-2-12 所示。

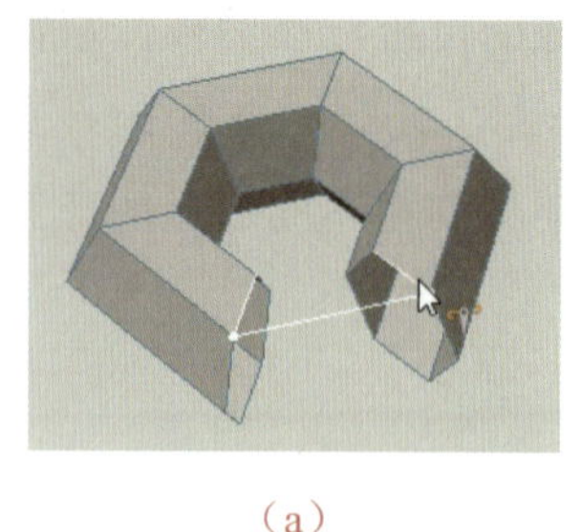
(a)

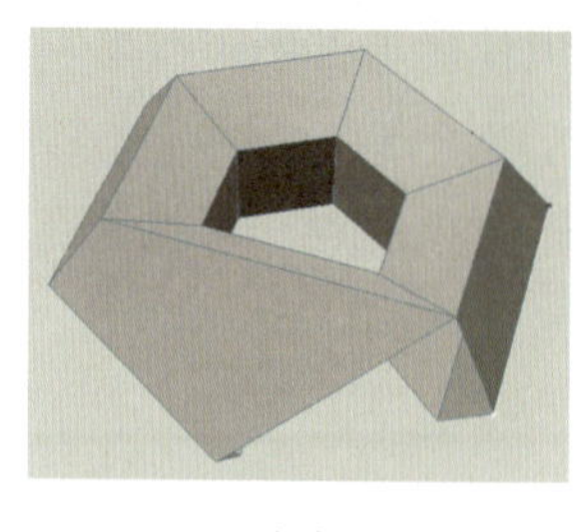
(b)

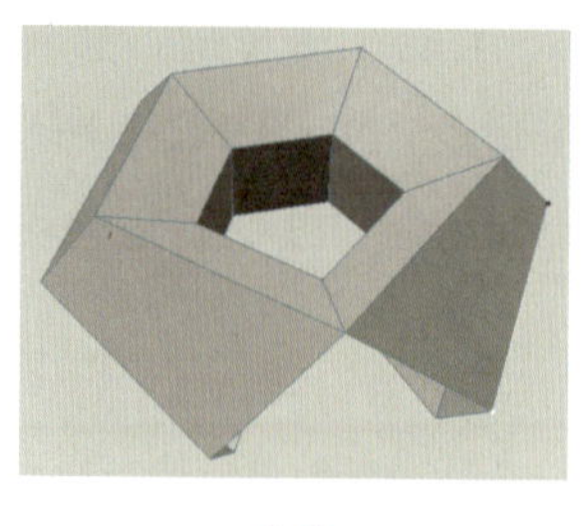
(c)

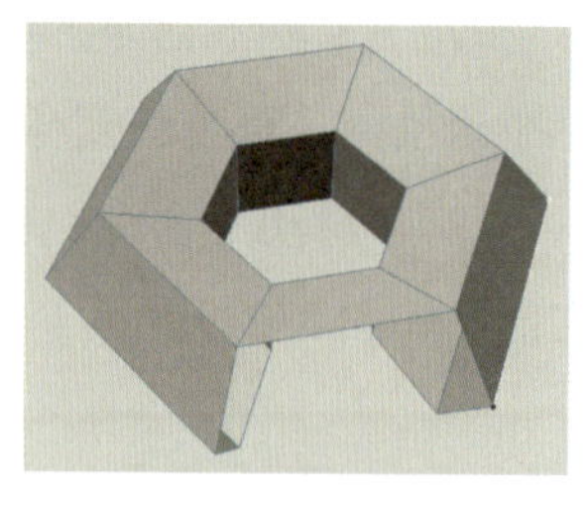
(d)

图 3-2-11　使用“缝合”命令编辑边

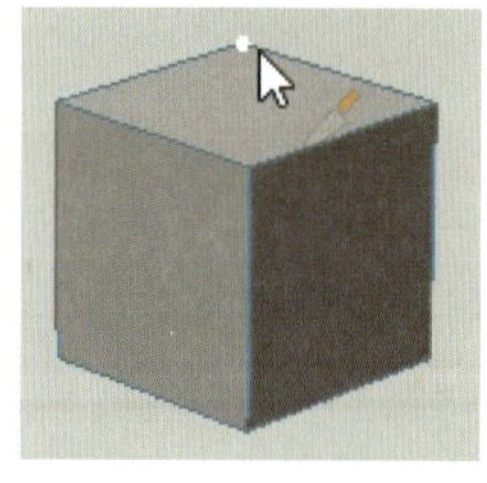
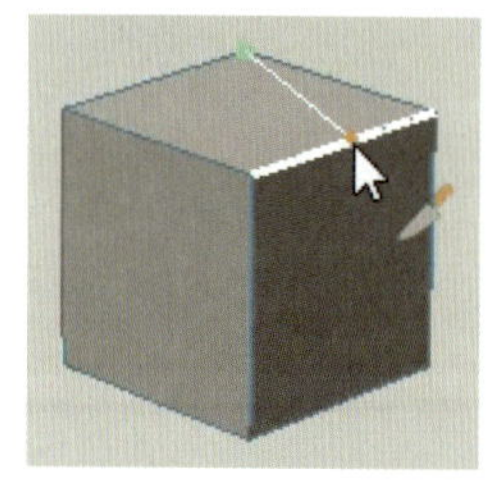
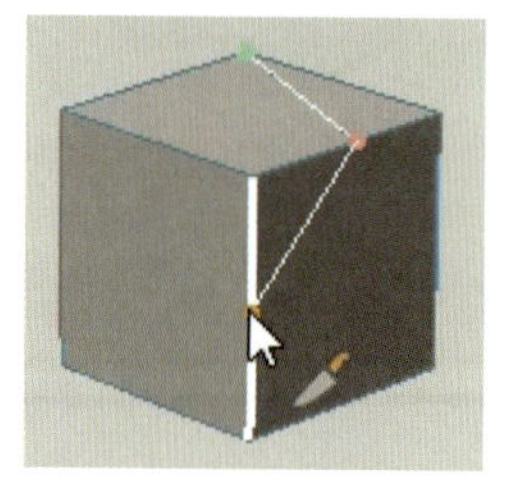
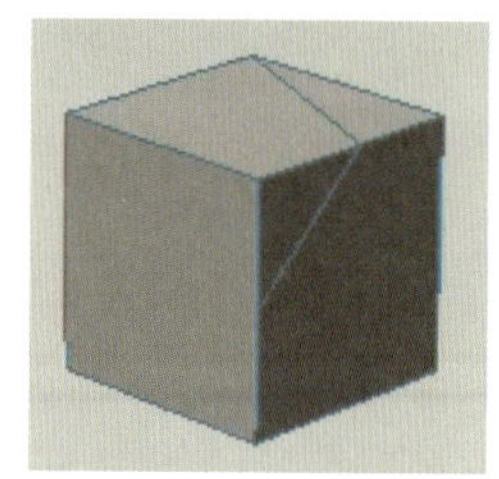

图 3-2-12　使用“线性切割”命令编辑边

（4）“坍塌”命令。选中要编辑的边后执行“坍塌”命令，可使选中的独立的边成为一个点，使选中的两条或多条首尾相连的边成为一个点，如图 3-2-13 所示。

（5）“连接点/边”命令。选中要编辑的一条或多条边后执行“连接点/边”命令，可在所选中的边的中点处添加一个新的点；如果所选中的边相邻，则相邻边的中点处产生一条边，如图 3-2-14 所示。

选中要编辑的边

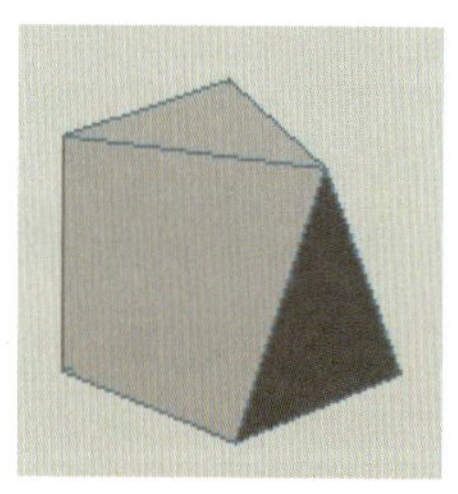
边的编辑效果

图 3-2-13　使用“坍塌”命令编辑边

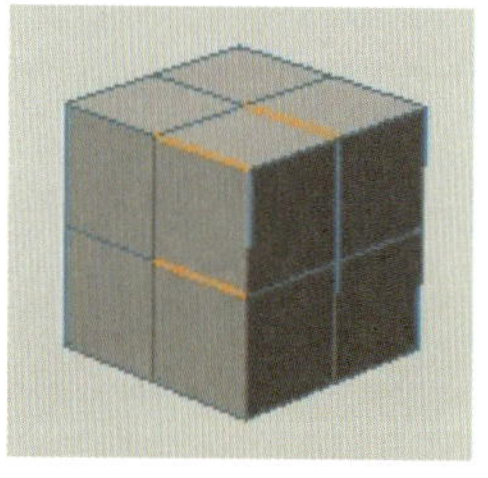
选中要编辑的边

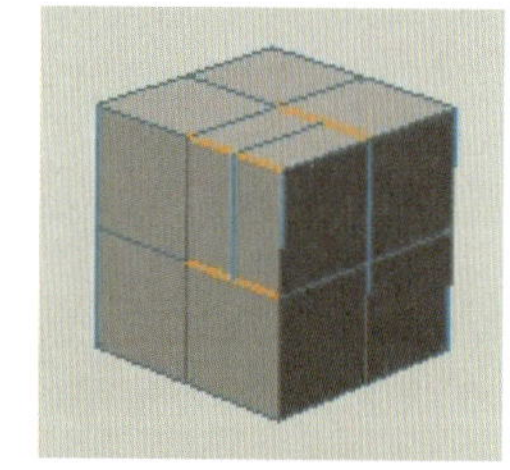
边的编辑效果

图 3-2-14　使用“连接点/边”命令编辑边

（6）“提取样条”命令。选中要编辑的边后执行“提取样条”命令，可创建与选中的边形状相同的样条，该样条为可编辑对象的子级。

探索与分享

在建模的过程中，经常需要将相互分离的面连接起来。请同学们打开本书配套素材“素材与实例”→“项目三”→“雪人”→“雪人.c4d”文件，参照图 3-2-15 中的两种不同的连接结果，使用编辑点、边的命令将雪人的头部和身体连接起来。教师随机选择几名学生，让其分享自己使用的连接方法。

原对象　结果一　结果二

图 3-2-15　雪人

三、编辑面的常用命令

选中可编辑对象，单击顶部工具栏中的“多边形”图标，切换至面模式，然后在视图窗口中右击，利用弹出的快捷菜单中的“挤压”“嵌入”“细分”等菜单项，可对可编辑对象的面进行编辑。下面介绍编辑面的几个常用命令。

（1）“挤压”命令。选中要编辑的面，执行“挤压”命令，然后在视图窗口中拖动鼠标，或者在“属性”面板中输入偏移值（或偏移百分数）、偏移部分在挤压方向上的分段数等，均可以对选中的面进行挤压，挤压效果如图 3-2-16 所示。

选中要编辑的面

面的挤压效果

图 3-2-16　使用“挤压”命令编辑面

小贴士

使用“移动”“旋转”和“缩放”命令也可以挤压面。具体操作：选择“移动”命令和要编辑的面，按住“Ctrl”键并拖动坐标轴、坐标平面或在视图窗口中的其他位置拖动鼠标；选择“旋转”命令和要编辑的面，按住“Ctrl”键并拖动线圈或在视图窗口中的其他位置拖动鼠标；选择“缩放”命令和模型孔洞的边界线，按住“Ctrl”键并拖动坐标轴、坐标平面或在视图窗口中的其他位置拖动鼠标。

（2）“嵌入”命令。选中要编辑的面，执行“嵌入”命令，然后在视图窗口中拖动鼠标，或者在“属性”面板中输入偏移值（或偏移百分数）、分段数等，均可以在选中的面上嵌入面，嵌入效果如图 3-2-17 所示。

小贴士

使用“缩放”命令也可以嵌入面。其具体操作：选择“缩放”命令和要编辑的面，然后选中与该面平行的坐标平面，按住“Ctrl”键并拖动鼠标，也可以在选中的面上嵌入面。

（3）“细分”命令。选中要编辑的面后执行“细分”命令，可将该面分为数份，如图 3-2-18 所示。单击“细分”命令右侧的“设置”图标，在弹出的对话框中可设置细分后面的形状、数量等。

选中要编辑的面

面的嵌入效果

图 3-2-17　使用“嵌入”命令编辑面

选中要编辑的面

面的细分效果

图 3-2-18　使用“细分”命令编辑面

（4）“坍塌”命令。选中要编辑的面后执行“坍塌”命令，可使选中的独立的面成为一个点，使选中的两个或多个相邻的面成为一个点，如图 3-2-19 所示。

（5）“分裂”命令。选中要编辑的面后执行“分裂”命令，可将选中的面在原位置复制一份，复制得到的对象与原对象互不影响。

（6）“断开连接”命令。选中要编辑的面后执行“断开连接”命令，可使选中的面与其他面分离，移动分离出来的面不会影响其他面，如图 3-2-20 所示。若选中的要编辑的面相邻，则在执行“断开连接”命令后，被分离出来的各个面仍是相关联的。

选中要编辑的面

面的坍塌效果

图 3-2-19　使用“坍塌”命令编辑面

选中要编辑的面

面的编辑效果

图 3-2-20　使用“断开连接”命令编辑面

探索与分享

为了使细分后的模型更加平滑，需要将圆形的面编辑成如图 3-2-21 所示的三角面或四边面。请同学们打开本书配套素材“素材与实例”→“项目三”→“小象”→“小象 .c4d”文件，使用合适的命令将小象的底面补充完整，并将底面编辑成三角形。教师随机选择几名学生，让其分享自己使用的编辑方法。

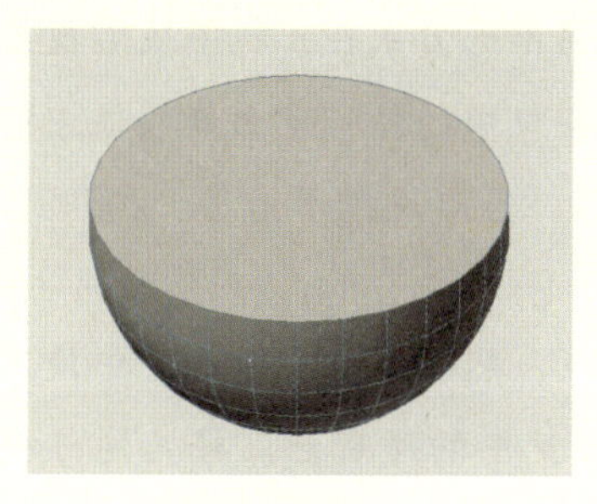
圆形的面

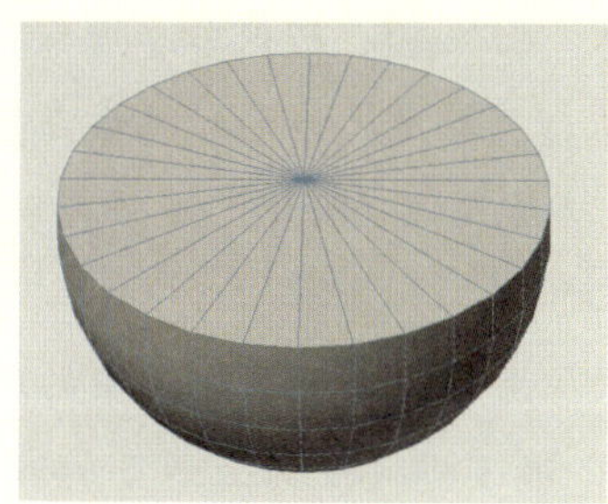
三角面

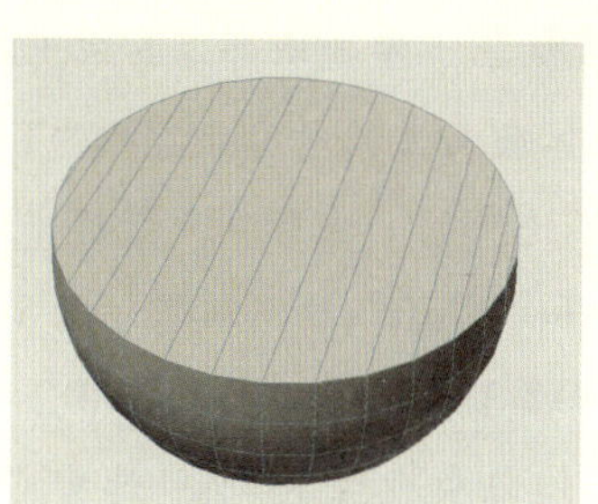
四边面

图 3-2-21 3 种不同形状的面

任务实施一——制作蘑菇

下面通过制作图 3-2-22 中的蘑菇，继续学习编辑点、边、面的常用命令的使用方法。

图 3-2-22 蘑菇渲染图

制作蘑菇

制作思路

蘑菇分为菌盖和菌柄两部分。菌盖的制作思路：创建一个圆柱体，将其转换为可编辑对象，然后使用“缩放”命令和“移动”命令编辑圆柱体的点，以制作出菌盖的外形；使用“倒角”命令制作出菌盖的底面轮廓，然后在菌盖的底面嵌入一个面并对该面进行挤压，使菌盖底面凹陷；通过移动嵌入的面上的部分点，制作出菌褶。菌柄的制作思路：在已有的菌褶上嵌入一个面，然后对嵌入的面进行挤压，制作出菌柄，接着编辑菌柄的底面，并在菌柄的底面和侧面添加循环边，最后通过编辑点调整菌柄的形状。

制作完菌盖和菌柄后，对菌盖进行卡线，最后使用“细分曲面”生成器对蘑菇进行平滑处理。

制作步骤

步骤 1 使用右侧工具栏中的“圆柱体”命令创建一个圆柱体，并将其名称设为“蘑菇”，然后在“属性”面板中将圆柱体的半径设为 50 cm、高度设为 140 cm、高度分段数设为 3，最后按“C”键，将圆柱体转换为可编辑对象。

步骤 2 单击顶部工具栏中的“点”图标，切换至点模式。采用框选方式在正视图或右视图中选中圆柱体底面上的所有点，按“T”键执行“缩放”命令，然后在视图窗口中的任一空白处按住左键不放（确保不选中任一坐标轴或坐标平面），接着按住“Shift”键并拖动鼠标，当出现提示信息“205%”时松开左键和“Shift”键，结果如图 3-2-23 所示。

步骤 3 选中“蘑菇”第 2 排（按从上到下的顺序数）中的所有点，然后参照在步骤 2 中使用的方法将其均匀放大至 135%；选中“蘑菇”第 3 排（按从上到下的顺序数）中的所有点，将其均匀放大至 150%；选中“蘑菇”顶面上的所有点，将其均匀缩小至 70%，如图 3-2-24 所示。

步骤 4 选中“蘑菇”顶面的中心点，按“E”键执行“移动”命令，然后将该点沿 Y 轴正向移动 10 cm，使菌盖顶面呈弧形，如图 3-2-25 所示。

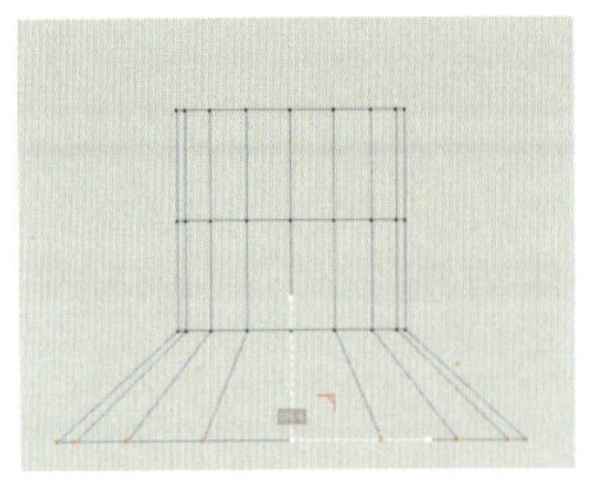

图 3-2-23 编辑点①

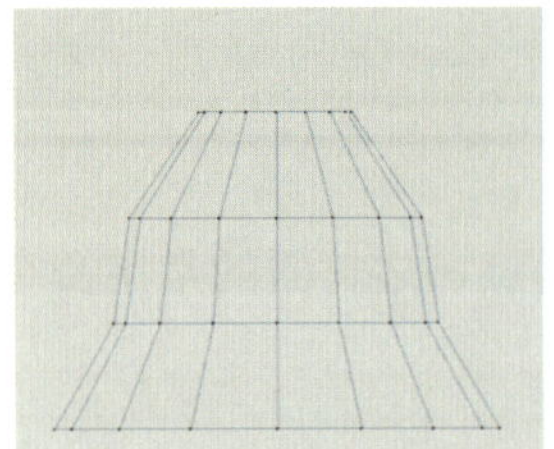

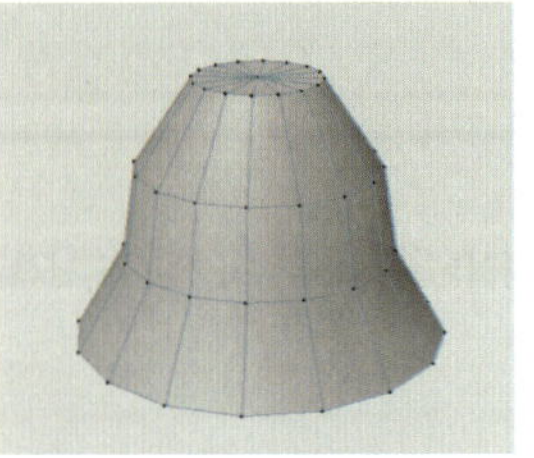

图 3-2-24 编辑点②

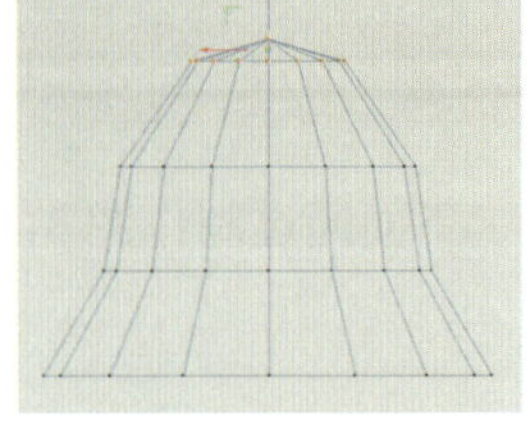

图 3-2-25 编辑点③

步骤 5 单击顶部工具栏中的“边”图标，切换至边模式。单击左侧工具栏中的“循环选择”图标，选中“蘑菇”底面上的循环边，然后在视图窗口中右击，在弹出的快捷菜单中选择“倒角”菜单项，接着在“属性”面板中按照图 3-2-26 设置相关参数，最后在任一编辑框中单击并按“Enter”键，结果如图 3-2-27 所示。

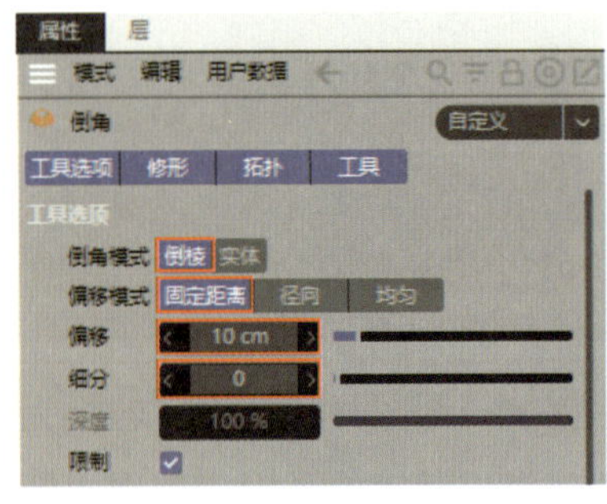

图 3-2-26 “属性”面板

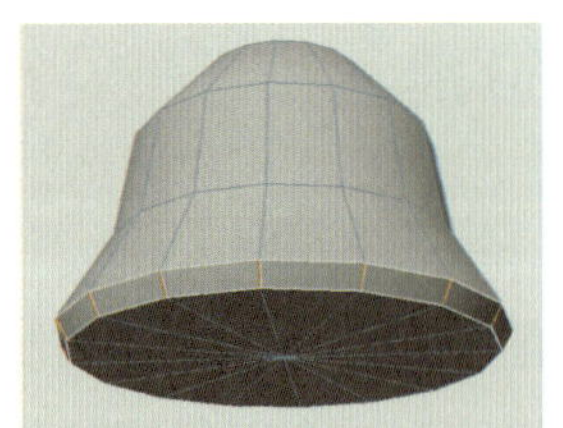

图 3-2-27 倒角效果

步骤 6 单击顶部工具栏中的“点”图标，切换至点模式。选中“蘑菇”底面的中心点，按住“Shift”键并单击顶部工具栏中的“多边形”图标，以选中“蘑菇”的底面并切换至面模式，如图 3-2-28 所示。按“T”键执行“缩放”命令，在视图窗口中的任一空白处按住左键不放，然后按住“Shift”键和“Ctrl”键并拖动鼠标，当出现提示信息“90%”时松开左键、“Ctrl”键和“Shift”键，即可嵌入面，如图 3-2-29 所示。

答疑解惑

问：使用“嵌入”命令可以制作图 3-2-29 中的面吗？

答：可以。具体操作：选中“蘑菇”的底面，然后在视图窗口中的空白处右击，在弹出的快捷菜单中选择“嵌入”菜单项，接着在“属性”面板“偏移变化”编辑框中输入“90”并按“Enter”键。

步骤 7　按“E”键执行“移动”命令，将鼠标指针移至 Y 轴上并按住左键，然后按住“Ctrl”键和“Shift”键并沿 Y 轴正向拖动鼠标，当出现提示信息“10 cm”时松开左键、“Ctrl”键和“Shift”键，完成面的挤压操作。确保挤出的面处于选中状态，按“T”键执行“缩放”命令，然后在视图窗口中按住左键，接着按住“Shift”键并拖动鼠标，当出现提示信息“95%”时松开左键和“Shift”键，结果如图 3-2-30 所示。

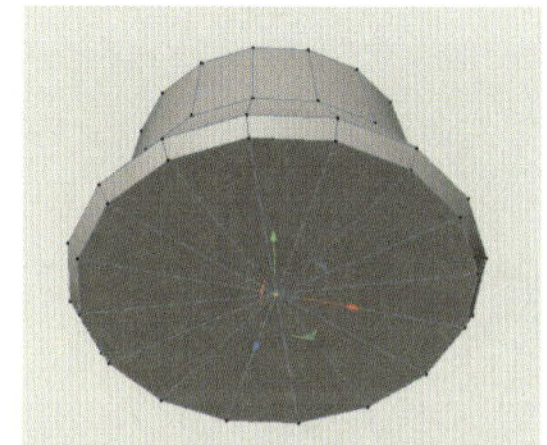

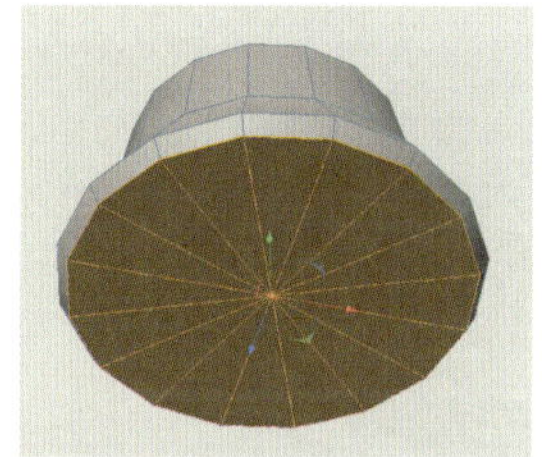

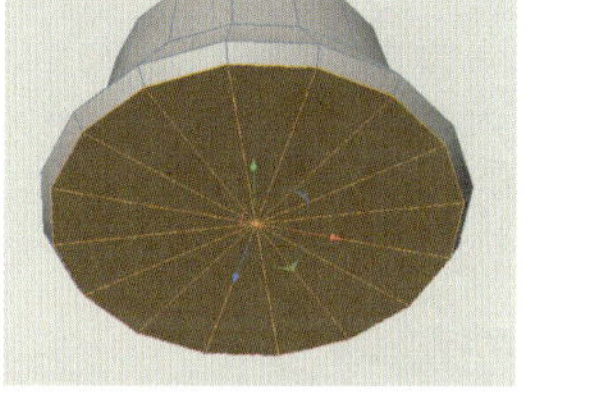

图 3-2-28　选中面 ①

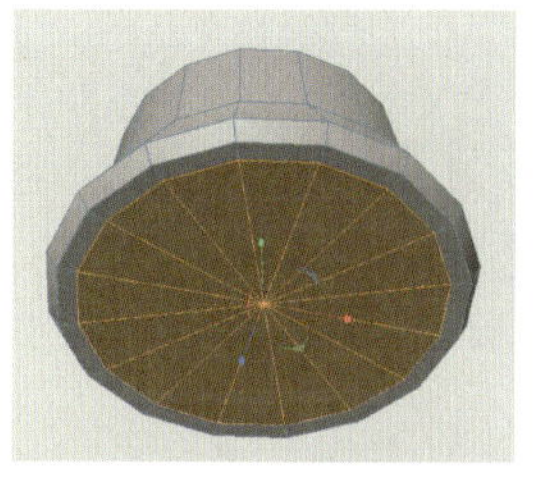

图 3-2-29　嵌入面 ①

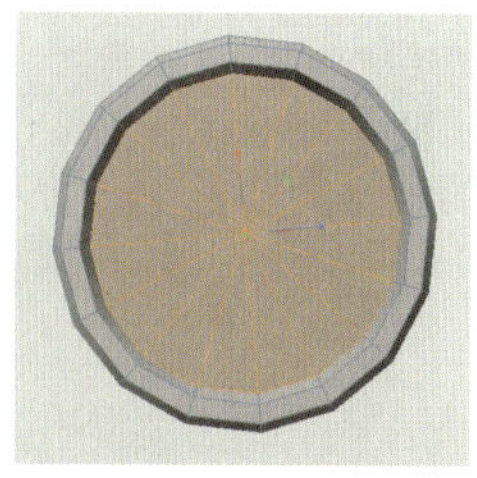

图 3-2-30　挤压并缩放面

答疑解惑

问：使用“挤压”命令可以制作出步骤 7 中的挤压效果吗？

答：可以。具体操作：确保嵌入的面处于选中状态，然后在视图窗口中的空白处右击，在弹出的快捷菜单中选择“挤压”菜单项，接着在“属性”面板“偏移”编辑框中输入“−10”并按“Enter”键。

步骤 8　单击顶部工具栏中的“边”图标，切换至边模式。单击左侧工具栏中的“循环选择”图标，然后选中如图 3-2-31 所示的循环边，接着在视图窗口中右击，在弹出的快捷菜单中选择“连接点/边”菜单项，选中的每条边的中点处便产生了一个点。

步骤 9　确保循环边处于选中状态（图 3-2-31），按住“Ctrl”键并单击顶部工具栏中的“点”图标，以选中该循环边上的所有点。按住“Shift”键，然后采用框选方式选中菌盖底面的中心点［图 3-2-32（a）］，接着在视图窗口中右击，在弹出的快捷菜单中选择“连接点/边”菜单项，则在步骤 8 中添加的中点与菌盖底面的中心点间便产生了一条边，结果如图 3-2-32（b）所示。

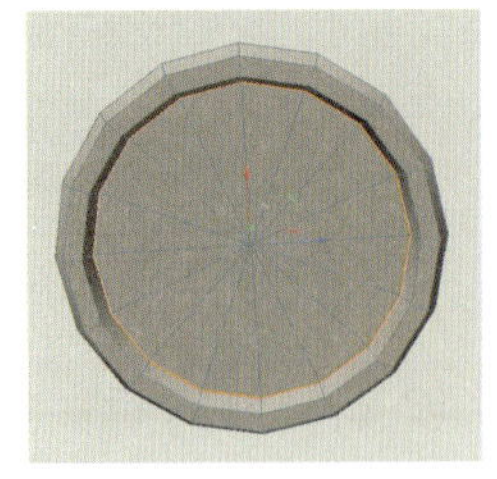

图 3-2-31　选中循环边 ①

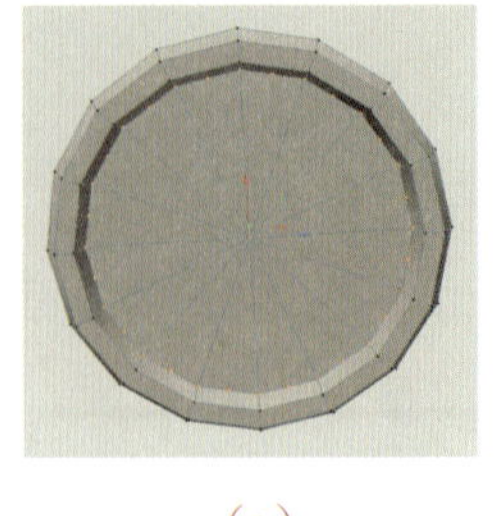

（a）

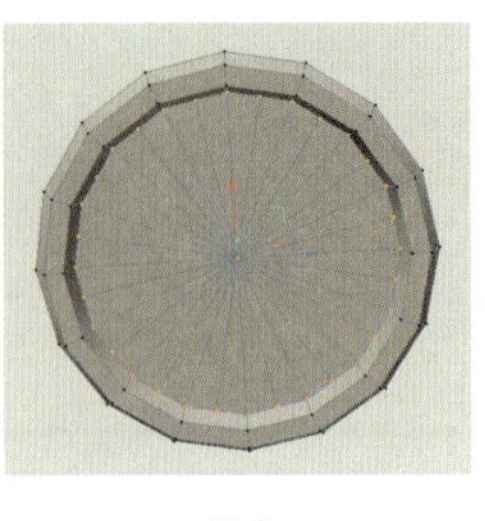

（b）

图 3-2-32　连接点

步骤 10　选中在步骤 8 中添加的所有中点，然后将其沿 *Y* 轴正向移动 10 cm，制作出菌褶，如图 3-2-33 所示。

步骤 11　单击顶部工具栏中的“多边形”图标，切换至面模式。单击左侧工具栏中的“循环选择”图标，然后选中如图 3-2-34 所示的面，按“T”键执行“缩放”命令，接着利用“Ctrl”键和“Shift”键将选中的面均匀缩小至 45%，即可嵌入面，结果如图 3-2-35 所示。确保嵌入的面处于选中状态（图 3-2-35），然后按“E”键执行“移动”命令，接着沿 *Y* 轴负向将选中的面移动 10 cm，使菌褶呈弧形。

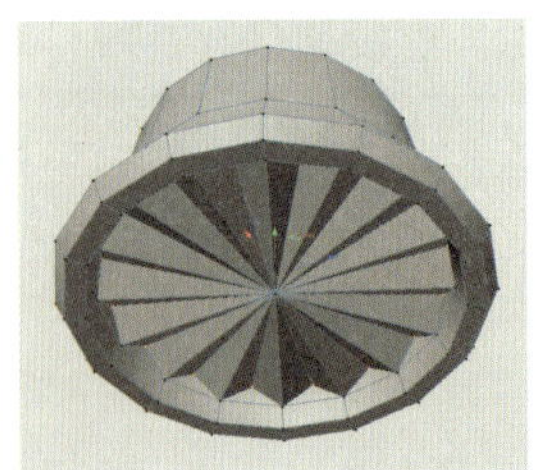

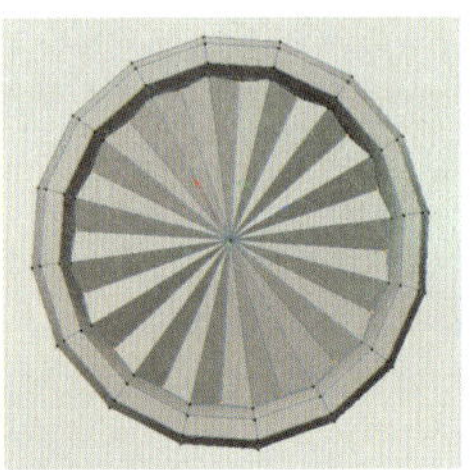

图 3-2-33　制作菌褶

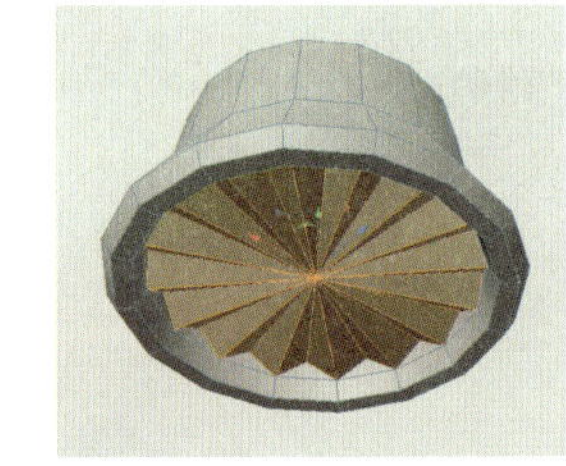

图 3-2-34　选中面 ②

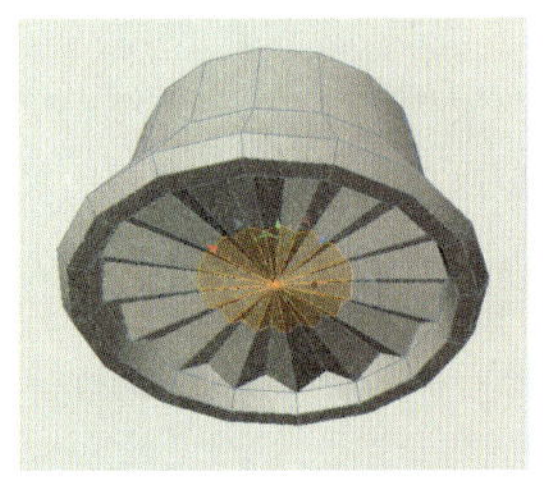

图 3-2-35　嵌入面 ②

步骤 12　确保嵌入的面处于选中状态，将鼠标指针移至 *Y* 轴上并按住左键，然后按住“Ctrl”键和“Shift”键并沿 *Y* 轴负向拖动鼠标，当出现提示信息“80 cm”时松开左键、“Ctrl”键和“Shift”键，制作出菌柄，如图 3-2-36 所示。

步骤 13　单击顶部工具栏中的“建模设置”图标，在出现的面板“捕捉”选项卡中勾选“捕捉”“轴心”“引导线”复选框，再次单击“建模设置”图标，将该面板关闭。确保菌柄的底面处于选中状态，按“T”键执行“缩放”命令，然后将鼠标指针移至 *Y* 轴的端部，按住左键并拖动鼠标，当出现提示信息“0%”时松开左键，使菌柄的底面位于同一个平面，结果如图 3-2-37 所示。

步骤 14　确保菌柄的底面处于选中状态，在视图窗口中右击，在弹出的快捷菜单中选择“循环/路径切割”菜单项，然后在菌柄的底面添加 3 条循环边，如图 3-2-38 所示。

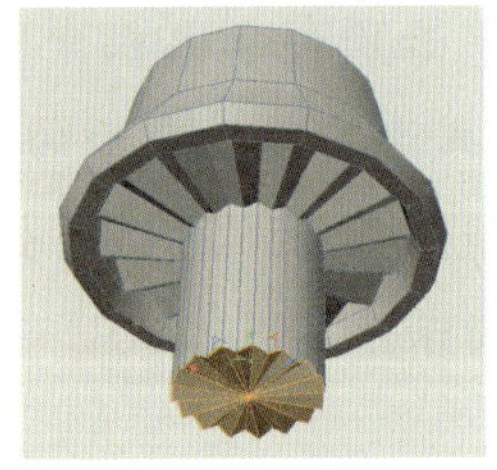

图 3-2-36　制作菌柄

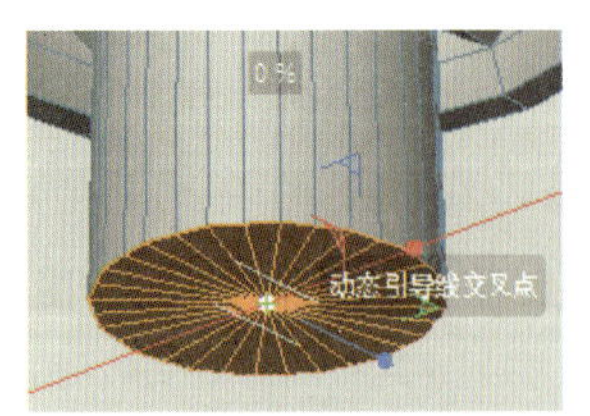

图 3-2-37　菌柄的底面效果

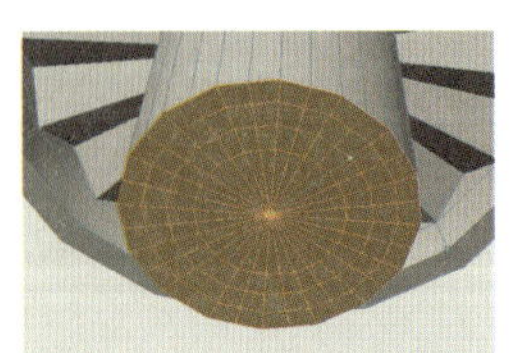

图 3-2-38　添加循环边

步骤 15　单击顶部工具栏中的“点”图标，切换至点模式。按“E”键执行“移动”命令，选中菌柄底面边缘的循环边上的所有点，使用“移动”命令沿 Y 轴正向将其移至合适的位置，再使用“缩放”命令将其均匀缩放至合适的大小。使用同样的方法，依次将菌柄底面的其他 3 条循环边上的点沿 Y 轴正向移至合适的位置，并将其均匀缩放至合适的大小。图 3-2-39 为调整后菌柄的形状。

步骤 16　单击顶部工具栏中的“边”图标，切换至边模式。选中如图 3-2-40 所示的 5 条循环边，然后在视图窗口中右击，在弹出的快捷菜单中选择“倒角”菜单项，接着在“属性”面板中将倒角模式设为“实体”、偏移模式设为“固定距离”，最后在“偏移”编辑框中输入“3”并按“Enter”键。

步骤 17　单击右侧工具栏中的“细分曲面”图标，创建一个“细分曲面”生成器，然后在“对象”面板中将“蘑菇”设为“细分曲面”的子级，结果如图 3-2-41 所示。

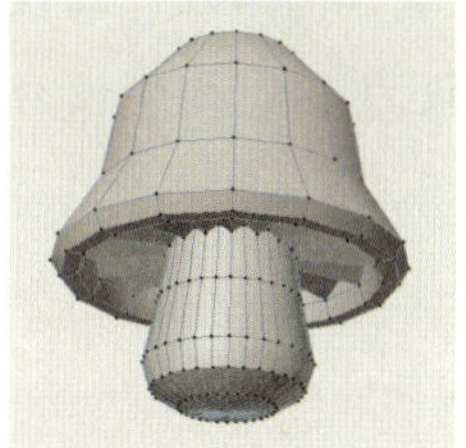

图 3-2-39　调整后菌柄的形状

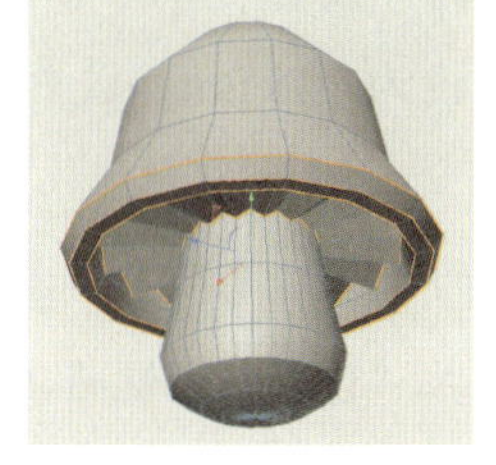

图 3-2-40　选中循环边②

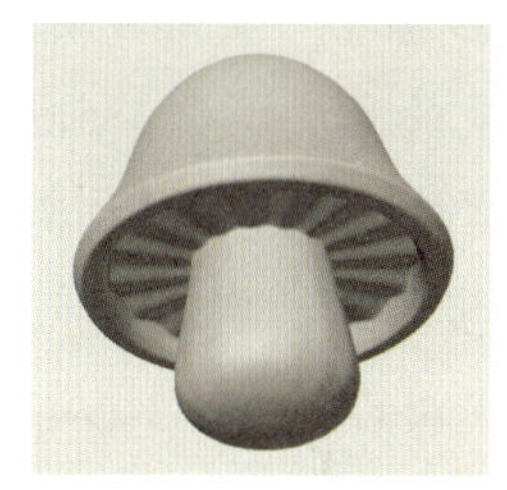

图 3-2-41　细分曲面效果

• 素养提升 •

场景中的模型形状各异，有些看起来非常复杂，让不少初次接触 Cinema 4D 的读者产生了畏难情绪。其实，无论多么复杂的模型，都可以将其简化、抽象为简单模型。创建简单模型并对其进行编辑，然后添加细节，即可完成复杂模型的创建。

读者在建模过程中要有意识地培养“化繁为简”的思维方式，精准把握复杂模型的特征，在学习中保持耐心和毅力，多从实践中总结经验教训，进而快速提高自己的建模能力。此外，读者还可以与同学、朋友分享自己的建模经验，或者与他们一起寻求解决问题的方法。

任务实施二——制作扬声器

下面通过制作图 3-2-42 中的扬声器，进一步学习编辑点、边、面的常用命令的使用方法。

图 3-2-42　扬声器渲染图

扫一扫

制作扬声器

制作思路

图 3-2-42 中的扬声器由壳体、防尘罩、防尘盖和装饰球构成。扬声器的制作思路：① 使用“胶囊”命令创建一个胶囊，然后删除其一侧的所有面，接着对剩余部分的点、边、面进行编辑，制作出扬声器的壳体和防尘罩；② 创建一个球体并将其沿某个平面缩放，然后对该对象上的部分面进行挤压，制作出防尘盖，最后使用“桥接”命令将防尘罩和防尘盖连接起来；③ 使用“挤压”命令对壳体的面进行挤压，然后使用“倒角”命令对挤出的部分进行卡线，制作出扬声器的 3 只脚；④ 使用“细分曲面”生成器细分模型；⑤ 创建一个球体，将其作为扬声器上的装饰球。

制作步骤

步骤 1 使用右侧工具栏中的“胶囊”命令创建一个胶囊，然后在“属性”面板“对象”选项卡中将胶囊的高度设为 385 cm、半径设为 125 cm、旋转分段数设为 14、方向设为“+Z”，最后按“C”键，将胶囊转换为可编辑对象。

步骤 2 单击顶部工具栏中的“多边形”图标，切换至面模式。采用框选方式在右视图中选中胶囊左半侧的面（图 3-2-43），然后按“Delete”键将其删除。

步骤 3 单击顶部工具栏中的“边”图标，切换至边模式。按“T”键执行“缩放”命令，双击以选中“胶囊”孔洞的边界线，按住“Ctrl”键和“Shift”键并在视图窗口中的任一空白处拖动鼠标，当出现提示信息“90%”时松开左键、“Ctrl”键和“Shift”键，使“胶囊”产生厚度，如图 3-2-44（a）所示。

步骤 4 确保“胶囊”孔洞的边界线处于选中状态，按“E”键执行“移动”命令，然后按住“Ctrl”键和“Shift”键将选中的边界线沿 *Z* 轴正向移动 25 cm，最后按“T”键执行“缩放”命令，将选中的边界线均匀缩小至 75%，结果如图 3-2-44（b）和图 3-2-44（c）所示。

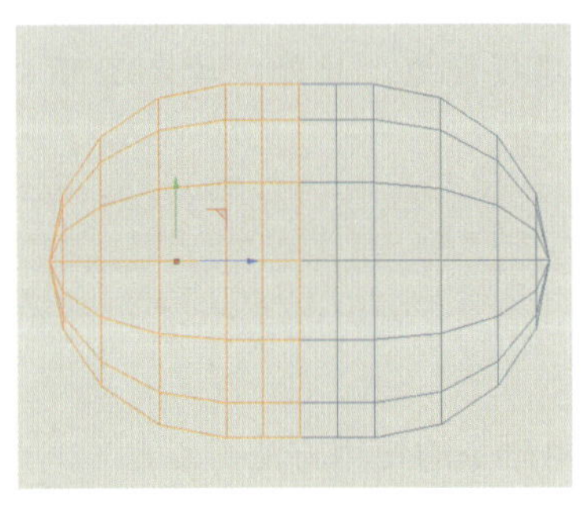

图 3-2-43　选中胶囊左半侧的面

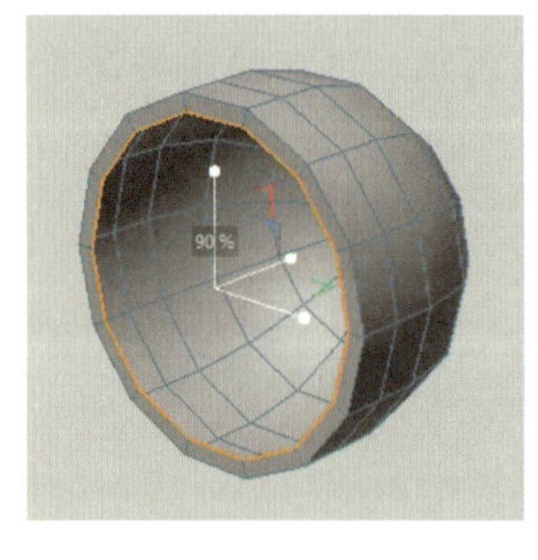

（a）

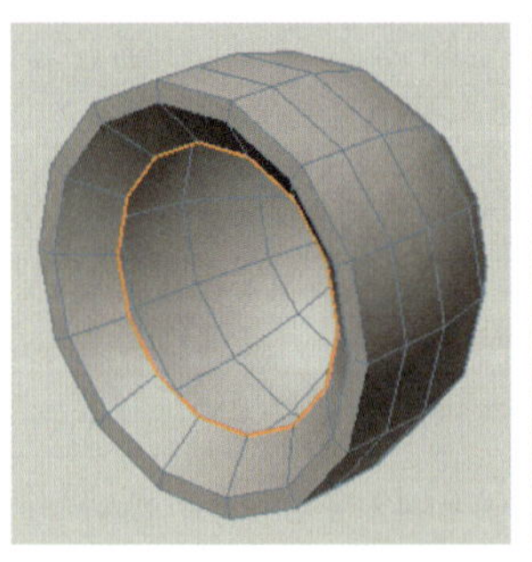

（b）

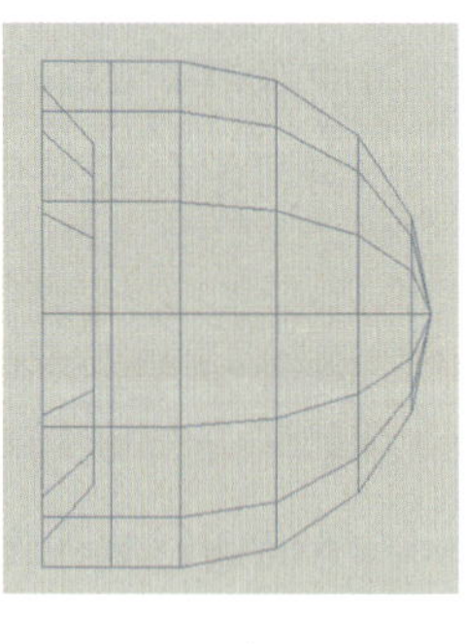

（c）

图 3-2-44　对孔洞的边界线进行挤压和缩放 ①

步骤 5 参照步骤 4，继续对孔洞的边界线进行挤压和缩放，结果如图 3-2-45 所示。

步骤 6 长按左侧工具栏中的“循环选择”图标，在展开的列表中选择“环状选择”命令，然后选中如图 3-2-46（a）所示的边，接着在视图窗口中右击，在弹出的快捷菜单中选择“连接点/边”菜单项，即可在选中的边的中点处添加一条循环边，如图 3-2-46（b）所示。

步骤 7 按“E”键执行“移动”命令，双击以选中在步骤 6 中添加的循环边，然后在视图窗口中右击，在弹出的快捷菜单中选择“倒角”菜单项，接着在“属性”面板中将倒角模式设为“倒棱”、偏移模式设为“固定距离”，最后在“偏移”编辑框中输入“1”并按“Enter”键，将选中的循环边分为两条。

步骤 8　单击顶部工具栏中的“多边形”图标，切换至面模式。使用“环状选择”命令选中如图 3-2-47 所示的面，按“E”键执行“移动”命令，然后按住“Ctrl”键和“Shift”键将选中的面沿 Z 轴正向移动 10 cm。

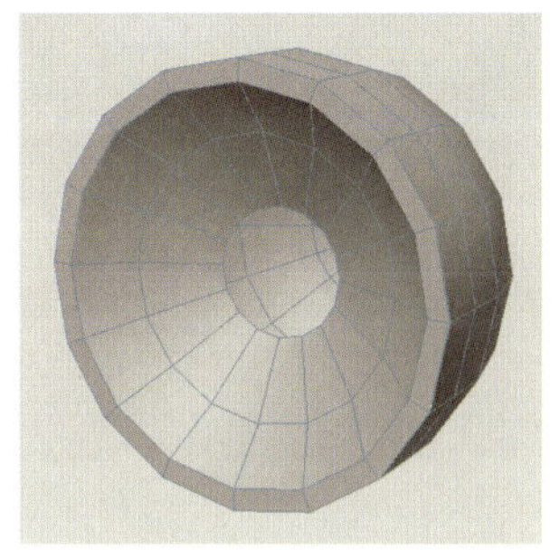

图 3-2-45　对孔洞的边界线进行挤压和缩放 ②

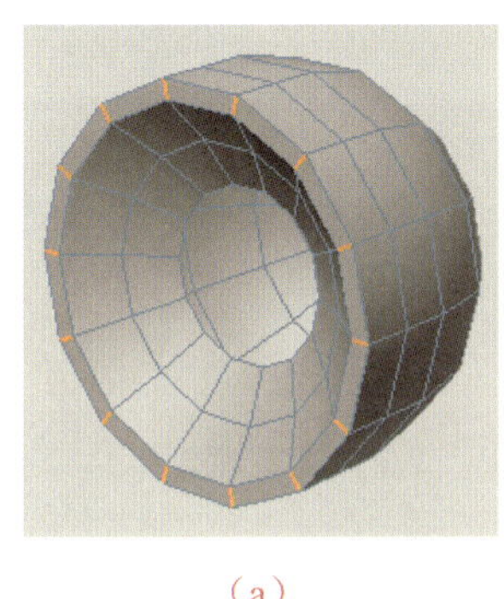

（a）

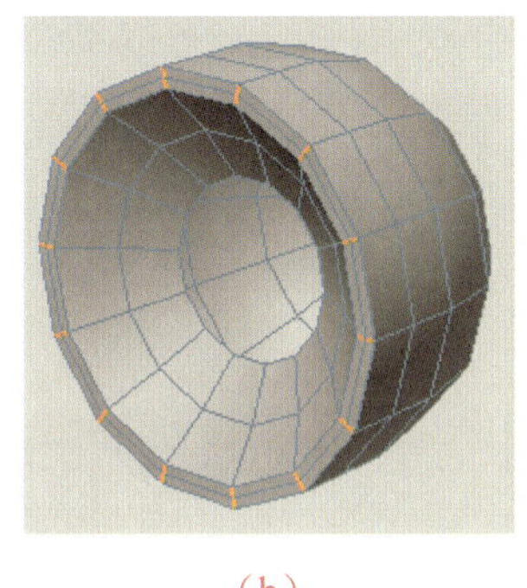

（b）

图 3-2-46　添加一条循环边

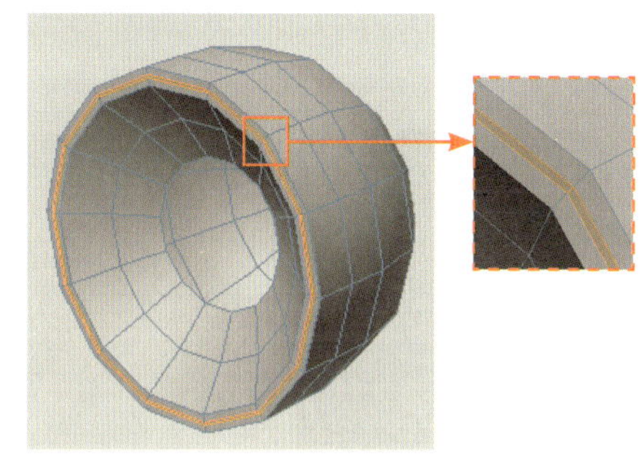

图 3-2-47　选中面 ①

步骤 9　单击顶部工具栏中的“边”图标，切换至边模式。使用“环状选择”命令选中在步骤 8 中挤出的循环面上的平行边（图 3-2-48），然后在视图窗口中右击，在弹出的快捷菜单中选择“坍塌”菜单项，使每条平行边成为一个点。

步骤 10　使用右侧工具栏中的“球体”命令创建一个球体，然后在“属性”面板中将球体的半径设为 60 cm、分段数设为 14，最后按“C”键，将球体转换为可编辑对象。

步骤 11　单击顶部工具栏中的“模型”图标，切换至模型模式。按“R”键执行“旋转”命令，将球体绕 X 轴旋转 90°，如图 3-2-49（a）所示。按“T”键执行“缩放”命令，将球体沿 Y 轴缩小至 40%，如图 3-2-49（b）所示。

步骤 12　单击顶部工具栏中的“边”图标，切换至边模式。使用“环状选择”命令选中如图 3-2-50 所示的平行边，然后在视图窗口中右击，在弹出的快捷菜单中选择“连接点/边”菜单项，即可在选中的边的中点处添加一条循环边。选中该循环边，然后使用“缩放”命令将其适当放大，结果如图 3-2-51 所示。

步骤 13　单击顶部工具栏中的“多边形”图标，切换至面模式。选中“球体”，单击顶部工具栏中的“视窗独显”图标，将其单独显示。使用“环状选择”命令选中如图 3-2-52 所示的面（图 3-2-51

中球体的背面），然后单击顶部工具栏中的“视窗独显”图标，结束独立显示状态，接着按“E”键执行“移动”命令，按住“Ctrl”键将选中的面沿 *Y* 轴移至防尘罩的孔洞附近，结果如图 3-2-53 所示，最后按“Delete”键，将选中的面删除。

图 3-2-48　选中平行边 ①

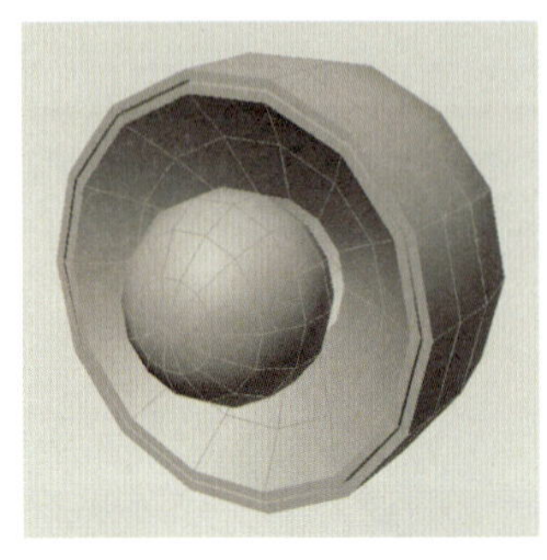

（a）

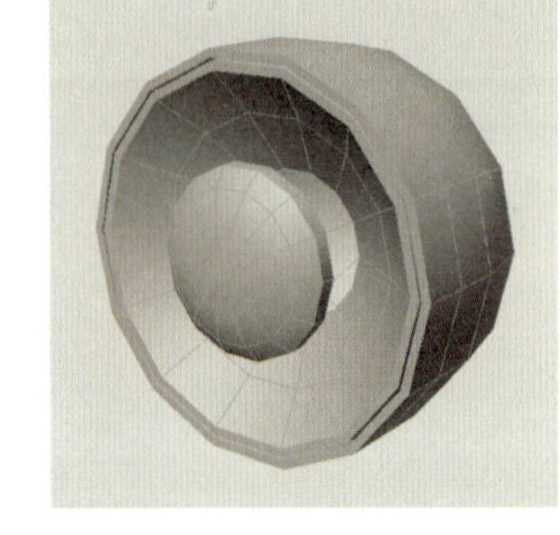

（b）

图 3-2-49　旋转并缩放球体

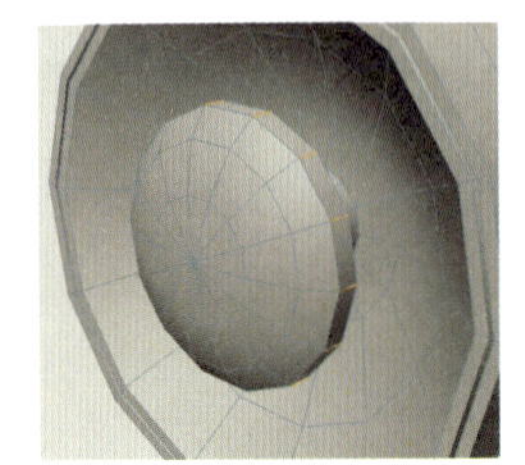

图 3-2-50　选中平行边 ②

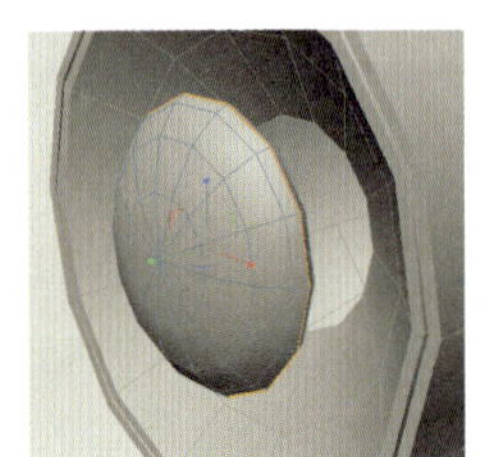

图 3-2-51　循环边的放大效果

图 3-2-52　选中面 ②

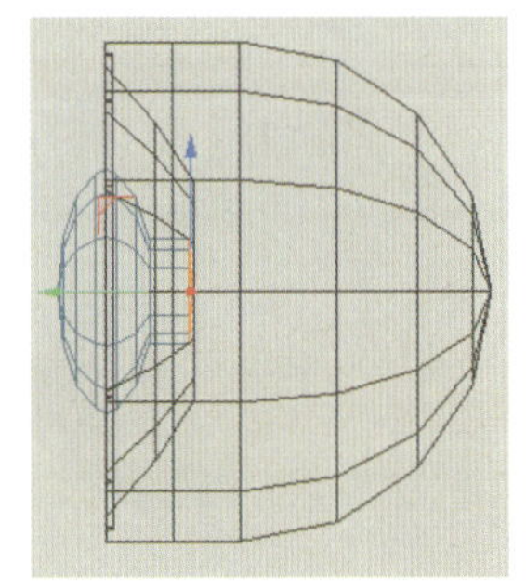

图 3-2-53　面的挤压效果

步骤 14　在“对象”面板中选中“胶囊”和“球体”，然后在其中任意一个对象的名称上右击，在弹出的快捷菜单中选择“连接对象 + 删除”菜单项，将这两个对象合并为一个对象，接着将该对象的名称设为“扬声器”。

小贴士

使用“连接对象 + 删除”命令可以将一个或多个对象及其子级对象合并为一个可编辑对象，同时将原对象删除。被合并的对象可以是基本体，也可以是可编辑对象。

步骤 15　单击顶部工具栏中的“边”图标，切换至边模式。选中“扬声器”，然后在视图窗口中右击，在弹出的快捷菜单中选择“桥接”菜单项，接着将鼠标指针移至如图 3-2-54（a）所示的边上，按住左键拖动该边至扬声器壳体孔洞处相应的边上，即可在两条边间创建一个面，如图 3-2-54（b）所示。继续按住左键拖动其他边，在防尘盖和壳体的孔洞处创建面，结果如图 3-2-54（c）所示。

步骤 16　选中如图 3-2-55 所示的循环边，按“E”键执行“移动”命令，然后将该循环边沿 *Z* 轴正向移动 10 cm。单击顶部工具栏中的“多边形”图标，切换至面模式。选中如图 3-2-56 所示的面，然后在视图窗口中右击，在弹出的快捷菜单中选择“挤压”菜单项，最后在“属性”面板中的“偏移”编辑框内输入“30”并按“Enter”键，结果如图 3-2-57 所示。

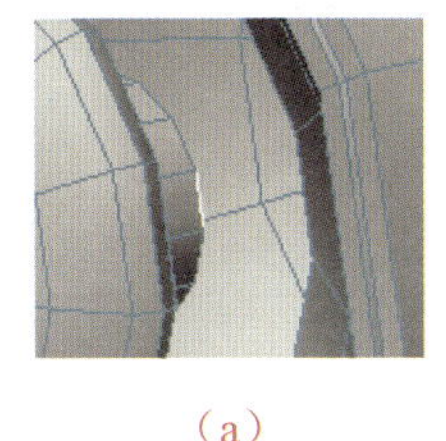
（a）

（b）

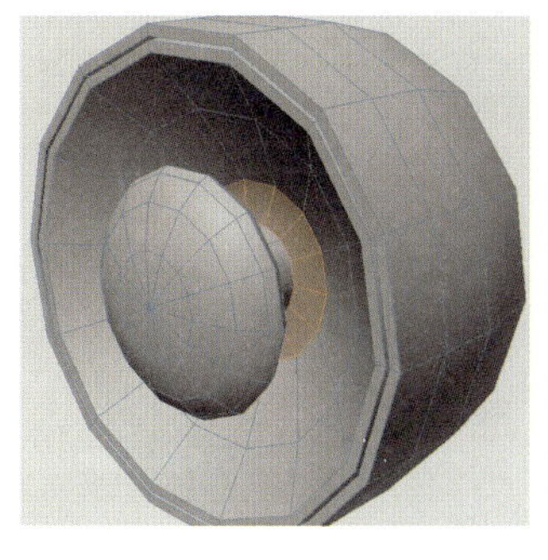
（c）

图 3-2-54 在防尘盖与壳体间创建面

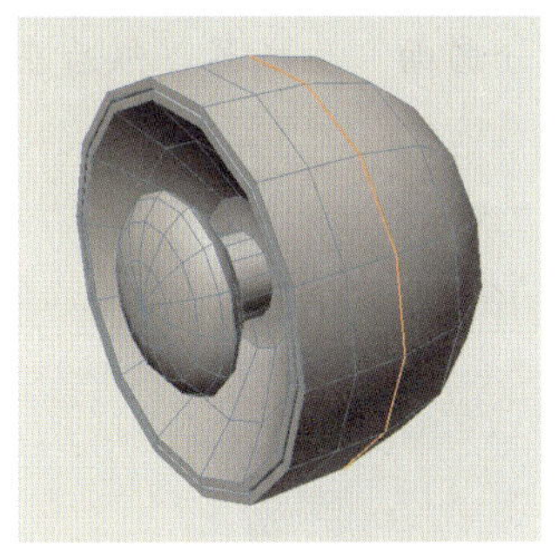

图 3-2-55 选中循环边①

图 3-2-56 选中面③

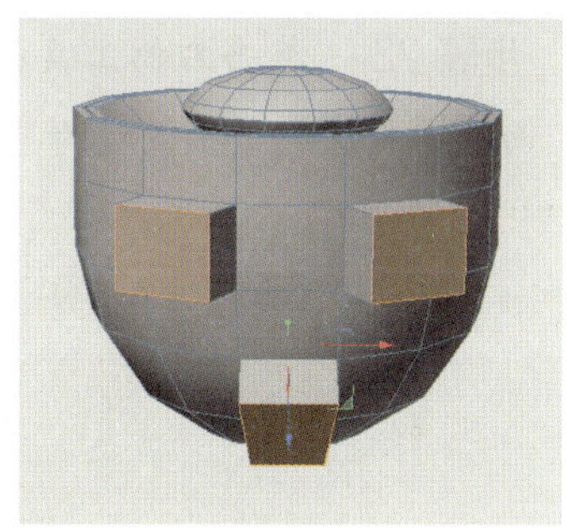
图 3-2-57 制作扬声器的腿

步骤 17 按“T”键执行“缩放”命令，将图 3-2-57 中选中的 3 个面以各自的中心为基准缩小至 75%，如图 3-2-58 所示。

步骤 18 单击顶部工具栏中的“边”图标，切换至边模式。选中如图 3-2-59 所示的 4 条循环边，然后在视图窗口中右击，在弹出的快捷菜单中选择“倒角”菜单项，接着在“属性”面板中将倒角模式设为“实体”、偏移模式设为“固定距离”、斜角类型设为“默认”，最后在“偏移”编辑框中输入“2”并按“Enter”键。

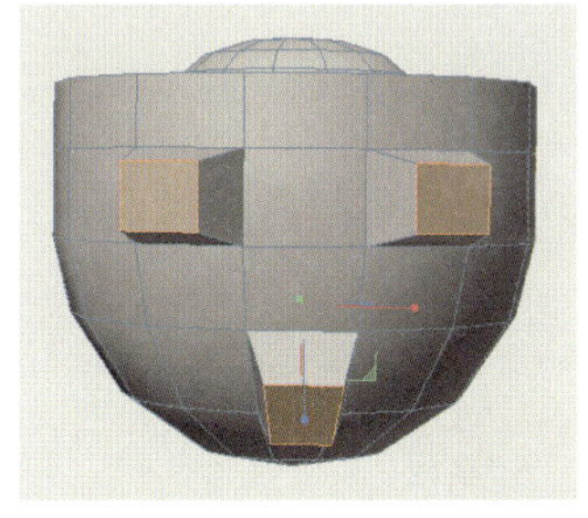
图 3-2-58 缩放选中的面

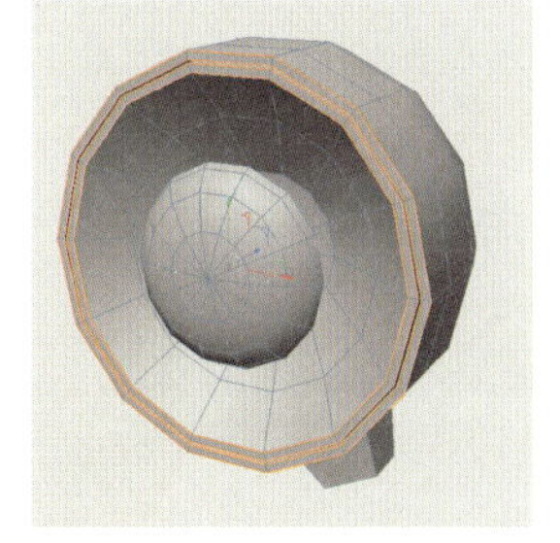
图 3-2-59 选中循环边②

步骤 19 参照步骤 18，对如图 3-2-60 所示的 3 条循环边进行倒角，倒角模式为“实体”，偏移模式为“固定距离”，斜角类型为“均匀”，偏移距离为 7 cm，结果如图 3-2-61 所示。

步骤 20 在视图窗口中右击，在弹出的快捷菜单中选择“循环/路径切割”菜单项，然后在扬声器 3 条腿的合适位置分别单击，以添加循环边，结果如图 3-2-62 所示。

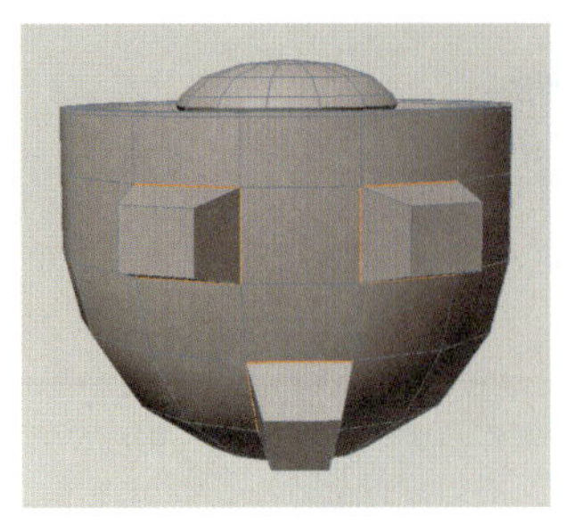

图 3-2-60　选中边 ①

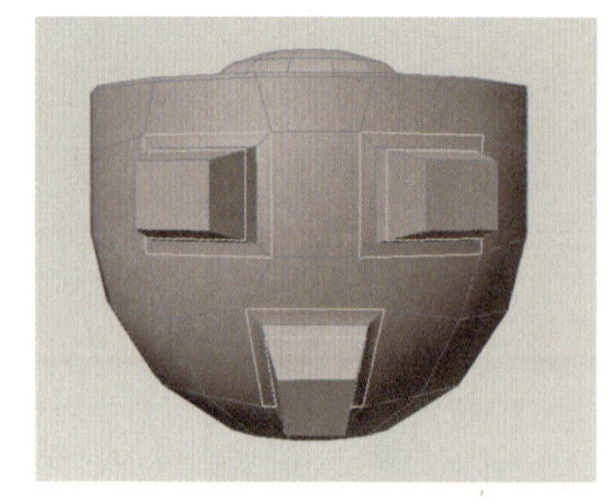
图 3-2-61　卡线效果

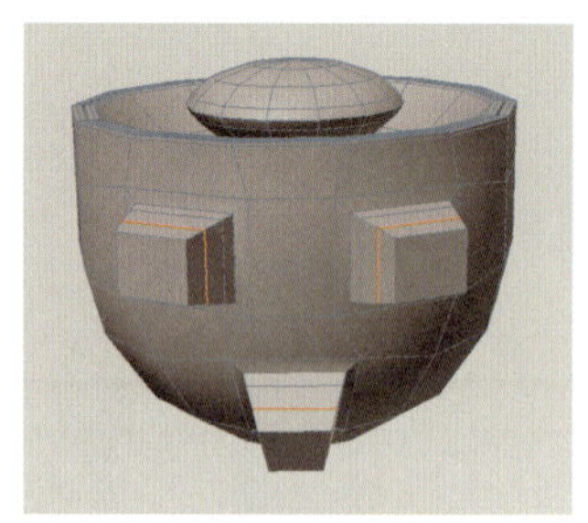
图 3-2-62　添加循环边

步骤 21　对如图 3-2-63 所示的防尘盖圆柱部分的两条循环边进行倒角，倒角模式为“实体”，偏移模式为“固定距离”，斜角类型为“均匀”，最后在“偏移”编辑框中输入“10”并按“Enter”键。

步骤 22　单击右侧工具栏中的“细分曲面”图标，创建一个“细分曲面”生成器，然后在“对象”面板中将“扬声器”设为“细分曲面”的子级，结果如图 3-2-64 所示。

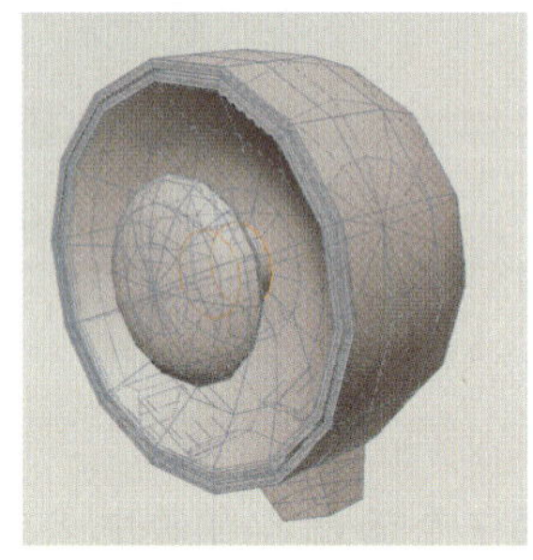
图 3-2-63　选中边 ②

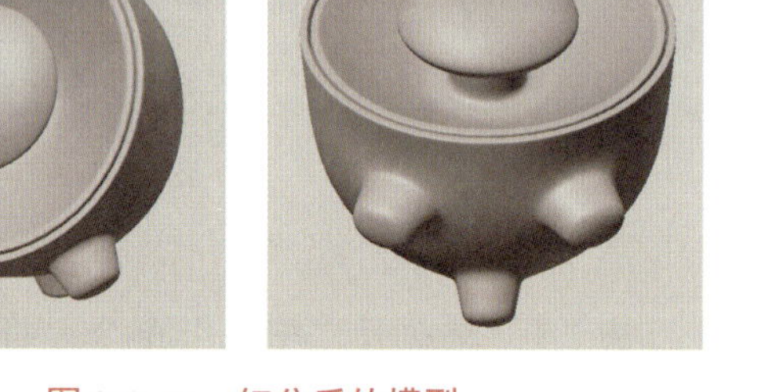
图 3-2-64　细分后的模型

步骤 23　使用右侧工具栏中的“球体”命令创建一个半径为 20 cm 的球体，然后参照图 3-2-42 将其移至合适的位置。

学习成果自测

自测习题一　制作元宝

利用本项目所学知识制作如图 3-3-1 所示的元宝。

图 3-3-1　元宝渲染图

提示：

（1）创建一个圆柱体，将其转换为可编辑对象，然后参照图 3-3-2，使用“缩放”命令缩放该圆柱体，接着选中模型的底面，将其缩放至如图 3-3-3 所示的大小。

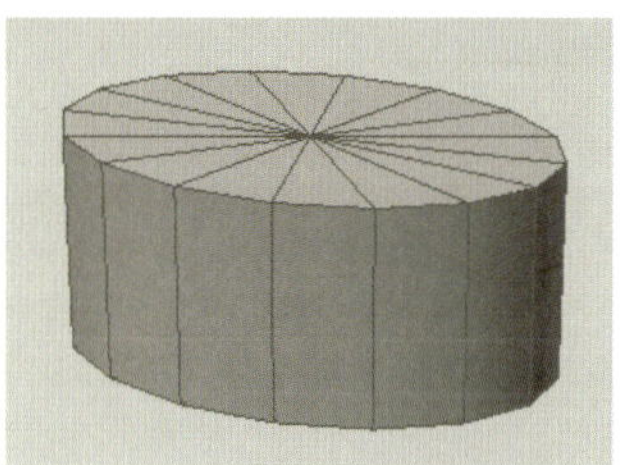
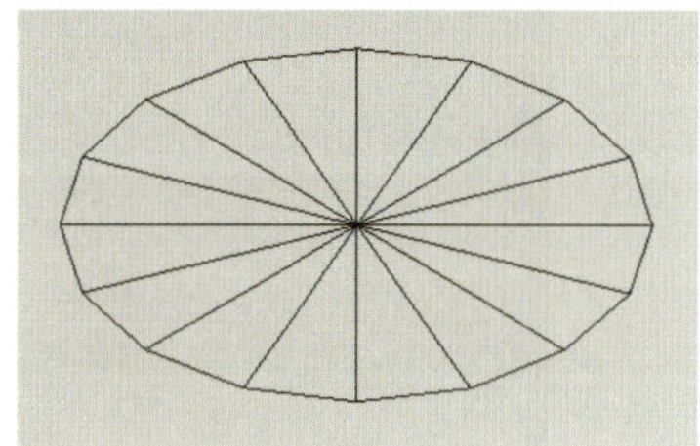

图 3-3-2　缩放效果 ①

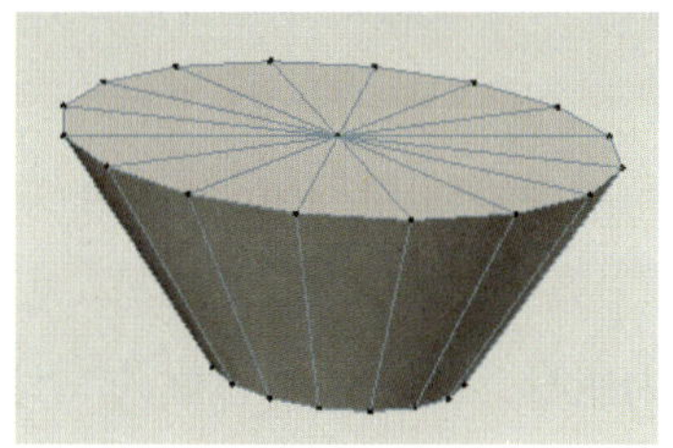

图 3-3-3　缩放效果 ②

（2）选中模型的顶面，使用“嵌入”命令嵌入一个面（图3-3-4），然后对嵌入的面挤压两次，再使用“移动”和“缩放”命令制作出模型中间的球体部分。

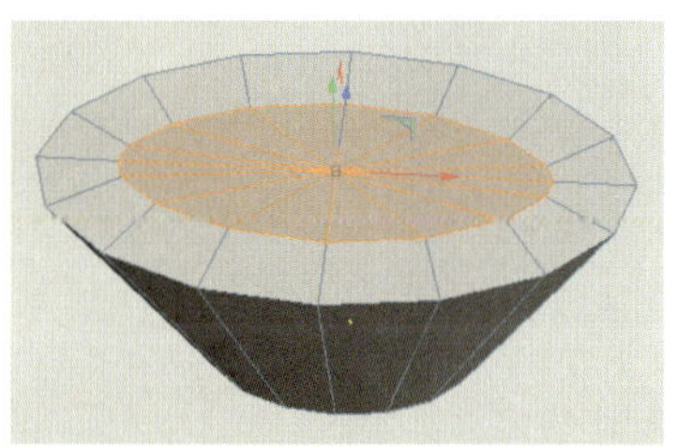

图 3-3-4　嵌入效果

（3）使用“移动”命令和“缩放”命令编辑点，以调整模型的形状，如图 3-3-5 所示。

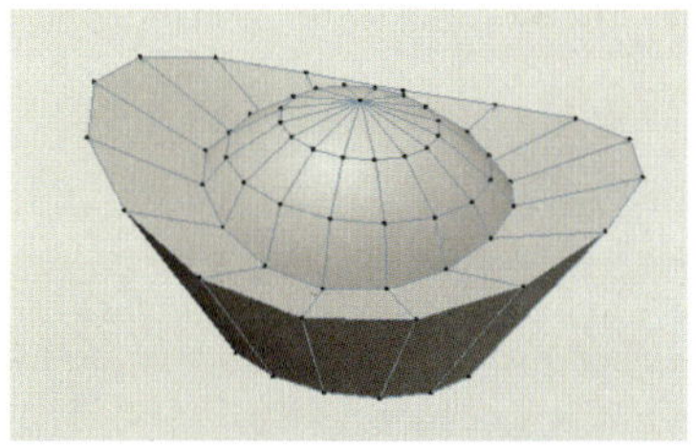
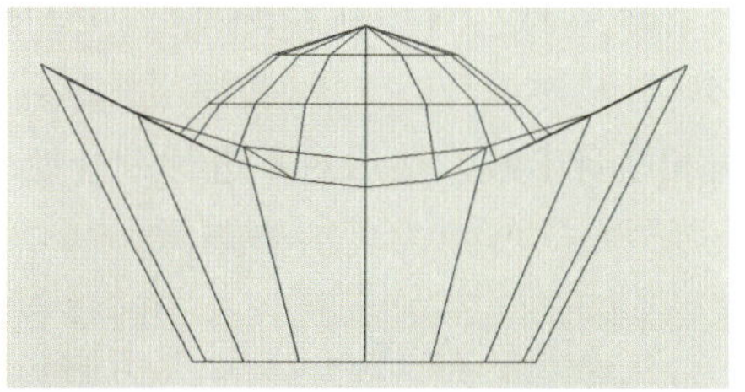

图 3-3-5　调整模型的形状

（4）使用“倒角”命令制作出模型边缘的厚度，再使用“循环/路径切割”命令对模型卡线，最后使用“细分曲面”生成器对模型进行细分处理。

自测习题二 制作化妆品瓶

利用本项目所学知识制作如图 3-3-6 所示的化妆品瓶。

图 3-3-6　化妆品瓶渲染图

提示：

（1）创建一个圆柱体，将其作为瓶身，然后使用“嵌入”“挤压”等命令制作瓶口，如图 3-3-7 所示。

（2）使用“倒角”命令制作瓶身的圆角，如图 3-3-8 所示。

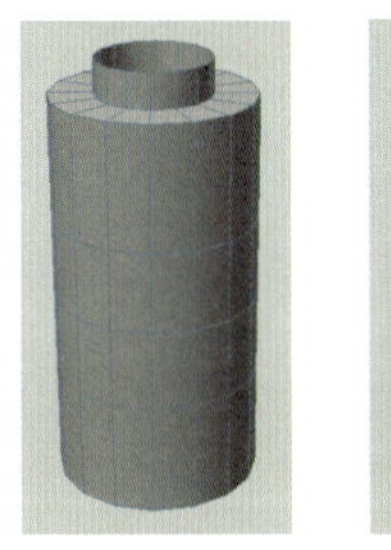

图 3-3-7　制作瓶口

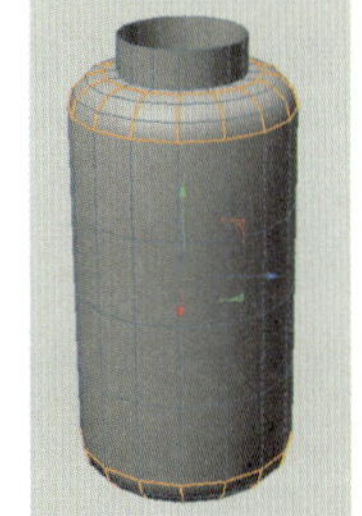

图 3-3-8　倒角效果

（3）使用“循环/路径切割”命令在瓶口处添加两条分段线，然后选中如图 3-3-9 所示的面，使用“挤压”命令和“缩放”命令制作瓶口处的螺纹，如图 3-3-10 所示。

（4）创建一个圆柱体，将其作为瓶盖，然后使用“移动”命令和“缩放”命令调整其形状，如图 3-3-11 所示。

（5）对瓶盖和瓶身卡线，然后对其进行细分处理。

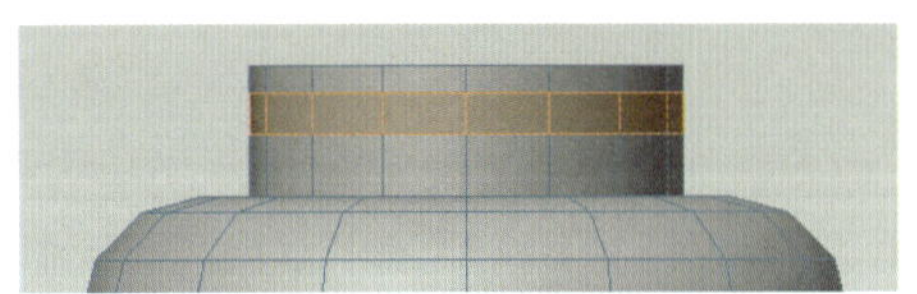

图 3-3-9　选中面

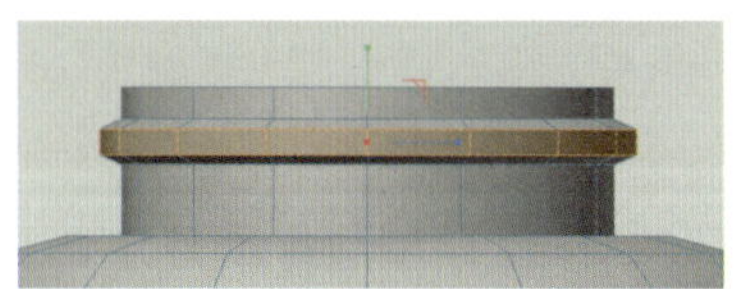

图 3-3-10　制作瓶口处的螺纹

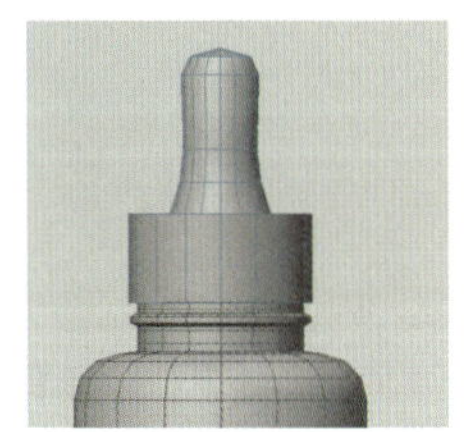

图 3-3-11　制作瓶盖

自测习题三　制作喇叭

利用本项目所学知识制作如图 3-3-12 所示的喇叭。

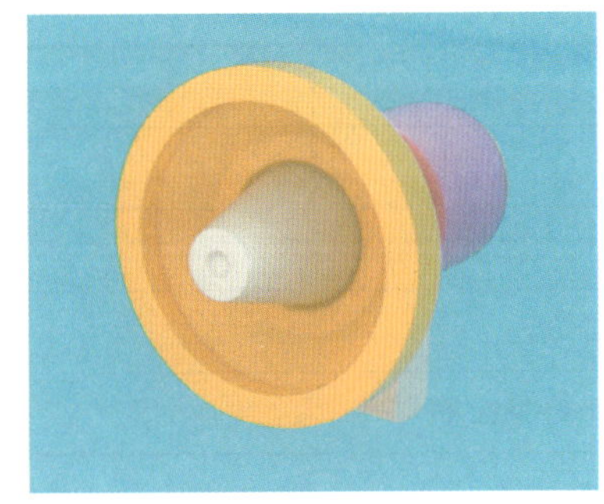
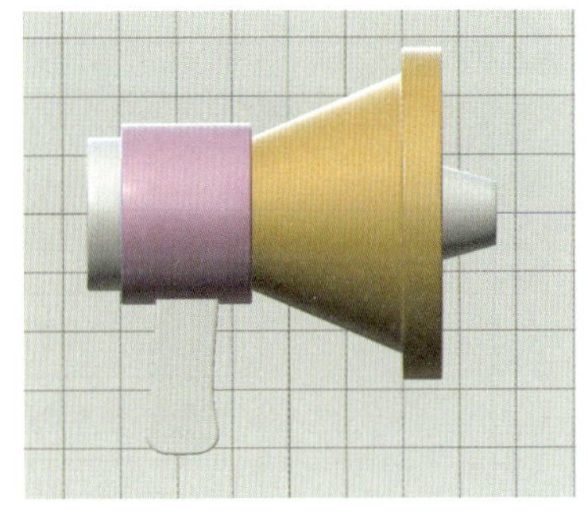

图 3-3-12　喇叭渲染图

提示：

（1）使用“圆锥体”“立方体”“管道”和“圆柱体”命令制作出喇叭的大致形状（图 3-3-13），然后使用“循环/路径切割”命令为圆锥体添加几条分段线，再使用“挤压”命令制作出喇叭口的形状。

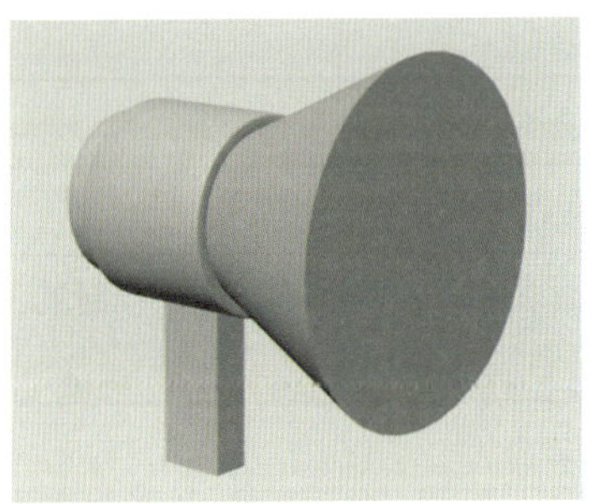

图 3-3-13　喇叭的大致形状

（2）使用“循环/路径切割”命令为把手添加分段线，通过缩放分段线调整把手的形状。

（3）对喇叭卡线并进行细分处理。

学习成果评价

请进行学习成果评价，并将评价结果填入表 3-4-1。

表 3-4-1　学习成果评价表

班级		组号		日期	
姓名		学号		指导教师	
评价项目	评价内容		满分	自我评分	教师评分
知识（40%）	点、边、面的选择方法		7		
	平滑着色标签与选择集标签		5		
	细分曲面、法线与卡线		7		
	编辑点的常用命令		7		
	编辑边的常用命令		7		
	编辑面的常用命令		7		
技能（40%）	能够通过编辑点、边、面制作出较复杂的模型		20		
	能够对模型合理地卡线，从而制作出结构合理的模型		20		
素养（20%）	积极参与课堂讨论		6		
	具备良好的学习态度，认真完成任务实施		6		
	具备执着专注、精益求精、一丝不苟、追求卓越的工匠精神		8		
合计			100		
总分（自我评分 × 40%+教师评分 × 60%）					
自我评价					
教师评价					

项目四

生成器建模与变形器建模

项目引言

使用生成器可以快速编辑对象，常用的生成器有“对称”生成器、“克隆”生成器、“布尔”生成器、“布料曲面”生成器等。使用变形器可以使对象的形状、大小及位置产生变化，从而快速创建出需要的模型，常用的变形器有“弯曲”变形器、“膨胀”变形器、“锥化”变形器、“扭曲”变形器等。本项目主要介绍生成器建模与变形器建模的基础知识和基本操作。

知识目标

- 掌握“对称”生成器、“克隆”生成器、“布尔”生成器的使用方法。
- 熟悉“连接”生成器、“融球”生成器、“晶格”生成器、“减面”生成器、“布料曲面”生成器的使用方法。
- 掌握“弯曲”变形器、“膨胀”变形器、“锥化”变形器的使用方法。
- 掌握“扭曲”变形器、“FFD”变形器、“球化”变形器、“样条约束”变形器的使用方法。

素质目标

- 通过学习使用生成器建模的相关知识，培养多角度思考问题的意识和能力，能够灵活运用辩证的思维方式分析问题、解决问题。
- 通过学习使用变形器建模的相关知识，培养创新意识和形象思维，能够主动尝试制作有创意的模型。

任务一 使用生成器编辑对象（一）

任务导入

在建模的过程中，合理使用生成器可以大大提高建模效率。例如，在制作好模型的一部分后，使用“对称”生成器可以快速制作出对称的部分；使用“克隆”生成器可以生成多个相同的对象，并且使这些对象以直线、圆周、指定的样条为路径进行排列；使用“布尔”生成器可以在模型上抠出孔洞。

图 4-1-1 中轨道上的诸多小球就是使用“克隆”生成器制作的。具体的制作步骤：创建一个小球，并且绘制一条与轨道的路径相同的样条，然后创建一个“克隆”生成器，将小球作为其子级，将样条作为复制时的路径，最后设置副本的数量。此外，在制作图 4-1-2 中的飞行器时，也用到了除“克隆”生成器外的其他生成器。

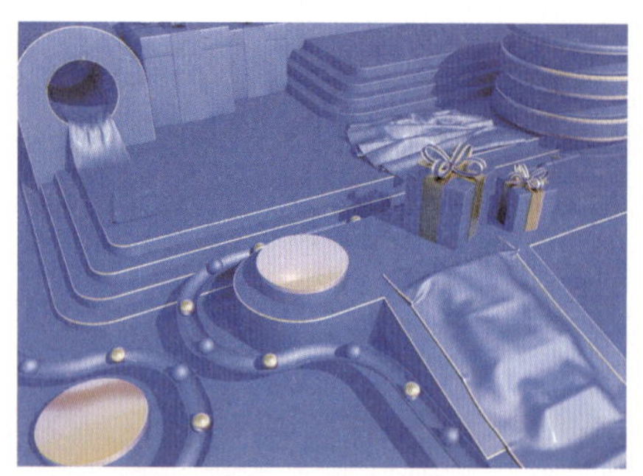

图 4-1-1　电商广告场景

图 4-1-2　飞行器

想一想：

（1）怎样创建并使用生成器？

（2）在制作如图 4-1-2 所示的飞行器时，会用到哪些生成器？

一、“对称”生成器

使用“对称”生成器可以制作对称模型。例如，制作好如图 4-1-3（a）所示的背心的一侧，然后将其选中，按住“Alt”键并长按右侧工具栏中的“细分曲面”图标，在展开的列表中选择“对称”命令，接着在“属性”面板“对象”选项卡［图 4-1-3（b）］中选择镜像平面，可制作出背心的另一侧，如图 4-1-3（c）所示。

（a）

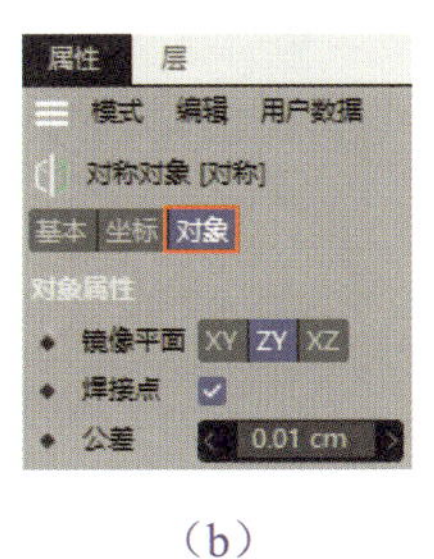

（b）

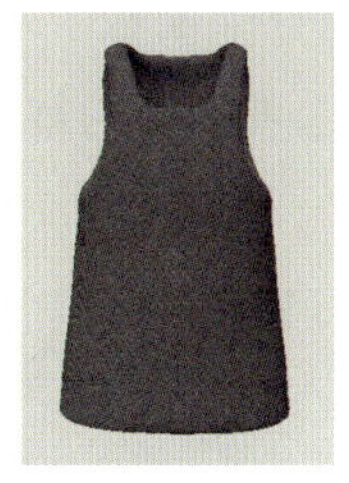

（c）

图 4-1-3　使用“对称”生成器制作对称模型

如图 4-1-3（b）所示的“对象”选项卡中的常用选项、复选框和编辑框的功能如下。

①“镜像平面”选项：用于设置对象翻转的平面。

②“焊接点”复选框：勾选该复选框后，对称平面两侧距离小于或等于公差值的点将被合并。

③“公差”编辑框：用于指定镜像平面两侧需要合并的点间的最大距离。勾选“焊接点”复选框后，此编辑框被激活。

“对称”生成器仅适用于模型和样条，不适用于灯光、摄像机等，且只能作用于其下的第 1 个子级对象。要使“对称”生成器同时作用于两个或两个以上的对象，需要先对这些对象编组，再将该组设为“对称”生成器的子级，如图 4-1-4 所示。

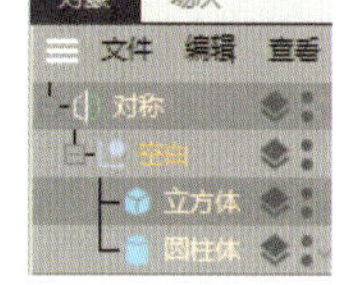

图 4-1-4　“对象”面板

经验之谈

为对象添加“对称”生成器后，若编辑该生成器的子级对象，则对称部分也会同步更新。在制作对称模型时，可以只制作对称平面一侧的模型，然后使用“对称”生成器制作另一侧的模型，以提高模型的质量和建模的效率。

小贴士

生成器是作为父级对象使用的。为对象添加生成器的方法有两种：

方法 1：长按右侧工具栏中的“细分曲面”图标，在展开的列表中选择需要的命令，然后将对象设置为生成器的子级。

方法 2：选中要编辑的对象，按住“Alt”键后长按右侧工具栏中的“细分曲面”图标，在展开的列表中选择需要的命令。

二、“克隆”生成器

使用“克隆”生成器可以使一个或多个对象以“线性”“对象”“放射”“网格”“蜂窝”等 5 种模式进行复制。

（1）“线性”模式。在“线性”模式下，可使对象沿着直线进行复制，如图 4-1-5 所示。创建“克隆”

生成器后，可在“属性”面板“对象”选项卡（图 4-1-6）中将克隆模式设为“线性”，再根据需要进行其他设置。“对象”选项卡中的常用列表框和编辑框的功能如下。

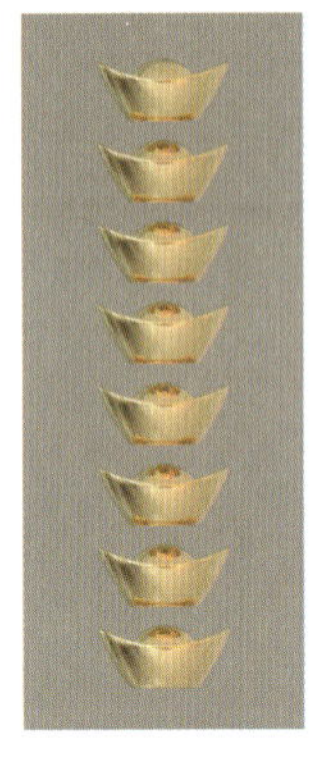

图 4-1-5 “线性”模式下的复制效果

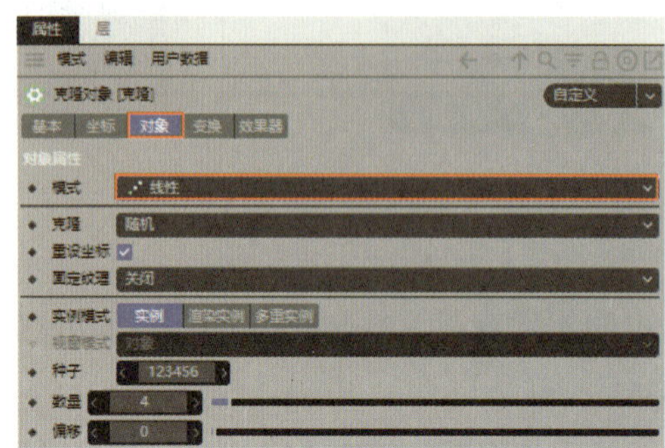

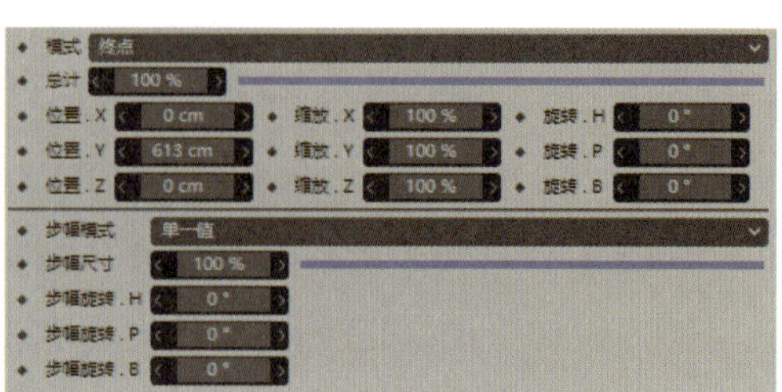

图 4-1-6 “对象”选项卡 ①

①“克隆”列表框：当“克隆”生成器具有多个子级时，在该列表框中可设置子级对象与生成的对象之间的关系。若选择该列表框中的“迭代”选项，软件将按照子级对象的先后顺序生成其副本；若选择该列表框中的“随机”选项，将随机生成子级对象的副本；若选择该列表框中的“混合”选项，软件将按照子级对象的先后顺序、属性等有序生成其副本；若选择该列表框中的“类别”选项，软件将只生成第 1 个子级对象的副本。

②“数量”编辑框：用于控制生成的对象的数量。

③“偏移”编辑框：用于设置生成的第 1 个对象的中心与原对象的中心间相差几个子级对象，该值为整数。

④“模式”列表框：若选择该列表框中的“每步”选项，则可通过设置相邻对象间的偏移距离来克隆对象；若选择该列表框中的“终点”选项，则可通过设置第 1 个对象与最后 1 个对象间的偏移距离来克隆对象。

⑤“位置 .X”“位置 .Y”“位置 .Z”编辑框：设置生成的对象在 *X*、*Y*、*Z* 轴上的偏移距离。

⑥“缩放 .X”“缩放 .Y”“缩放 .Z”编辑框：设置生成的对象在 *X*、*Y*、*Z* 轴上的缩放比例。

⑦“旋转 .H”“旋转 .P”“旋转 .B”编辑框：设置生成的对象沿 *X*、*Y*、*Z* 轴旋转的角度。

⑧“步幅模式”列表框：若选择该列表框中的“单一值”选项，则在生成的对象中，相邻对象间的距离均相等；若选择该列表框中的“累计”选项，则在生成的对象中，相邻对象间的距离将按照“步幅尺寸”编辑框中的数值变化。

（2）“对象”模式。在“对象”模式下，可以使对象沿着指定的路径（样条）进行复制，如图 4-1-7 所示。为对象添加“克隆”生成器后，将克隆模式设为“对象”，然后将“对象”面板中的样条拖到“对象”列表框中（图 4-1-8），再根据需要进行其他设置即可。

（3）“放射”模式。在“放射”模式下，可使生成的对象呈放射状，如图 4-1-9 所示。

（4）“网格”模式。在“网格”模式下，可使对象沿着 3 个坐标轴进行复制，如图 4-1-10 所示。

（5）“蜂窝”模式。在“蜂窝”模式下，可使生成的对象呈蜂窝状，如图 4-1-11 所示。

图 4-1-7 “对象模式”模式下的复制效果

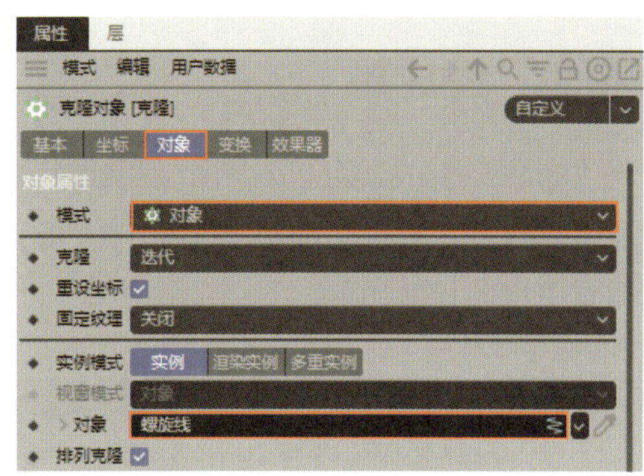

图 4-1-8 “对象”选项卡②

小贴士

图 4-1-8 中的“排列克隆”复选框用于控制生成的对象的朝向。

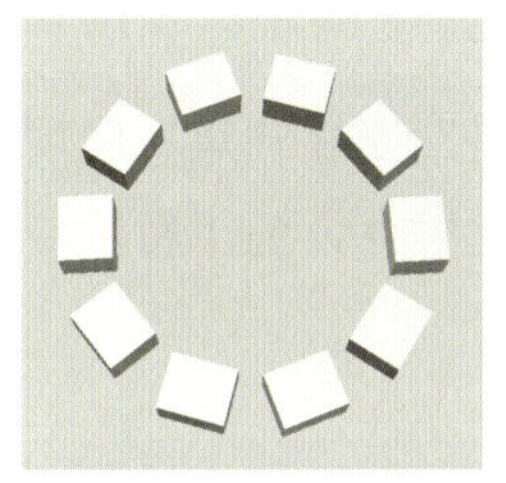

图 4-1-9 “放射”模式下的复制效果

图 4-1-10 “网格”模式下的复制效果

图 4-1-11 “蜂窝”模式下的复制效果

探索与分享

使用“克隆”生成器不仅可以复制对象，还可以在复制文本的同时按照一定的规律改变文本的内容。请同学们打开本书配套素材“素材与实例”→“项目四”→“钟表”→“钟表 .c4d”文件，创建一个“克隆”生成器并将克隆类型设为“混合”、偏移角度设为 30°，制作出钟表上的数字，如图 4-1-12 所示。教师随机选择几名学生，让其分享自己是如何制作钟表上的数字的。

原对象

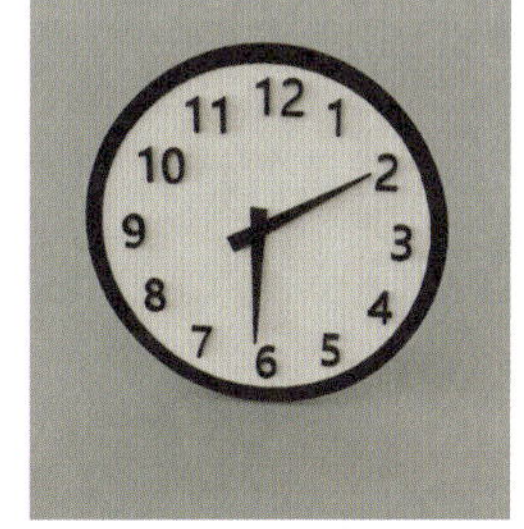

制作后的效果

图 4-1-12 制作钟表上的数字

三、“布尔”生成器

使用“布尔”生成器可以对两个对象进行并集、差集、交集、补集运算。为对象添加“布尔”生成器后，通常需要在“属性”面板“对象”选项卡（图4-1-13）中设置相关参数。“对象”选项卡中的常用列表框和复选框的功能如下。

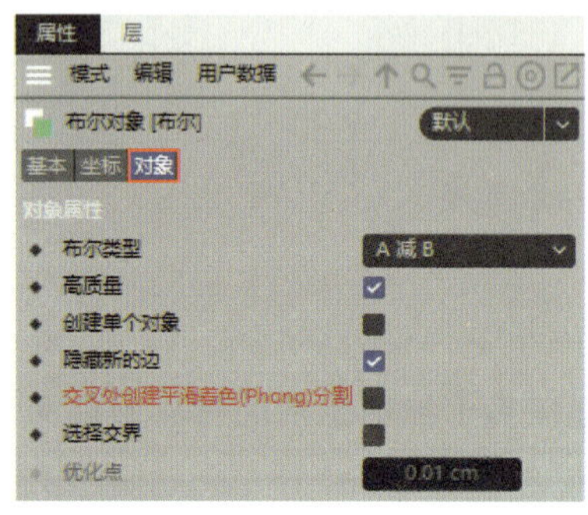

图4-1-13 “对象”选项卡

①“布尔类型”列表框：利用该列表框中的“A加B”“A减B”“AB交集”“AB补集”选项，可设置布尔运算的类型。图4-1-14为选择不同选项时模型的效果。其中，*A*代表立方体，为“布尔”生成器的第1个子级；*B*代表球体，为“布尔”生成器的第2个子级。

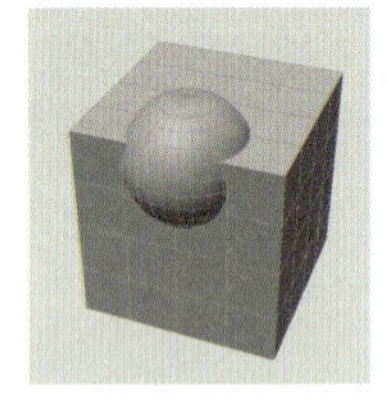

选择“A加B”选项

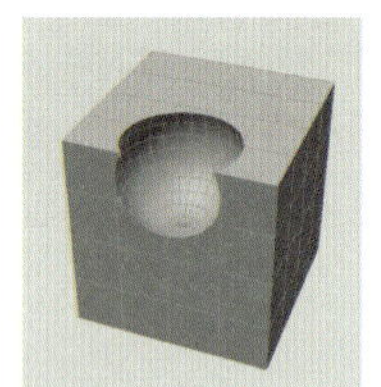

选择“A减B”选项

选择“AB交集”选项

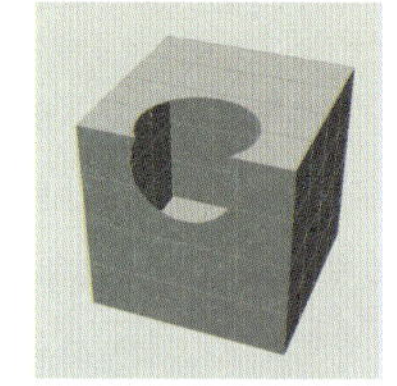

选择“AB补集”选项

图4-1-14 选择不同选项时模型的效果

②“创建单个对象”复选框：勾选该复选框后按“C”键，可将“布尔”生成器和其子级对象转换为一个可编辑对象。此时，*A*和*B*的交界处生成一系列点。

③“隐藏新的边”复选框：进行布尔运算后，*A*和*B*的交界线上的点与布尔运算后的对象上的点间将生成边，勾选该复选框后，可隐藏生成的边。

④“选择交界”复选框：勾选该复选框和“创建单个对象”复选框后按“C”键，可将“布尔”生成器和其子级对象转换为一个可编辑对象，并且将*A*和*B*的交界线以选择集标签的形式显示在“对象”面板中。

小贴士

如果要对布尔运算后的对象上的点、边、面进行编辑，则需要选中“对象”面板中的“布尔”，然后勾选“创建单个对象”复选框，接着按“C”键，将“布尔”生成器和其子级对象转换为一个可编辑对象。

任务实施一——制作玩具飞机

下面通过制作如图 4-1-15 所示的玩具飞机，继续学习生成器建模的相关知识。

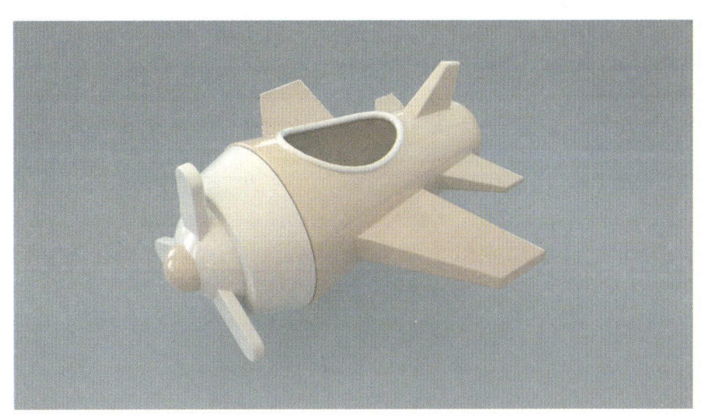

图 4-1-15 玩具飞机渲染图

制作玩具飞机

制作思路

图 4-1-15 中的玩具飞机由机头、机身、侧翼、升降翼和尾翼组成，并且机身与侧翼、升降翼、尾翼为一体。使用两个圆台制作出机头和机身的基本形状后，可按照以下步骤制作机头和机身的其他部分。

（1）制作机头部分。首先通过编辑圆台的边和面，制作与机身连接的部分，然后创建两个球体和一个圆角矩形，接着使用“挤压”生成器制作出一个螺旋桨叶，最后使用“克隆”生成器复制出另外两个螺旋桨叶，并将它们移至合适的位置。

（2）制作机身部分。由于机身左右对称，为简化操作，先删除机身一侧的面，再使用“对称”生成器复制出机身的另一侧，最后通过对机身一侧的面进行挤压，制作出侧翼、升降翼和尾翼。在制作机身上的孔洞时，可先使用“球体”命令和“布尔”生成器创建孔洞，再将孔洞边缘的样条提取出来，最后使用“扫描”生成器制作包边。

制作步骤

步骤 1 使用右侧工具栏中的“圆锥体”命令创建一个圆锥体，并将其名称设为“机身”，然后在“属性”面板“对象”选项卡中按图 4-1-16 设置圆锥体的顶部半径、底部半径、高度等参数。

步骤 2 使用右侧工具栏中的“圆锥体”命令创建一个圆锥体，然后在“属性”面板“对象”选项卡中按图 4-1-17 设置该圆锥体的顶部半径、底部半径、高度等参数，接着在“封顶”选项卡中勾选“顶部”和“底部”复选框，最后沿 Z 轴将该圆锥体移至合适的位置，结果如图 4-1-18 所示。

步骤 3 选中“圆锥体”后按“C”键，将其转换为可编辑对象。单击顶部工具栏中的“多边形”图标，切换至面模式。使用“环状选择”命令选中如图 4-1-19 所示的循环面，然后在视图窗口中右击，在弹出的快捷菜单中选择“嵌入”菜单项，接着在“属性”面板“偏移”编辑框中输入“20”并按“Enter”键，结果如图 4-1-20 所示。按住“Ctrl”键将嵌入的面沿 Z 轴正向移至合适的位置，结果如图 4-1-21 所示。

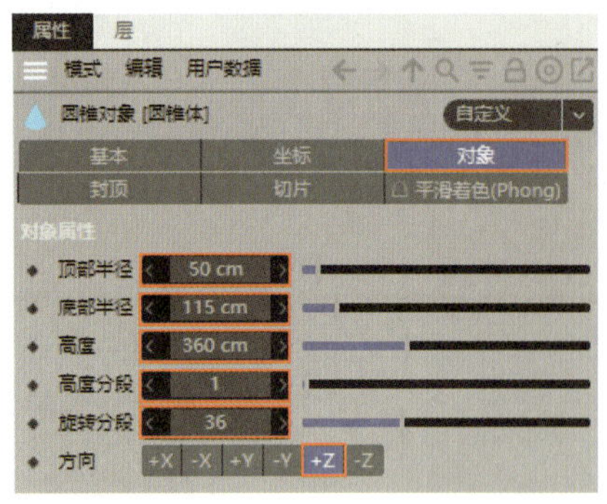

图 4-1-16 “对象”选项卡 ①

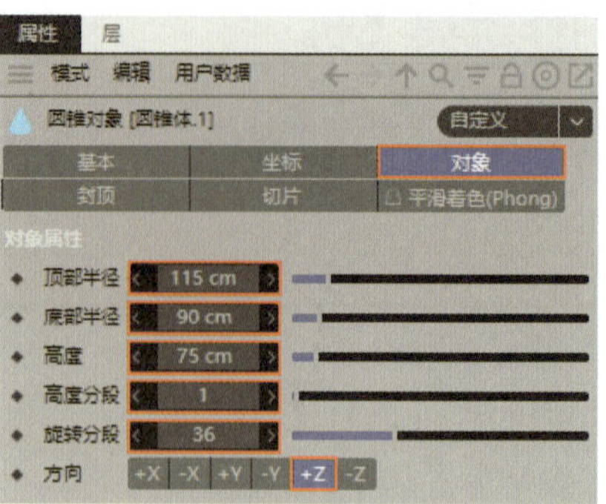

图 4-1-17 “对象”选项卡 ②

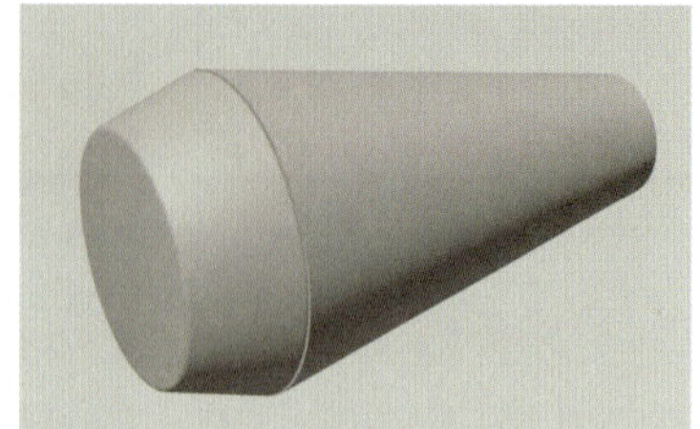

图 4-1-18 移动圆锥体到合适的位置

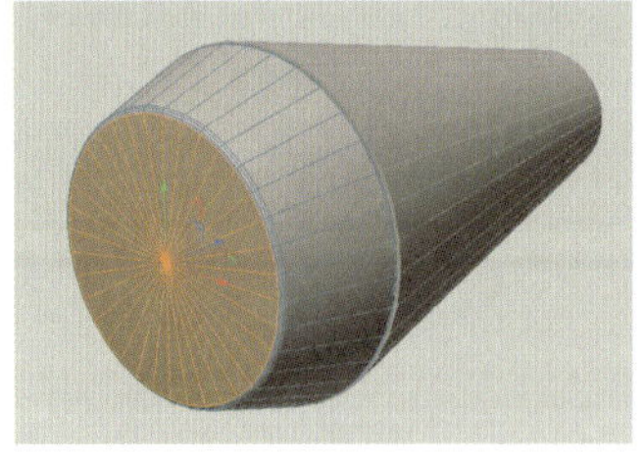

图 4-1-19 选中循环面

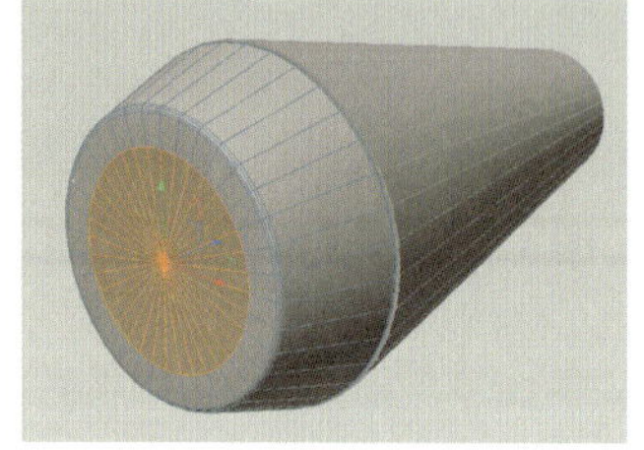

图 4-1-20 嵌入面

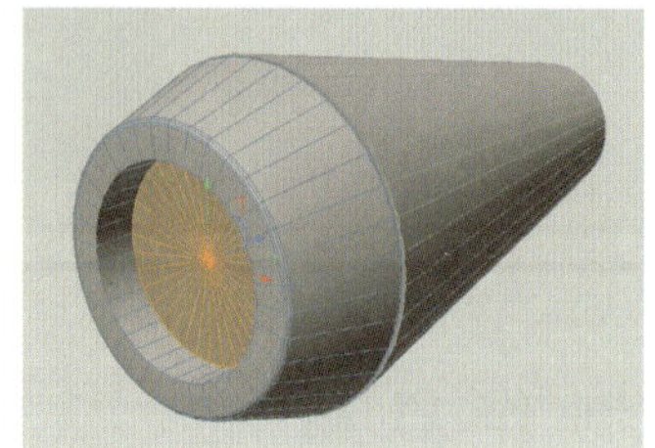

图 4-1-21 挤压面

步骤 4 单击顶部工具栏中的“边”图标，切换至边模式。使用“循环选择”命令选中如图 4-1-22 所示的循环边，然后在视图窗口中右击，在弹出的快捷菜单中选择“倒角”菜单项，接着在“属性”面板中将倒角模式设为“倒棱”、偏移模式设为“固定距离”，最后在“偏移”编辑框和“细分”编辑框中分别输入“3”并按“Enter”键，结果如图 4-1-23 所示。

步骤 5 单击顶部工具栏中的“模型”图标，切换至模型模式。使用右侧工具栏中的“球体”命令创建一个球体，然后单击顶部工具栏中的“视窗独显”图标，将球体单独显示，接着在“属性”面板“对象”选项卡中将球体的半径设为 67 cm、分段数设为 36，最后选择“坐标”选项卡，在“R.P”编辑框中输入“90”，结果如图 4-1-24 所示。

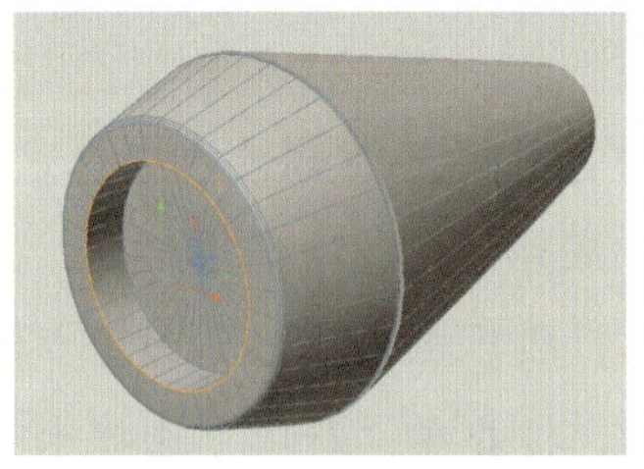

图 4-1-22 选中循环边 ①

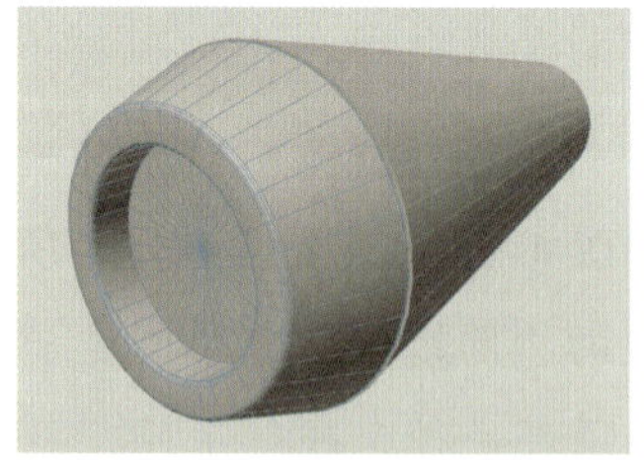

图 4-1-23 倒角效果 ①

图 4-1-24 球体

步骤 6 复制一个球体，在“球体.1”的“属性”面板中将球体的半径设为 30 cm。单击顶部工具栏中的“视窗独显”图标，结束对象单独显示状态。按“E”键执行“移动”命令，然后沿 Y 轴正向移动两个球体到合适的位置，结果如图 4-1-25 所示。

步骤 7 单击右侧工具栏中的“矩形”图标，创建一个矩形，然后将矩形单独显示，接着在“属性”面板“对象”选项卡中按图 4-1-26 设置矩形的宽度、高度、圆角等参数。长按右侧工具栏中的“细分曲面”图标，在展开的列表中选择“挤压”命令，创建一个“挤压”生成器，然后将“矩形”设为

“挤压”的子级，接着选中“挤压”，在“属性”面板“对象”选项卡中将偏移距离设为 10 cm，在“封盖”选项卡中将倒角外形设为“圆角”、倒角尺寸设为 3 cm，结果如图 4-1-27 所示，最后结束对象单独显示状态。

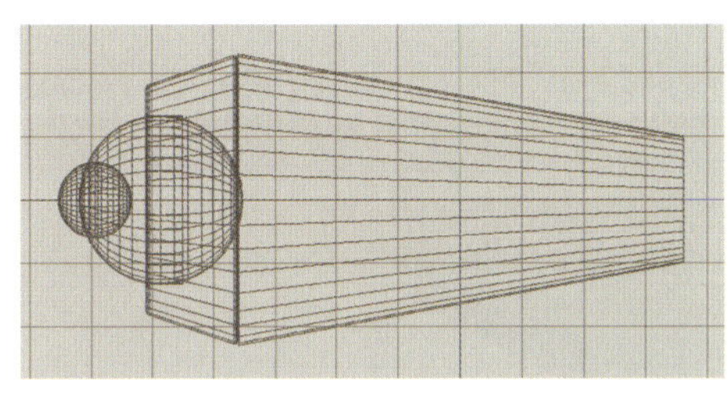

图 4-1-25　移动两个球体到合适的位置

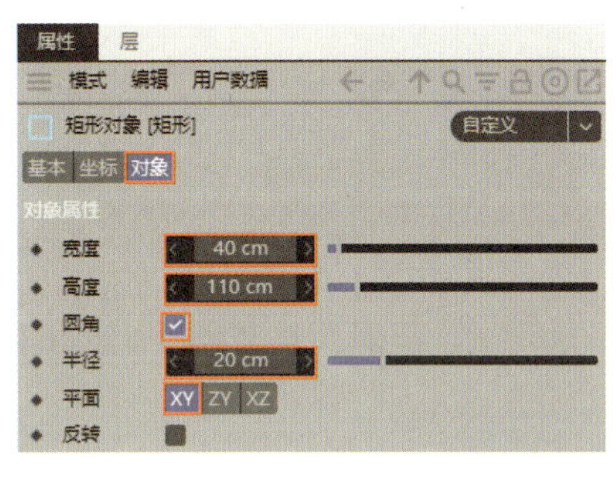

图 4-1-26　“对象”选项卡③

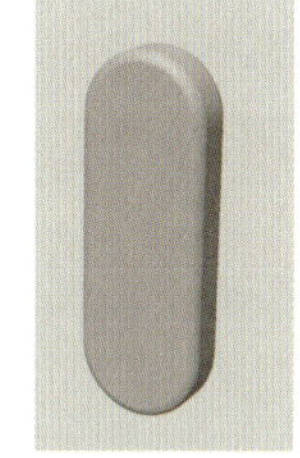

图 4-1-27　挤压效果

步骤 8　单击右侧工具栏中的“克隆”图标，创建一个“克隆”生成器，将“挤压”设为“克隆”的子级，然后选中“克隆”，在“属性”面板“对象”选项卡中按图 4-1-28 设置克隆模式、数量、半径等参数，接着将螺旋桨叶沿 Z 轴负向移至合适的位置，结果如图 4-1-29 所示。

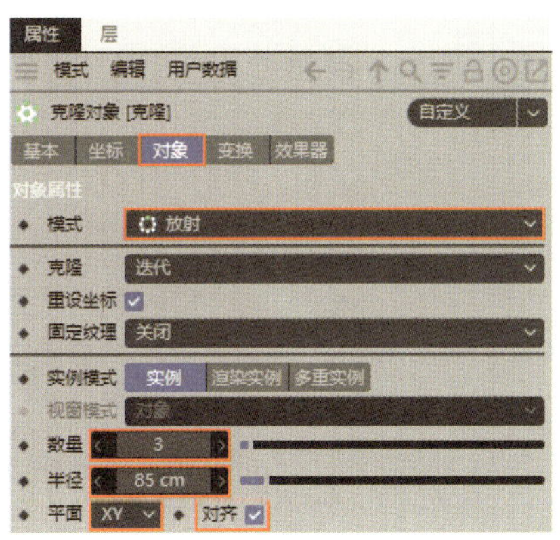

图 4-1-28　“对象”选项卡④

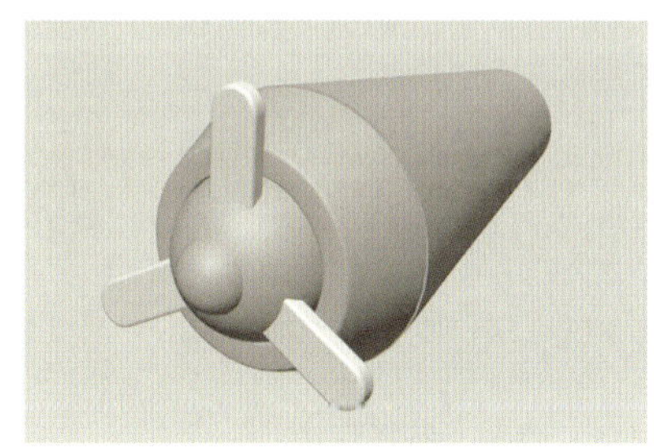

图 4-1-29　移动螺旋桨叶

步骤 9　单击顶部工具栏中的“边”图标，切换至边模式。选中“机身”后按“C”键，将其转换为可编辑对象，然后对如图 4-1-30 所示的循环边进行倒角，倒角模式为“倒棱”，偏移模式为“固定距离”，偏移距离为 3 cm，细分值为 3。

步骤 10　对如图 4-1-31 所示的循环边进行倒角，倒角模式为“倒棱”，偏移模式为“固定距离”，偏移距离为 35 cm，细分值为 5，结果如图 4-1-32 所示。

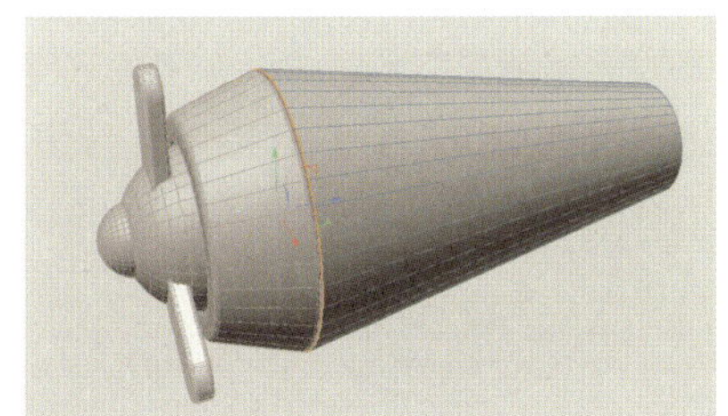

图 4-1-30　选中循环边②

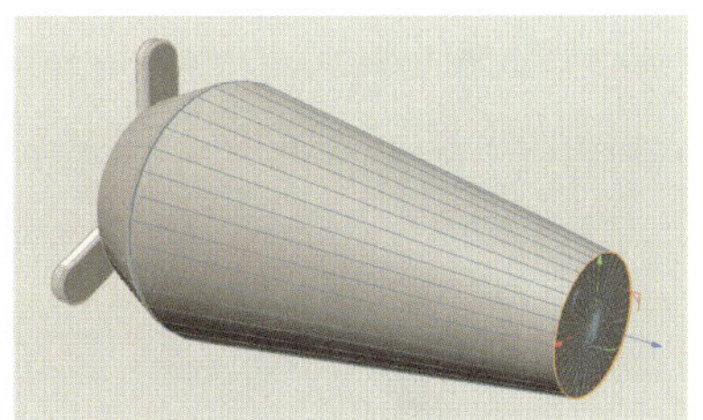

图 4-1-31　选中循环边③

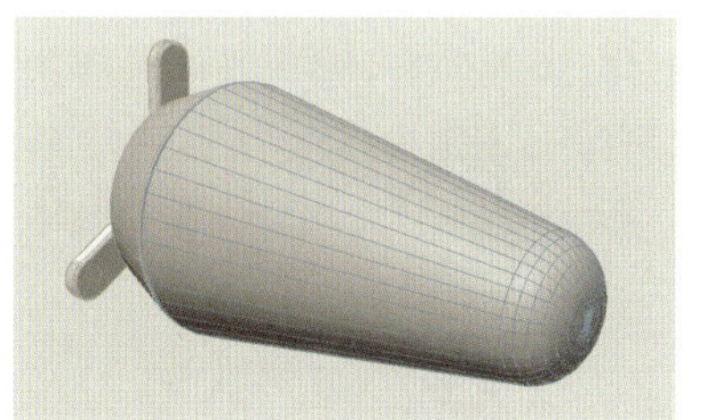

图 4-1-32　倒角效果②

步骤 11　单击顶部工具栏中的“多边形”图标，切换至面模式。采用框选方式在顶视图中选中如图 4-1-33 所示的面，然后按“Delete”键将其删除。创建一个“对称”生成器，将“机身”设为“对称”的子级，结果如图 4-1-34 所示。

图 4-1-33　选中面 ①

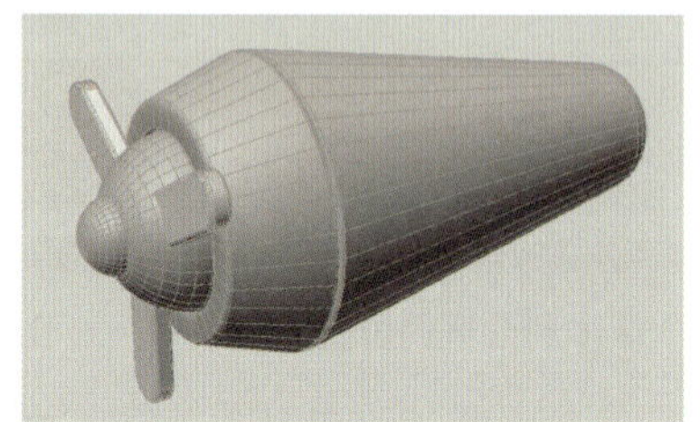

图 4-1-34　对称效果

步骤 12　选中“机身”，在视图窗口中右击，在弹出的快捷菜单中选择“循环/路径切割”菜单项，然后参照图 4-1-35 添加 4 条循环边。按“E”键执行“移动”命令，在右视图中选中如图 4-1-36 所示的面，然后按住“Ctrl”键和“Shift”键将该面沿 *X* 轴正向移动 155 cm，结果如图 4-1-37 所示。

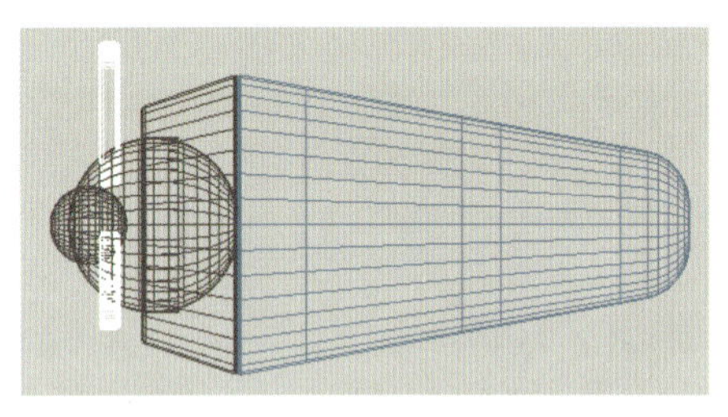

图 4-1-35　添加 4 条循环边

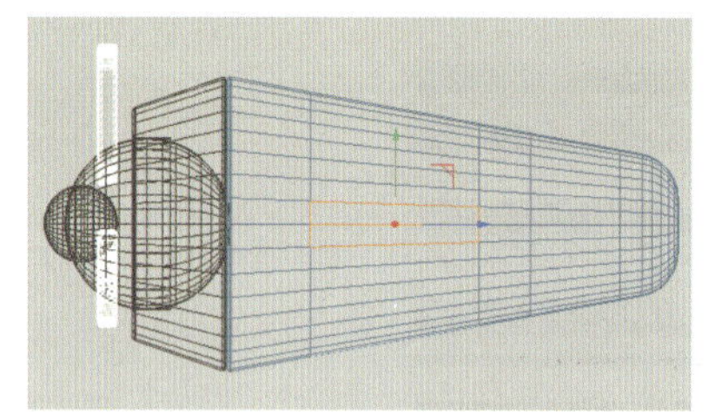

图 4-1-36　选中面 ②

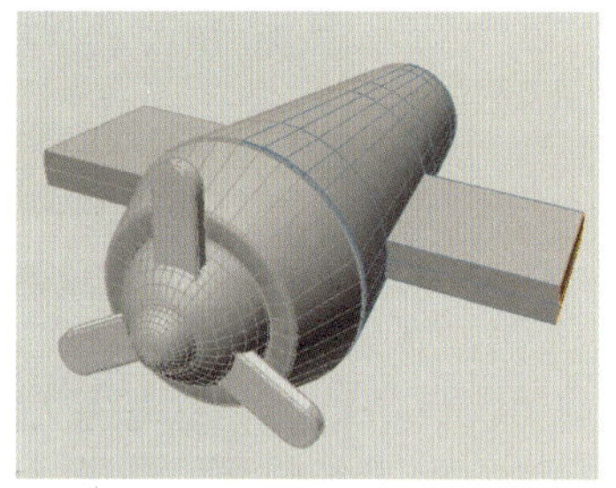

图 4-1-37　挤出选中的面

步骤 13　单击顶部工具栏中的“建模设置”图标，在出现的面板中勾选“捕捉”选项卡中的“捕捉”“轴心”“引导线”复选框，然后在该面板外的任一位置单击，将该面板关闭。确保两个侧翼最外侧的面处于选中状态，按“T”键执行“缩放”命令，然后将鼠标指针移至 *X* 轴的端部，按住左键并拖动鼠标，当出现提示信息“0%”（图 4-1-38）时松开左键，使选中的两个相邻的面位于同一个平面，最后使用“缩放”命令和“移动”命令调整选中的面，结果如图 4-1-39 所示。

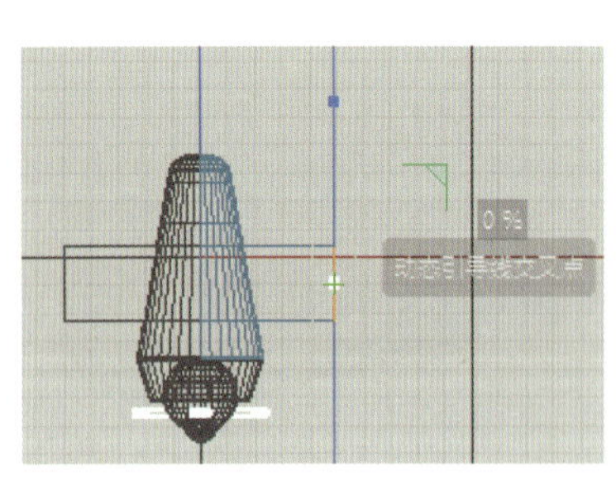

图 4-1-38　出现提示信息“0%”

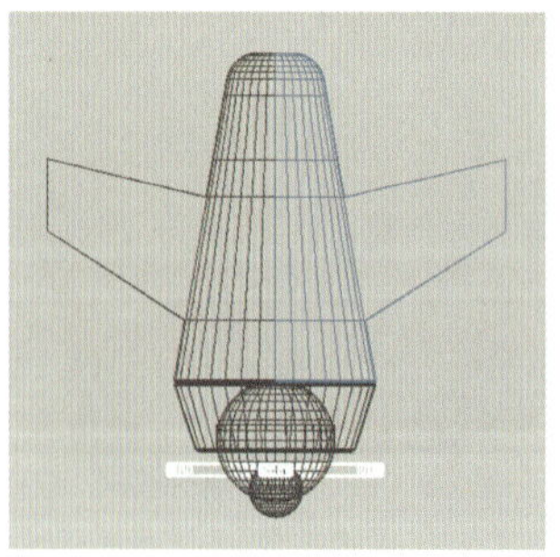

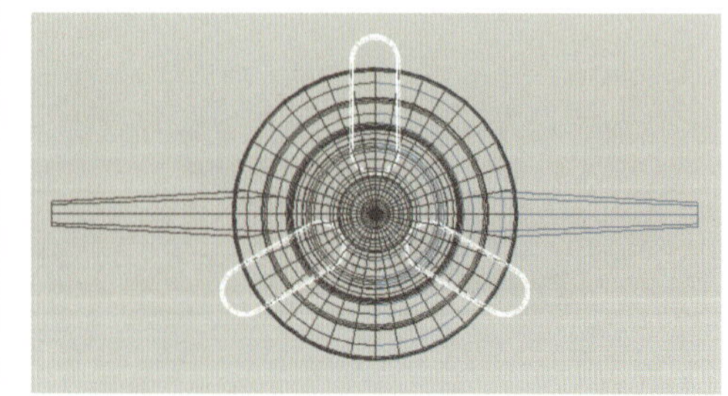

图 4-1-39　调整选中的面 ①

探索与分享

若不开启“建模设置”功能，使用“缩放”命令和“Shift”键可以使侧翼最外侧的两个相邻的面位于同一个平面吗？教师随机选择几名学生，让他们进行回答。

步骤 14　按“E”键执行“移动”命令，在右视图中选中如图 4-1-40 所示的面，然后按住“Ctrl”键和“Shift”键将该面沿 *X* 轴正向移动 75 cm。确保两个升降翼最外侧的面处于选中状态，按“T”键执行“缩放”命令，然后将鼠标指针移至 *X* 轴的端部，按住左键并拖动鼠标，当出现提示信息“0%”时松开左键，最后使用“缩放”命令和“移动”命令调整选中的面，结果如图 4-1-41 所示。

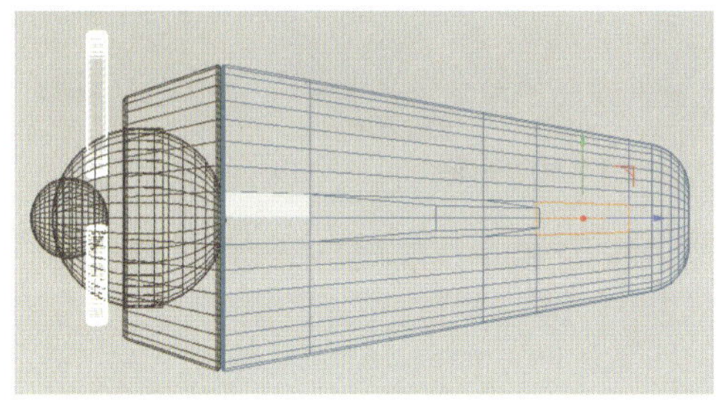

图 4-1-40　选中面③

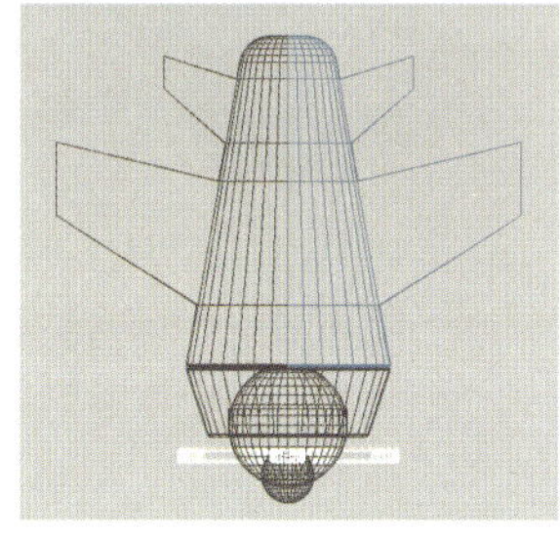

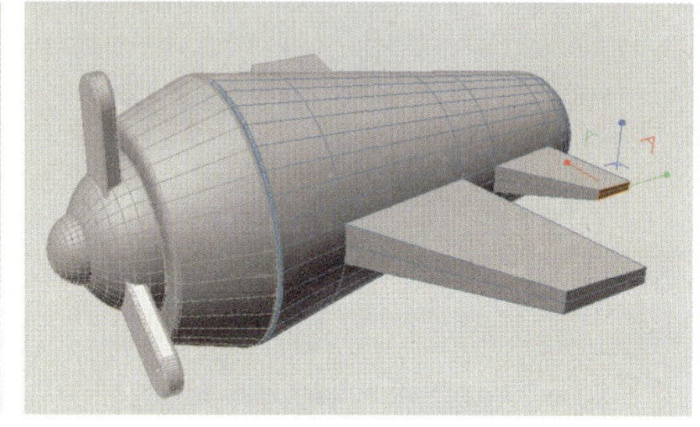

图 4-1-41　调整选中的面②

步骤 15　在顶视图中选中如图 4-1-42 所示的面，按“E”键执行“移动”命令，然后单击顶部工具栏中的“坐标系统”图标，切换至对象坐标系，接着按住“Ctrl”键和“Shift”键将选中的面沿 *Y* 轴正向移动 60 cm。在“对象”面板中单击“对称”右侧的图标，使其变为，以隐藏“对称”，如图 4-1-43 所示。选中如图 4-1-44 所示的面，按“Delete”键将其删除，然后单击“对象”面板中“对称”右侧的图标，将“对称”显示。

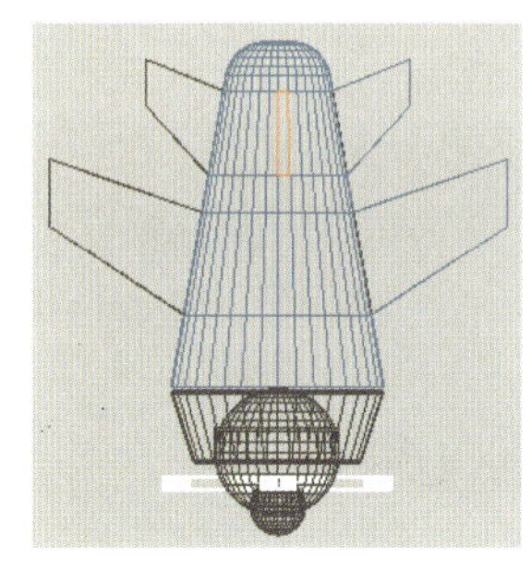

图 4-1-42　选中面④

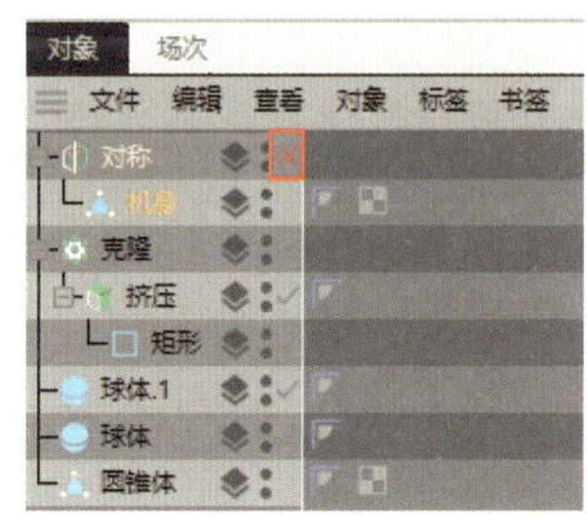

图 4-1-43　隐藏“对称”

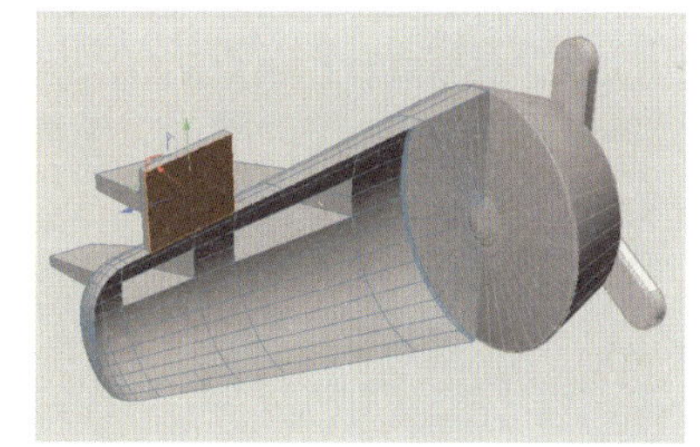

图 4-1-44　选中面⑤

步骤 16　单击顶部工具栏中的“点”图标，切换至点模式，然后使用“移动”命令调整尾翼的形状，结果如图 4-1-45 所示。

步骤 17　单击顶部工具栏中的“边”图标，切换至边模式，然后对机身一侧的侧翼、升降翼、尾翼的结构线（图 4-1-46）进行倒角，倒角模式为“实体”，偏移模式为“固定距离”，斜角为“均匀”，偏移距离为 3 cm，结果如图 4-1-47 所示。在“对象”面板中单击“机身”右侧的“平滑着色（Phong）”图标，然后在“属性”面板中将平滑着色角度设为 180°，使机身的棱边产生平滑效果，结果如图 4-1-48 所示。

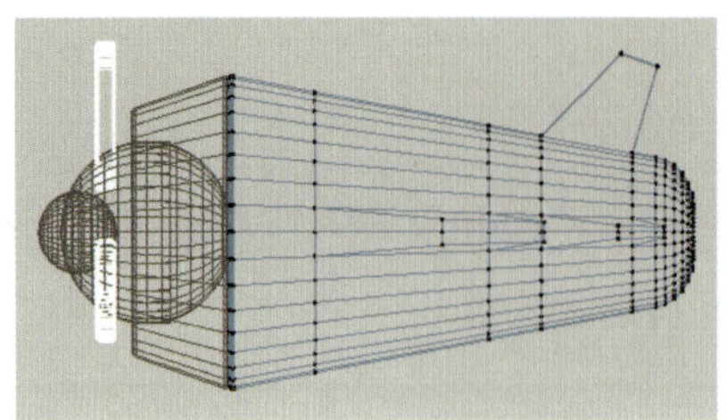

图 4-1-45　调整尾翼的形状

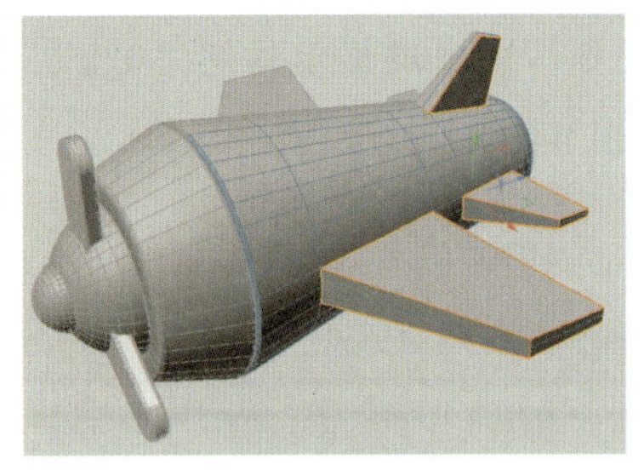

图 4-1-46　侧翼、升降翼、尾翼的结构线

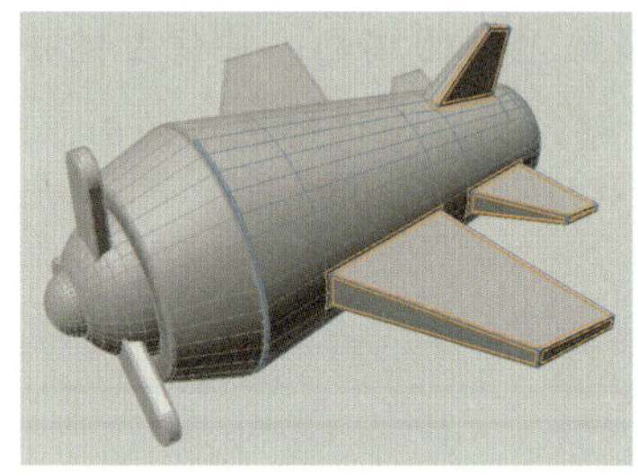

图 4-1-47　倒角效果 ③

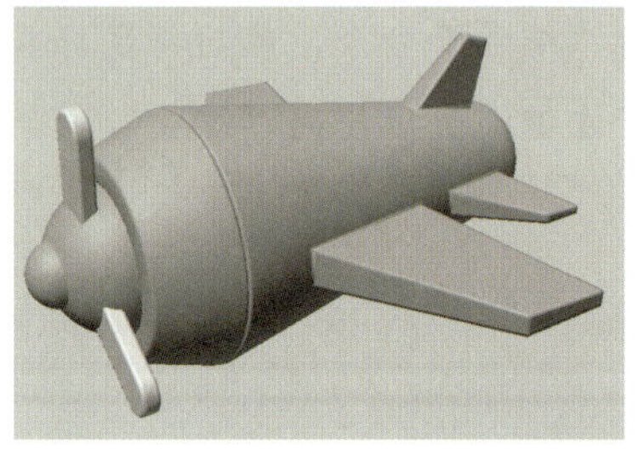

图 4-1-48　机身棱边的平滑效果

经验之谈

当模型的结构较为复杂时，使用先卡线再细分曲面的方法很难得到理想的平滑效果。此时，可对需要产生平滑效果的棱边卡线，然后通过调整模型的平滑着色角度，使棱边与周围的面平滑过渡。

步骤 18　单击顶部工具栏中的“模型”图标，切换至模型模式。创建一个半径为 95 cm、分段数为 36 的球体，然后按“C”键，将其转换为可编辑对象。单击顶部工具栏中的“启用捕捉”图标，退出捕捉模式。使用“缩放”命令将“球体 .2”沿 X 轴缩小至 75%，并将其移至如图 4-1-49 所示的位置。

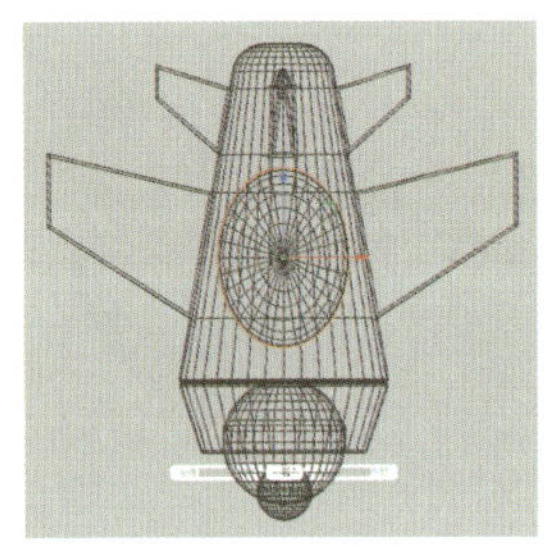
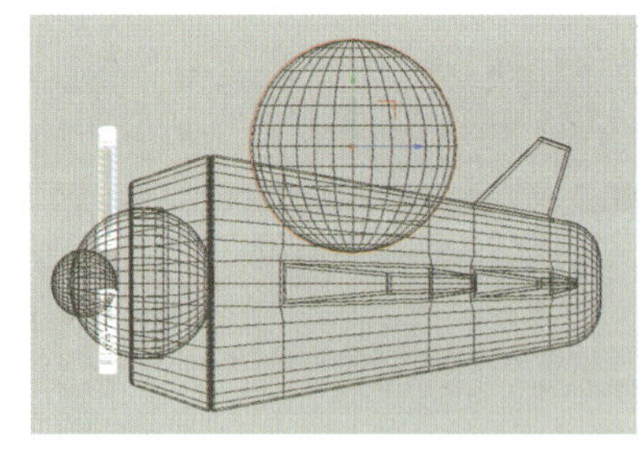
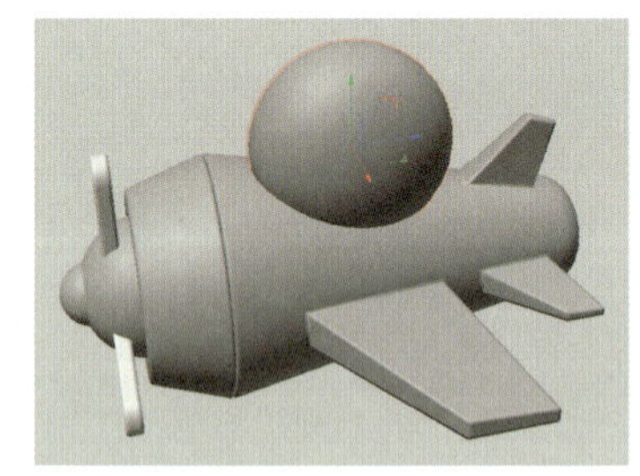

图 4-1-49　移动球体

步骤 19　选中“对象”面板中的“对称”并右击，在弹出的快捷菜单中选择“连接对象 + 删除”菜单项，将“对称”及其子级对象转换为一个可编辑对象。创建一个“布尔”生成器，将“机身”设为“布尔”的第 1 个子级，将“球体 .2”设为“布尔”的第 2 个子级。选中“布尔”，在“属性”面板“对象”选项卡中勾选“高质量”“隐藏新的边”“选择交界”复选框，结果如图 4-1-50 所示。

步骤 20　选中“对象”面板中的“布尔”并右击，在弹出的快捷菜单中选择“连接对象 + 删除”菜单项，将“布尔”及其子级对象转换为一个可编辑对象。单击顶部工具栏中的“边”图标，切换至边

模式。选中如图 4-1-51 所示的边，然后在视图窗口中右击，在弹出的快捷菜单中选择“提取样条”菜单项，将选中边提取为样条对象。

步骤 21　创建一个“扫描”生成器和一个半径为 5 cm 圆环，将“圆环”设为“扫描”的第 1 个子级，将“布尔 . 样条”设为“扫描”的第 2 个子级，制作出包边，结果如图 4-1-52 所示。

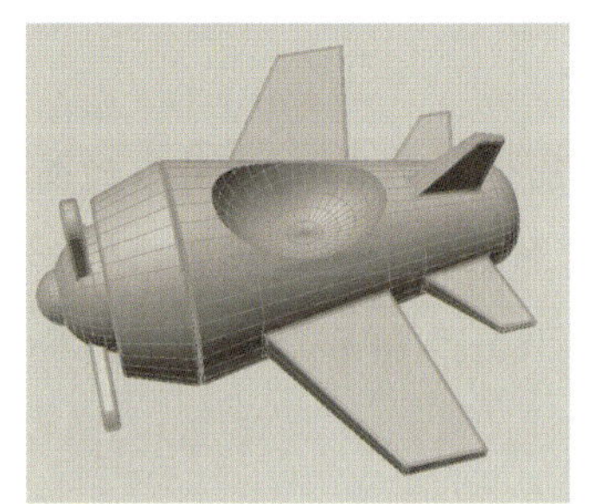

图 4-1-50　布尔效果

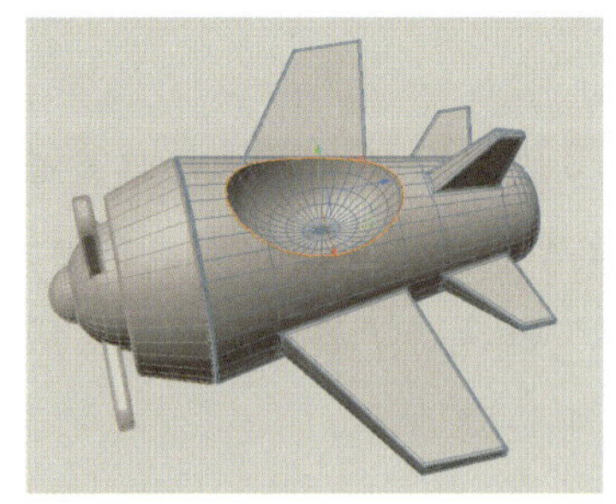

图 4-1-51　选中边

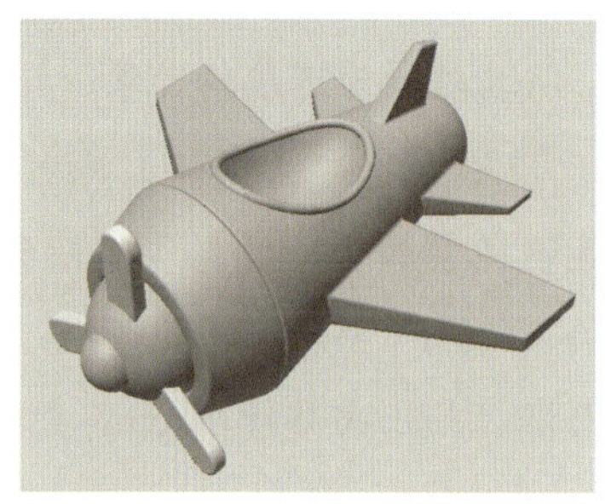

图 4-1-52　座椅处的包边条

步骤 22　在“对象”面板中对构成玩具飞机的所有对象进行分组，并对组重命名，以便后续查看和修改。

任务实施二——制作显示器

下面通过制作如图 4-1-53 所示的显示器，进一步学习生成器建模的相关知识。

图 4-1-53　显示器渲染图

制作显示器

制作思路

图 4-1-53 中的显示器由壳体、屏幕、按键、散热孔四部分组成。可按照以下步骤制作显示器的各部分。

（1）制作壳体。创建一个长方体，使用“嵌入”“挤压”和“倒角”命令制作出壳体的背面，然后使用“嵌入”“缩放”“移动”和“挤压”命令制作壳体上屏幕和按键的孔洞，最后使用“圆柱体”命令和“布尔”命令制作出壳体与圆形按键连接处的孔洞。

（2）制作屏幕和按键。将壳体孔洞的底面复制一份，然后使用“挤压”“倒角”等命令制作出屏幕和按键。

（3）制作壳体上的散热孔。创建一个圆角矩形，使用“挤压”生成器将其转换为模型，然后使用

“克隆”生成器复制出一排圆角矩形模型，接着使用“对称”生成器制作出另一侧的圆角矩形模型，最后使用“布尔”生成器对壳体和圆角矩形模型进行布尔差集运算，以制作出散热孔。

制作步骤

步骤 1 创建一个在 X、Y、Z 轴上的尺寸分别为 210 cm、185 cm、110 cm 的长方体，然后按“C”键，将其转换为可编辑对象。

步骤 2 单击顶部工具栏中的“多边形”图标，切换至面模式。选中如图 4-1-54 所示的面，然后在视图窗口中右击，在弹出的快捷菜单中选择“嵌入”菜单项，接着在“属性”面板“偏移”编辑框中输入“20”并按“Enter”键。按“E”键执行“移动”命令，然后按住“Ctrl”键和“Shift”键将嵌入的面沿 Z 轴正向移动 50 cm，结果如图 4-1-55 所示。

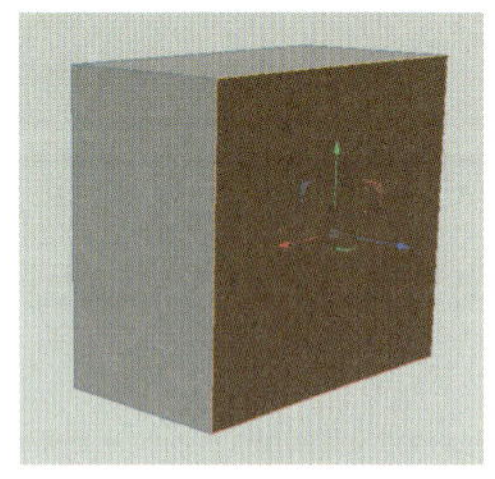
图 4-1-54 选中面 ①

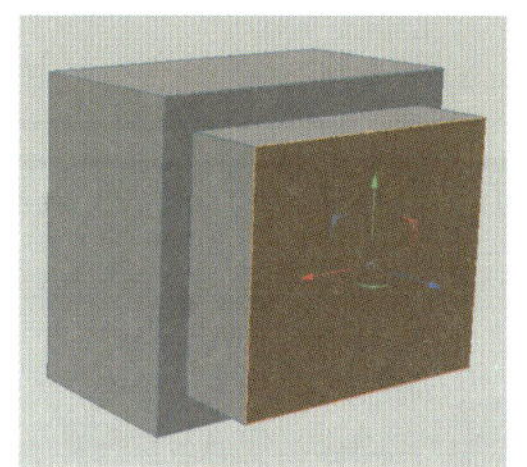
图 4-1-55 挤出面

步骤 3 单击顶部工具栏中的“边”图标，切换至边模式。选中如图 4-1-56 所示的循环边，然后依次按“U”键和“I”键，选中除该循环边外的其他边，接着在视图窗口中右击，在弹出的快捷菜单中选择“倒角”菜单项，在“属性”面板中将倒角模式设为“倒棱”、偏移模式设为“固定距离”，最后在“偏移”编辑框中输入“13”，在“细分”编辑框中输入“4”并按“Enter”键，结果如图 4-1-57 所示。

步骤 4 对如图 4-1-58 所示的循环边进行倒角，倒角模式为“倒棱”，偏移模式为“固定距离”，偏移距离为 3 cm，细分值为 1。

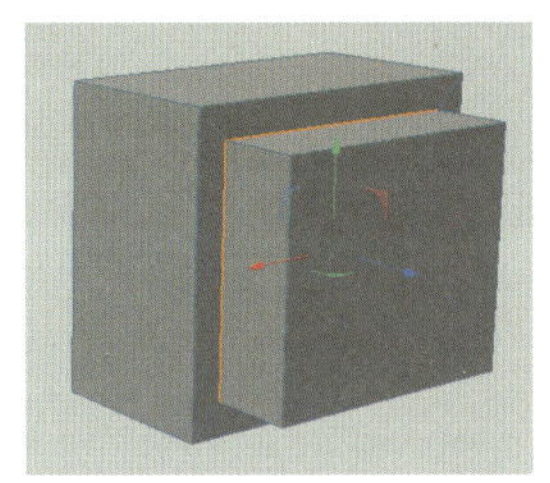
图 4-1-56 选中循环边 ①

图 4-1-57 倒角效果 ①

图 4-1-58 选中循环边 ②

步骤 5 在“对象”面板中单击“立方体”右侧的“平滑着色（Phong）”图标，然后在“属性”面板中将平滑着色角度设为 100°。

步骤 6 单击顶部工具栏中的“多边形”图标，切换至面模式。选中如图 4-1-59 所示的面，然后在视图窗口中右击，在弹出的快捷菜单中选择“嵌入”菜单项，接着在视图窗口中拖动鼠标，嵌入一个大小合适的面，最后沿 Y 轴将该面缩小，再沿 Y 轴正向将其移至合适的位置，结果如图 4-1-60 所示。

步骤 7 在如图 4-1-61 所示的面上嵌入一个面，偏移距离为 5 cm。

图 4-1-59　选中面②

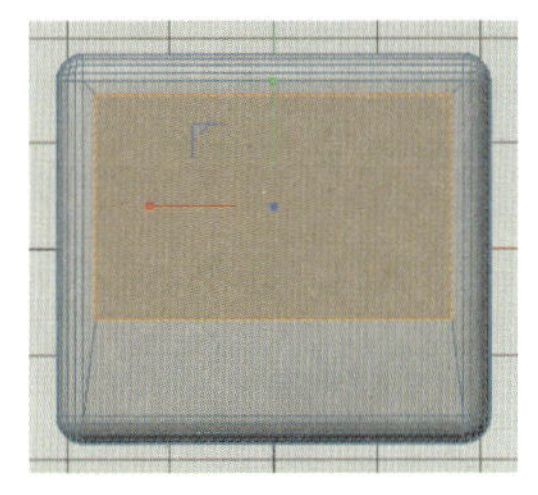

图 4-1-60　嵌入面①

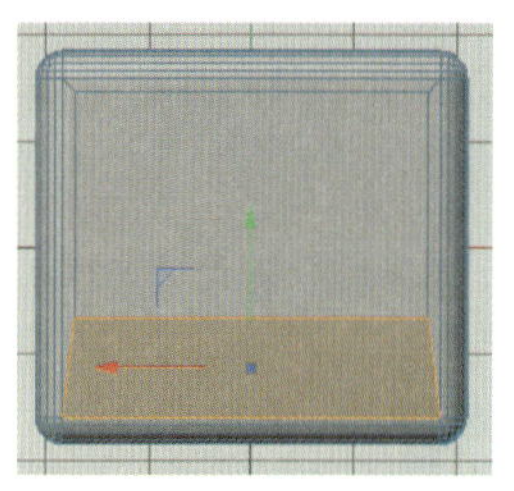

图 4-1-61　选中面③

步骤 8　单击顶部工具栏中的“边”图标，切换至边模式。单击顶部工具栏中的“建模设置”图标，在“捕捉”选项卡中勾选“捕捉”“轴心”“引导线”复选框，然后将该面板关闭。选择“缩放”命令，选中如图 4-1-62 所示的边，然后单击顶部工具栏中的“坐标系统”图标，切换至对象坐标系，接着将鼠标指针移至 X 轴的端部，按住左键并拖动鼠标，当出现提示信息“0%”（图 4-1-63）时松开左键。使用同样的方法调整左侧的边。

步骤 9　单击顶部工具栏中的“启用捕捉”图标，退出捕捉模式。单击顶部工具栏中的“多边形”图标，切换至面模式。确保显示器屏幕下的面处于选中状态，然后使用“缩放”命令将该面适当缩小，再将其移至合适的位置，结果如图 4-1-64 所示。

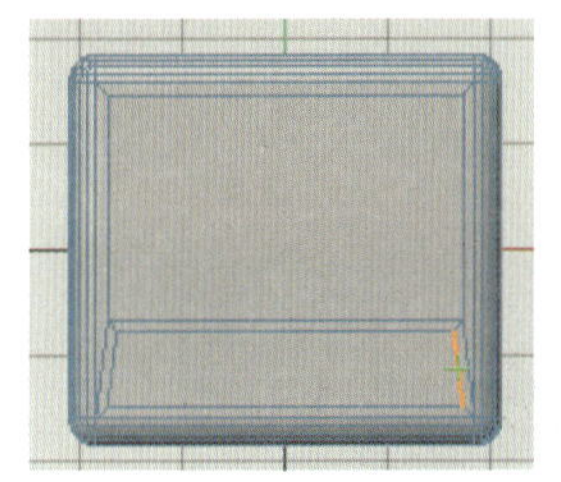

图 4-1-62　选中边①

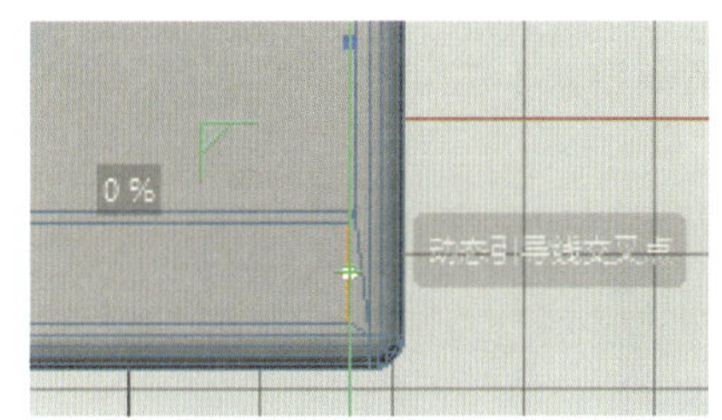

图 4-1-63　出现提示信息 0%

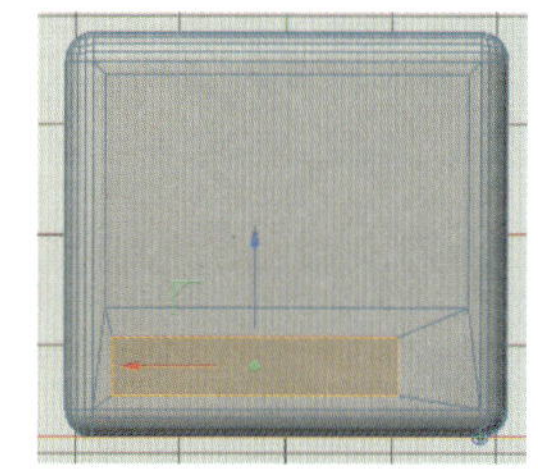

图 4-1-64　调整面的大小和位置

步骤 10　选中如图 4-1-65 所示的面，然后在视图窗口中右击，在弹出的快捷菜单中选择“嵌入”菜单项，接着在“偏移”编辑框中输入“3”并按“Enter”键，结果如图 4-1-66 所示。按“E”键执行“移动”命令，然后按住“Ctrl”键将嵌入的两个面分别沿 Z 轴正向挤压两次，结果如图 4-1-67 所示。

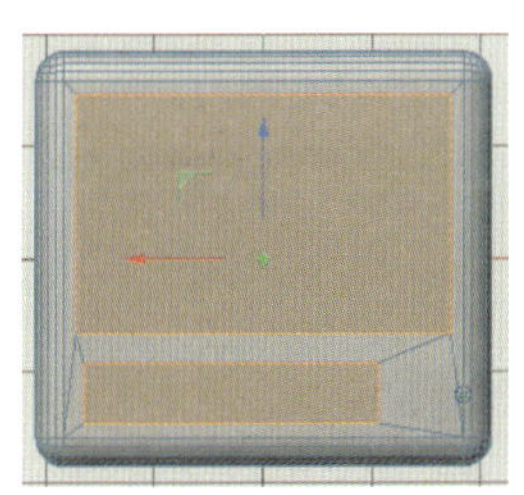

图 4-1-65　选中面④

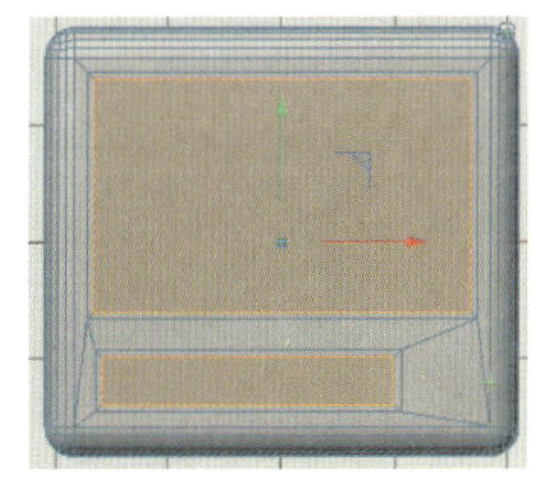

图 4-1-66　嵌入面②

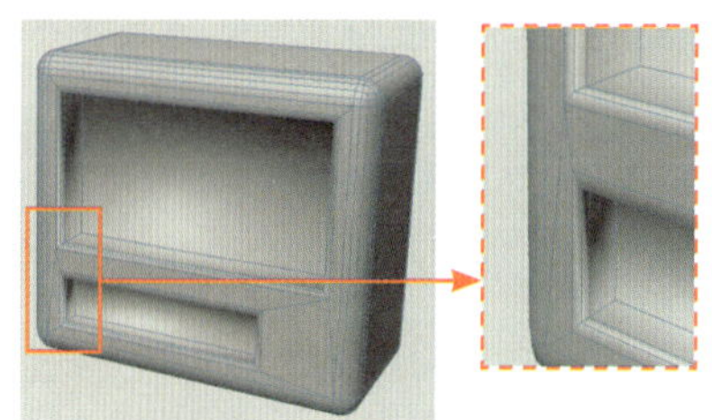

图 4-1-67　挤压效果①

经验之谈

在平面抠出孔洞后，平面被分为多个区域，此时若对孔洞边缘进行卡线，则操作往往较为复杂。因此在抠出孔洞之前，可以先使用“嵌入”命令嵌入所需的面，然后对该面进行多次挤压，以制作出孔洞边缘处的循环线。

步骤 11 创建一个半径为 13 cm、高度分段数为 1、旋转分段数为 16、方向与 Z 轴一致的圆柱体，然后将其移至合适的位置，结果如图 4-1-68 所示。创建一个“布尔”生成器，然后将“立方体”设为“布尔”的第 1 个子级，将“圆柱体”设为“布尔”的第 2 个子级，接着在“属性”面板“对象”选项卡中按图 4-1-69 设置布尔类型等参数，结果如图 4-1-70 所示。

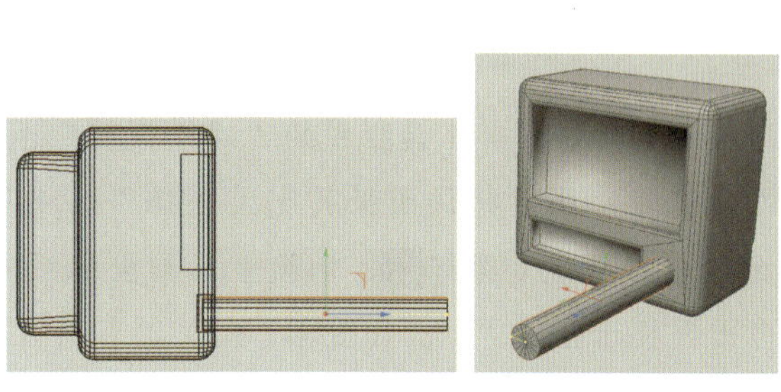

图 4-1-68 移动圆柱体的位置

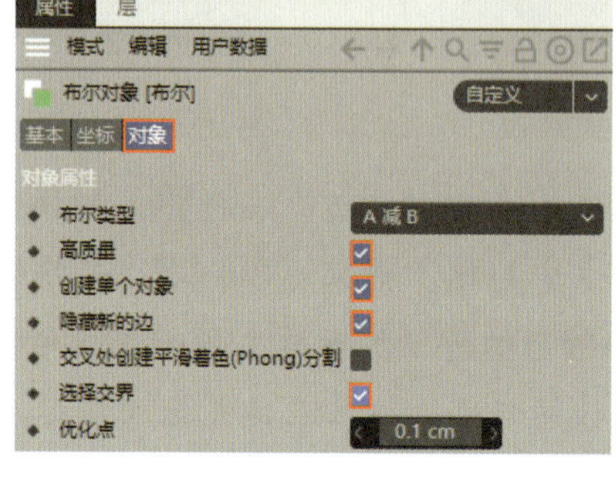

图 4-1-69 “对象”选项卡 ①

图 4-1-70 布尔效果 ①

步骤 12 选中“对象”面板中的“布尔”并右击，在弹出的快捷菜单中选择“连接对象+删除”菜单项，将“布尔”及其子级对象合并为一个对象。

步骤 13 对如图 4-1-71 所示的平行边进行倒角，倒角模式为“倒棱”，偏移模式为“径向”，偏移距离为 15 cm，细分值为 4，倒角效果如图 4-1-72 所示。

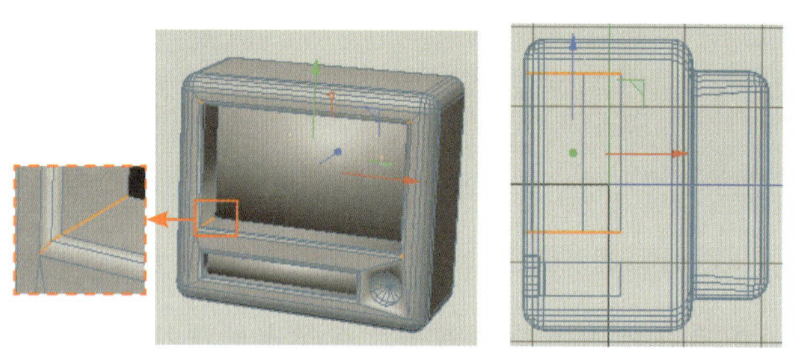

图 4-1-71 选中平行边 ①

图 4-1-72 倒角效果 ②

步骤 14 对如图 4-1-73 所示的平行边进行倒角，倒角模式为“倒棱”，偏移模式为“径向”，偏移距离为 8 cm，细分值为 4，倒角效果如图 4-1-74 所示。

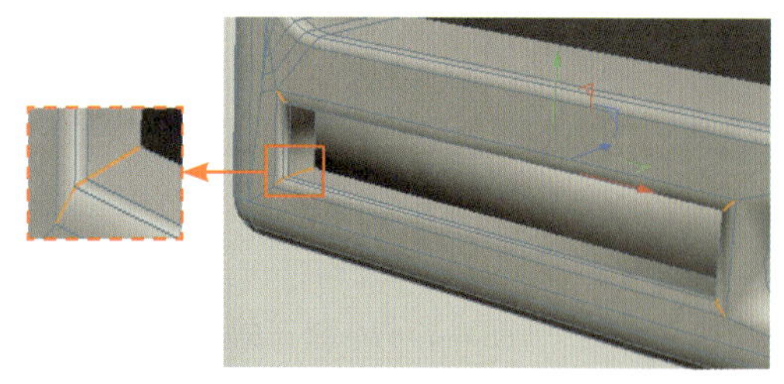

图 4-1-73 选中平行边 ②

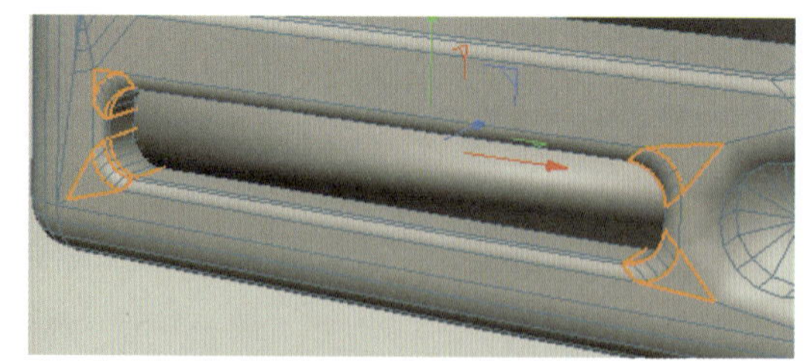

图 4-1-74 倒角效果 ③

步骤 15 双击“对象”面板中“布尔”右侧的“边选集”图标，对选中的边进行倒角，倒角模式为“倒棱”，偏移模式为“径向”，偏移距离为 2 cm，细分值为 1，外形为“圆角”，张力为 1 500%，结果如图 4-1-75 所示。

步骤 16　选中如图 4-1-76 所示的边，然后按“Ctrl+Delete”组合键将其删除，结果如图 4-1-77 所示。

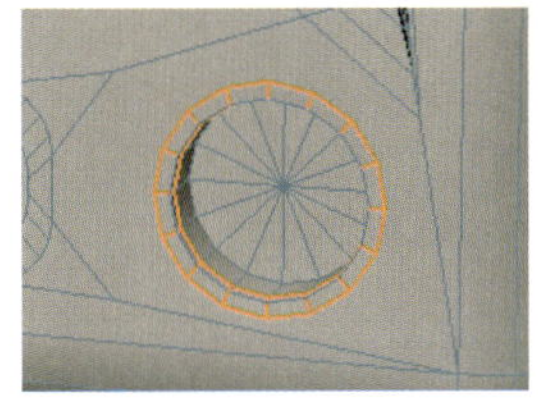
图 4-1-75　倒角效果 ④

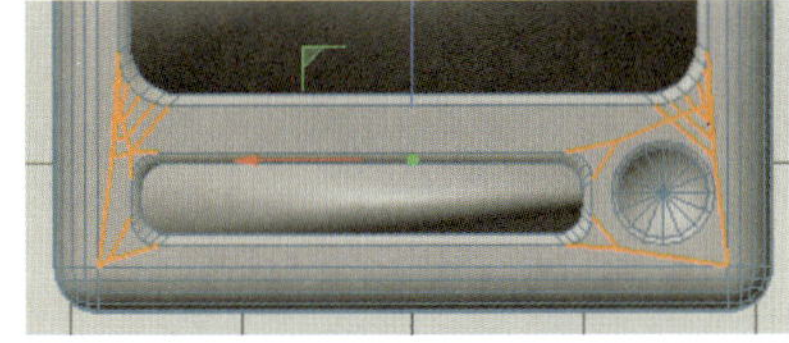
图 4-1-76　选中边 ②

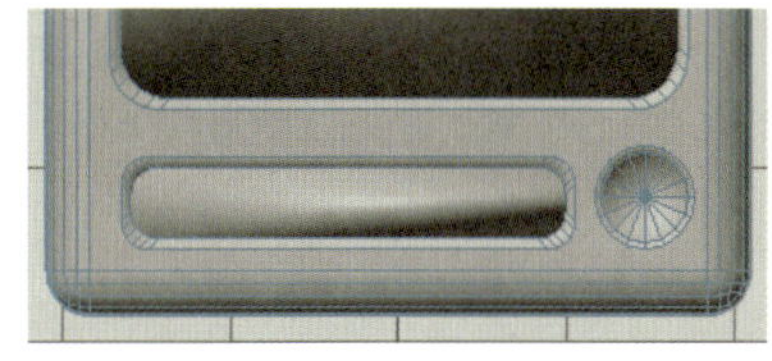
图 4-1-77　删除选中边

步骤 17　单击顶部工具栏中的“点”图标，切换至点模式。在视图窗口中右击，在弹出的快捷菜单中选择“多边形画笔”菜单项，然后在要连线的两个点上单击，使如图 4-1-78（a）所示的面被分割为多个四边形或三角形，结果如图 4-1-78（b）所示。按“Ctrl+A”组合键选中所有点，然后在视图窗口中右击，在弹出的快捷菜单中选择“优化”菜单项。

步骤 18　单击顶部工具栏中的“多边形”图标，切换至面模式。选中如图 4-1-79 所示的面，然后在视图窗口中右击，在弹出的快捷菜单中选择“分裂”菜单项，将选中的面复制一份。选中“布尔 .1”，然后在视图窗口中右击，在弹出的快捷菜单中选择“挤压”菜单项，将复制出来的面沿 Z 轴负向挤出，结果如图 4-1-80 所示。

（a）

（b）

图 4-1-78　分割面

图 4-1-79　选中面 ⑤

图 4-1-80　挤压效果 ②

步骤 19　单击顶部工具栏中的“边”图标，切换至边模式。确保“布尔 .1”处于选中状态，然后对如图 4-1-81 所示的循环边进行倒角，倒角模式为“倒棱”，偏移模式为“固定距离”，偏移距离为 8 cm，细分值为 4，张力为 100%，结果如图 4-1-82 所示。

图 4-1-81　选中边 ③

图 4-1-82　倒角效果 ⑤

步骤 20　单击顶部工具栏中的“多边形”图标，切换至面模式，然后分别将如图 4-1-83（a）和如图 4-1-83（b）所示的面缩放至合适的大小，结果如图 4-1-83（c）所示。

(a)

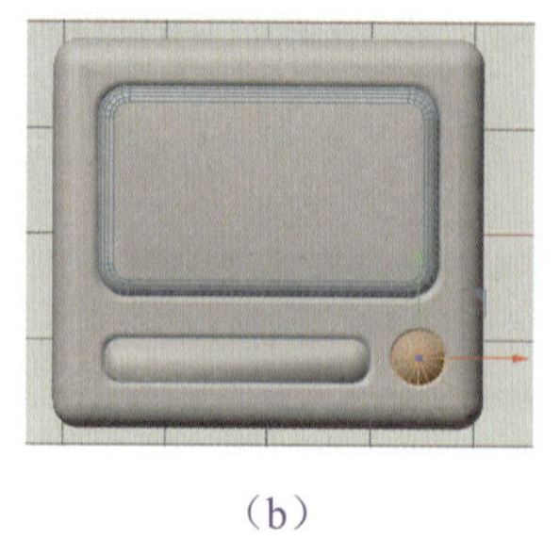

(b)

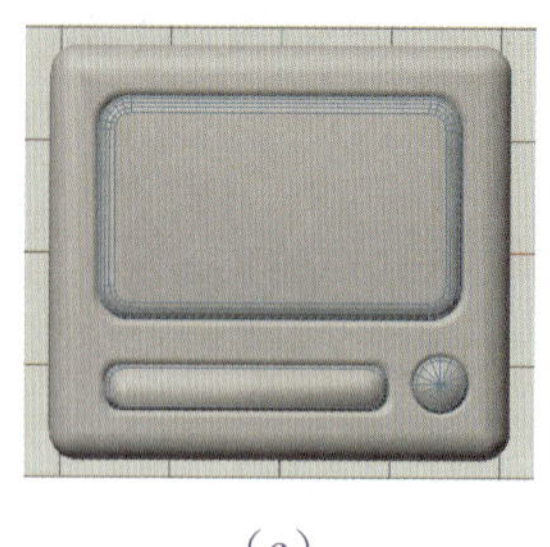

(c)

图 4-1-83　面的缩放效果

步骤 21　单击顶部工具栏中的“边”图标，切换至边模式，然后对如图 4-1-84 所示的循环边进行倒角，倒角模式为“倒棱”，偏移模式为“固定距离”，偏移距离为 2 cm，细分值为 1，结果如图 4-1-85 所示。

步骤 22　创建一个矩形，然后在“属性”面板“对象”选项卡中按图 4-1-86 设置相关参数，最后单击顶部工具栏中的“视窗独显”图标，将矩形单独显示。

图 4-1-84　选中边 ④

图 4-1-85　倒角效果 ⑥

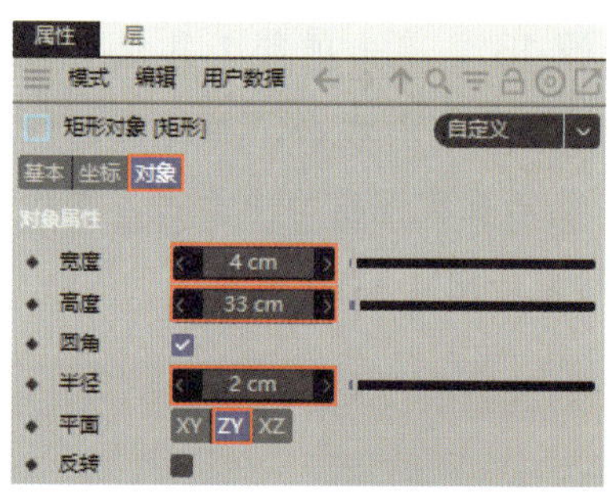

图 4-1-86　“对象”选项卡 ②

步骤 23　创建一个“挤压”生成器，将“矩形”设为“挤压”的子级，然后选中“挤压”，在“属性”面板“对象”选项卡中将偏移距离设为 5 cm。

步骤 24　创建一个“克隆”生成器，将“挤压”设为“克隆”的子级，然后选中“克隆”，在“属性”面板“对象”选项卡中按图 4-1-87 设置相关参数。单击顶部工具栏中的“视窗独显”图标，结束对象单独显示状态，最后将“克隆”移至合适的位置，并且确保其与显示器的壳体相交，结果如图 4-1-88 所示。

图 4-1-87　“对象”选项卡 ③

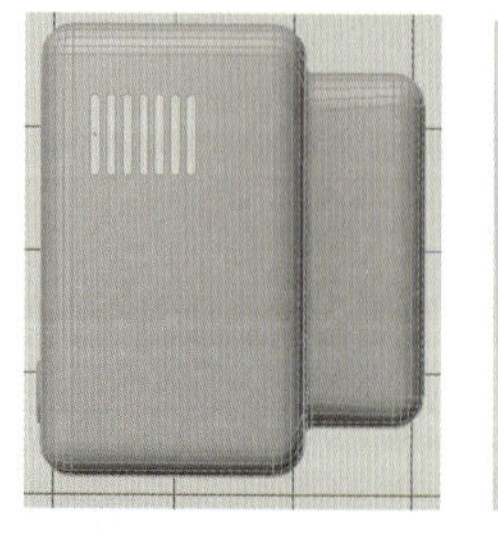

图 4-1-88　移动“克隆”

步骤 25　创建一个“对称”生成器，将“克隆”设为“对称”的子级。

步骤 26　创建一个“布尔”生成器，将“布尔”设为“布尔.2”的第 1 个子级、“对称”设为“布尔.2”的第 2 个子级，结果如图 4-1-89 所示。

图 4-1-89　布尔效果 ②

任务二　使用生成器编辑对象（二）

任务导入

在 Cinema 4D 中，使用“布料曲面”生成器可以使面片产生厚度，使用“融球”生成器可以将两个模型融为一体，使用“晶格”生成器可以使模型产生镂空效果，使用“减面”生成器可以制作 low poly（低多边形）风格的模型。例如，要制作如图 4-2-1 所示的 low poly 风格的场景，可先使用基本体和可编辑对象搭建场景，再使用“减面”生成器对模型进行减面。此外，在制作如图 4-2-2 所示的卡通模型时，也用到了上述生成器。

图 4-2-1　low poly 风格的场景

图 4-2-2　卡通场景

想一想：

（1）制作如图 4-2-2 所示的卡通模型时，会用到哪些生成器？

（2）除上述生成器外，Cinema 4D 中还有哪些生成器？它们分别具有什么样的功能？

一、“连接”生成器

使用“连接”生成器可以将多个对象合并为一个对象。创建“连接”生成器后，通常需要在“属性”面板“对象”选项卡（图 4-2-3）中设置相关参数。“对象”选项卡中的常用复选框和编辑框的功能如下。

图 4-2-3 “对象”选项卡

①“焊接”复选框：勾选该复选框后，当对象的点间的距离小于或等于公差值时，这些点将被合并，如图 4-2-4 所示。

未勾选“焊接”复选框

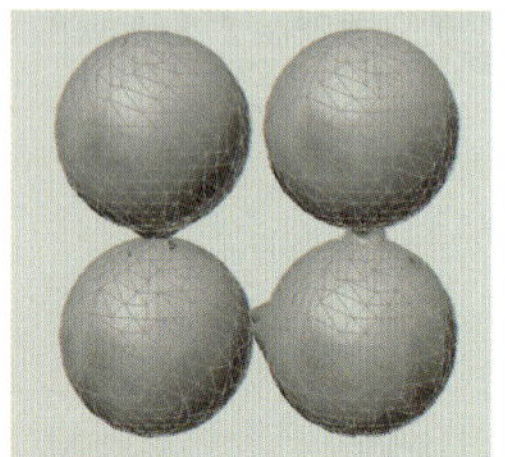

勾选“焊接”复选框

图 4-2-4 焊接前、后效果

②“公差”编辑框：用于指定需要合并的点间的最大距离。勾选“焊接”复选框后，此编辑框被激活。

二、“融球”生成器

使用“融球”生成器可以将两个或两个以上的对象（包括样条、基本体、可编辑对象）融为一个对象，如图 4-2-5 所示。创建“融球”生成器后，通常需要在“属性”面板“对象”选项卡（图 4-2-6）中设置相关参数。“对象”选项卡中的常用编辑框的功能如下。

矩形和球体融合

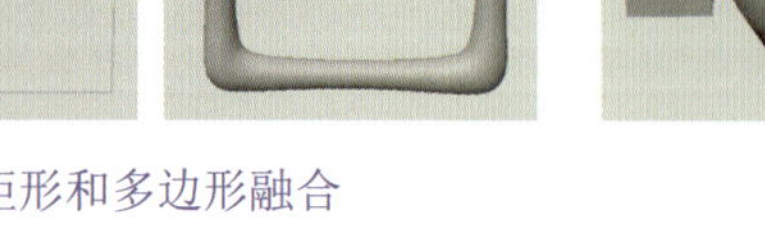

矩形和多边形融合

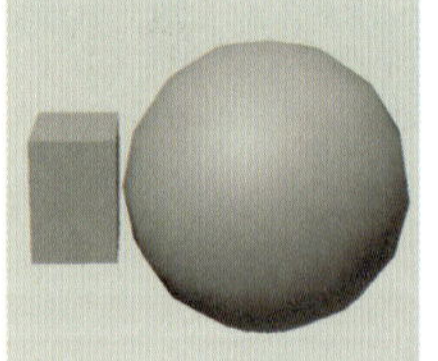
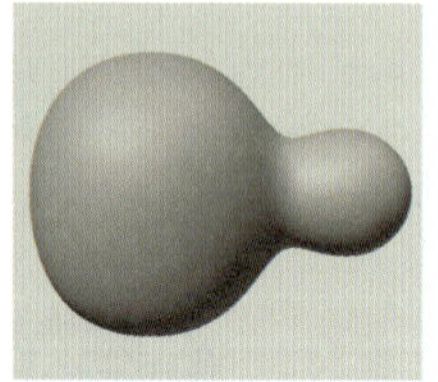

球体和立方体融合

图 4-2-5 融合前、后效果

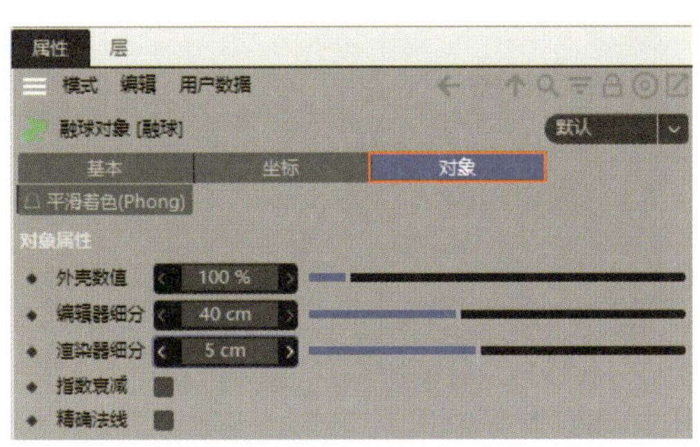

图 4-2-6 “对象”选项卡

①“外壳数值”编辑框：用于设置融合后的对象的体积。该编辑框中的数值越大，融合后的对象体积越小。

②“编辑器细分”编辑框：用于设置融合后的对象在视图窗口中的细分效果。该编辑框中的数值越小，融合后的对象越平滑。该数值不会影响融合后的对象的渲染效果。

③“渲染器细分”编辑框：用于设置融合后的对象在渲染输出的图像中的细分效果。该编辑框中的数值越小，融合后的对象越平滑。该数值不会影响融合后的对象在视图窗口中的显示效果。

三、“晶格”生成器

使用“晶格”生成器可以制作具有镂空效果的模型。为模型添加“晶格”生成器后，该模型上所有的点变为球体，所有的边变为圆柱体，如图 4-2-7 所示。创建“晶格”生成器后，通常需要在“属性”面板“对象”选项卡（图 4-2-8）中设置相关参数。“对象”选项卡中的常用编辑框和复选框的功能如下。

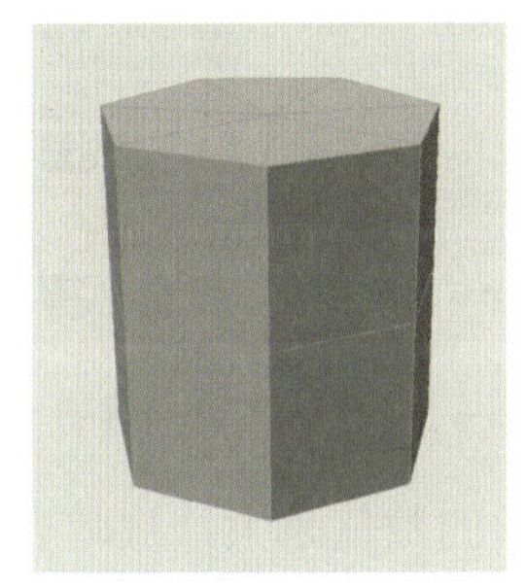

使用“晶格”生成器前

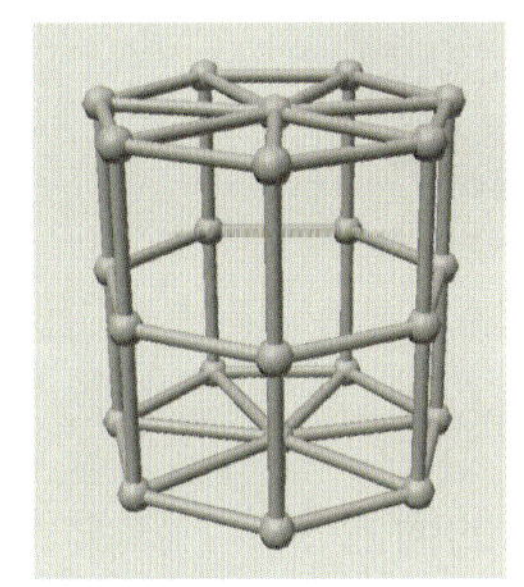

使用“晶格”生成器后

图 4-2-7 使用“晶格”生成器前、后效果

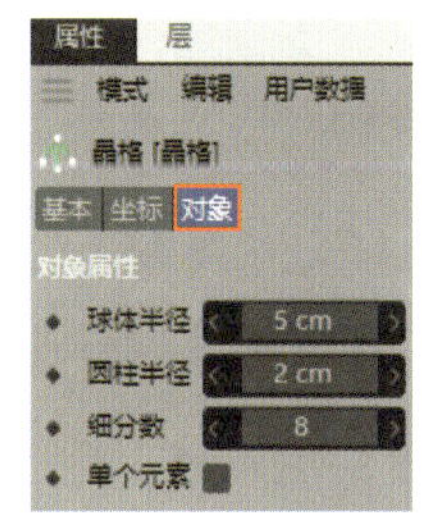

图 4-2-8 “对象”选项卡

①“球体半径”编辑框：用于设置生成的球体的半径。

②“圆柱半径”编辑框：用于设置生成的圆柱体的半径。

③“细分数”编辑框：用于设置生成的球体和圆柱体的分段数。

④“单个元素”复选框：勾选该复选框后按“C”键，软件会将晶格对象转换为一个个球体和圆柱体，并将它们按顺序罗列在“对象”面板中；取消勾选该复选框后按“C”键，软件会将晶格对象转换为一个可编辑对象。

探索与分享

图 4-2-9　金属篮子

使用“晶格”生成器制作如图 4-2-9 所示金属篮子的镂空部分。教师随机选择几名学生，让其分享自己的制作过程。

四、“减面”生成器

使用“减面”生成器可以在尽可能不影响模型结构的情况下，减少模型的面数，如图 4-2-10 所示。创建“减面”生成器后，通常需要在“属性”面板“对象”选项卡（图 4-2-11）中设置相关参数。“对象”选项卡中的常用编辑框的功能如下。

使用“减面”生成器前

使用“减面”生成器后

图 4-2-10　使用“减面”生成器前、后效果

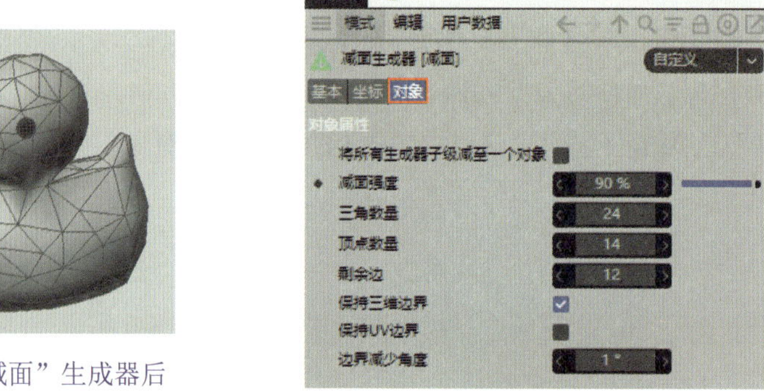

图 4-2-11　“对象”选项卡

① “减面强度”编辑框：用于设置被减去的面的多少。该编辑框中的数值越大，被减去的面越多。

② “三角数量”“顶点数量”“剩余边”编辑框：用于设置生成的模型中三角面、顶点、边的数量。

五、“布料曲面”生成器

使用“布料曲面”生成器可以细化模型并增加其厚度，如图 4-2-12 所示。创建“布料曲面”生成器后，通常需要在“属性”面板“对象”选项卡（图 4-2-13）中设置相关参数。“对象”选项卡中的常用编辑框和复选框的功能如下。

① “细分数”编辑框：用于设置模型的分段数。该编辑框中的数值越大，生成的模型越精细。

② “厚度”编辑框：用于设置模型的厚度。

③ “膨胀”复选框：勾选该复选框后，模型将产生膨胀效果。

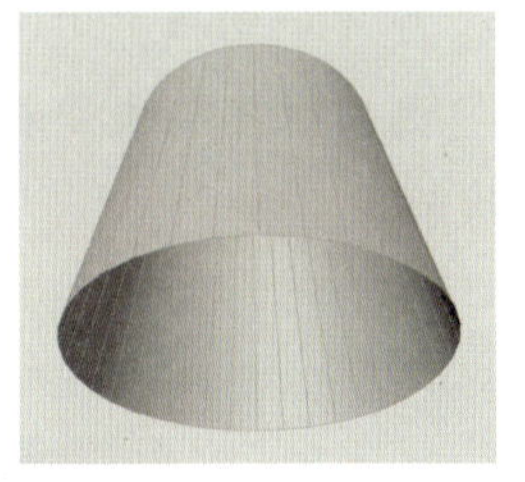

使用“布料曲面”生成器前

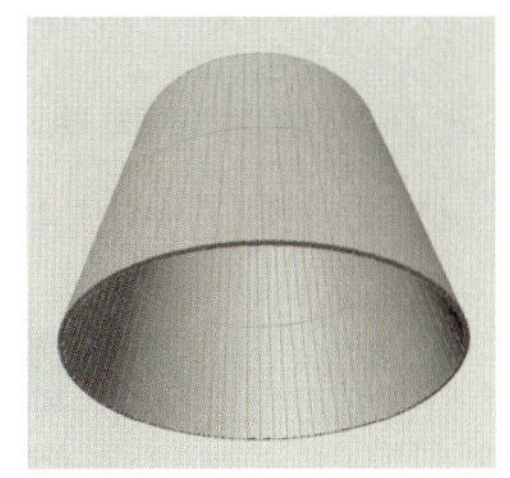

使用“布料曲面”生成器后

图 4-2-12 使用“布料曲面”生成器前、后效果

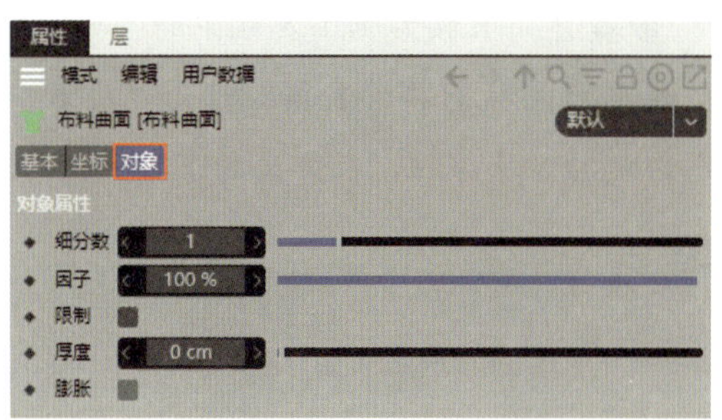

图 4-2-13 “对象”选项卡

任务实施一——制作low poly风格场景

下面通过制作如图 4-2-14 所示的 low poly 风格场景，继续学习使用生成器建模的相关知识。

图 4-2-14 low poly 风格场景渲染图

制作 low poly 风格场景

制作思路

图 4-2-14 中的场景由悬空的岩石、石头和树组成。可按照以下步骤制作场景的各组成部分。

（1）制作悬空的岩石。创建一个圆台并编辑其顶面，制作出岩石的基本形状，再使用“置换”变形器制作出岩石上的凹凸效果。

（2）制作石头。创建几个大小不同的球体，然后使用“置换”变形器制作出石头上的凹凸效果。

（3）制作树。使用圆柱体和圆锥体制作出一棵松树，通过复制、缩放和移动，制作出其他松树。使用胶囊和圆柱体制作出樟树，通过复制、缩放和移动，制作出其他樟树。

布置好场景后，使用“减面”生成器编辑场景中所有的模型，然后调整所有模型的平滑着色角度，使模型的面与面之间产生切割效果。

制作步骤

步骤 1 使用右侧工具栏中的“圆锥体”命令创建一个圆台并将其名称设为“岩石”，然后在“属性”面板“对象”选项卡中按图 4-2-15 设置圆台的顶部半径、底部半径、高度等参数，接着按“C”键，将圆台转换为可编辑对象。单击顶部工具栏中的“多边形”图标，切换至面模式。使用“循环选择”命令选中圆台的顶面，然后使用“移动”命令将其沿 Y 轴正向移至合适的位置，结果如图 4-2-16 所示。

步骤 2 长按右侧工具栏中的“弯曲”图标，在展开的列表中选择“置换”命令，创建一个“置换”变形器，然后将“置换”设为“岩石”的子级，接着在“属性”面板“着色”选项卡中单击“着色器”右侧的箭头按钮，在弹出的下拉列表中选择“噪波”选项，结果如图 4-2-17 所示。

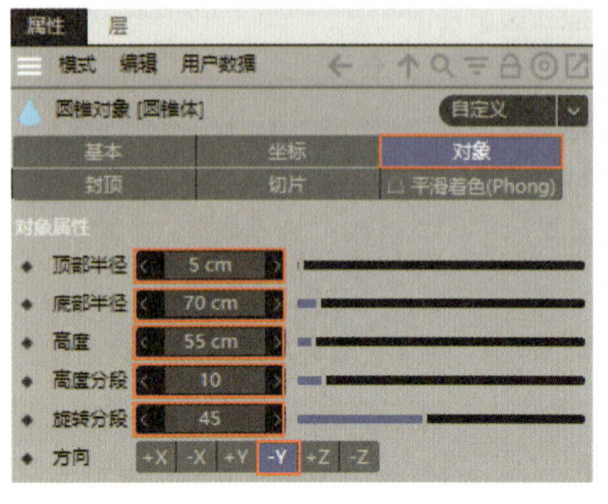

图 4-2-15 “对象”选项卡

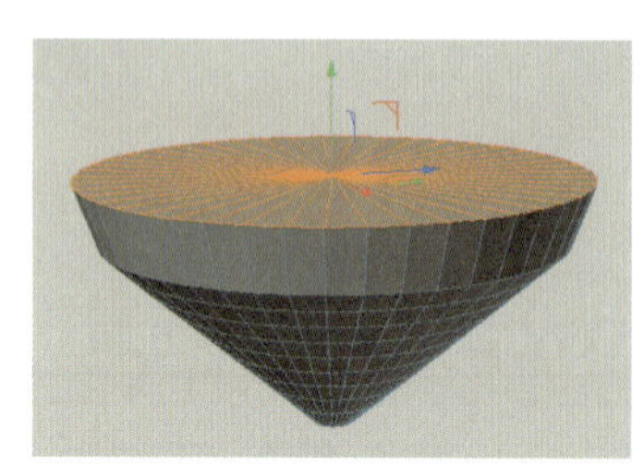
图 4-2-16 移动面

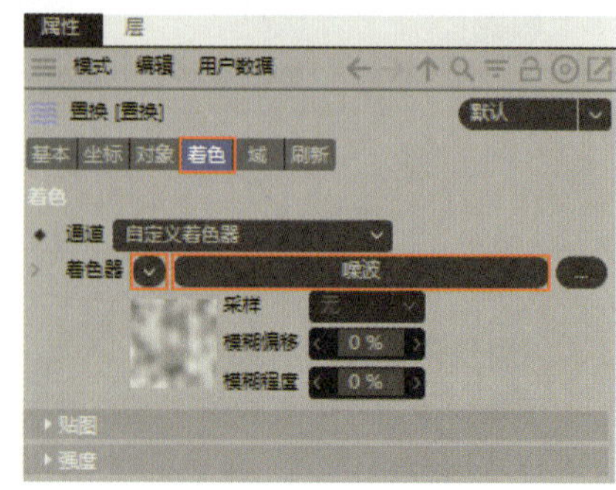

图 4-2-17 添加噪波效果

步骤 3 确保“置换”处于选中状态，然后在“属性”面板“着色”选项卡中单击“噪波”按钮，打开“着色器”选项卡，接着将噪波的全局缩放比例设为 200%，将对比度设为 50%（图 4-2-18），结果如图 4-2-19 所示。

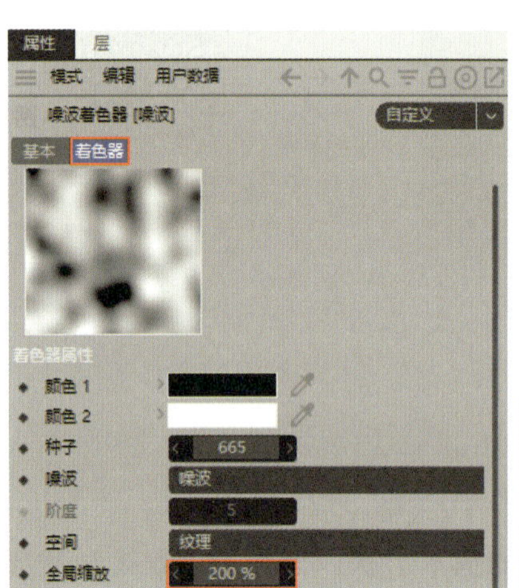

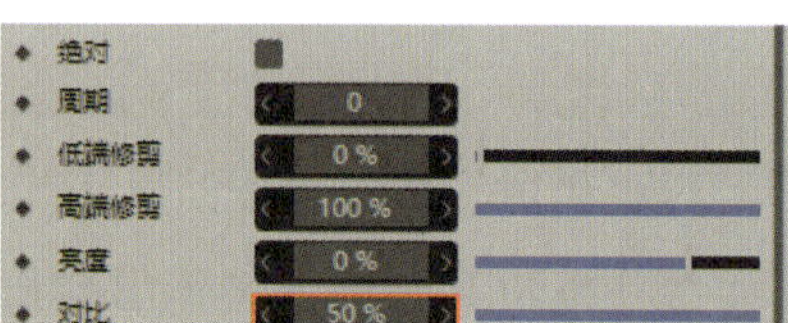

图 4-2-18 设置噪波的相关参数

图 4-2-19 噪波效果①

步骤 4 单击顶部工具栏中的“模型”图标，切换至模型模式。创建一个球体后按“C”键，将其转换为可编辑对象。使用“缩放”命令和“移动”命令调整球体的大小并将其移至合适的位置，制作出场景中的一块石头，结果如图 4-2-20 所示。

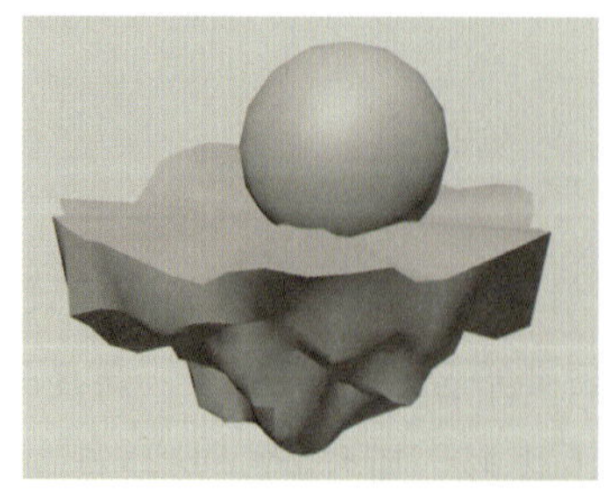

图 4-2-20 制作石头

步骤 5　通过复制、缩放、移动在步骤 4 中创建的球体，制作出场景中剩余的 7 块石头，结果如图 4-2-21 所示。选中视图窗口中的所有球体，在“对象”面板中任一球体的名称上右击，在弹出的快捷菜单中选择“连接对象＋删除”菜单项，将所有球体合并为一个对象，最后将其名称设为“石头”。

步骤 6　长按右侧工具栏中的“弯曲”图标，在展开的列表中选择“置换”命令，创建一个“置换”变形器，并将其设为“石头”的子级，接着在“属性”面板“着色”选项卡中单击“着色器”右侧的箭头按钮，在展开的列表中选择“噪波”选项，最后单击“噪波”按钮，在“着色器”选项卡中将噪波的全局缩放比例设为 150%，结果如图 4-2-22 所示。

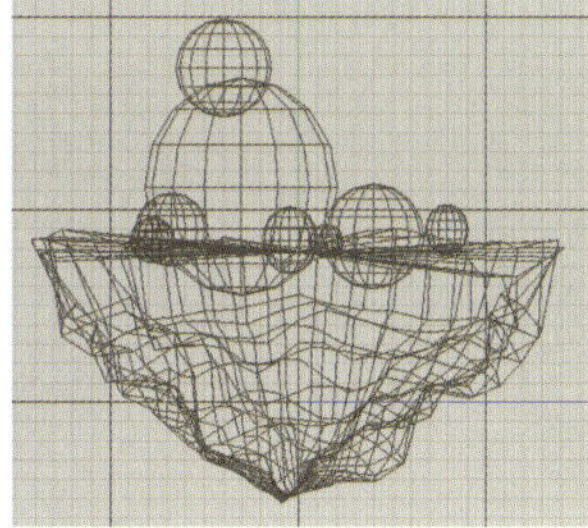
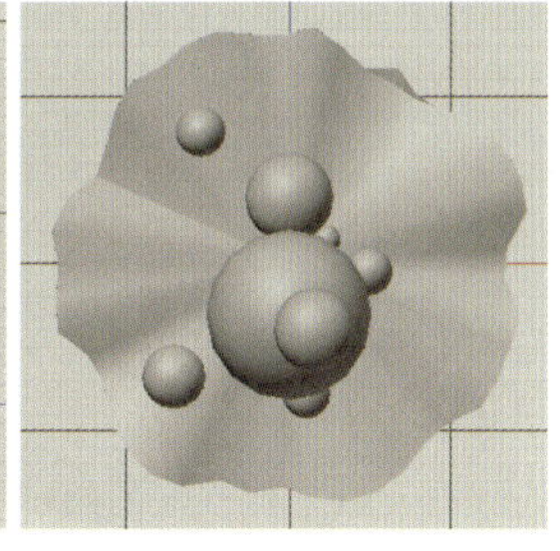

图 4-2-21　布置球体

图 4-2-22　噪波效果 ②

步骤 7　创建 3 个圆锥体和 1 个圆柱体，通过调整它们的大小并将它们移至合适的位置，制作出如图 4-2-23 所示的松树。选中“圆柱体”“圆锥体”“圆锥体 .1”“圆锥体 .2”，然后在“对象”面板中任意一个选中的对象上右击，在弹出的快捷菜单中选择“连接对象＋删除”菜单项，将所有选中的对象合并为一个对象，最后将该对象的名称设为“松树”。

步骤 8　将“松树”复制两个，使用“缩放”命令和“移动”命令调整两个副本的大小并将其移至合适的位置，结果如图 4-2-24 所示。

步骤 9　创建一个胶囊体和一个圆柱体，通过调整它们的大小并将它们移至合适的位置，制作出如图 4-2-25 所示的樟树。选中“圆柱体”和“胶囊”，然后在“对象”面板中任意一个选中的对象上右击，在弹出的快捷菜单中选择“连接对象＋删除”菜单项，将所有选中的对象合并为一个对象，最后将该对象的名称设为“樟树”。

图 4-2-23　制作松树

图 4-2-24　布置松树

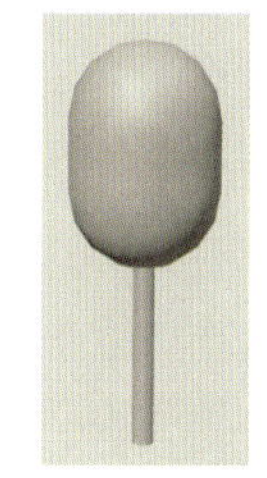

图 4-2-25　制作樟树

步骤 10　将“樟树”复制两个，使用“缩放”命令和“移动”命令调整两个副本的大小并将其移至合适的位置，结果如图 4-2-26 所示。选中所有的树，按“Alt+G”组合键对其编组，然后将组的名称设为“树”。

步骤 11　长按右侧工具栏中的“细分曲面”图标，在展开的列表中选择“减面”命令，创建一个“减面”生成器，然后将“石头”设为“减面”的子级。

步骤 12 创建一个“减面”生成器，将“岩石”设为“减面.1”的子级，然后选中“减面.1”，在“属性”面板“对象”选项卡中将减面强度设为85%。

步骤 13 创建一个“减面”生成器，将“树”设为“减面.2”的子级，然后选中“减面.2”，在“属性”面板“对象”选项卡中将减面强度设为93%，结果如图4-2-27所示。

步骤 14 利用左键和“Shift”键单击“对象”面板中“树”组中所有对象与“岩石”“石头”右侧的“平滑着色（Phong）”图标，然后在“属性”面板中将平滑着色角度设为0°，结果如图4-2-28所示。

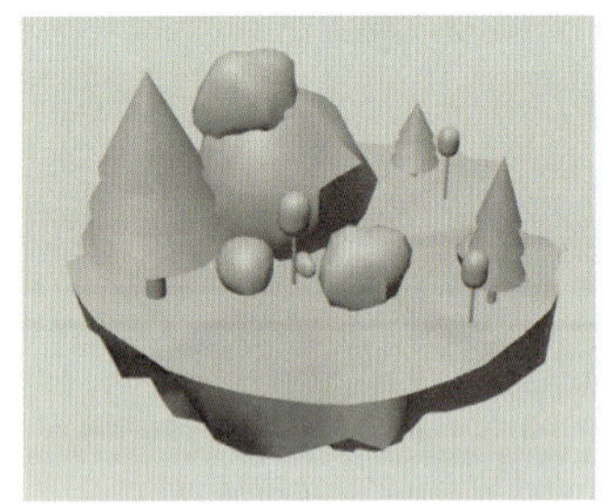

图 4-2-26　布置樟树

图 4-2-27　减面效果

图 4-2-28　平滑着色角度为0°时模型的效果

任务实施二——制作办公椅

下面通过制作如图4-2-29所示的办公椅，进一步学习使用生成器建模的相关知识。

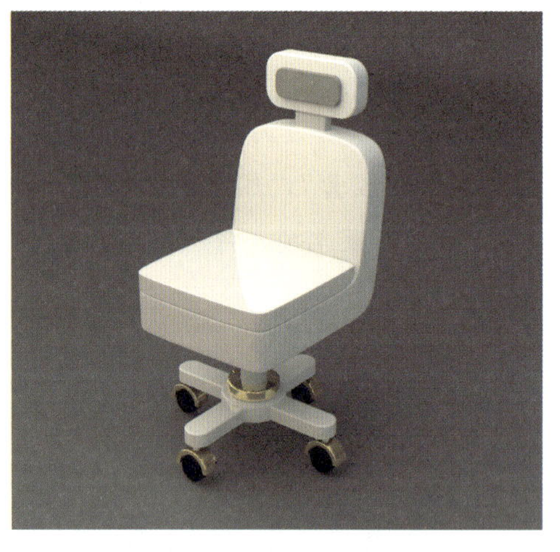

图 4-2-29　办公椅渲染图

制作办公椅

制作思路

图4-2-29中的办公椅由座面、椅背、坐垫、固定板、头枕、头枕支撑板、支架和脚轮组成。可按照以下步骤制作办公椅的各个部分。

（1）制作座面和椅背。首先创建一个平面，通过编辑边创建另一个平面，然后使用“布料曲面”生成器为其添加厚度，接着通过编辑点、边、面制作出座面和椅背。

（2）制作坐垫和固定板。复制座面的上表面，然后使用“布料曲面”生成器使其产生厚度，从而制作出坐垫。复制座面底面和椅背背面上的面并调整该面的大小，然后使用“布料曲面”生成器使其产生厚度，从而制作出固定板。

（3）制作头枕和头枕支撑板。创建 3 个圆角矩形，使用“挤压”生成器将其转换为模型，然后通过复制和移动，制作出头枕和头枕支撑板。

（4）制作支架和脚轮。创建 4 个圆柱体，再创建一个圆角矩形，使用“挤压”生成器将圆角矩形转换为模型，制作出支架。创建半条管道和两个圆柱体，将它们组合，制作出一个脚轮，最后使用“克隆”生成器制作出剩余的 3 个脚轮。

制作步骤

步骤 1　利用右侧工具栏中的“平面”命令创建一个平面，然后在“属性”面板中将其宽度和高度分别设为 90 cm 和 100 cm，将宽度分段数和高度分段数均设为 1，最后按“C”键，将该平面转换为可编辑对象。

步骤 2　单击顶部工具栏中的“边”图标，切换至边模式。按“E”键执行“移动”命令，按住“Ctrl”键和“Shift”键将如图 4-2-30 所示的边沿 *Y* 轴正向移动 85 cm，然后沿 *X* 轴负向将挤出部分调整至合适的位置，结果如图 4-2-31 所示。

步骤 3　长按右侧工具栏中的“细分曲面”图标，在展开的列表中选择“布料曲面”命令，创建一个“布料曲面”生成器，然后将“平面”设为“布料曲面”的子级，接着选中“布料曲面”，在“属性”面板“对象”选项卡中将平面的细分值设为 0 cm、厚度设为 25 cm，结果如图 4-2-32 所示。

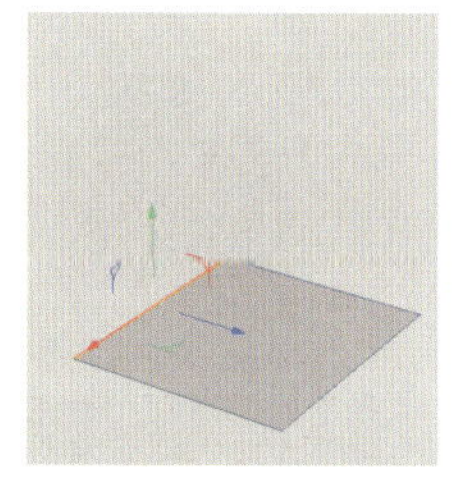

图 4-2-30　选中边 ①

图 4-2-31　挤压边

图 4-2-32　布料曲面效果 ①

步骤 4　选中“对象”面板中的“布料曲面”并右击，在弹出的快捷菜单中选择“连接对象＋删除”菜单项，将“布料曲面”及其子级对象合并为一个对象，然后将其名称设为“座面和椅背”。

步骤 5　单击顶部工具栏中的“建模设置”图标，在展开的面板中勾选“捕捉”“点”“引导线”复选框，然后关闭该面板。单击顶部工具栏中的“点”图标，切换至点模式。采用框选方式在正视图中选中如图 4-2-33 所示的点，然后按“T”键执行“缩放”命令，接着将鼠标指针移至 *Y* 轴的端部，按住左键并向下拖动鼠标，当出现提示信息“0%”（图 4-2-34）时松开左键，使选中的点位于同一个平面。

步骤 6　采用框选方式在正视图中选中如图 4-2-35 所示的点，使用步骤 5 中的方法，将选中的点沿 *Y* 轴进行缩放，使其位于同一个平面上，然后沿 *X* 轴负向进行缩放，接着将它们沿 *X* 轴和 *Y* 轴移至合适的位置，结果如图 4-2-36 所示。单击顶部工具栏中的“启用捕捉”图标，退出捕捉模式。

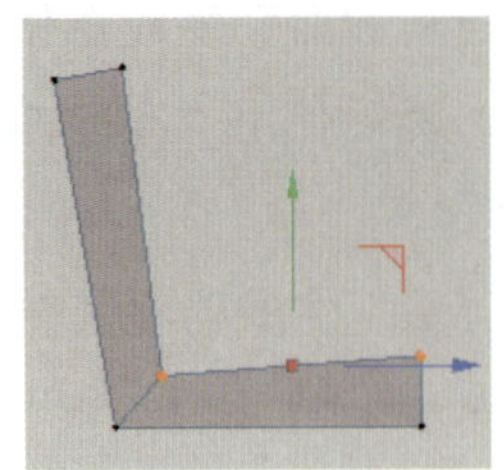

图 4-2-33　选中点 ①

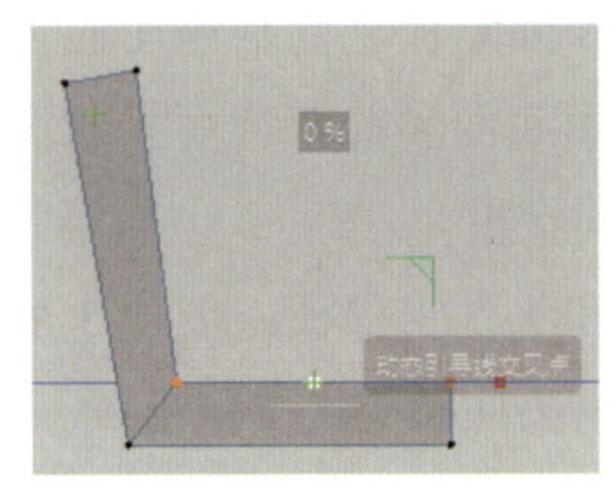

图 4-2-34　出现提示信息“0%”

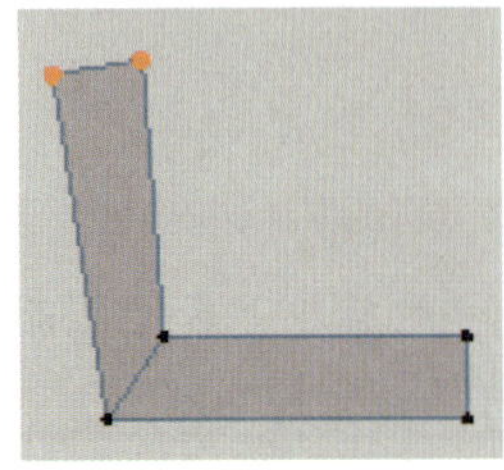

图 4-2-35　选中点 ②

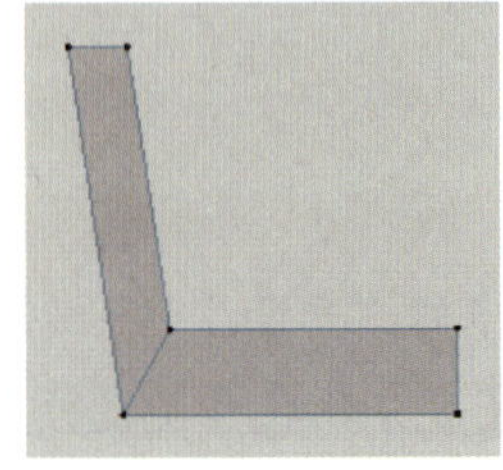

图 4-2-36　缩放与移动效果

步骤 7　单击顶部工具栏中的“边”图标，切换至边模式。选中如图 4-2-37 所示的边，然后在视图窗口中右击，在弹出的快捷菜单中选择“倒角”菜单项，接着在“属性”面板中将倒角模式设为“倒棱”、偏移模式设为“固定距离”、偏移距离设为 20 cm，最后在“细分”编辑框中输入“1”并按“Enter”键，结果如图 4-2-38 所示。

步骤 8　对如图 4-2-39 所示的两条边进行倒角，倒角模式为“倒棱”，偏移模式为“固定距离”，偏移距离为 10 cm，细分值为 1，结果如图 4-2-40 所示。

图 4-2-37　选中边 ②

图 4-2-38　倒角效果 ①

图 4-2-39　选中边 ③

图 4-2-40　倒角效果 ②

步骤 9　单击顶部工具栏中的“点”图标，切换至点模式。在视图窗口中右击，在弹出的快捷菜单中选择“多边形画笔”菜单项，然后在要连接的点上单击，将其连接起来，结果如图 4-2-41 所示。

步骤 10　单击顶部工具栏中的“多边形”图标，切换至面模式。按“E”键执行“移动”命令，然后选中如图 4-2-42 所示的 3 个面，接着在视图窗口中右击，在弹出的快捷菜单中选择“分裂”菜单项，将选中的面复制一份，最后将“座面和椅背 .1”重命名为“坐垫”。

步骤 11　创建一个“布料曲面”生成器，将“坐垫”设为“布料曲面”的子级，然后选中“布料曲面”，在“属性”面板“对象”选项卡中将细分值设为 0 cm、厚度设为 10 cm，结果如图 4-2-43 所示。

步骤 12　选中“对象”面板中的“布料曲面”并右击，在弹出的快捷菜单中选择“连接对象 + 删除”菜单项，将“布料曲面”及其子级对象合并为一个对象。单击顶部工具栏中的“边”图标，切换至边模式。确保“坐垫”处于选中对象，单击顶部工具栏中的“视窗独显”图标，将其单独显示，然后

对如图 4-2-44 所示的两条边进行倒角，倒角模式为“倒棱”，偏移模式为“固定距离”，偏移距离为 5 cm。

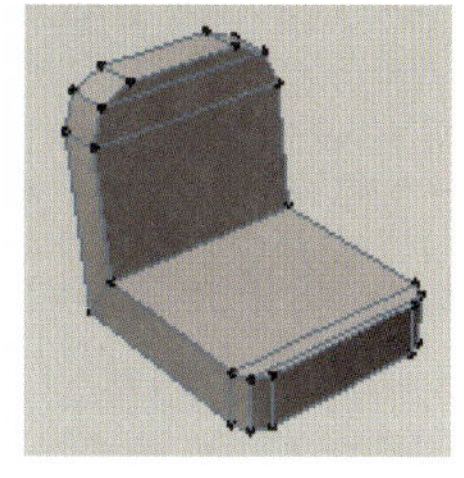

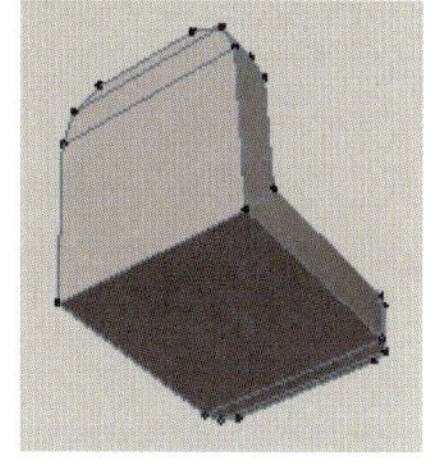

图 4-2-41　连接点①

图 4-2-42　选中面①

图 4-2-43　布料曲面效果②

步骤 13　单击顶部工具栏中的“点”图标，切换至点模式。在视图窗口中右击，在弹出的快捷菜单中选择“多边形画笔”菜单项，然后在要连接的点（包括背面的点）上单击，将其连接起来，结果如图 4-2-45 所示。

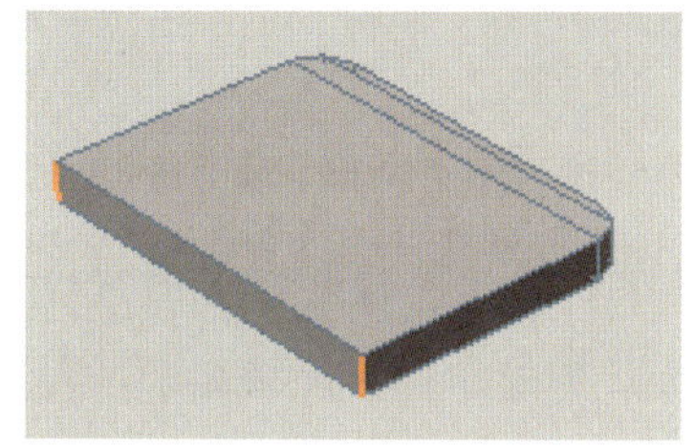

图 4-2-44　选中边④

图 4-2-45　连接点②

步骤 14　单击顶部工具栏中的“边”图标，切换至边模式。对如图 4-2-46 所示的两条循环边进行倒角，倒角模式为“实体”，偏移模式为“固定距离”，偏移距离为 1.5 cm，结果如图 4-2-47 所示。

步骤 15　选中“座面和椅背”，单击两次顶部工具栏中的“视窗独显”图标，将其单独显示，然后对如图 4-2-48 所示的两条循环边进行倒角，倒角模式为“实体”，偏移模式为“固定距离”，偏移距离为 2 cm。

步骤 16　确保“座面和椅背”处于选中状态，然后在视图窗口中右击，在弹出的快捷菜单中选择“循环/路径切割”菜单项，接着在“座面和椅背”上添加两条循环边，结果如图 4-2-49 所示。

图 4-2-46　选中循环边①

图 4-2-47　倒角效果③

图 4-2-48　选中边⑤

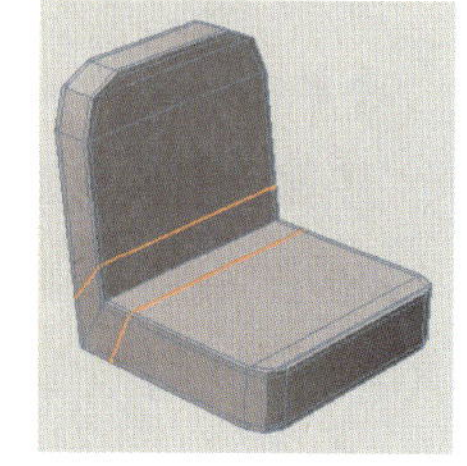

图 4-2-49　添加循环边

步骤 17　单击顶部工具栏中的“多边形”图标，切换至面模式。按“E”键执行“移动”命令，然后选中如图 4-2-50 所示的面并在视图窗口中右击，在弹出的快捷菜单中选择“分裂”菜单项，将选中的面复制一份，最后将“座面和椅背 .1”重命名为“固定板”。确保“固定板”处于选中状态，按“T”键执行“缩放”命令，然后将鼠标指针移至 *Z* 轴的端部，按住左键和“Shift”键并拖动鼠标，当出现提示信息“50%”时松开左键和“Shift”键。

步骤18 单击顶部工具栏中的“边”图标，切换至边模式。确保“固定板”处于选中状态，然后在视图窗口中右击，在弹出的快捷菜单中选择“滑动”菜单项，接着拖动如图4-2-51（a）所示的边到如图4-2-51（b）所示的位置。

步骤19 单击顶部工具栏中的“点”图标，切换至点模式。按“E”键执行“移动”命令，然后对如图4-2-52所示的4个点进行倒角，倒角模式为“固定距离”，偏移距离为15 cm，结果如图4-2-53所示。

图4-2-50　选中面②

（a）

（b）

图4-2-51　拖动选中的边

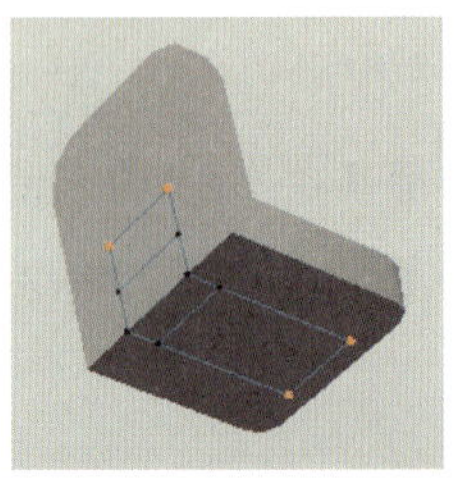

图4-2-52　选中点③

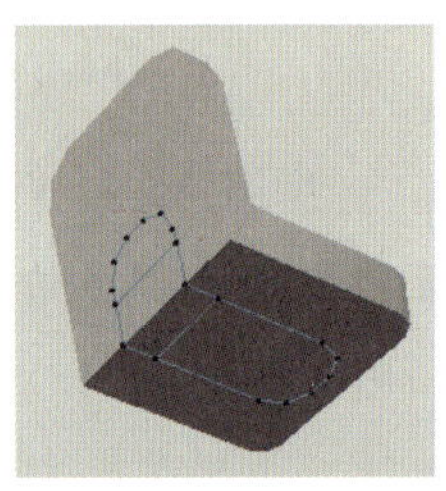

图4-2-53　倒角效果④

步骤20 确保“固定板”处于选中状态，然后将其单独显示，接着在视图窗口中右击，在弹出的快捷菜单中选择“多边形画笔”菜单项，最后在要连接的点上单击，将其连接起来，结果如图4-2-54所示。

步骤21 创建一个“布料曲面”生成器，将“固定板”设为“布料曲面”的子级，然后选中“布料曲面”，在“属性”面板“对象”选项卡中将细分值设为0 cm、厚度设为5 cm，结果如图4-2-55所示。

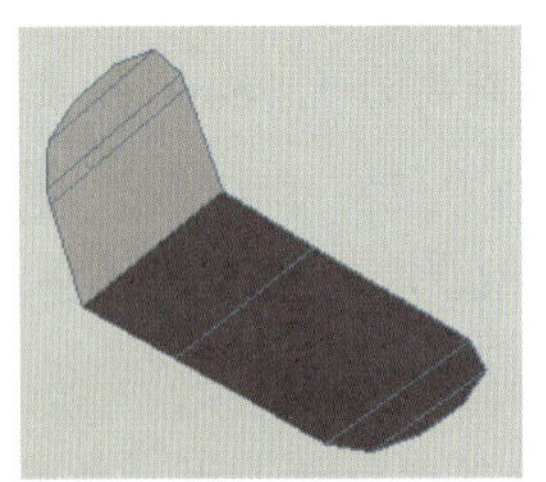

图4-2-54　连接点③

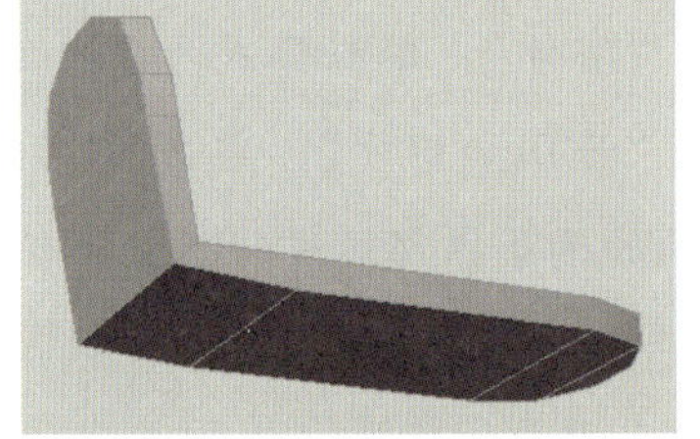

图4-2-55　布料曲面效果③

步骤22 选中“对象”面板中的“布料曲面”并右击，在弹出的快捷菜单中选择“连接对象＋删除”菜单项，将“布料曲面”及其子级对象合并为一个对象。

步骤23 单击顶部工具栏中的“启用捕捉”图标，然后选中如图4-2-56（a）所示的面，接着按住“Shift”键并单击顶部工具栏中的“点”图标，选中所选面上的点。按“T”键执行“缩放”命令，将鼠标指针移至X轴的端部，按住左键并拖动鼠标，当出现提示信息“0%”时松开左键，使选中的点位于同一个平面，最后使用“旋转”命令将选中的点绕Z轴旋转一定角度。

步骤24 使用同样的方法，将如图4-2-56（b）所示的面上的点对齐到同一平面，结果如图4-2-57所示。单击顶部工具栏中的“启用捕捉”图标，退出捕捉模式。

步骤25 单击顶部工具栏中的“边”图标，切换至边模式。确保“固定板”处于选中状态，然后对如图4-2-58所示的两条循环边进行倒角，倒角模式为“实体”，偏移模式为“固定距离”，偏移距离为1 cm，结果如图4-2-59所示。

步骤26 结束对象单独显示状态，然后选中“固定板”“坐垫”“座面和靠背”，按“Alt+G”组合键对其编组。创建一个“细分曲面”生成器，将“空白”设为“细分曲面”的子级，结果如图 4-2-60 所示。

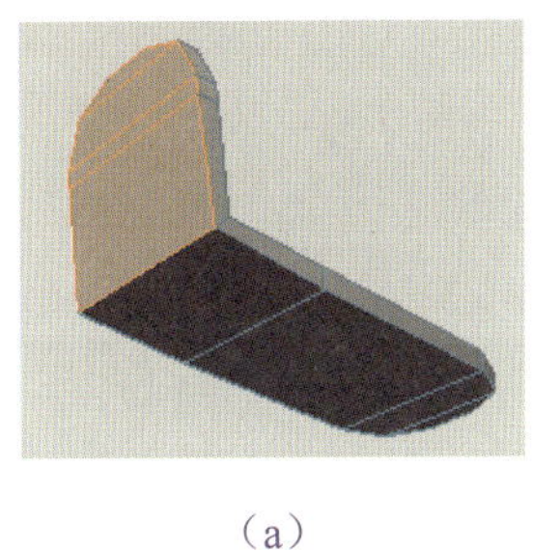

（a）

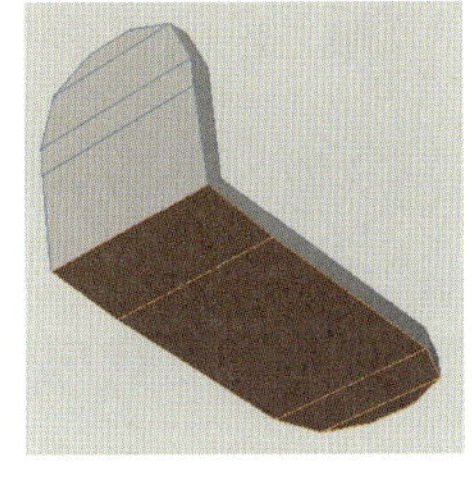

（b）

图 4-2-56　选中面③

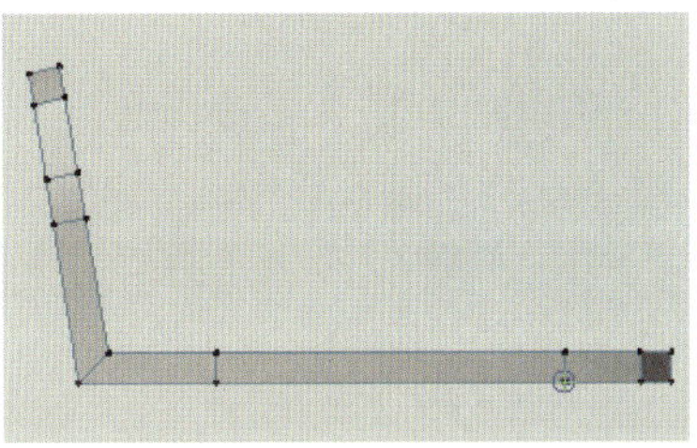

图 4-2-57　对齐点

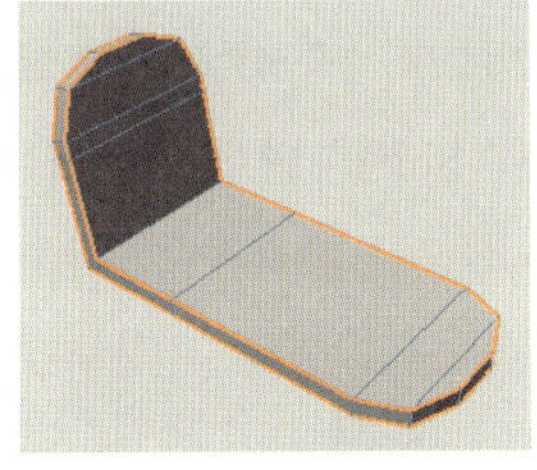

图 4-2-58　选中循环边②

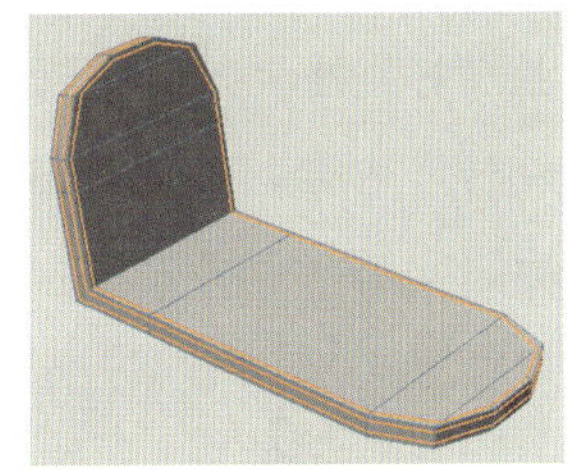

图 4-2-59　倒角效果⑤

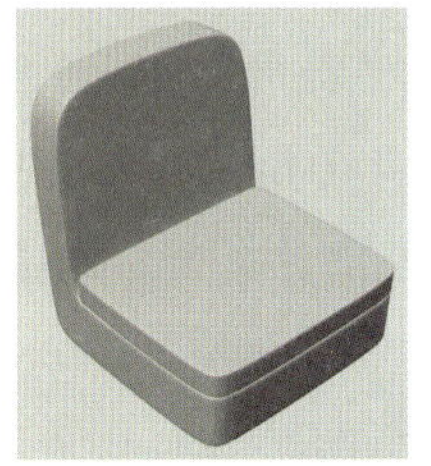

图 4-2-60　细分曲面效果

步骤 27　创建一个矩形并将其单独显示，然后按图 4-2-61 设置矩形的参数，接着按住“Alt”键选择右侧工具栏中的“挤压”命令，最后在“属性”面板“对象”选项卡中将偏移距离设为 10 cm，在“封盖”选项卡中将倒角外形设为“圆角”、倒角尺寸设为 1 cm，结果如图 4-2-62 所示。

步骤 28　创建一个矩形，将其单独显示，然后按图 4-2-63 设置其参数，接着按住“Alt”键选择右侧工具栏中的“挤压”生成器，最后在“属性”面板“对象”选项卡中将偏移距离设为 2 cm，在“封盖”选项卡中将倒角尺寸设为 0.5 cm。

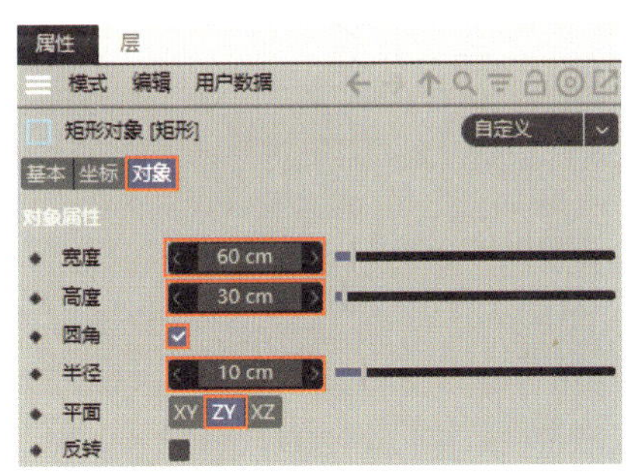

图 4-2-61　“对象”选项卡①

图 4-2-62　挤压效果

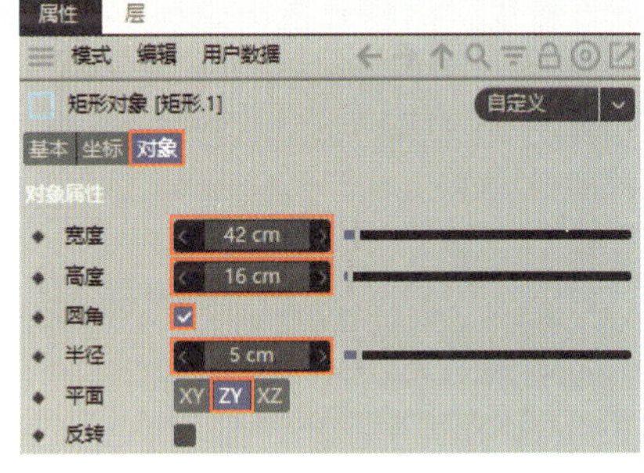

图 4-2-63　“对象”选项卡②

步骤 29　将“挤压 .1”复制一份，然后结束对象单独显示状态，接着按“E”键执行“移动”命令，并在视图窗口中将“挤压”“挤压 .1”“挤压 .2”移至合适的位置，结果如图 4-2-64 所示。

步骤 30　创建一个在 X、Y、Z 轴上的尺寸分别设为 7 cm、15 cm、20 cm 的长方体，然后勾选“对象”选项卡中的“圆角”复选框，将圆角半径设为 1 cm，最后将该长方体移至合适的位置，结果如图 4-2-65 所示。

步骤 31　分别创建 4 个半径为 19 cm、15 cm、8 cm、13 cm，高度为 11 cm、6.5 cm、35 cm、9 cm

的圆柱体，并调整它们的位置，制作出支架的一部分，结果如图 4-2-66 所示。

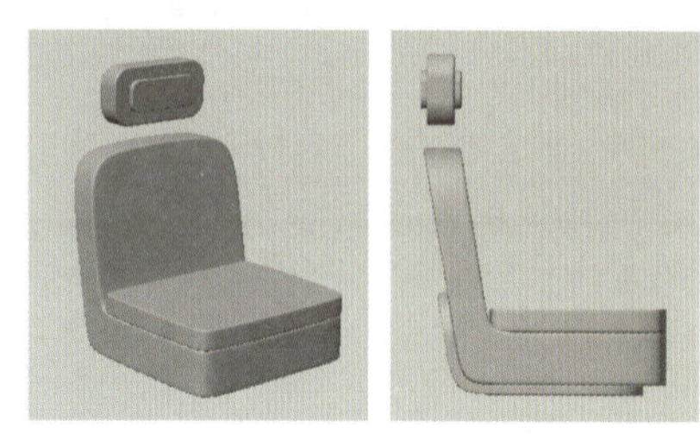
图 4-2-64　移动效果①

图 4-2-65　移动效果②

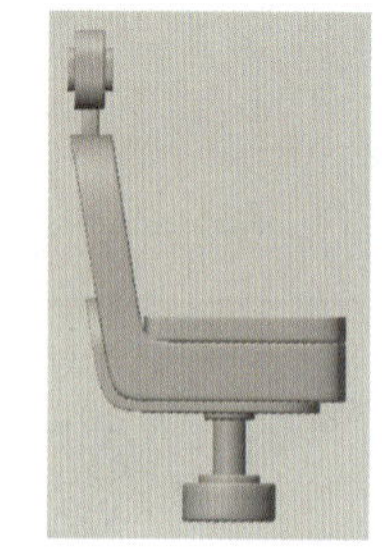
图 4-2-66　移动圆柱体

步骤 32　创建一个矩形，然后按图 4-2-67 设置其参数，接着按住“Alt”键选择右侧工具栏中的“挤压”命令，最后在“属性”面板“对象”选项卡中将偏移距离设为 7 cm，在“封盖”选项卡中将倒角外形设为“圆角”、倒角尺寸设为 1 cm。按“E”键执行“移动”命令，将“挤压.3”移至合适的位置，结果如图 4-2-68 所示。按“R”键执行“旋转”命令，然后按住“Ctrl”键和“Shift”键将“挤压.3”绕 Y 轴旋转 90° 并复制，结果如图 4-2-69 所示。

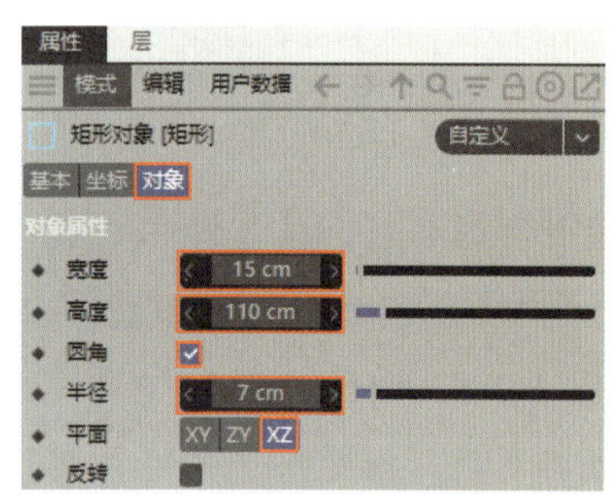

图 4-2-67　“对象”选项卡③

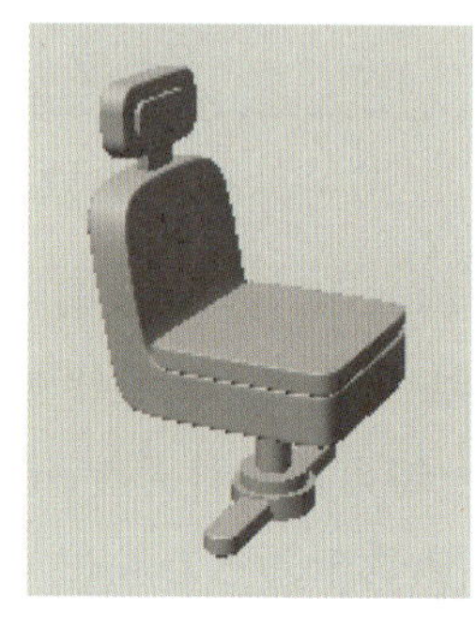
图 4-2-68　移动效果③

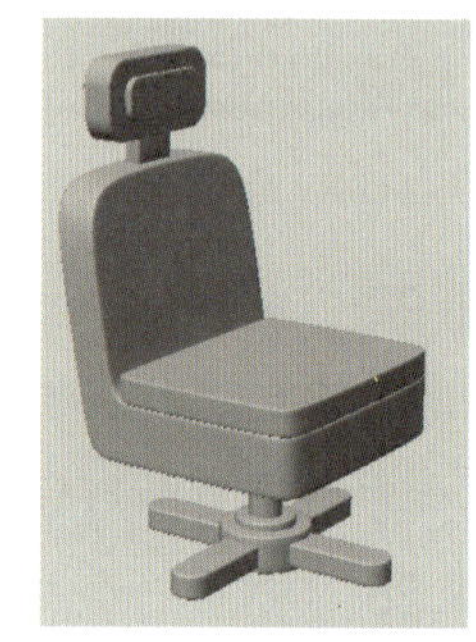
图 4-2-69　旋转与复制效果

步骤 33　创建一条管道，将其单独显示，然后在“属性”面板“对象”选项卡中按图 4-2-70 设置相关参数，接着勾选“切片”选项卡中的“切片”复选框，最后将该管道绕 X 轴旋转 90°。

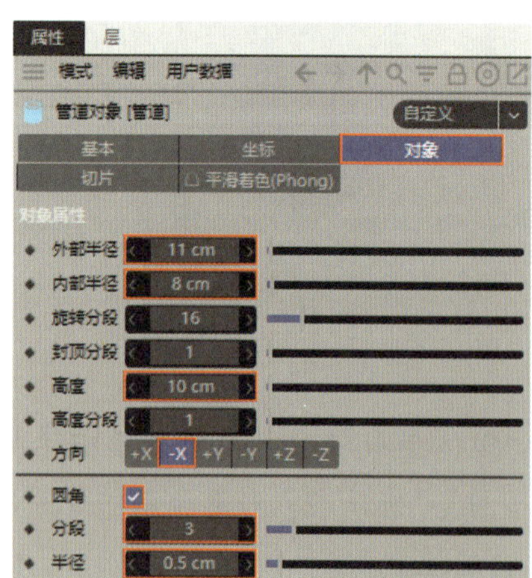

图 4-2-70　“对象”选项卡④

步骤 34 创建一个半径为 8 cm、高度为 9 cm、圆角半径为 1 cm、圆角分段数为 3、方向为“–X”的圆柱体，再创建一个半径为 2 cm、高度为 9 cm 的圆柱体，然后将这两个圆柱体移至合适的位置，结果如图 4-2-71 所示。选中“圆柱体 .4”“圆柱体 .5”和“管道”，按“Alt+G”组合键对其编组，然后将组的名称设为“脚轮”。

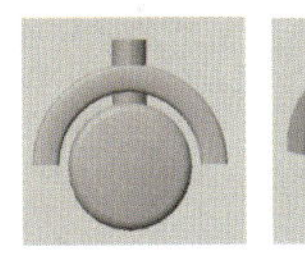
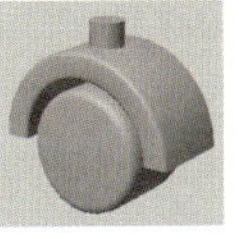

图 4-2-71　移动效果④

步骤 35 结束对象单独显示状态。创建一个“克隆”生成器，将“脚轮”设为“克隆”的子级，然后在“对象”面板中按图 4-2-72 设置克隆模式、数量等参数，最后将所有脚轮移至合适的位置，结果如图 4-2-73 所示。

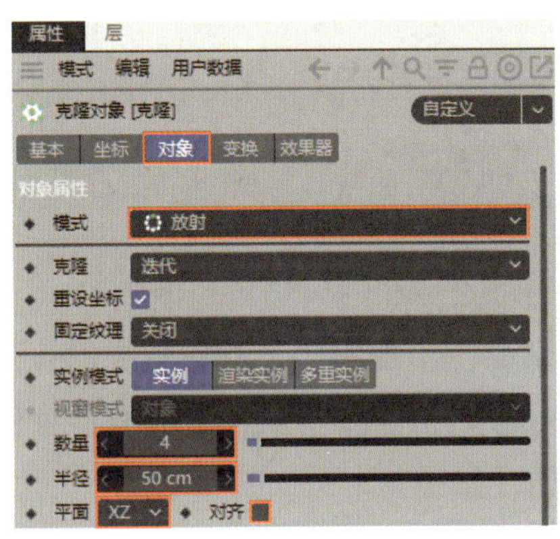

图 4-2-72　“对象”选项卡⑤

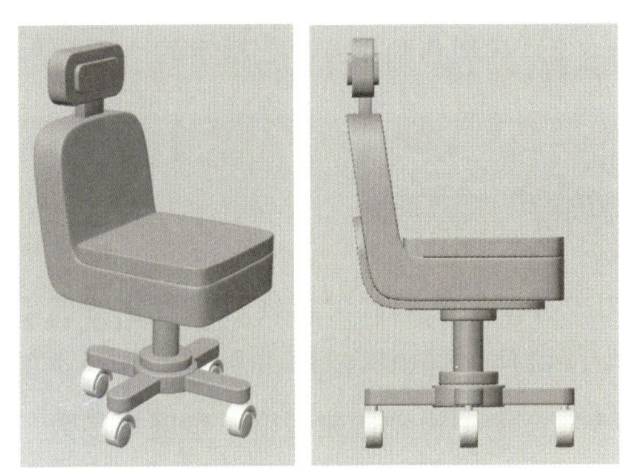

图 4-2-73　脚轮的位置

步骤 36 在“对象”面板中对构成办公椅的所有对象进行分组，并对组重命名，以便后续查看和修改。

任务三　使用变形器编辑对象

任务导入

使用变形器可以使模型发生形变，如使用“弯曲”变形器、“膨胀”变形器、“锥化”变形器、“扭曲”变形器可以使模型产生相应的弯曲、膨胀、锥化、扭曲效果。例如，要制作如图 4-3-1 所示的化妆品瓶，首先要创建一个球体，然后将球体上的一部分面挤压出来，接着使用“扭曲”变形器将模型扭曲，最后对模型卡线并对曲面进行细分。此外，在制作如图 4-3-2 所示的卡通场景时，也用到了几个变形器。

图 4-3-1　化妆品瓶

图 4-3-2　卡通场景

想一想：

（1）怎样创建并使用变形器？

（2）在制作如图 4-3-2 所示的卡通场景时，会用到哪些变形器？

一、“弯曲”变形器

使用“弯曲”变形器可以使对象产生弯曲效果。例如，创建一个如图 4-3-3（a）所示的胶囊，然后将其选中，按住“Shift”键单击右侧工具栏中的“弯曲”图标，接着在“属性”面板“对象”选项卡［图 4-3-3（b）］中设置弯曲强度、角度等参数，可使胶囊弯曲，如图 4-3-3（c）所示。

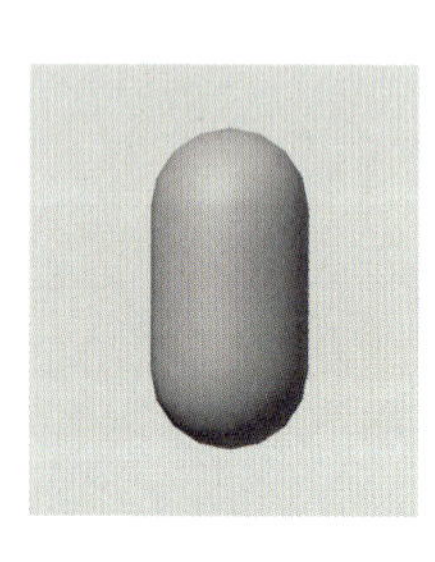

（a）

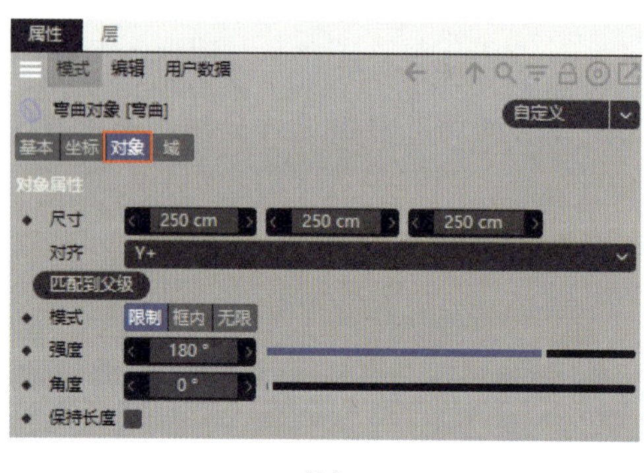

（b）

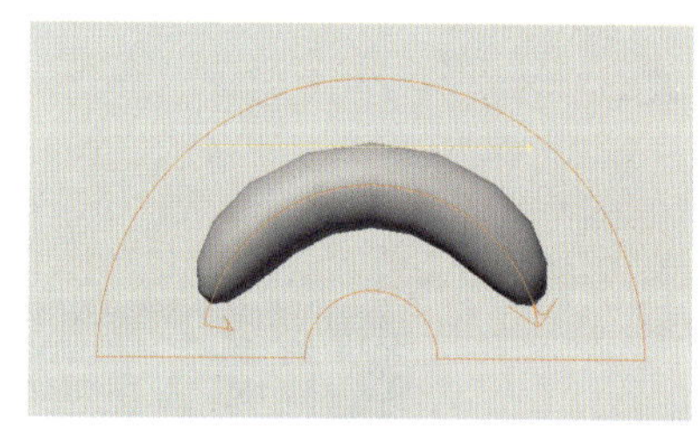

（c）

图 4-3-3　使用“弯曲”变形器使对象产生弯曲效果

如图 4-3-3（b）所示的“对象”选项卡中的常用编辑框、按钮、选项和复选框的功能如下。

①“尺寸”编辑框：用于设置变形器框架的大小。

②“匹配到父级”按钮：单击该按钮后，变形器框架的尺寸将自动调整，并且与所应用的对象相匹配。

③“模式”选项：若选择“限制”选项，对象在变形器框架内的部分会按该变形器的有关设置发生形变，在变形器框架外的部分会随变形器框架内的部分平移；若选择“框内”选项，对象在变形器框架内的部分会按该变形器的有关设置发生形变，在变形器框架外的部分不受影响；若选择“无限”选项，

整个对象都会按该变形器的有关设置发生形变，不受变形器框架的限制。

④“强度”编辑框：用于设置对象弯曲的程度。

⑤“角度”编辑框：用于设置对象旋转的角度。

⑥“保持长度”复选框：勾选该复选框后，对象的长度始终不变。

下面通过制作卷曲的地毯（图 4-3-4），来学习“弯曲”变形器的使用方法。

图 4-3-4　卷曲的地毯

步骤 1　制作地毯。创建一个在 *X*、*Y*、*Z* 轴上的尺寸分别为 500 cm、2 cm、55 cm 的长方体，将分段数均设为 100，然后勾选“圆角”复选框，将圆角半径设为 0.5 cm、圆角细分值设为 3，结果如图 4-3-5 所示。

步骤 2　将地毯卷曲。单击右侧工具栏中的“弯曲”图标，创建一个“弯曲”变形器，并将“弯曲”设为“立方体”的子级。选择“弯曲”，在“属性”面板“对象”选项卡中将对齐方向设为“X–”，然后单击“匹配到父级”按钮，并将强度设为 1 080°；在“坐标”选项卡中的“R.B”编辑框内输入“–89”，在“P.X”和“P.Y”编辑框内分别输入“75”和“–20”，结果如图 4-3-6 所示。

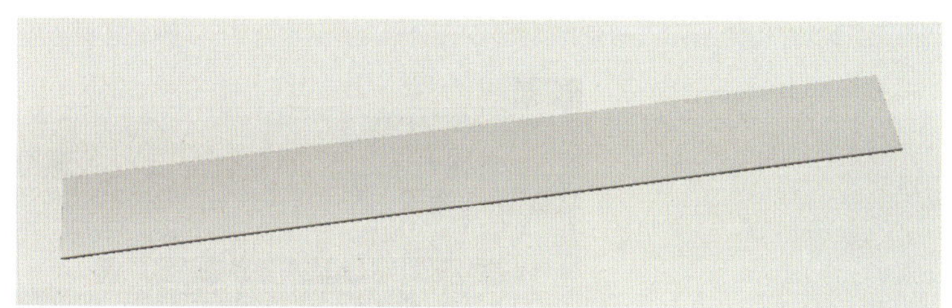

图 4-3-5　创建长方体

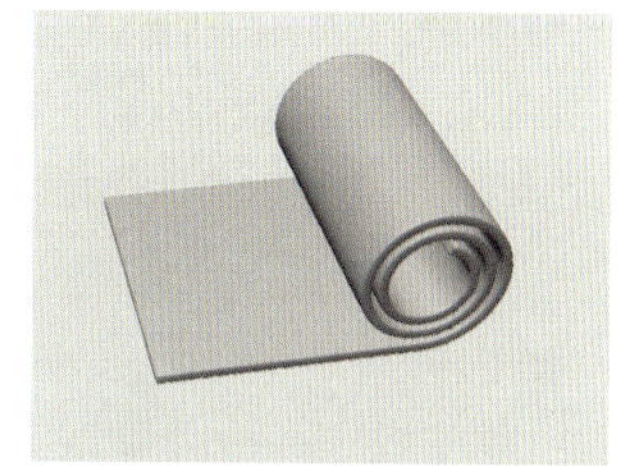

图 4-3-6　卷曲效果

变形器通常作为要发生形变的对象的子级来使用，也可以与要发生形变的对象为平级，但两者必须有共同的父级对象，如图 4-3-7 所示。

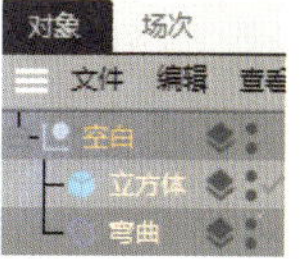

图 4-3-7　变形器的使用方法

为对象添加变形器的方法有 3 种：

方法 1：长按右侧工具栏中的“弯曲”图标，在展开的列表中选择所需命令，然后将要发生形变的对象设为变形器的子级。

方法 2：选中要发生形变的对象，按住“Shift”键后长按右侧工具栏中的“弯曲”图标，在展开的列表中选择所需命令。

方法 3：长按右侧工具栏中的“弯曲”图标，在展开的列表中选择所需命令，然后在“对象”面板中选中变形器和要发生形变的对象，按“Alt+G”组合键对其编组。

需要注意的是，分段数会影响对象的变形效果，因此在使用变形器时，应合理设置对象的分段数，如图 4-3-8 所示。

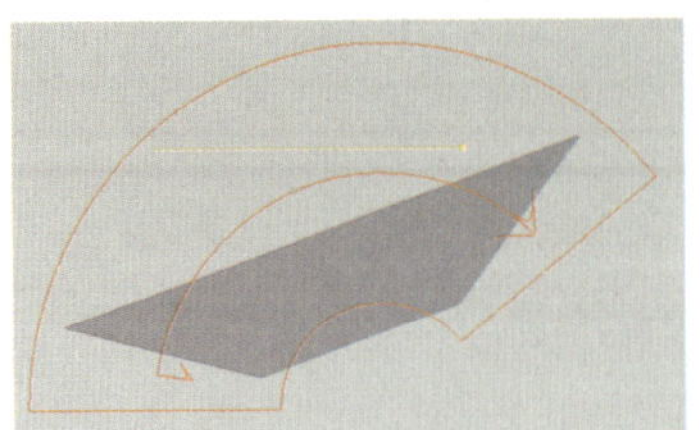
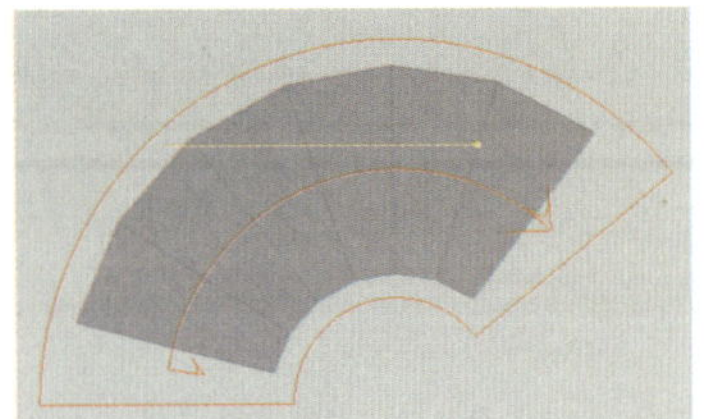

图 4-3-8　分段数不同时的变形效果

二、“膨胀”变形器

使用“膨胀”变形器可以使对象产生收缩或膨胀效果，如图 4-3-9 所示。创建“膨胀”变形器后，通常需要在“属性”面板“对象”选项卡（图 4-3-10）中设置相关参数。“对象”选项卡中的常用编辑框和复选框的功能如下。

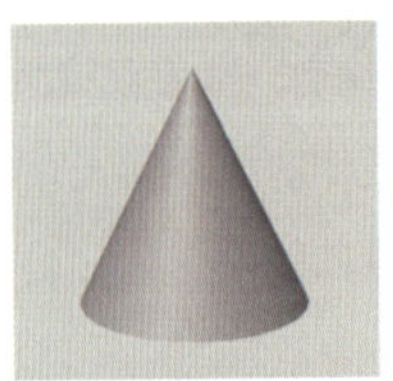
原对象

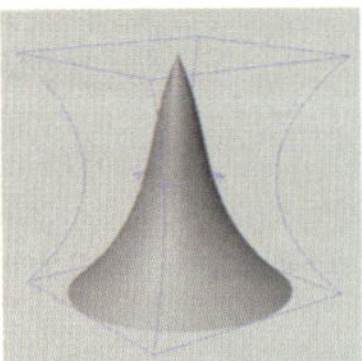
收缩效果

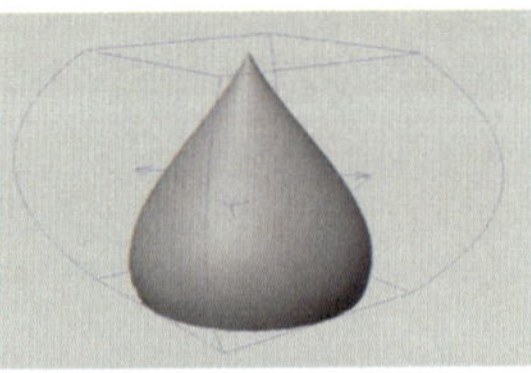
膨胀效果

图 4-3-9　收缩、膨胀效果

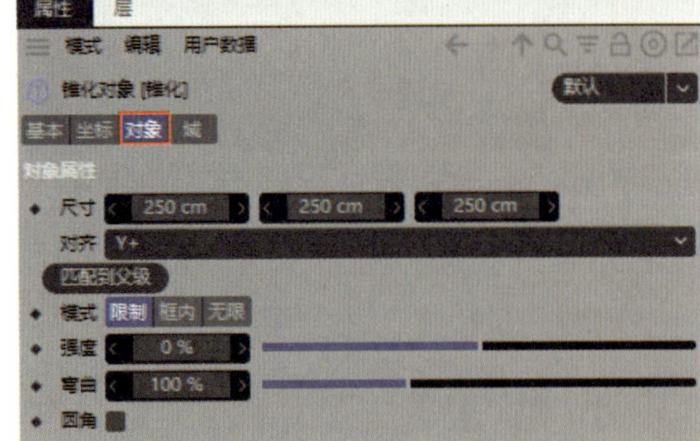

图 4-3-10　“对象”选项卡

①“强度”编辑框：用于设置对象收缩或膨胀的程度。当该编辑框中的数值小于 0% 时，对象将产生收缩效果；大于 0% 时，对象将产生膨胀效果。

②“弯曲”编辑框：用于设置对象的弯曲程度。

③“圆角”复选框：勾选该复选框后，对象上位于变形器框架上下两端的面的边缘会产生变形效果。

三、“锥化”变形器

使用“锥化”变形器可以模拟对象在被压缩或拉伸时产生的锥形效果，如图 4-3-11 所示。创建“锥化”变形器后，通常需要在“属性”面板“对象”选项卡中设置相关的参数。

原对象

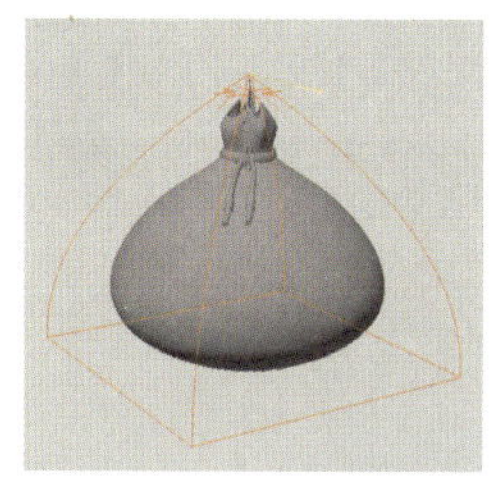
被拉伸时产生的锥形效果

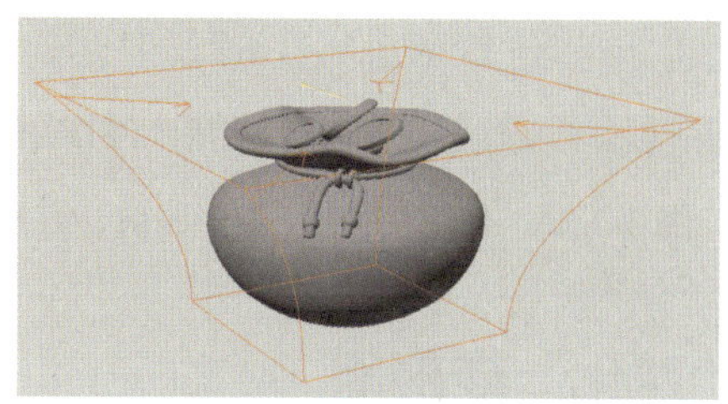
被压缩时产生的锥形效果

图 4-3-11　锥形效果

四、“扭曲”变形器

使用“扭曲”变形器可以使对象产生扭曲效果，如图 4-3-12 所示。创建“扭曲”变形器后，通常需要在“属性”面板“对象”选项卡中设置相关参数。

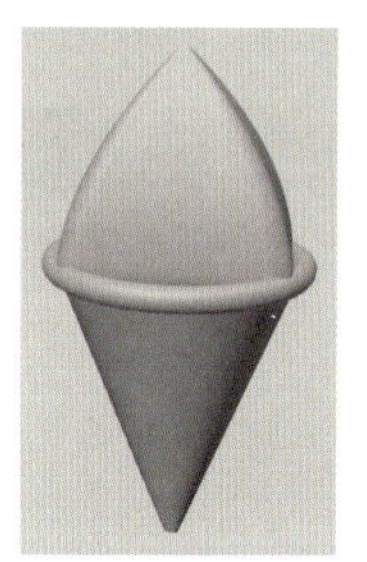
使用“扭曲”变形器前

使用“扭曲”变形器后

图 4-3-12　使用“扭曲”变形器前、后效果

五、“FFD”变形器

使用“FFD”变形器可以通过改变其框架上点的位置来改变对象的外形，如图 4-3-13 所示。创建“FFD”变形器后，通常需要在“属性”面板“对象”选项卡（图 4-3-14）中设置相关参数。“对象”选项卡中的常用编辑框和按钮的功能如下。

①“栅格尺寸”编辑框：用于设置变形器框架在 *X*、*Y*、*Z* 轴方向上的尺寸。

②“水平网点”“垂直网点”“纵深网点”编辑框：用于设置变形器框架在 *X*、*Y*、*Z* 轴方向上的分段数。

③“重置”按钮：在编辑变形器框架上的点后单击该按钮，可使该框架上所有被编辑的点恢复至原始位置，同时，对象会恢复至未添加“FFD”变形器前的效果。

使用“FFD”变形器前

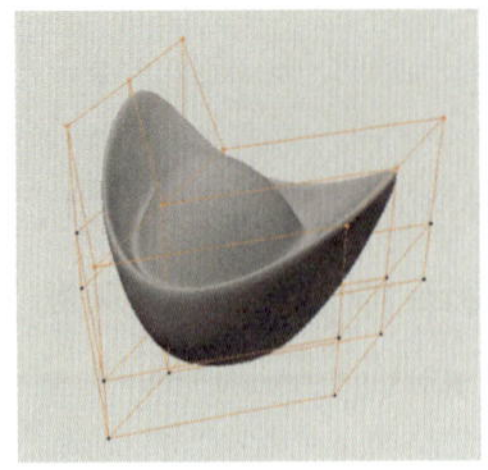
使用“FFD”变形器后

图 4-3-13 使用“FFD”变形器前、后效果

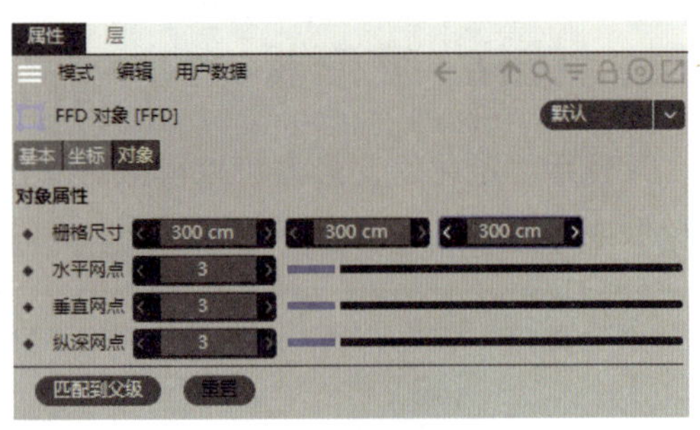

图 4-3-14 “对象”选项卡

六、“球化”变形器

使用“球化”变形器可以使对象产生球化效果，如图 4-3-15 所示。创建“球化”变形器后，通常需要在“属性”面板“对象”选项卡（图 4-3-16）中设置相关参数。“对象”选项卡中的常用编辑框的功能如下。

原对象

强度为 70%

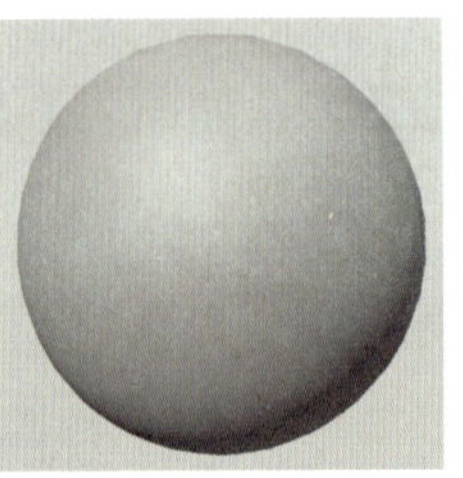
强度为 100%

图 4-3-15 使用“球化”变形器前、后效果

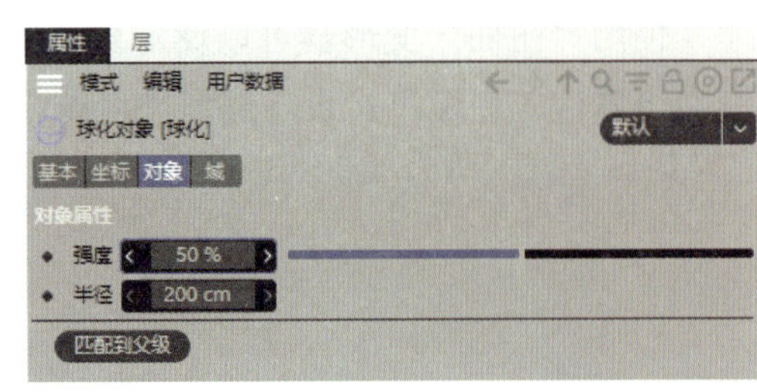

图 4-3-16 “对象”选项卡

①“强度”编辑框：用于设置对象产生球化效果的程度。

②“半径”编辑框：用于设置“球化”变形器框架的大小，即球化范围的大小。

七、“样条约束”变形器

使用“样条约束”变形器可以使对象以指定的样条为路径产生变形效果，如图 4-3-17 所示。创建“样条约束”变形器后，通常需要在“属性”面板“对象”选项卡（图 4-3-18）中设置相关参数。“对象”选项卡中的常用编辑框和列表框的功能如下。

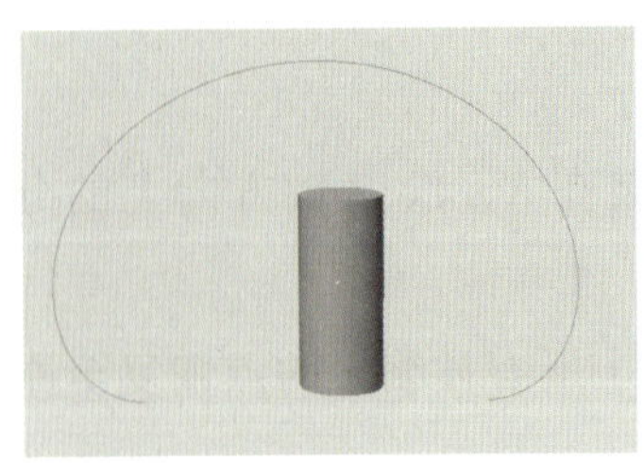
使用“样条约束”变形器前

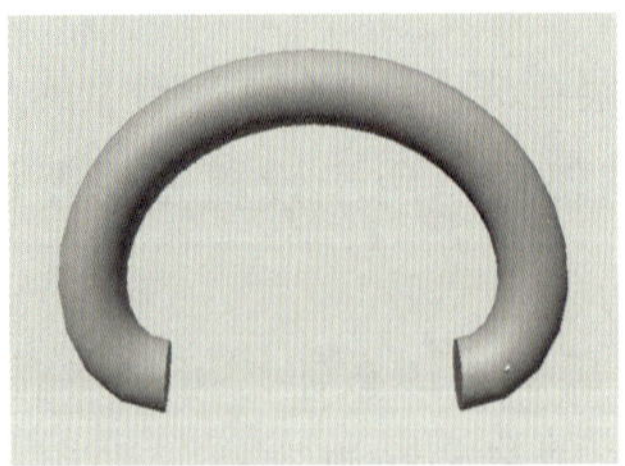
使用“样条约束”变形器后

图 4-3-17 使用“样条约束”变形器前、后效果

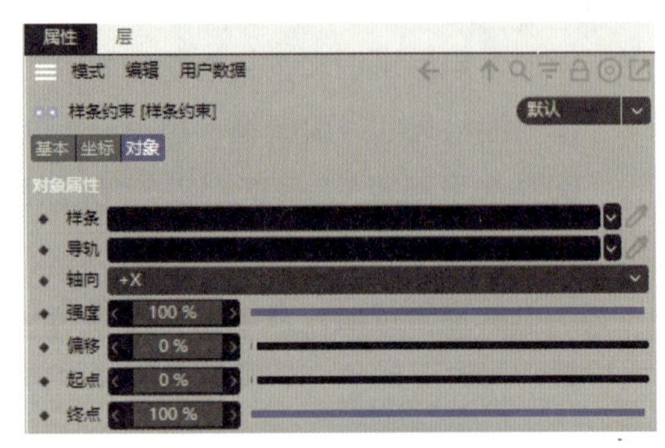

图 4-3-18 “对象”选项卡

①“样条”编辑框：用于指定样条对象。

②“轴向”列表框：用于设置对象生成的方向。

③“强度”编辑框：用于设置对象受样条影响的程度。

④“偏移”编辑框：用于设置对象在路径上的位移。

⑤“起点”“终点”编辑框：用于设置对象在路径上的起点和终点位置。

下面通过制作螺旋锁链（图 4-3-19），来学习“样条约束”变形器的使用方法。

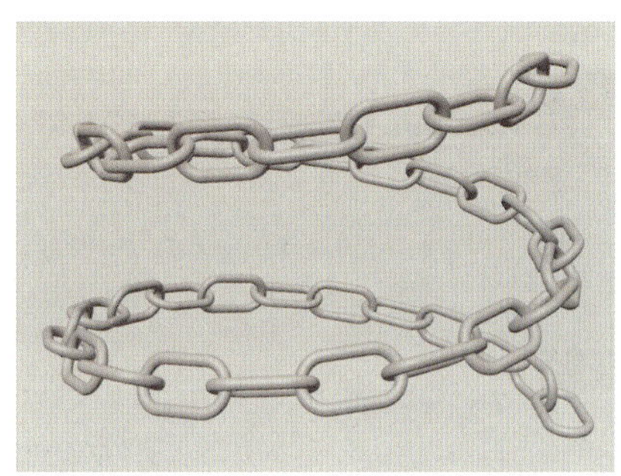

图 4-3-19　螺旋锁链

步骤 1　创建一个宽度为 80 cm、高度为 40 cm 的矩形，然后勾选“圆角”复选框，将圆角半径设为 20 cm。

步骤 2　创建一个半径为 5 cm 的圆环，再创建一个“扫描”生成器，将“圆环”设为“扫描”的第 1 个子级对象，将“矩形”设为“扫描”的第 2 个子级对象，从而制作出第 1 个锁环，如图 4-3-20 所示。

图 4-3-20　锁坏

步骤 3　选择“扫描”，按“E”键执行“移动”命令，然后按住“Ctrl”键、“Shift”键和左键拖动 *X* 轴，当出现“70 cm”提示信息时，依次松开左键和“Ctrl”键与“Shift”键，即可复制一个锁环。按“R”键执行“旋转”命令，按住“Shift”键和左键将“扫描 .1”绕 *X* 轴旋转 90°。选中“扫描”和“扫描 .1”，然后按“Alt+G”组合键对其编组。

步骤 4　选中“空白”，然后选择“工具”→“复制”菜单，在“属性”面板中按图 4-3-21 设置相关参数，最后单击“应用”按钮，结果如图 4-3-22 所示。

步骤 5　选中“空白”和“空白 - 副本”，然后按“Alt+G”组合键对其编组，并将组的名称设为“锁链”。

步骤 6　创建一个起始半径为 250 cm、高度为 350 cm 且母线与 *Y* 轴平面的螺旋线。长按右侧工具栏中的“弯曲”图标，在展开的列表中选择“样条约束”命令，创建一个“样条约束”变形器，然后将其设为“锁链”的子级。选中“样条约束”，将“螺旋线”拖动至“属性”面板“对象”选项卡中的“样条”编辑框内，如图 4-3-23 所示。

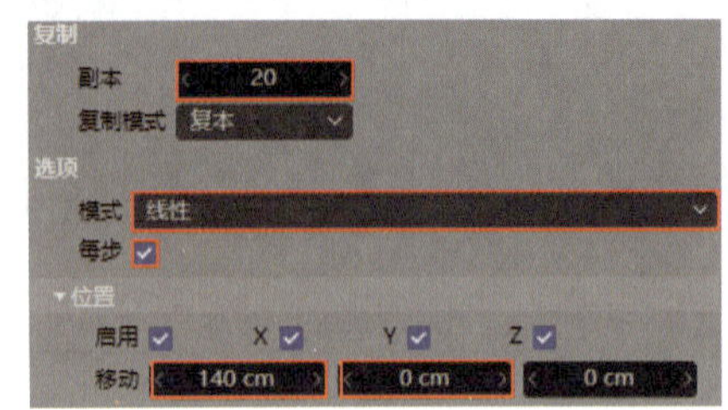

图 4-3-21 “属性”面板

图 4-3-22 锁链

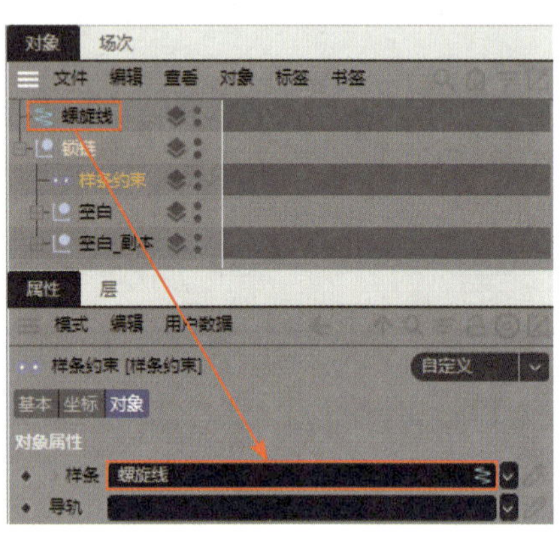

图 4-3-23 将螺旋线拖动至“样条”编辑框内

任务实施一——制作花瓶

下面通过制作如图 4-3-24 所示的花瓶，继续学习使用变形器建模的相关知识。

图 4-3-24 花瓶渲染图

扫一扫

制作花瓶

制作思路

首先创建一个圆柱体并删除其顶面，然后使用“膨胀”变形器、“锥化”变形器、“FFD”变形器制作出花瓶的形状，接着使用“布料曲面”生成器使花瓶产生厚度，最后使用“细分曲面”生成器对花瓶进行平滑处理。

制作步骤

步骤1　创建一个高度为245 cm、半径为50 cm、高度分段数为28、旋转分段数为16的圆柱体，并将其名称设为“花瓶”，然后按“C”键，将该圆柱体转换为可编辑对象。单击顶部工具栏中的“点”图标，切换至点模式，然后选中圆柱体顶面的中心点，按“Delete”键将其删除，结果如图4-3-25所示。

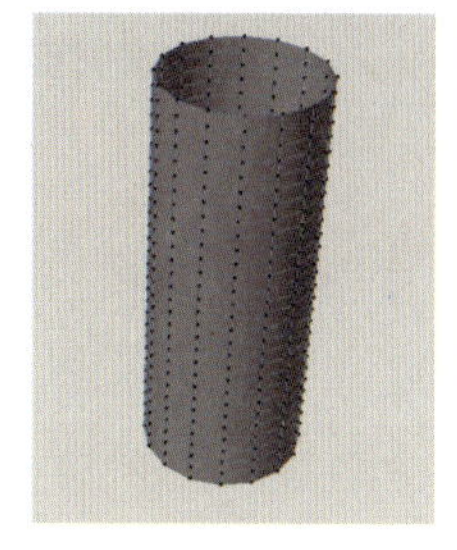
图4-3-25　删除面

步骤2　选中“花瓶”，按住“Shift”键后长按右侧工具栏中的“弯曲”图标，在展开的列表中选择“膨胀”命令，创建一个“膨胀”变形器，然后在“属性”面板“对象”选项卡中将膨胀强度设为40%。

步骤3　创建一个“膨胀”变形器，将其设为“花瓶”的第1个子级，然后在“属性”面板“对象”选项卡中将该变形器框架在*X*、*Y*、*Z*轴上的尺寸分别设为100 cm、65 cm、100 cm，接着在“强度”编辑框中输入“–80”，最后沿*Y*轴正向将该变形器移至花瓶上方合适位置，结果如图4-3-26所示。

步骤4　长按右侧工具栏中的“弯曲”图标，在展开的列表中选择“锥化”命令，创建一个“锥化”变形器，然后将“锥化”设为“花瓶”的第1个子级，接着在“属性”面板“对象”选项卡中将变形器框架在*X*、*Y*、*Z*轴上的尺寸分别为100 cm、60 cm、100 cm，在“强度”编辑框中输入“45”，最后将“锥化”变形器移至花瓶瓶口处，结果如图4-3-27所示。

步骤5　长按右侧工具栏中的“弯曲”图标，在展开的列表中选择“FFD”命令，创建一个“FFD”变形器，然后将“FFD”设为“花瓶”的第1个子级。选择“FFD”，在“属性”面板“对象”选项卡中单击“匹配到父级”按钮，然后在“水平网点”“垂直网点”和“纵深网点”编辑框中分别输入“2”，接着采用框选方式选中“FFD”变形器框架底部的4个顶点，按“T”键执行“缩放”命令，最后参照图4-3-28均匀缩放这4个顶点。

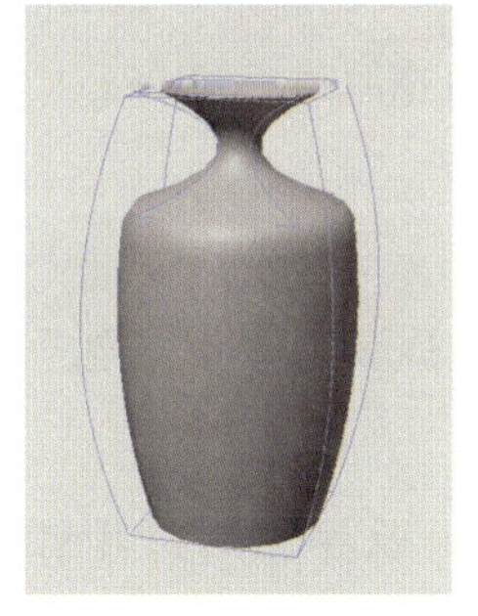
图4-3-26　膨胀效果

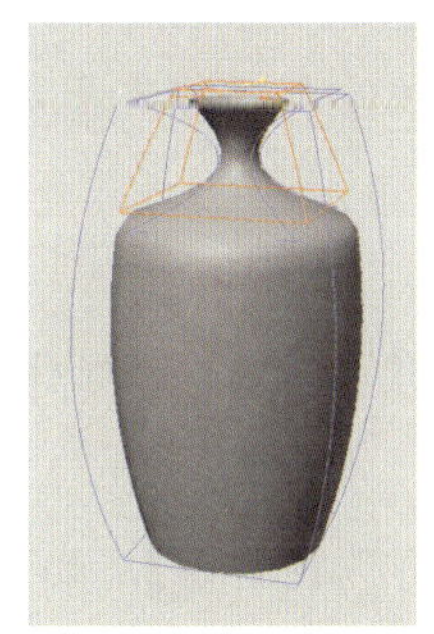
图4-3-27　收缩效果

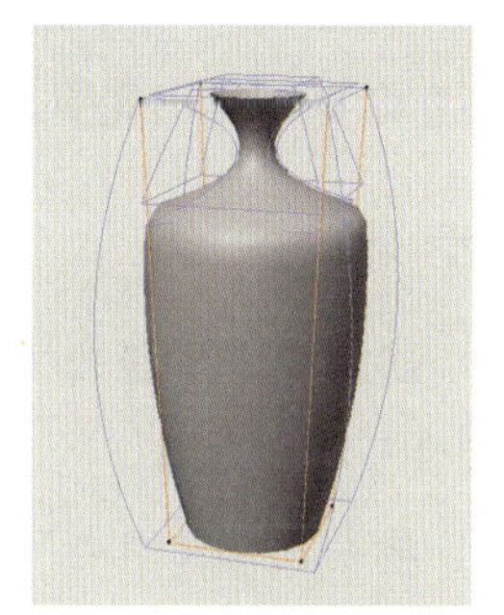
图4-3-28　缩小效果

步骤6　创建一个“布料曲面”生成器，然后将“花瓶”设为“布料曲面”的子级。选择“布料曲面”，在“属性”面板“对象”选项卡中将细分值设为0、厚度设为4 cm。创建一个“细分曲面”生成器，然后将“布料曲面”设为“细分曲面”的子级（图4-3-29），结果如图4-3-30所示。

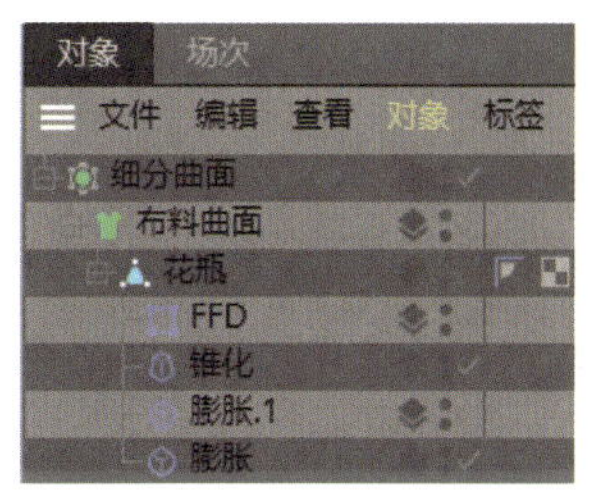

图4-3-29　“对象”面板

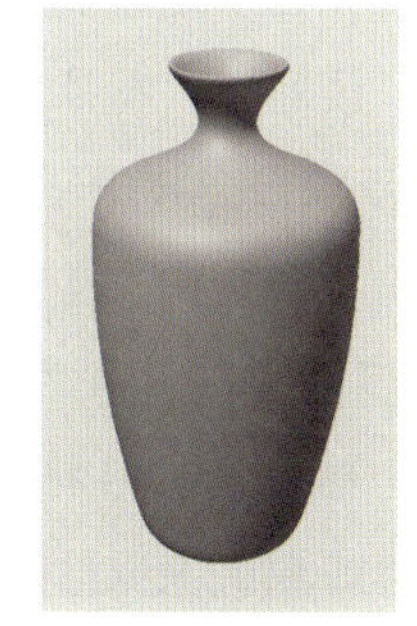
图4-3-30　细分曲面效果

任务实施二 ——制作小笼包和蒸笼

下面通过制作如图 4-3-31 所示的小笼包和蒸笼，进一步学习使用变形器建模的相关知识。

图 4-3-31 小笼包和蒸笼渲染图

扫一扫

制作小笼包和蒸笼

制作思路

图 4-3-31 中有 7 个小笼包和一个蒸笼。可按照以下步骤创建模型的各个部分。

（1）制作小笼包。创建一个球体并将其转换为可编辑对象，然后使用“嵌入”命令和“挤压”命令制作小笼包上褶皱的初始形状，接着使用“锥化”变形器使小笼包的顶部变尖，使用“扭曲”变形器使小笼包的褶皱产生扭曲效果，使用“细分曲面”生成器对小笼包进行平滑处理，最后使用“克隆”生成器复制出其余 6 个小笼包。

（2）制作蒸笼。创建一条管道，将其作为蒸笼的基本形体，使用“循环/路径切割”命令在管道上添加两条分段线，然后使用“挤压”命令挤压管道上的面，制作出蒸笼上的凸起部分，接着使用“长方体”命令和“复制”命令制作出笼屉，最后使用“细分曲面”生成器对蒸笼和笼屉进行细分。

制作步骤

步骤 1 创建一个半径为 100 cm、分段数为 14 的球体，并将其名称设为“小笼包”，然后按“C”键，将其转换为可编辑对象。

步骤 2 单击顶部工具栏中的“多边形”图标，切换至面模式。长按左侧工具栏中的“实时选择”图标，在展开的列表中选择“框选”命令，然后在“属性”面板中勾选“容差选择”复选框，接着在顶视图中选中如图 4-3-32 所示的面。在视图窗口中右击，然后在弹出的快捷菜单中选择“嵌入”菜单项，接着在“属性”面板“偏移”编辑框中输入“3”并按“Enter”键，结果如图 4-3-33 所示。

步骤 3 确保嵌入的面处于选中状态，然后在视图窗口中右击，在弹出的快捷菜单中选择“挤压”菜单项，接着在“属性”面板中的“偏移”编辑框内输入“–6”并按“Enter”键，结果如图 4-3-34 所示。

步骤 4 长按右侧工具栏中的“弯曲”图标，在展开的列表中选择“锥化”命令，创建一个“锥化”变形器，然后将其设为“小笼包”的子级。选择“锥化”，然后在“属性”面板“对象”选项卡中单击“匹配到父级”按钮，在“强度”编辑框中输入“80”，在“弯曲”编辑框中输入“330”，结果如图 4-3-35 所示。

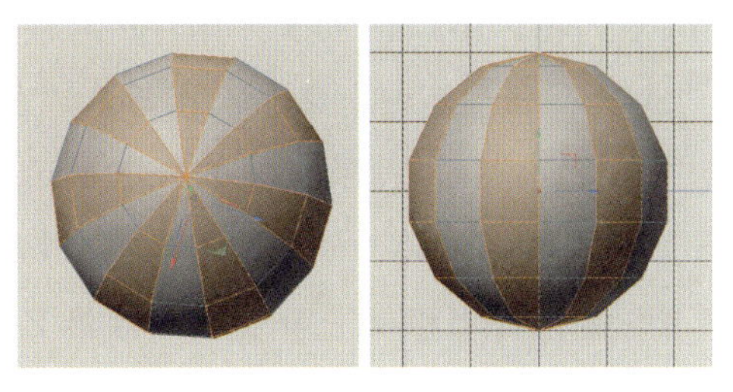

图 4-3-32　选中面

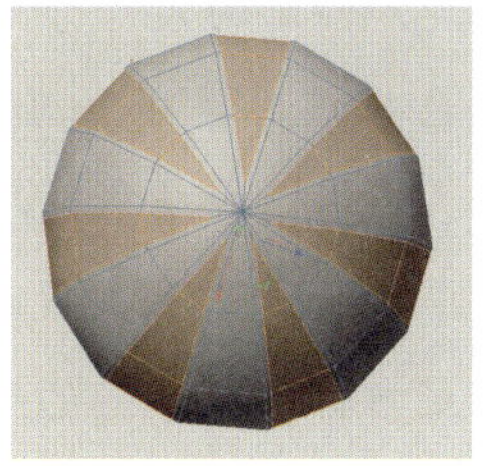

图 4-3-33　嵌入面

图 4-3-34　挤压面 ①

步骤 5　长按右侧工具栏中的“弯曲”图标，在展开的列表中选择“扭曲”命令，创建一个“扭曲”变形器，然后将其设为“小笼包”的第 2 个子级。选择“扭曲”，在“属性”面板“对象”选项卡中单击“匹配到父级”按钮，然后将扭曲角度设为 90°，结果如图 4-3-36 所示。

步骤 6　创建一个“细分曲面”生成器，然后将“小笼包”设为“细分曲面”的子级，结果如图 4-3-37 所示。

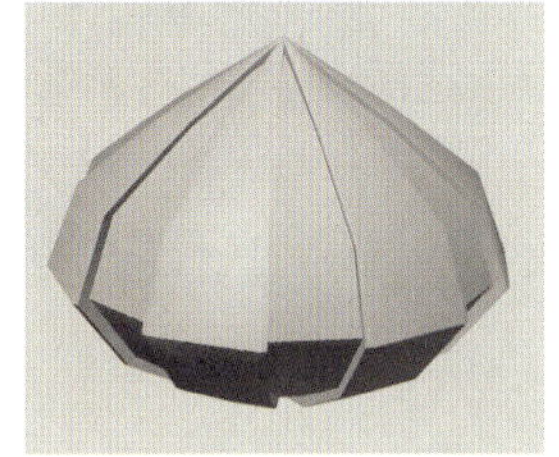

图 4-3-35　锥化效果

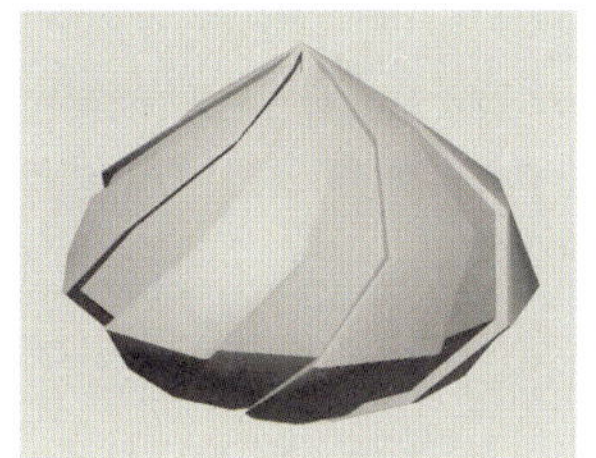

图 4-3-36　扭曲效果

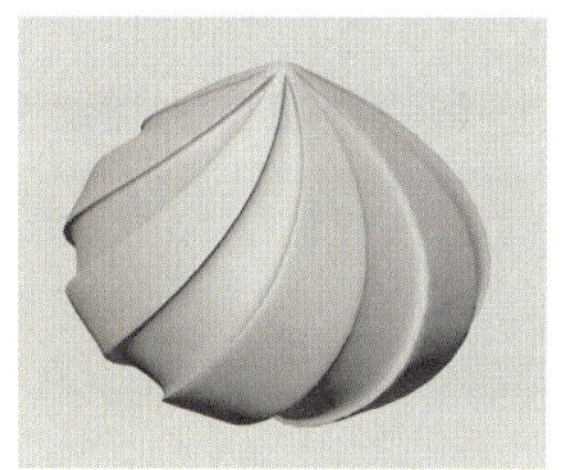

图 4-3-37　细分曲面效果

步骤 7　创建一条管道并将其名称设为“蒸笼”，然后将其单独显示，接着在“属性”面板“对象”选项卡中按图 4-3-38 设置外部半径、内部半径等参数，最后按“C”键，将其转换为可编辑对象。

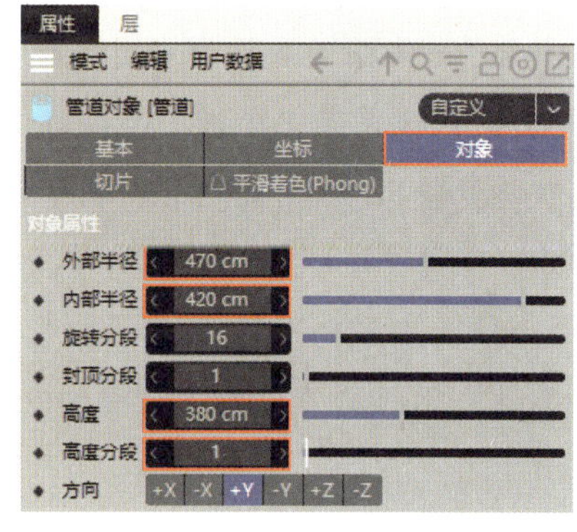

图 4-3-38　设置蒸笼的参数

步骤 8　在视图窗口中右击，在弹出的快捷菜单中选择“循环/路径切割”菜单项，然后为蒸笼添加如图 4-3-39 所示的两条循环边。使用“循环选择”命令选中如图 4-3-40 所示的循环面，按“T”键执行“缩放”命令，然后按住“Ctrl”键并在视图窗口中拖动鼠标，将选中的面移至合适的位置，结果如图 4-3-41 所示。

步骤 9　创建一个“倒角”变形器，然后将其设为“蒸笼”的子级，接着在“属性”面板中将倒角模式设为“实体”、偏移模式设为“固定距离”、偏移距离设为 8 cm。创建一个“细分曲面”生成器，将“蒸笼”设为“细分曲面 .1”的子级。

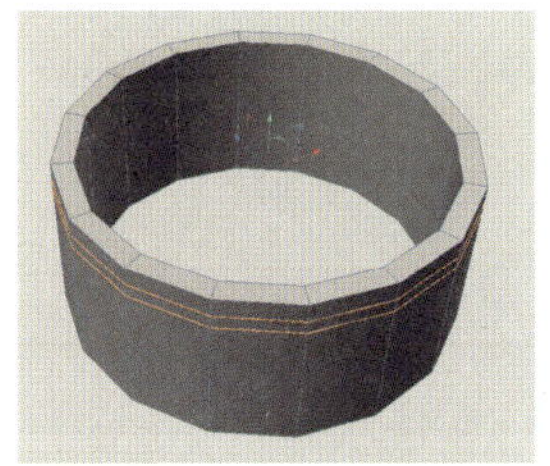

图 4-3-39　添加循环边

图 4-3-40　选中的循环面

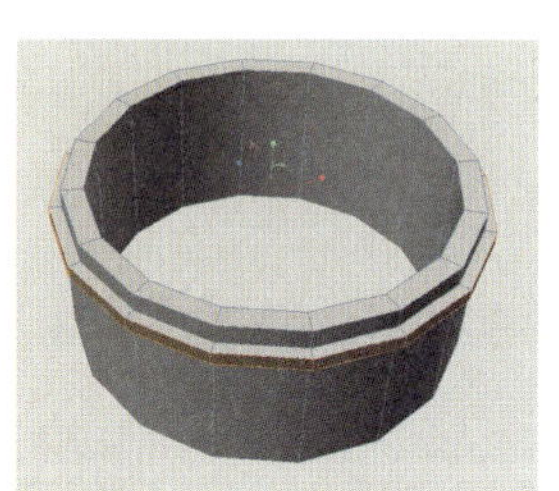

图 4-3-41　挤压面 ②

步骤 10 创建一个在 X、Y、Z 轴上的尺寸分别为 820 cm、35 cm、105 cm 的长方体，然后按“C”键，将其转换为可编辑对象，接着将该对象单独显示。选择“工具”→“复制”菜单，然后在“属性”面板中按图 4-3-42 设置副本数量、复制模式等参数，最后单击“应用”按钮，结果如图 4-3-43 所示。

步骤 11 仅显示图 4-3-43 中的长方体和蒸笼，然后单击顶部工具栏中的“模型”图标，切换至模型模式。将“立方体”设为“立方体 - 副本”的子级，按“E”键执行“移动”命令，然后沿 Z 轴将“立方体 - 副本”移至合适的位置，结果如图 4-3-44 所示。单击顶部工具栏中的“点”图标，切换至点模式。按图 4-3-45 调整“立方体 - 副本”中的长方体的形状，然后将“立方体 - 副本”沿 Y 轴负向移至合适的位置。

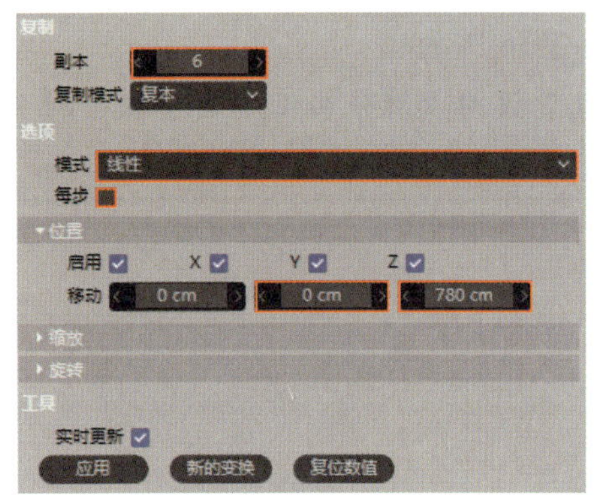

图 4-3-42 “属性”面板

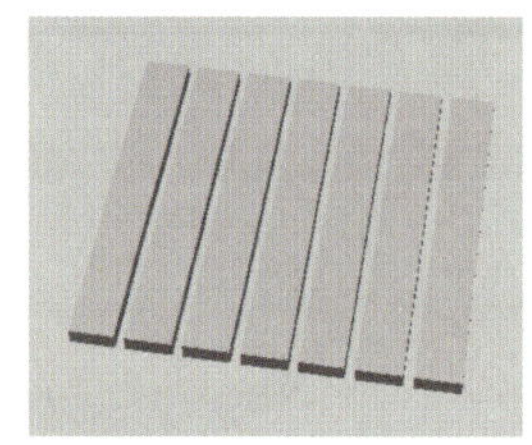

图 4-3-43 复制长方体

图 4-3-44 移动长方体

步骤 12 创建一个“倒角”变形器，然后将其设为“立方体 - 副本”的子级，接着将倒角模式设为“实体”、偏移模式设为“固定距离”、偏移距离设为 10 cm，最后在“立方体 - 副本”的名称上右击，在弹出的快捷菜单中选择“连接对象 + 删除”菜单项，将其合并为一个对象。

步骤 13 创建一个“细分曲面”生成器，将“立方体 - 副本”设为“细分曲面 .2”的子级。

步骤 14 显示所有对象，然后选中“细分曲面”，依次按“Ctrl+C”和“Ctrl+V”组合键，将其复制一份。创建一个“克隆”生成器，将“细分曲面 .3”设为“克隆”的子级，然后在“克隆”生成器的“属性”面板的“对象”选项卡中按图 4-3-46 设置参数，结果如图 4-3-47 所示。

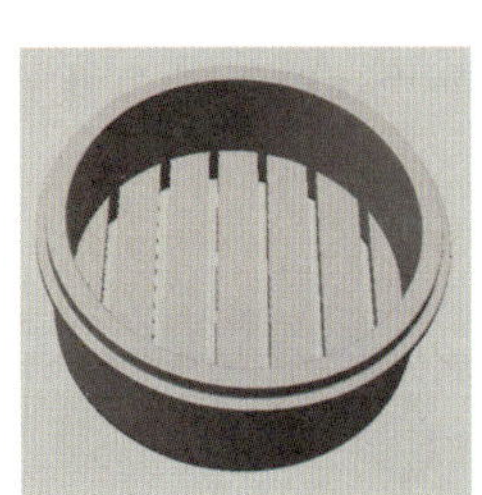

图 4-3-45 编辑长方体

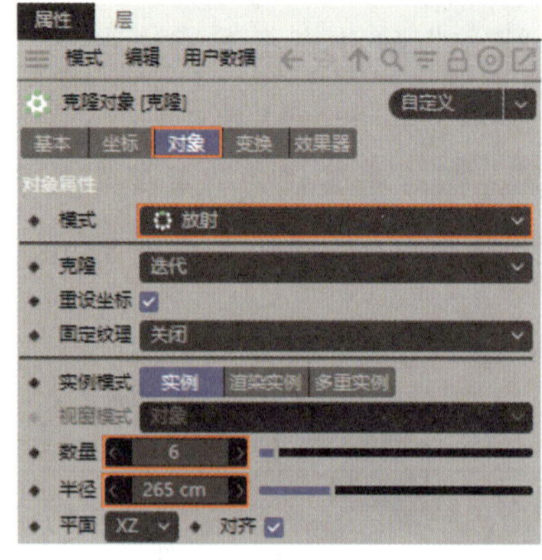

图 4-3-46 设置克隆参数

图 4-3-47 克隆效果

学习成果自测

自测习题一　制作圣诞树

利用本项目所学知识制作如图 4-4-1 所示的圣诞树。

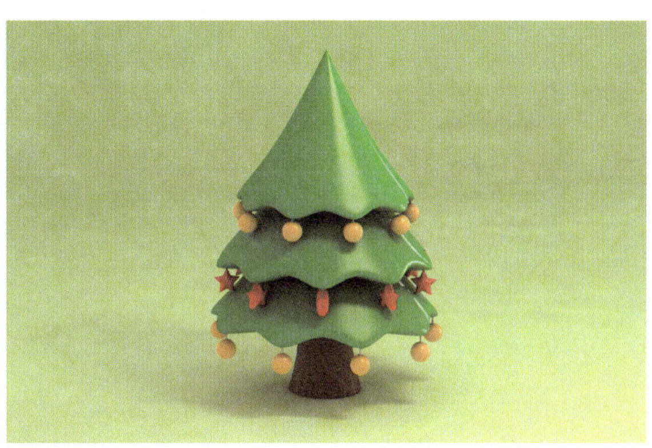

图 4-4-1　圣诞树渲染图

提示：

（1）制作树冠时，应先创建一个圆锥体，再将其转换为可编辑对象，使用“移动”命令和“缩放”命令编辑圆锥体底部的点，制作出树冠的顶部，如图 4-4-2 所示。使用“循环/路径切割”命令对树冠顶部进行卡线（图 4-4-3），再使用“细分曲面”生成器对树冠顶部进行平滑处理，最后复制树冠顶部，制作出树冠的其余部分。

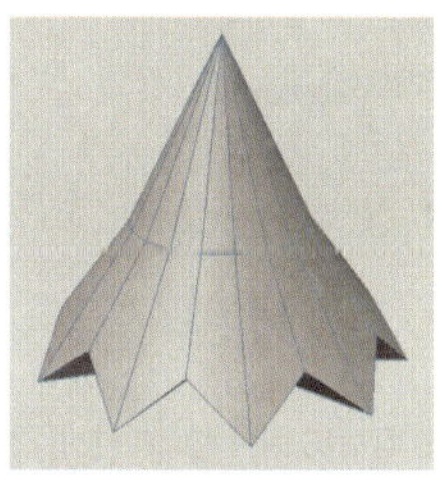

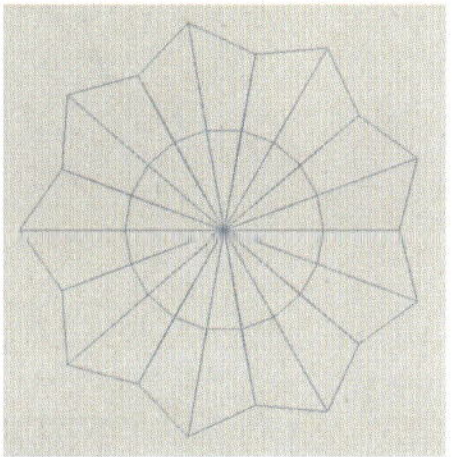

图 4-4-2　制作顶层树冠

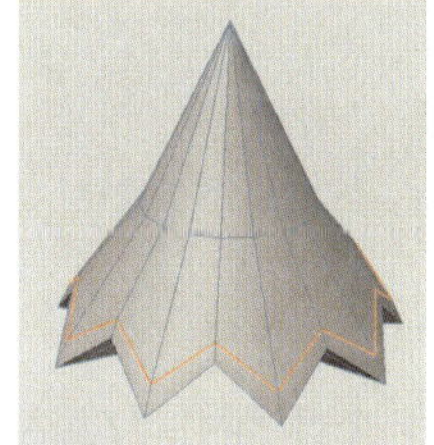

图 4-4-3　卡线效果

（2）制作树干时，应先创建一个圆柱体，再将其转换为可编辑对象，使用“FFD”变形器调整树干的粗细，结果如图 4-4-4 所示。

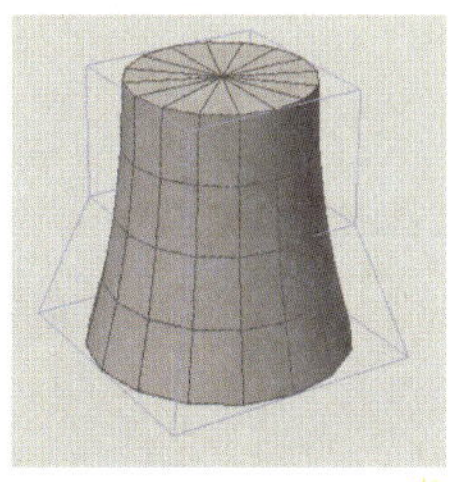

图 4-4-4　树干

自测习题二 制作躺椅

利用本项目所学知识制作如图 4-4-5 所示的躺椅。

图 4-4-5 躺椅渲染图

提示：

（1）制作支架。创建一个圆角矩形，使用“挤压”生成器将其转换为模型，然后进行复制、缩放等操作，制作出左侧支架（图 4-4-6），接着使用“对称”生成器制作出右侧支架，最后使用圆柱体将两侧支架连接起来，结果如图 4-4-7 所示。

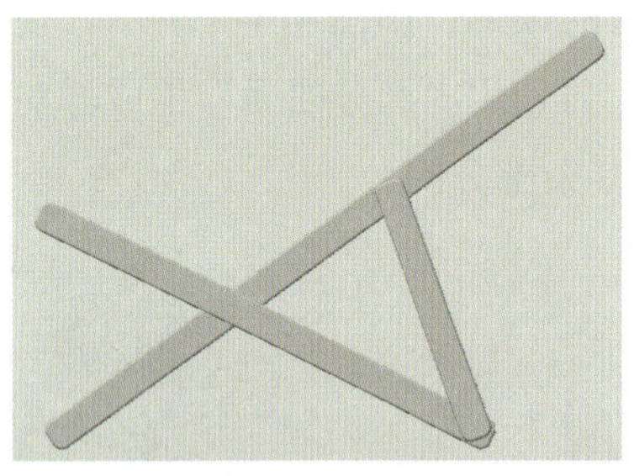
图 4-4-6 左侧支架

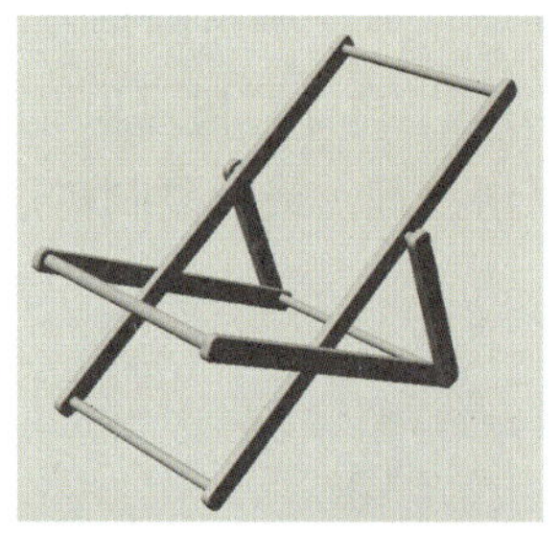
图 4-4-7 完整的支架

（2）制作帆布。创建一个平面作为躺椅上的帆布，再使用“FFD”变形器调整其形状，最后使用“布料曲面”生成器使其产生厚度。

（3）制作枕头。创建一个长方体作为枕头，然后使用“FFD”变形器调整其形状（图 4-4-8），接着使用“对称”生成器制作枕头的对称部分，最后使用“细分曲面”生成器对枕头进行平滑处理，结果如图 4-4-9 所示。

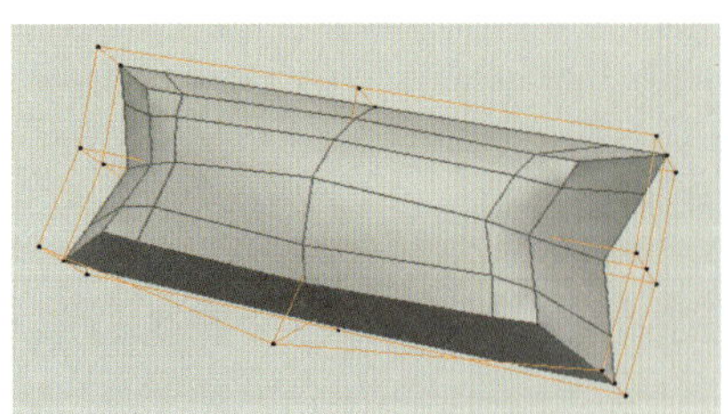
图 4-4-8 调整枕头的形状

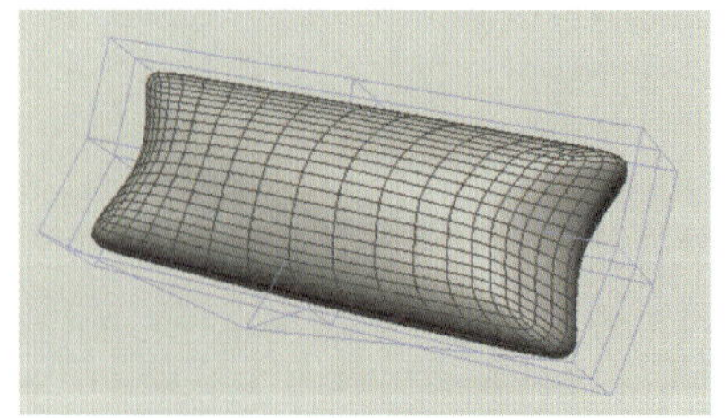
图 4-4-9 平滑处理效果

学习成果评价

请进行学习成果评价，并将评价结果填入表 4-5-1。

表 4-5-1　学习成果评价表

<table>
<tr><td>班级</td><td></td><td>组号</td><td></td><td>日期</td><td colspan="2"></td></tr>
<tr><td>姓名</td><td></td><td>学号</td><td></td><td>指导教师</td><td colspan="2"></td></tr>
<tr><td>评价项目</td><td colspan="3">评价内容</td><td>满分</td><td>自我评分</td><td>教师评分</td></tr>
<tr><td rowspan="4">知识
（50%）</td><td colspan="3">“对称”生成器、“克隆”生成器、“布尔”生成器的使用方法</td><td>10</td><td></td><td></td></tr>
<tr><td colspan="3">“连接”生成器、“融球”生成器、“晶格”生成器、“减面”生成器、“布料曲面”生成器的使用方法</td><td>20</td><td></td><td></td></tr>
<tr><td colspan="3">“弯曲”变形器、“膨胀”变形器、“锥化”变形器的使用方法</td><td>10</td><td></td><td></td></tr>
<tr><td colspan="3">“扭曲”变形器、“FFD”变形器、“球化”变形器、“样条约束”变形器的使用方法</td><td>10</td><td></td><td></td></tr>
<tr><td rowspan="2">技能
（30%）</td><td colspan="3">能够灵活使用生成器创建模型</td><td>15</td><td></td><td></td></tr>
<tr><td colspan="3">能够灵活使用变形器创建模型</td><td>15</td><td></td><td></td></tr>
<tr><td rowspan="3">素养
（20%）</td><td colspan="3">积极参与课堂讨论</td><td>6</td><td></td><td></td></tr>
<tr><td colspan="3">具备良好的学习态度，认真完成任务实施</td><td>6</td><td></td><td></td></tr>
<tr><td colspan="3">培养多角度思考问题的意识和能力，能够灵活运用辩证的思维方法分析问题、解决问题</td><td>8</td><td></td><td></td></tr>
<tr><td colspan="4">合计</td><td>100</td><td></td><td></td></tr>
<tr><td colspan="4">总分（自我评分 × 40% + 教师评分 × 60%）</td><td colspan="3"></td></tr>
<tr><td>自我评价</td><td colspan="6"></td></tr>
<tr><td>教师评价</td><td colspan="6"></td></tr>
</table>

项目五

材质、灯光与环境

项目引言

制作好模型后，还需要为其制作材质。制作材质时，首先需要确定物体的质地，然后考虑物体的颜色、纹理和透明度、高光等细节，它们对模型的逼真程度具有重要影响。此外，灯光和环境在场景中扮演着非常重要的角色，它们不仅能烘托情感、营造氛围，还能突出场景中的重要元素，让画面更具视觉冲击力。

本项目主要介绍材质、灯光与环境的基础知识和基本操作。

知识目标

- 掌握制作材质的方法。
- 熟悉材质编辑器。
- 了解贴图的类型。
- 了解灯光的五个要素。
- 了解灯光的布置方法。
- 掌握灯光的类型与常用参数。
- 熟悉天空对象。

素质目标

- 通过创建不同类型的材质，培养善于观察、勤于思考、勇于探索的良好习惯。
- 通过使用灯光营造不同的氛围、传达不同的情感，不断提高自己的实操技能和创作能力。

任务一　制作材质

任务导入

材质泛指材料的质地，如金属材质、玻璃材质、塑料材质等。在 Cinema 4D 中制作好模型之后，需要为其赋予材质，以获得真实的视觉效果。材质不同，物体产生的视觉效果不同，如图 5-1-1 所示。使用 Cinema 4D 制作的材质能够使物体产生与在现实世界中相同甚至更好的视觉效果，如图 5-1-2 所示。

图 5-1-1　为模型赋予不同材质后的效果

图 5-1-2　产品渲染图

想一想：

（1）图 5-1-2 中的小提琴有几种材质？

（2）有纹理的材质和无纹理的材质在制作方法上有什么不同？

一、制作材质的方法

单击顶部工具栏中的“材质管理器 ...”图标，可打开“材质管理器”面板，在该面板中的空白区域双击或单击“新的默认材质”按钮，可创建一个材质球，如图 5-1-3 所示。在“材质管理器”面板中双击材质球，可打开“材质编辑器”对话框（图 5-1-4），在该对话框中可设置材质的属性。选中“材质管理器”面板中的材质球，在“属性”面板中可查看或设置材质的属性，该面板中的参数与“材质编辑器”对话框中的参数完全相同。双击材质球右侧的名称，可重新命名该材质。

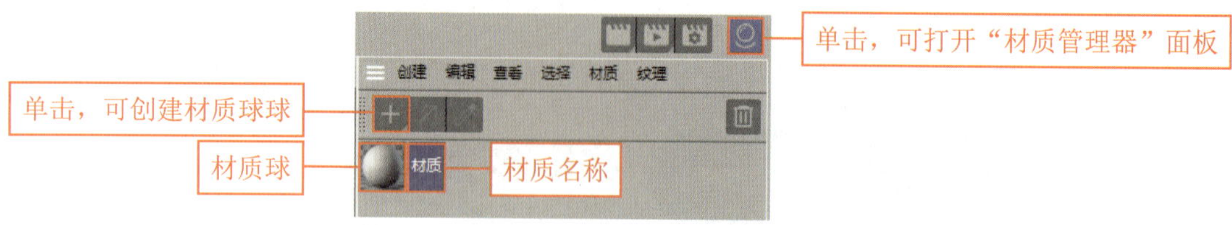

图 5-1-3　在“材质管理器”面板中创建材质球

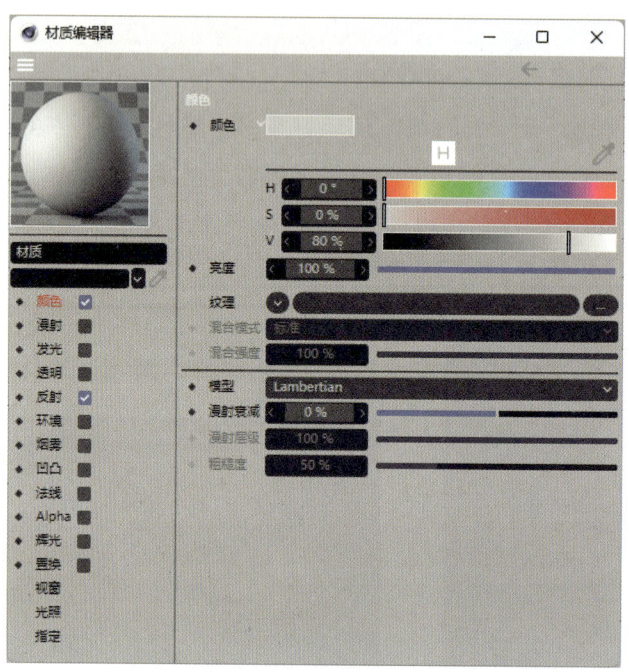

图 5-1-4　“材质编辑器”对话框

创建材质球后，将“材质管理器”面板中的材质球拖动至“对象”面板中某个对象的名称上（或视图窗口中的模型上），接着松开鼠标，即可将材质赋予该对象（或该模型）。

在“材质管理器”面板中选中要复制的材质球，依次按“Ctrl+C”和“Ctrl+V”组合键，即可将该材质球复制一个；选中某个材质球，按“Delete”键即可将该材质球删除。

二、材质编辑器

在“属性”面板和“材质编辑器”对话框中可以设置材质的“颜色”“漫射”“发光”“透明”“反射”“环境”“烟雾”“凹凸”“法线”“Alpha”“辉光”“置换”等 12 种属性。

（一）“颜色”属性

勾选“颜色”复选框后，可在打开的“颜色”面板（图 5-1-4）中设置材质的固有色及其亮度等。“颜色”面板中常用选项和编辑框的功能如下。

固有色是指物体在自然光照射下，未受到其他物体反射光影响时所具有的色彩。一般来说，固有色是指物体本身的颜色，如雪的固有色是白色。

①“颜色”选项：用于设置材质的固有色。

②“亮度”编辑框：用于设置材质固有色的亮度。

③“纹理”选项：用于以添加贴图的方式设置材质的固有色和纹路。单击“纹理”选项右侧的箭头按钮，可在弹出的下拉列表中选择需要的贴图类型，或者为选择的外部贴图添加扭曲、投射等效果；单击“纹理”选项右侧的列表框或“...”按钮，可在打开的“打开文件”对话框中选择需要添加的外部贴图。

小贴士

使用“纹理”选项设置材质的固有色后，“颜色”选项和“亮度”编辑框中的设置将自动失效。

（二）“发光”属性

勾选“发光”复选框后，可在打开的“发光”面板（图 5-1-5）中设置材质自发光的颜色、亮度等。“发光”面板中常用选项和编辑框的功能如下。

①“颜色”选项：用于设置材质自发光的颜色。

②“亮度”编辑框：用于设置材质自发光的亮度。亮度值不同时材质的自发光效果如图 5-1-6 所示。

③“纹理”选项：用于以添加贴图的方式设置材质的自发光效果。

图 5-1-5 “发光”面板

图 5-1-6　亮度值不同时材质的自发光效果

（三）“透明”属性

勾选“透明”复选框后，可在打开的“透明”面板（图 5-1-7）中设置材质的透明效果。“透明”面板中常用选项、编辑框和列表框的功能如下。

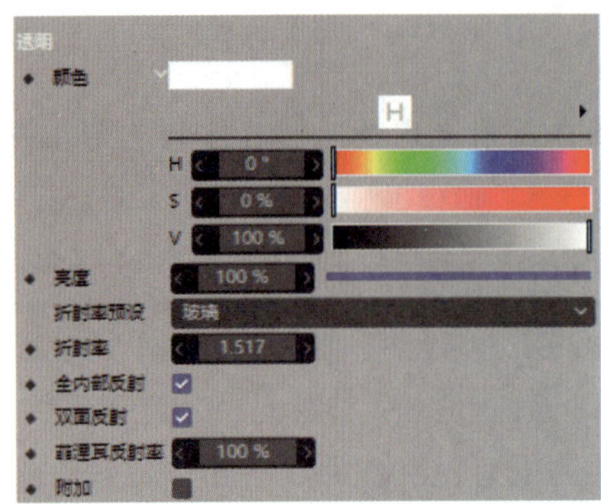

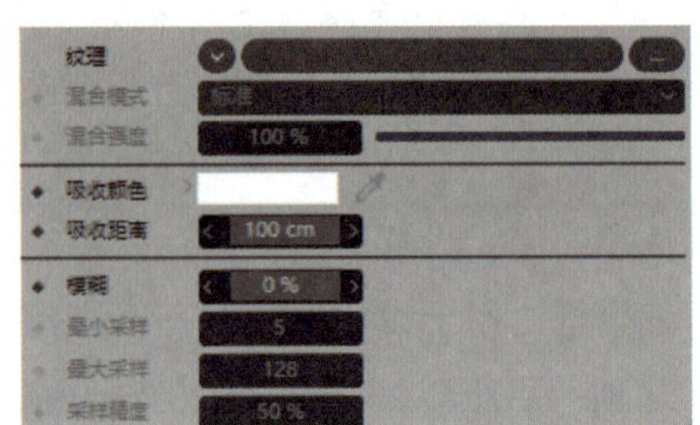

图 5-1-7 “透明”面板

①“颜色”选项：用于设置折射光线的颜色。例如，当材质的固有色为蓝色时，若将折射光线的颜色设为黄色、红色和绿色，则材质的透明效果如图 5-1-8 所示。

②“亮度”编辑框：用于设置材质的透明程度。亮度值不同时材质的透明效果如图 5-1-9 所示。

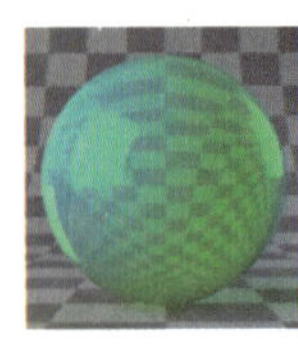

黄色　红色　绿色

图 5-1-8 折射光线的颜色不同时材质的透明效果

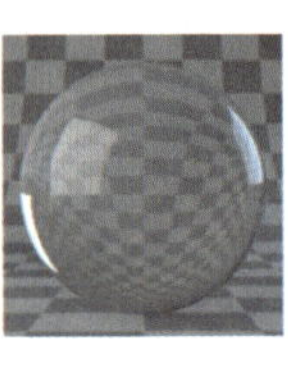

0%　80%　100%

图 5-1-9 亮度值不同时材质的透明效果

③“折射率预设”列表框：用于选择软件预设的材质类型与材质的折射率，如选择“钻石”“玻璃”“水”等材质类型时，“折射率”编辑框中将出现相应的数值。

④“折射率”编辑框：用于设置光线在材质中发生折射的程度折射率越大，光线产生的折射效果越明显。折射率不同时材质的透明效果如图 5-1-10 所示。

⑤“菲涅耳反射率”编辑框：用于设置材质反射光线的程度。菲涅耳反射率不同时材质的透明效果如图 5-1-11 所示。

1.5　3

图 5-1-10 折射率不同时材质的透明效果

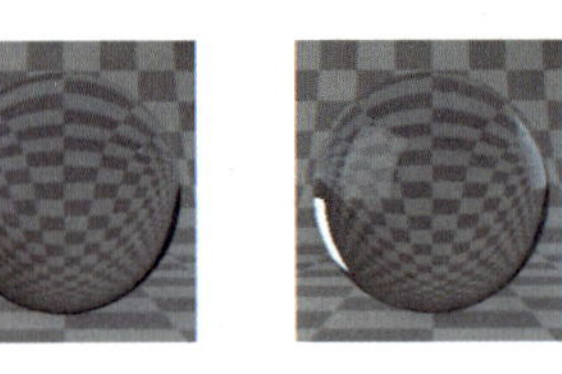

0%　50%　100%

图 5-1-11 菲涅耳反射率不同时材质的透明效果

知识拓展

什么是菲涅耳反射

菲涅耳反射是指光线从一种介质射入另一种介质时，部分光线会被反射回原介质的现象。当光线与物体垂直时，物体几乎不反射光线；当光线与物体不垂直时，入射角越大，反射效果越明显。菲涅耳反射率越大，光线被反射回原介质的现象越明显。

⑥“吸收颜色”选项：用于设置材质吸收的颜色，该颜色不会影响材质的透明度。吸收不同颜色时材质的透明效果如图 5-1-12 所示。

⑦“吸收距离”编辑框：用于设置材质吸收颜色的多少。吸收距离不同时材质的透明效果如图 5-1-13 所示。

吸收红色

吸收绿色

吸收蓝色

图 5-1-12 吸收不同颜色时材质的透明效果

0 cm

100 cm

50 cm

图 5-1-13 吸收距离不同时材质的透明效果

⑧“模糊”编辑框：用于设置材质的模糊程度，数值越大，材质越模糊。

(四)“反射”属性

勾选“反射”复选框后，可在打开的“反射”面板（图 5-1-14）中设置材质的反射效果。Cinema 4D 中有很多反射类型，在“反射”面板中选择“层”选项卡，然后单击“添加 ...”按钮，在弹出的下拉列表（图 5-1-15）中选择所需选项，软件会自动添加并使用相应的反射层。

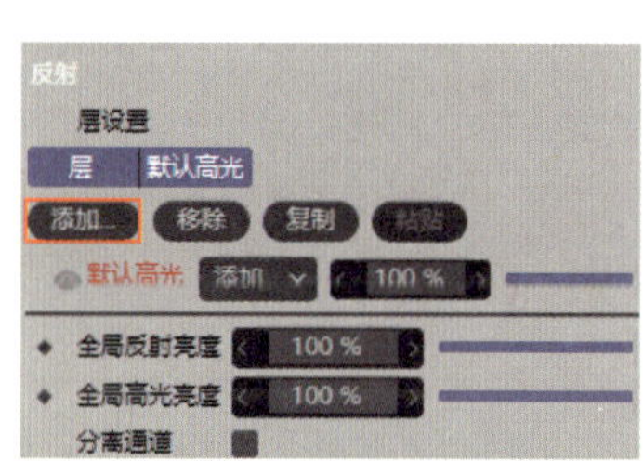

图 5-1-14 “反射”面板

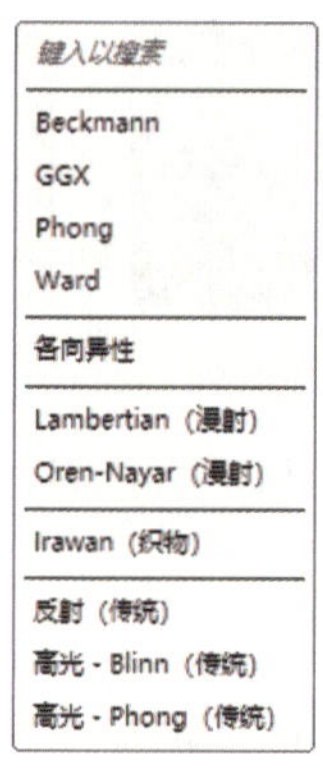

图 5-1-15 下拉列表

1. 常用的反射类型

（1）Beckmann。利用“Beckmann”选项可制作具有较强的反光效果的非金属材质，如车漆材质、烤漆材质等。

（2）GGX。利用“GGX”选项可更好地表现高光边缘的消散效果，并且使高光最亮部分的周围产生光晕。常利用该选项制作具有强烈的反射效果的材质，如金属材质。

（3）Phong。利用“Phong”选项可制作表面非常光滑且反光较柔和的材质，如陶瓷材质、玻璃材质等。

（4）Ward。利用“Ward”选项可制作软表面物体的材质，如橡胶材质、皮肤等。

（5）各项异性。利用“各项异性”选项可制作具有特定纹理或结构的材质，如不锈钢材质等。

2．常用参数的功能

添加反射层后，通常需要在该反射层相应的设置区中设置相关参数。下面以选择“GGX”选项时弹出的面板（图 5-1-16）为例，介绍反射层中常用编辑框、选项和列表框的功能。

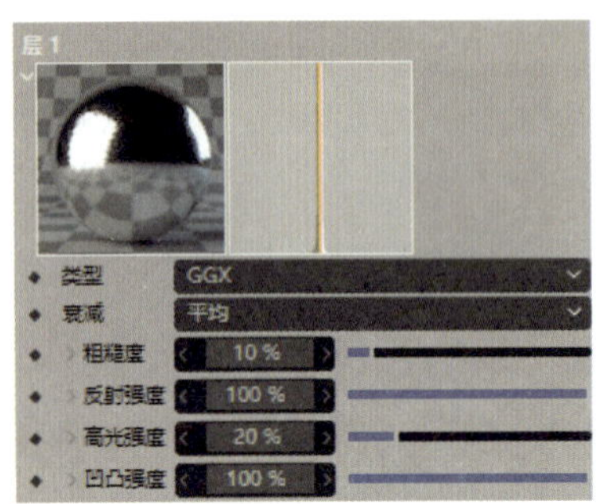

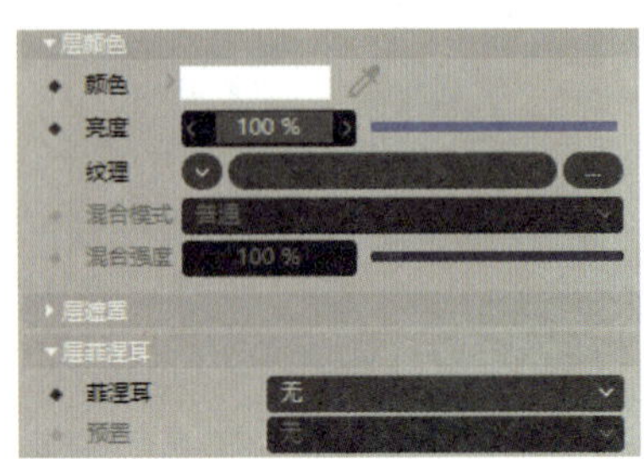

图 5-1-16　选择“GGX”选项时弹出的面板

①“粗糙度”编辑框：用于设置材质的粗糙度，数值越大，粗糙效果越明显。粗糙度不同时材质的反射效果如图 5-1-17 所示。

②“反射强度”编辑框：用于设置材质反射效果的强弱。当材质的粗糙度相同时，“反射强度”编辑框中的数值越大，反射区域越清晰，反射效果越明显。反射强度不同时材质的反射效果如图 5-1-18 所示。

10%　50%

100%

图 5-1-17　粗糙度不同时材质的反光效果

0%

50%

100%

图 5-1-18　反射强度不同时材质的反射效果

小贴士

反射强度一定时，粗糙度越小，反射效果越明显；粗糙度越大，反射效果越不明显。

③“高光强度”编辑框：用于设置高光的亮度，数值越大，高光越亮。高光强度不同时材质的反射效果如图 5-1-19 所示。

20%

100%

图 5-1-19　高光强度不同时材质的反射效果

④“颜色”选项：用于设置材质反射光线的颜色。将该选项中的颜色设为黑色时，本层的“粗糙度”编辑框和“反射强度”编辑框将失效。

⑤“菲涅耳”列表框：用于设置软件预设的绝缘体（如玻璃、玉石、牛奶等）和导体（如金、银、

铜等）的菲涅耳反射效果。

小贴士

添加反射层后，可以在“层设置”区域（图 5-1-20）通过拖动层的名称来调整层的顺序。当层的模式为“普通”时，位于该层下方的其他层将不可见；当层的模式为“添加”时，将在该层的基础上增加其下方其他层的反射效果，并且该层黑色部分不受其他层的影响。层模式不同时材质的反射效果如图 5-1-21 所示。

图 5-1-20　“层设置”区域

层 1 为“普通”模式

层 1 为“添加”模式

图 5-1-21　层模式不同时材质的反射效果

（五）其他属性

（1）“漫射”属性。漫反射是指投射到表面粗糙的物体上的光线向各个方向反射的现象。勾选“漫射”复选框后，可以设置材质的漫反射效果。

（2）“环境”属性。勾选“环境”复选框后，可以通过设置环境中光线的颜色或环境贴图来模拟环境对物体的影响。添加“环境”属性前、后效果如图 5-1-22 所示。

（3）“烟雾”属性。勾选“烟雾”复选框后，可以模拟物体在烟雾环境中时材质的效果。添加“烟雾”属性前、后效果如图 5-1-23 所示。

添加前

添加后

图 5-1-22　添加“环境”属性前、后效果

添加前

添加后

图 5-1-23　添加“烟雾”属性前、后效果

（4）“凹凸”属性。勾选“凹凸”复选框后，可以使用贴图使物体产生视觉上的凹凸效果。添加“凹凸”属性前、后效果如图 5-1-24 所示。添加贴图后，“强度”编辑框会被激活，利用该编辑框可控制凹凸纹理的强弱。

（5）“法线”属性。勾选“法线”复选框后，也可以使用贴图使物体产生视觉上的凹凸效果，但是这种凹凸效果比通过设置“凹凸”属性产生的凹凸效果更真实。

（6）“Alpha”属性。勾选“Alpha”复选框后，可以使用贴图遮挡材质上的部分区域，被遮挡的部分将产生透明效果。添加“Alpha”属性前、后效果如图 5-1-25 所示。

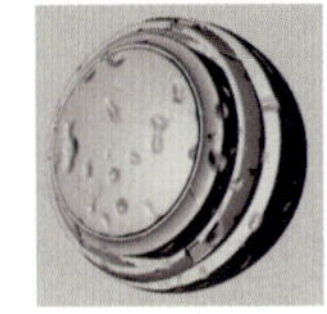

添加前　　添加后

图 5-1-24　添加“凹凸”属性前、后效果

添加前　　添加后

图 5-1-25　添加“Alpha”属性前、后效果

（7）“辉光”属性。勾选“辉光”复选框后，可以制作物体的光晕效果。添加“辉光”属性前、后效果如图 5-1-26 所示。

（8）“置换”属性。勾选“置换”复选框后，可以使用贴图使对象表面产生真实的凹凸效果，并且呈现更多细节，但是渲染速度会变慢。若要通过设置“置换”属性使对象产生凹凸效果，则该对象必须有足够多的分段线，同时必须是可编辑对象。添加“置换”属性前、后效果如图 5-1-27 所示。

添加前　　添加后

图 5-1-26　添加“辉光”属性前、后效果

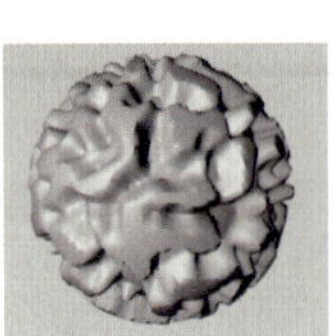

添加前　　添加后

图 5-1-27　添加“置换”属性前、后效果

探索与分享

打开“材质管理器”面板，新建一个材质球，然后双击该材质球，以打开“材质编辑器”对话框，接着取消勾选该对话框左侧区域中的“颜色”“反射”复选框，勾选“透明”复选框。在“透明”面板中设置材质的属性，制作出如图 5-1-28 所示的玻璃材质球。教师随机选择几名学生，让其分享自己设置的参数。

图 5-1-28　玻璃材质球

三、贴图的类型

在制作一些比较复杂的材质时，通过调整材质属性的参数并不能完全将物体的特性表现出来，这时可以通过添加贴图来表现。在 Cinema 4D 中，常用贴图表现物体表面的纹理、图案等。图 5-1-29（a）中吉他上的花纹就是使用图 5-1-29（b）中的贴图制作的。

使用贴图能够较好且方便地表现物体的纹理，增强物体的质感。“材质编辑器”对话框中的“颜色”“发光”“透明”“反射”“凹凸”等属性均带有相应的纹理通道，在不同的纹理通道中添加贴图会使物体产生不同的效果。例如，在“颜色”面板“纹理”通道中添加贴图，会使物体的固有色产生变化；在“凹凸”面板“纹理”通道中添加贴图，会使物体的凹凸纹理产生变化。图 5-1-30 为将同一张贴图分别添加在“颜色”面板和“凹凸”面板“纹理”通道中的效果。

（a）

（b）

图 5-1-29　使用贴图制作吉他上的花纹

在“颜色”面板“纹理”通道中添加贴图

在“凹凸”面板“纹理”通道中添加贴图

图 5-1-30　在不同面板“纹理”通道中添加贴图的效果

在“材质编辑器”对话框中单击“纹理”选项右侧的箭头按钮（图 5-1-31），在弹出的下拉列表（图 5-1-32）中可选择需要的贴图类型，如“噪波”贴图、“渐变”贴图、“菲涅耳（Fresnel）”贴图、“颜色”贴图。如果需要添加外部贴图，可以在图 5-1-32 中选择“加载图像…”选项，或者单击图 5-1-31 中“纹理”选项右侧的列表框，或者单击“...”按钮，然后在打开的对话框中选择所需的贴图。限于篇幅，此处仅介绍较为常用的“噪波”贴图和“渐变”贴图。

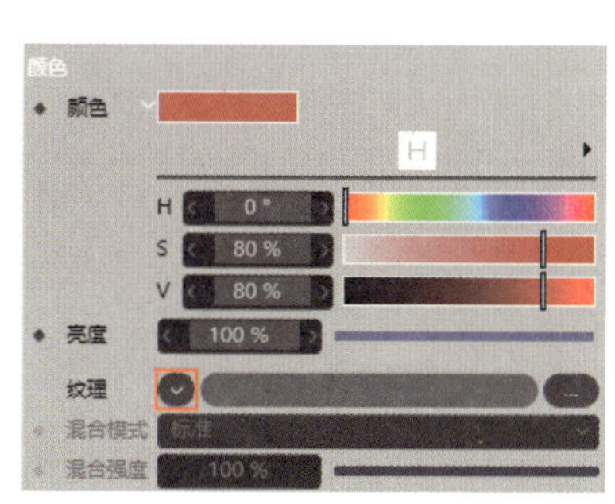

图 5-1-31　“纹理”选项右侧的箭头按钮

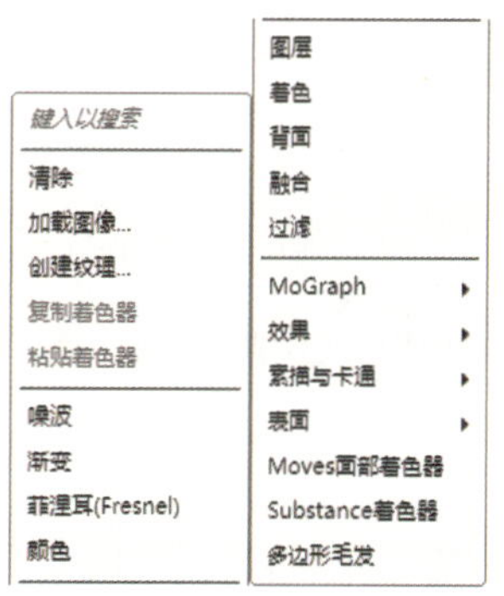

图 5-1-32　下拉列表

（一）“噪波”贴图

“噪波”贴图常用于表现物体表面的粗糙效果、杂色等。添加“噪波”贴图后，单击“纹理”选项右侧的“噪波”按钮，然后选择“着色器”选项卡，在打开的面板（图 5-1-33）中可指定噪波的颜色，设置噪波的类型和噪点的数量、大小、缩放比例等。设置完成后，单击“材质编辑器”对话框或“属性”面板右上方的按钮，可返回至上一级面板。图 5-1-34 中茶具表面的颗粒就是使用“噪波”贴图制作的。

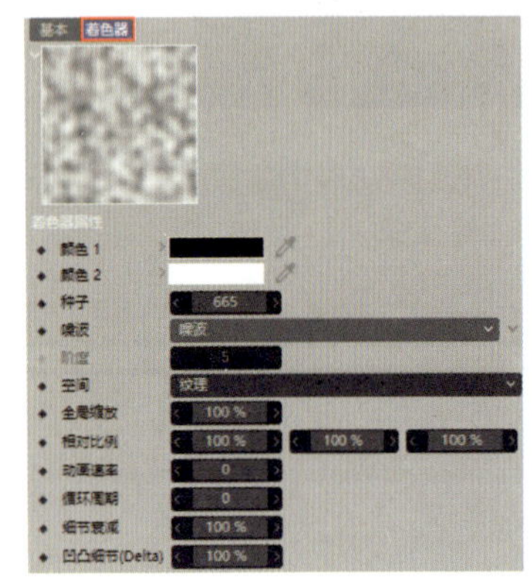

图 5-1-33　与“着色器”选项卡对应的面板 ①

图 5-1-34　茶具

（二）“渐变”贴图

使用“渐变”贴图可以制作由两种及两种以上的颜色产生渐变效果的材质。添加“渐变”贴图后，单击“纹理”选项右侧的“渐变”按钮，然后选择“着色器”选项卡，在打开的面板（图 5-1-35）中可设置渐变颜色、渐变类型、渐变颜色之间的过渡效果等。图 5-1-36 中化妆品瓶的材质就是使用“渐变”贴图制作的。

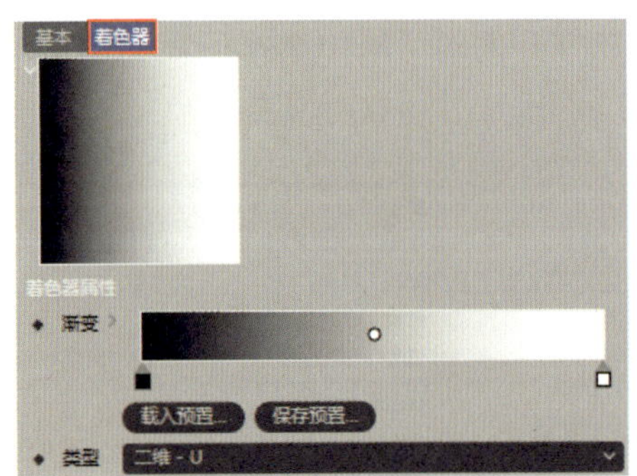

图 5-1-35　与“着色器”选项卡对应的面板 ②

图 5-1-36　化妆品瓶

任务实施一　——制作汤锅的材质

下面通过制作如图 5-1-37 所示汤锅的材质，学习制作漆面材质、磨砂材质、玻璃材质、金属材质和塑料材质的相关知识。

图 5-1-37 汤锅的材质效果

制作汤锅的材质

制作思路

图 5-1-37 中的汤锅由锅体和锅盖组成。其中，锅体的内胆为磨砂材质，锅体的外层为光滑的蓝色漆面材质，手柄为银色金属材质，其上有黑色塑料隔热套。锅盖为玻璃材质，其上的排气孔的边缘为银色金属材质，其上手柄的材质与锅体上手柄的材质相同。

制作步骤

步骤 1 打开本书配套素材“素材与实例”→“项目五”→“汤锅”→“汤锅.c4d”文件。单击顶部工具栏中的“材质管理器...”图标，打开“材质管理器”面板。在该面板中单击“新的默认材质”按钮，创建一个材质球，然后双击该材质球的名称，将其名称设为“漆面”。

步骤 2 双击“漆面”材质球，打开“材质编辑器”对话框。选择该对话框左侧的“颜色”选项，然后在打开的面板中单击“颜色”右侧的色块，在弹出的“颜色选择器”窗口中设置材质的固有色，如图 5-1-38 所示，最后在该窗口外的任一位置单击，将其关闭。

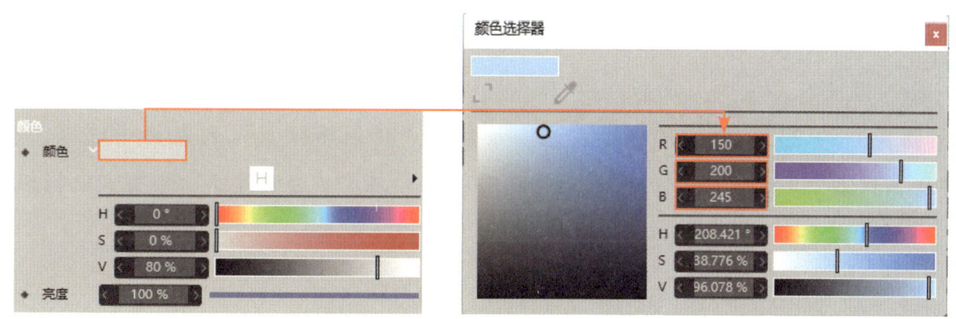

图 5-1-38 设置材质的固有色

步骤 3 选择“材质编辑器”对话框左侧的“反射”选项，然后单击“添加...”按钮，在弹出的下拉列表中选择“GGX”选项，添加一个 GGX 层。确保添加的层处于选中状态，然后在“层颜色”卷展栏中单击“颜色”右侧的色块，在弹出的“颜色选择器”窗口中将 R、G、B 的值分别设为 240、245、255；在“层菲涅耳”卷展栏上单击，以展开该卷展栏，然后将菲涅耳类型设为“绝缘体”、预置类型设为“聚酯”，结果如图 5-1-39 所示。

图 5-1-39 “漆面”材质球

答疑解惑

问：“材质编辑器”对话框中的材质球比较小，不方便查看材质的效果，该怎么办？

答：在材质球上右击，在弹出的快捷菜单中选择“极大”菜单项，或者选择“打开窗口...”菜单项，在打开的“材质”窗口中查看材质的效果。

步骤 4 将“材质管理器”面板中的“漆面”材质拖动至“对象”面板中的“外壳”上，即可将“漆面”材质赋予“外壳”，最后单击顶部工具栏中的“渲染活动视图”图标，查看渲染效果。

步骤 5 在“材质管理器”面板中单击“新的默认材质”按钮，创建一个材质球，然后将其名称设为“磨砂”。

步骤 6 确保“磨砂”材质处于选中状态，然后选择“材质编辑器”对话框左侧的“颜色”选项，在打开的面板中单击“颜色”右侧的色块，在弹出的“颜色选择器”窗口中将R、G、B的值均设为90，最后关闭该窗口。

步骤 7 选择“材质编辑器”对话框左侧的“反射”选项，然后单击“添加...”按钮，在弹出的下拉列表中选择“GGX”选项，添加一个GGX层。在“层1”设置区中将粗糙度设为85%；在“层颜色”卷展栏中单击“颜色”右侧的色块，在弹出的“颜色选择器”窗口中将R、G、B的值均设为55；在“层菲涅耳”卷展栏中将菲涅耳类型设为“绝缘体”、预置类型设为“聚酯”，结果如图5-1-40所示。

图 5-1-40 “磨砂”材质球

步骤 8 将“材质管理器”面板中的“磨砂”材质拖动至“对象”面板中的“内胆”上，即可将“磨砂”材质赋予“内胆”，最后单击顶部工具栏中的“渲染活动视图”图标，查看渲染效果。

步骤 9 参照步骤5，在“材质管理器”面板中创建一个名称为“玻璃”的材质。确保该材质处于选中状态，然后取消勾选“材质编辑器”对话框左侧的“颜色”复选框，勾选“透明”复选框。为增强玻璃的真实感，需要在“透明”面板中单击“颜色”右侧的色块，在弹出的“颜色选择器”窗口中将R、G、B的值均设为235，使玻璃略带灰色，最后在“折射率预设”列表框中选择“有机玻璃”选项。选择“材质编辑器”对话框左侧的“反射”选项，然后在“* 透明度 *”选项卡中将粗糙度设为5%（图5-1-41），结果如图5-1-42所示。

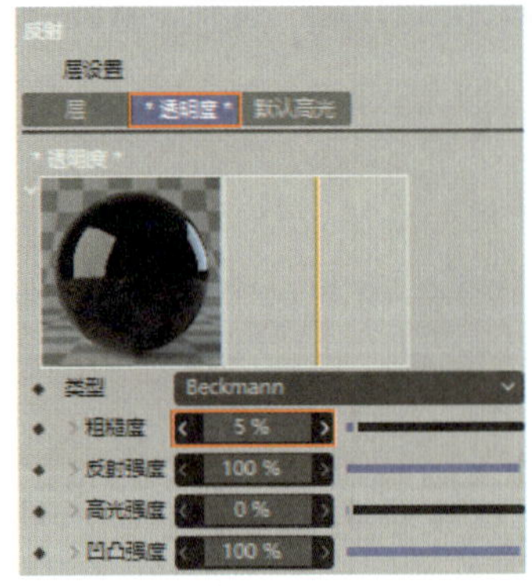

图 5-1-41 设置“玻璃”材质的透明度

图 5-1-42 “玻璃”材质球

步骤 10 将“材质管理器”面板中的“玻璃”材质拖动至“对象”面板中的“锅盖”上，然后单击顶部工具栏中的“渲染活动视图”图标，查看渲染效果。

步骤 11 在“材质管理器”面板中创建一个名称为“银色金属”的材质。确保选中该材质处于选中状态，然后取消勾选“材质编辑器”对话框左侧“颜色”复选框。选择“材质编辑器”对话框左侧的“反射”选项，然后单击“添加...”按钮，在弹出的下拉列表中选择“GGX”选项，接着在“层 1”设置区中将粗糙度设为 5%、反射强度设为 50%；在“层颜色”卷展栏中单击“颜色”右侧的色块，在弹出的“颜色选择器”窗口中将 R、G、B 的值均设为 245，使材质略带灰色；在“层菲涅耳”卷展栏中将菲涅耳类型设为“导体”、预置类型设为“钢”，结果如图 5-1-43 所示。

图 5-1-43 “银色金属”材质球

步骤 12 将“材质管理器”面板中的“银色金属”材质分别拖动至“对象”面板中的“把手”和“排气孔”上，然后单击顶部工具栏中的“渲染活动视图”图标，查看渲染效果。

步骤 13 在“材质管理器”面板中创建一个名称为“黑色塑料”的材质。确保该材质处于选中状态，然后选择“材质编辑器”对话框左侧的“颜色”选项，接着单击“颜色”右侧的色块，在弹出的“颜色选择器”窗口中将 R、G、B 的值均设为 30，最后将该窗口关闭。

步骤 14 选择“材质编辑器”对话框左侧的“反射”选项，然后单击“添加...”按钮，在弹出的下拉列表中选择“GGX”选项，接着在“层 1”设置区中将粗糙度设为 15%、高光强度设为 40%；在“层颜色”卷展栏中单击“颜色”右侧的色块，在弹出的“颜色选择器”窗口中将 R、G、B 的值均设为 140；在“层菲涅耳”卷展栏中将菲涅耳类型设为“绝缘体”、预置类型设为“聚酯”，结果如图 5-1-44 所示。

图 5-1-44 “黑色塑料”材质球

步骤 15 将“材质管理器”面板中的“黑色塑料”材质拖动至“对象”面板中的“隔热套”上。

步骤 16 参照图 5-1-37 调整透视视图，然后单击顶部工具栏中的“渲染到图像查看器”图标，在打开的“图像查看器”窗口中查看最终的渲染效果。

任务实施二 ——制作茶壶和托盘的材质

下面通过制作如图 5-1-45 所示茶壶和托盘的材质，学习制作陶瓷材质和木料材质的相关知识。

图 5-1-45 茶壶和托盘的材质效果

制作茶壶和托盘的材质

制作思路

图 5-1-45 中的茶壶由陶瓷制成，托盘由木头制成。其中，茶壶的颜色从上到下逐渐变深，因此可以使用“渐变”贴图来制作；托盘表面的木纹可以通过添加外部贴图来制作。

制作步骤

步骤 1 打开本书配套素材“素材与实例”→“项目五”→“茶壶和托盘”→“茶壶和托盘 .c4d”文件。单击顶部工具栏中的“材质管理器 ...”图标，打开“材质管理器”面板。在该面板中单击“新的默认材质”按钮，创建一个材质球，然后双击该材质球的名称，将其名称设为“陶瓷”。

步骤 2 双击“陶瓷”材质球，打开“材质编辑器”对话框。选择该对话框左侧的“颜色”选项，然后单击“纹理”选项右侧的箭头按钮，在弹出的下拉列表中选择“渐变”选项，添加一张渐变贴图，如图 5-1-46 所示。

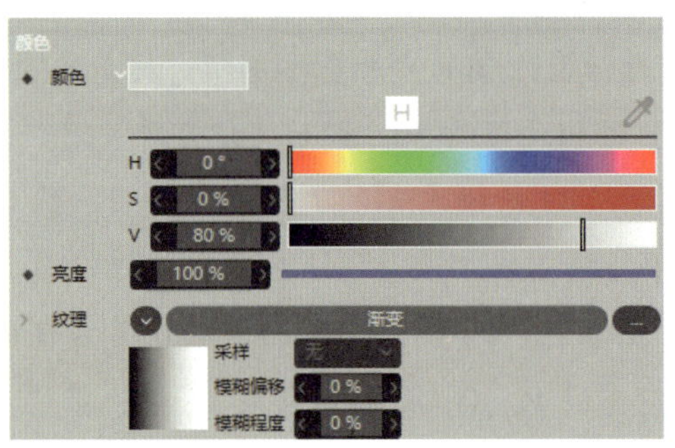

图 5-1-46　添加渐变贴图

步骤 3 单击“渐变”按钮，然后将渐变类型设为“二维 -V”，接着双击渐变色条左侧的色标，在打开的“渐变色标设置”对话框中按图 5-1-47 设置渐变颜色，最后单击“确定”按钮。使用同样的方法将渐变色条右侧色标的 R、G、B 值分别设为 255、180、55。

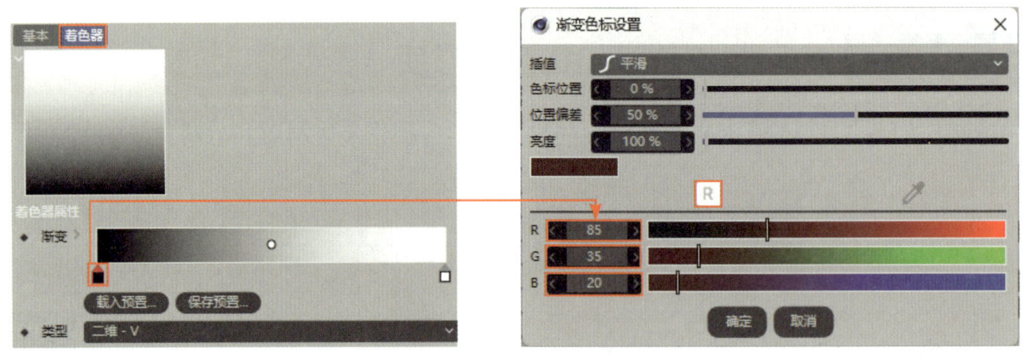

图 5-1-47　设置渐变颜色

步骤 4 按住“Ctrl”键不放向右拖动渐变色条左侧的色标，将其复制一份，然后在渐变色条的中间部位单击，创建一个色标，接着将该色标 R、G、B 的值分别设为 210、90、55，最后按图 5-1-48 设置色标的位置。

步骤 5 选择“反射”选项，然后单击“添加 ...”按钮，在弹出的下拉列表中选择“Phong”选项，添加一个 Phong 层。确保添加的层处于选中状态，然后将粗糙度设为 23%、反射强度设为 50%、凹凸强度设为 30%；在“层颜色”卷展栏中单击“颜色”右侧的色块，在弹出的“颜色选择器”窗口中将 R、G、B 的值分别设为 255、240、210；在“层菲涅耳”卷展栏中将菲涅耳类型设为“绝缘体”、预置类型设为“玉石”、强度设为 80%，结果如图 5-1-49 所示。

步骤 6　将“材质管理器”面板中的“陶瓷”材质赋予“对象”面板中的“茶壶”，然后单击顶部工具栏中的“渲染活动视图”图标，渲染效果如图 5-1-50 所示。

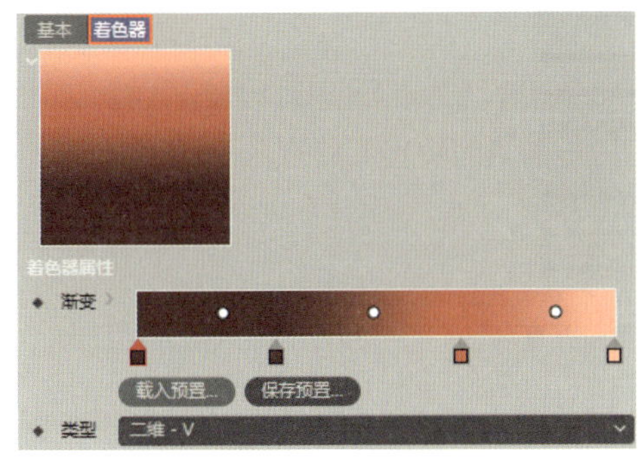

图 5-1-48　色标的位置

图 5-1-49　“陶瓷”材质球

图 5-1-50　渲染效果

步骤 7　在“材质管理器”面板中创建一个名称为“木质”的材质。

步骤 8　确保该材质处于选中状态，选择“颜色”选项，然后在打开的面板中单击“纹理”选项右侧的列表框，在弹出的“打开文件”对话框中选择本书配套素材“素材与实例”→“项目五”→“茶壶和托盘”→“wood.png”文件，最后单击“打开”按钮。

步骤 9　选择“反射”选项，然后单击“添加 ...”按钮，在弹出的下拉列表中选择“Beckmann”选项，接着在“层 1”设置区中将粗糙度设为 55%；在“层颜色”卷展栏中单击“纹理”选项右侧的列表框，然后在弹出的“打开文件”对话框中双击“wood.png”文件；在“层菲涅耳”卷展栏中将菲涅耳类型设为“绝缘体”，结果如图 5-1-51 所示。

图 5-1-51　“木质”材质球

步骤 10　勾选在“材质编辑器”对话框左侧的“凹凸”复选框，然后单击“纹理”选项右侧的列表框，在弹出的“打开文件”对话框中选择双击“wood.png”文件，接着将凹凸强度设为 100%。

步骤 11　单击“纹理”选项右侧的箭头按钮，在弹出的下拉列表中选择“过滤”选项，然后单击“纹理”选项右侧的“过滤”按钮，按图 5-1-52 设置贴图的饱和度、明度和亮度。

小贴士

在“凹凸”属性中的“纹理”通道中添加贴图后，软件只读取贴图中的黑、白、灰信息，通过调整图 5-1-52 中的明度、亮度等参数，可以改变贴图的黑、白、灰信息，从而影响材质的凹凸效果。将贴图的饱和度降低可以更直观地观察贴图的黑、白、灰效果。

步骤 12　将“材质管理器”面板中的“木质”材质赋予“对象”面板中的“托盘”。

步骤 13　参照图 5-1-45 调整透视视图，然后单击顶部工具栏中的“渲染到图像查看器”图标，在打开的“图像查看器”窗口中查看最终的渲染效果。

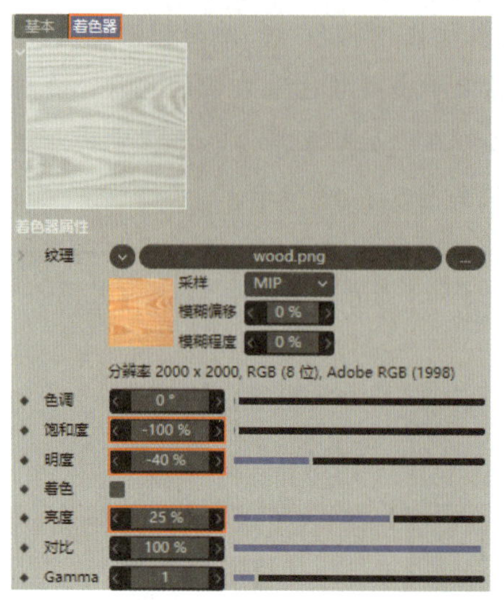

图 5-1-52 设置贴图的饱和度、明度和亮度

素养提升

材质不仅在很大程度上决定了物体的质感，还能够影响整个场景的色彩风格、真实感及观众的情感反应。在制作材质时合理地使用贴图，是增强场景真实感、营造场景氛围的重要手段。

观看动画电影《深海》（图 5-1-53）时，我们不难发现，该电影中角色的表现和设计师对场景细节的刻画都很到位。角色出色的表现和场景细节的展现，缘于设计师根据不同的角色和场景，在“置换”等不同属性通道中添加的贴图。制作材质凹凸纹理效果的方法很多，为刻画角色和场景的更多细节，设计师选用了效果更佳而制作烦琐、渲染速度极慢的方法。有这种想法——“多一事不如少一事，反正最终效果也没差多少”的设计师不在少数，但《深海》的设计师在制作过程中，显然秉承了一颗匠人之心。

图 5-1-53 动画电影《深海》截图

一部优秀的作品除了依靠想象力和创造力，尤其需要设计师秉承一颗匠人之心，认真对待每一条线、每一个造型、每一帧画面。当代青年作为社会主义建设者和接班人，应在学习中自觉践行工匠精神，助力中国动画从“高原”走向“高峰”。

任务二 布置灯光与环境

任务导入

灯光在三维艺术创作中扮演着至关重要的角色，它不仅能够为场景提供基本的照明，还具有增强场景的立体感和画面的层次感、烘托场景氛围、凸显画面中的细节等作用，如图 5-2-1 所示。在 Cinema 4D 中布置灯光时，应重点关注灯光的强弱、颜色、位置等对作品最终效果的影响。

（a）

（b）

图 5-2-1 《深海》画面截图

想一想：

（1）图 5-2-1 中的两个场景的氛围有什么不同？两个场景中灯光的强弱、颜色、位置分别具有什么特点？

（2）在 Cinema 4D 中如何创建图 5-2-1（a）右上角处的灯光？

一、灯光的五个要素

使用 Cinema 4D 内置的灯光可以模拟现实世界中的自然光（如太阳光等）和人造光（如灯光、烛光等）。创建灯光后，可根据需要设置灯光的强度、颜色、位置、投影和衰减程度，从而达到照亮场景、增强场景立体感和烘托场景氛围的目的。

（1）强度。灯光的强度是指灯光的亮度，主要控制场景的明暗。

（2）颜色。灯光的颜色主要用于控制场景的色调。灯光的颜色不同，其照明效果和所营造的氛围也不同。例如，白色灯光的照明效果极佳，主要用于照亮场景；黄色灯光和蓝紫色灯光的照明效果不佳，常用于营造温馨和阴暗的氛围。常见的灯光效果和场景氛围如图 5-2-2 所示。

白色灯光

黄色灯光

蓝紫色灯光

图 5-2-2 常见的灯光效果和场景氛围

（3）位置。光源的位置不同，物体上的高光和物体的投影也不同。例如，光源离物体越近，物体的投影越清晰；光源离物体越远，物体的投影越模糊。合理地设置光源的位置，可以增强画面的真实感。

（4）投影。物体在灯光的照射下会产生投影，投影的强弱能够传递不同的情感。通常情况下，强烈的投影会使人感到紧张、压抑，柔和的投影会使人感到温馨、舒服。

（5）衰减程度。衰减是一种在灯光的照射范围内，光线逐渐减弱的现象。如果不开启灯光的衰减功能，则在灯光的照射范围内，光线的亮度均相同。合理运用灯光的衰减功能不仅能够有效控制光照范围，还能增强场景的层次感和真实感。

二、灯光的布置方法

创建灯光时应遵循“先整体、后局部、再细节”的原则。灯光的创建流程大致分为以下 3 个步骤，图 5-2-3（a）为添加了 3 种灯光后的效果。

（1）创建主光。主光能够起到照亮整个场景的作用，它的颜色决定了整个场景的氛围，如图 5-2-3（b）所示。

（2）创建辅助光。辅助光主要用于照亮场景中光线较暗的区域或凸出场景中的某一区域，如图 5-2-3（c）所示。

（3）创建轮廓光。轮廓光通常用来勾勒对象的轮廓，具有突出主体、分离主体和背景、增强形式美等作用，如图 5-2-3（d）所示。

（a）

（b）

（c）

（d）

图 5-2-3　为犀牛石像创建灯光

三、灯光的类型与常用参数

（一）灯光的类型

Cinema 4D 内置的灯光包括泛光灯、聚光灯、目标聚光灯、区域光、PBR 灯光、IES 灯、无限光、日光、物理天空等 9 种。长按右侧工具栏中的“灯光”图标，在展开的列表中选择所需命令，可创建相应的灯光。

答疑解惑

问：使用什么命令可以创建泛光灯？

答：单击右侧工具栏中的“灯光”图标，创建的灯光为泛光灯。

（1）泛光灯。泛光灯是一种点光源，由一个点向四周发出均匀、柔和的光线。通常利用泛光灯模拟壁灯、台灯、吊灯等灯具发出的光，如图 5-2-4 所示。

（2）聚光灯。聚光灯发出的光束为锥形，并且只有一个位置点，用户只能通过移动、旋转该位置点来调整灯光的位置和光线角度。聚光灯常用于照亮场景中的特定对象，或者模拟舞台灯、汽车灯、手电筒等发出的光。聚光灯的照明效果如图 5-2-5 所示。

（3）目标聚光灯。目标聚光灯具有位置点和目标点，通过移动位置点或目标点均可调整光线的角度。

（4）区域光。使用区域光可以创建类似柔光箱（一种摄影时用的照明设备）产生的光照效果，如图 5-2-6 所示。

图 5-2-4　泛光灯的照明效果

图 5-2-5　聚光灯的照明效果

图 5-2-6　区域光的照明效果

（5）PBR 灯光。PBR 灯光与区域光类似，但是自动启用了投影功能。使用 PBR 灯光可以创建更真实的光照效果，如图 5-2-7 所示。

（6）IES 灯。IES 灯是一种需要加载 IES 文件才能使用的灯光，可以模拟台灯、路灯的光照效果，如图 5-2-8 所示。

（7）无限光。无限光由平行光线构成且具有方向，但是其光线无衰减效果。使用无限光可以创建具有一定方向的直线光源的光照效果，如图 5-2-9 所示。

图 5-2-7　PBR 灯光的照明效果

图 5-2-8　IES 灯的照明效果

图 5-2-9　无限光的照明效果

（8）日光。使用日光可以模拟太阳光的光照效果，如图 5-2-10 所示。

（9）物理天空。使用物理天空可以模拟物体位于室外时天空的光照效果，如图 5-2-11 所示。

图 5-2-10　日光的照明效果

图 5-2-11　物理天空的照明效果

（二）灯光的常用参数

Cinema 4D 中灯光的参数大同小异，限于篇幅，此处仅介绍较为常用的泛光灯与区域光的相关参数。

1．泛光灯

创建泛光灯后，通常需要在“属性”面板“常规”选项卡（图 5-2-12）中设置相关的参数。“常规”选项卡中的常用选项、复选框、编辑框和列表框的功能如下。

①“颜色”选项：用于设置灯光的颜色。

②“使用色温”复选框：勾选该复选框后，可以通过调整“色温”编辑框的数值来设置灯光的颜色。数值越小，灯光颜色越暖；数值越大，灯光颜色越冷。

③“强度”编辑框：用于设置灯光的亮度，数值越大，灯光越亮。

④“类型”列表框：用于设置灯光的类型。

⑤“投影”列表框：若选择该列表框中的“阴影贴图（软阴影）”选项，物体投影的边缘会产生虚化效果，渲染速度中等；若选择该列表框中的“光线跟踪（强烈）”选项，物体投影的边缘比较生硬，渲染

速度快；若选择该列表框中的“区域”选项，物体的投影效果较为真实，渲染速度较慢。

⑥“可见灯光”列表框：用于设置渲染时是否渲染灯光本身。

⑦“没有光照”复选框：勾选该复选框后，该灯光不会对场景产生任何影响。

⑧“高光”复选框：勾选该复选框后，灯光照射范围内的物体会产生高光。

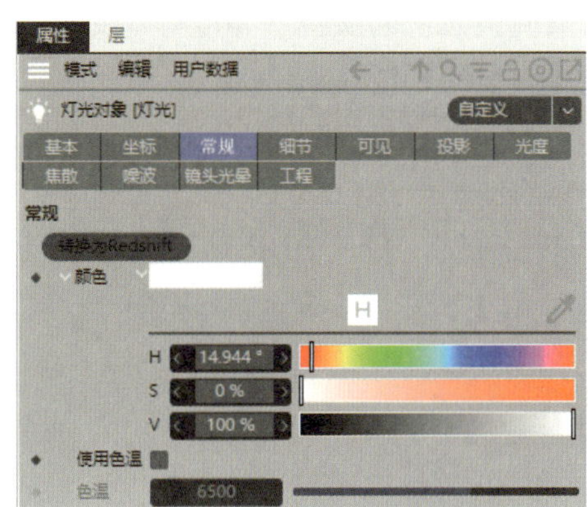

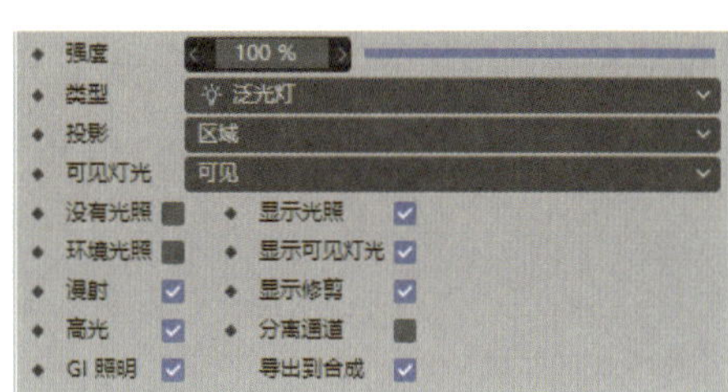

图 5-2-12 “常规”选项卡

2. 区域光

创建区域光后，通常需要在“属性”面板“细节”选项卡（图 5-2-13）中设置相关参数。“细节”选项卡中常用列表框和编辑框的功能如下。

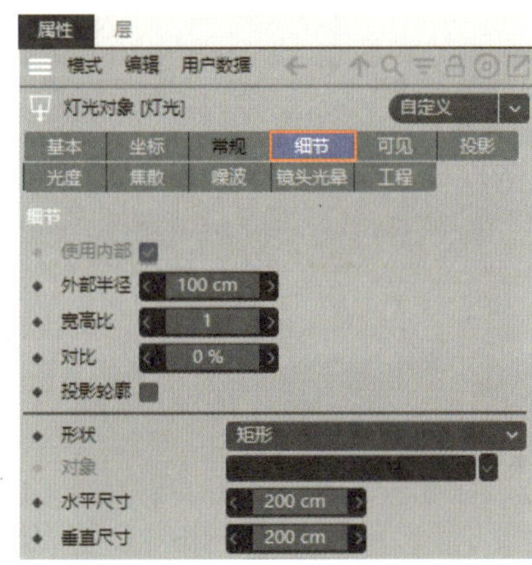

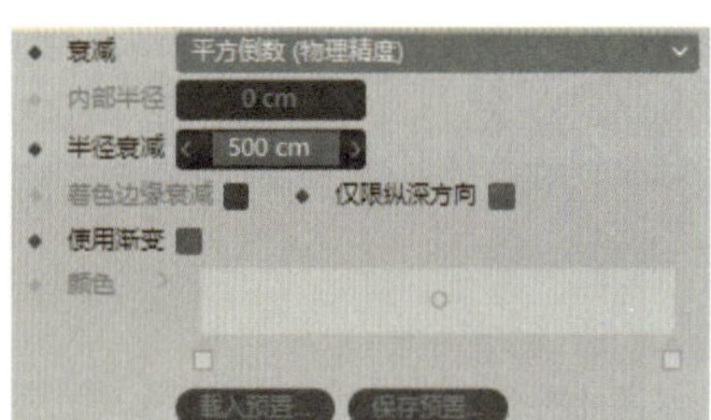

图 5-2-13 “细节”选项卡

①“形状”列表框：用于设置灯光的形状。

②“水平尺寸”“垂直尺寸”编辑框：用于设置光源的尺寸。

③“衰减”列表框：勾选“可见”选项卡中的“使用衰减”复选框后，使用该列表框中的选项可以设置灯光随着照射距离的增加而逐渐减弱的效果。若选择“平方倒数（物理精度）”选项，则会使灯光产生更加真实的衰减效果。

四、天空对象

Cinema 4D 默认的场景为黑色，使用“天空”命令不仅可以将场景均匀地照亮，还可以模拟各种自然或人造的环境使物体表面产生真实的反射效果。单击右侧工具栏中的“天空”图标，可创建天空对象。

Cinema 4D 中默认的天空为灰色，可以通过为天空赋予材质来设置天空的效果。具体操作：单击顶部工具栏中的“材质管理器 ...”图标，在打开的“材质管理器”面板中创建一个材质球，并将其赋予天空对象，然后取消勾选“材质编辑器”对话框左侧的“颜色”“反射”复选框，勾选“发光”复选框，并通过控制“发光”面板中的“颜色”“亮度”等参数来调整天空的颜色、亮度等。此外，我们还可以在“发光”面板的“纹理”通道中添加 HDR 贴图，以模拟现实世界中的环境效果。

小贴士

HDR 贴图（图 5-2-14）是在 3D 场景中使用的环境贴图。利用 HDR 贴图不但能模拟灯光的照射效果，也可以使场景中的物体产生丰富、逼真的反光效果。

图 5-2-14　HDR 贴图

任务实施一——为花瓶所在场景布置灯光

下面通过布置花瓶所在场景中的灯光，学习天空对象、无限光和区域光的相关知识。灯光的布置效果如图 5-2-15 所示。

图 5-2-15　灯光的布置效果

扫一扫

为花瓶所在场景布置灯光

制作思路

打开素材文件，在场景中创建一个天空对象并赋予其材质，然后创建一个无限光并调整其参数，将其作为照亮场景的主光源。创建一个平面，使用该平面制作拱形门洞，然后创建一个平面并使用“克隆”生成器将其复制几份，制作出墙上的条状投影。创建一个区域光并调整其参数，将其作为照亮鲜花的辅助光源。由于光照效果与渲染有关，因此在布置灯光前，还需要进行渲染设置。

制作步骤

步骤 1　打开本书配套素材“素材与实例”→“项目五”→“花瓶”→“花瓶.c4d”文件。单击顶部工具栏中的“编辑渲染设置...”图标，打开“渲染设置”对话框。单击该对话框中的“效果...”按钮，在弹出的下拉列表中选择“全局光照”和“环境吸收”选项，以添加相应的效果（图 5-2-16），最后将“渲染设置”对话框关闭。

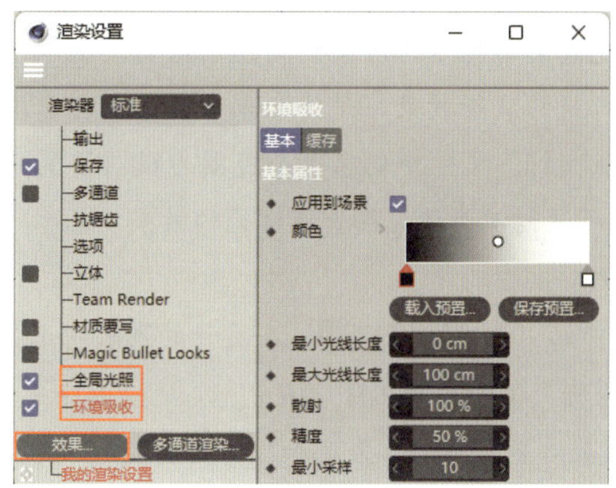

图 5-2-16　添加“全局光照”和“环境吸收”效果

步骤 2　单击右侧工具栏中的“天空”图标，创建一个天空对象。

步骤 3　单击顶部工具栏中的“材质管理器...”图标，打开“材质管理器”面板，在该面板中创建一个材质球，然后将其名称设为“HDR”。

步骤 4　双击“HDR”材质球，打开“材质编辑器”对话框，然后取消勾选“颜色”“反射”复选框，勾选“发光”复选框。在“发光”面板中单击“纹理”选项右侧的列表框，在弹出的“打开文件”对话框中双击本书配套素材“素材与实例”→“项目五”→“花瓶”→“Studio.hdr”文件，然后将“材质管理器”面板中的“HDR”材质赋予“天空”，最后关闭“材质编辑器”对话框。

步骤 5　在第 1 个透视视图中单击，然后长按顶部工具栏中的“渲染活动视图”图标，在展开的列表中选择“交互式区域渲染（IRR）”命令，该视图窗口中弹出一个选取框，该选取框内的渲染效果将实时更新，如图 5-2-17 所示；拖动选取框的边线，可以调整选取框的大小。再次单击顶部工具栏中的“交互式区域渲染（IRR）”图标，退出渲染模式。

图 5-2-17　创建天空对象后的渲染效果

小贴士

在视图窗口中看到的灯光效果与实际的渲染效果差别很大，所以在布置灯光的过程中，需要使用交互式渲染工具实时观察灯光的渲染效果。此外，光照效果也会受摄像机视角的影响，为方便读者学习，本书配套素材“花瓶.c4d”文件中的第 1 个视图为提前设置好的摄像机视图（设置方法将在项目六中详细讲解），读者可通过渲染该视图查看灯光的效果。

步骤 6　长按右侧工具栏中的“灯光”图标，在展开的列表中选择“无限光”命令，创建一个无限光，然后在“属性”面板“坐标”选项卡“R.H”“R.P”编辑框中分别输入“35”和“–5”，接着选择“常规”选项卡，按图 5-2-18 设置灯光的颜色、强度和投影的类型。激活第 1 个透视视图，单击顶部工具栏中的“交互式区域渲染（IRR）”图标，即可看到渲染效果，如图 5-2-19 所示。

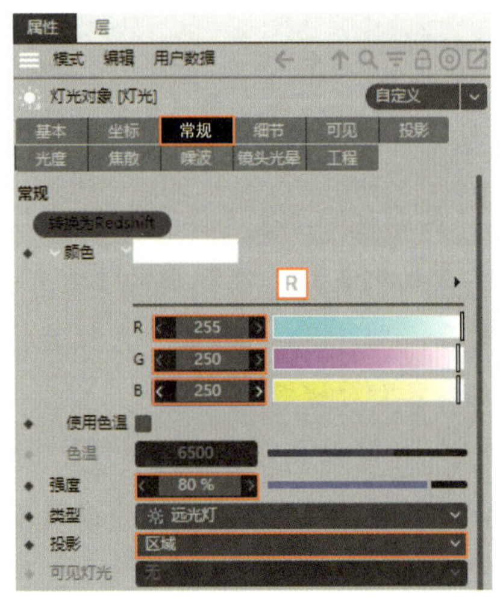

图 5-2-18　无限光的相关参数

图 5-2-19　渲染效果①

步骤 7　创建一个平面，选中“属性”面板中的“对象”选项卡，按图 5-2-20 设置相关参数。选中“平面”，单击顶部工具栏中的“视窗独显”图标，将其单独显示，然后按“C”键，将其转换为可编辑对象。单击顶部工具栏中的“多边形”图标，切换至面模式，然后选中如图 5-2-21 所示的面，按

“Delete”键将其删除。

步骤 8　单击顶部工具栏中的“边”图标，切换至边模式，然后选中如图 5-2-22 所示的边，按“Ctrl+Backspace”组合键将其删除。

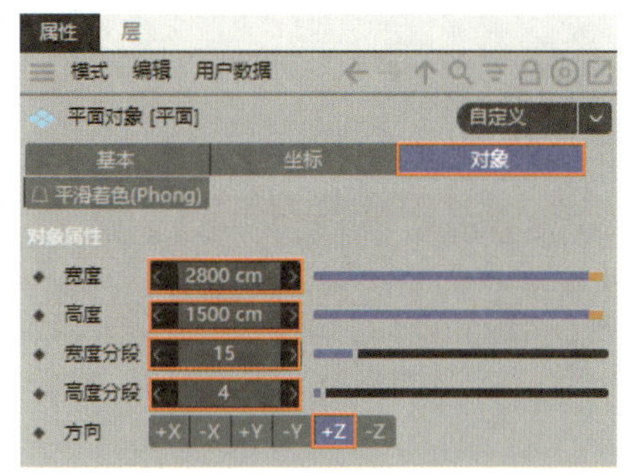

图 5-2-20　平面的相关参数

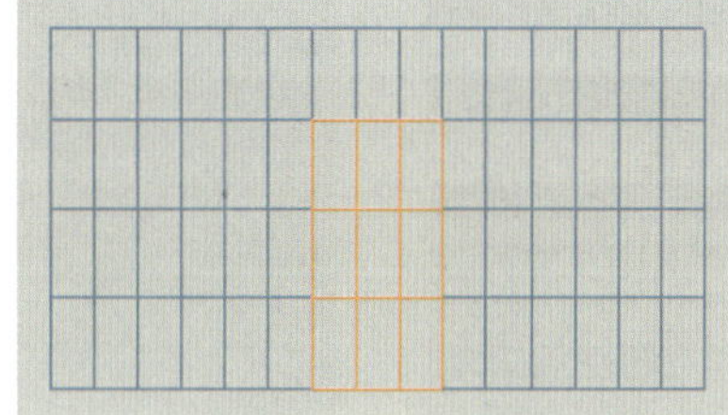

图 5-2-21　选中面

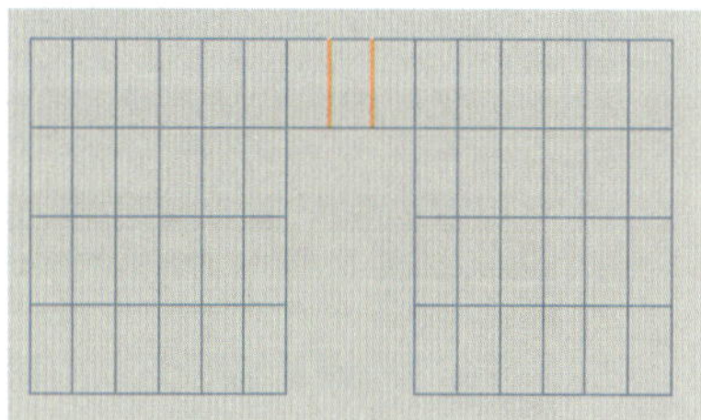

图 5-2-22　选中边

步骤 9　单击顶部工具栏中的“点”图标，切换至点模式。选中如图 5-2-23 所示的点，然后在视图窗口中右击，在弹出的快捷菜单中选择“倒角”菜单项，接着在“属性”面板中将偏移距离设为 265 cm，在“细分”编辑框中输入“7”并按“Enter”键，结果如图 5-2-24 所示。

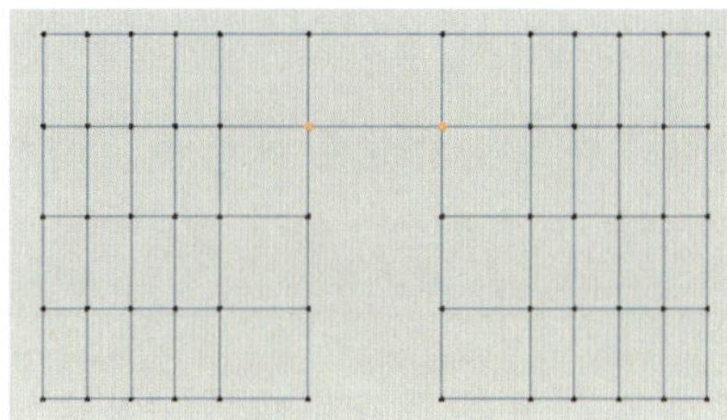

图 5-2-23　选中点

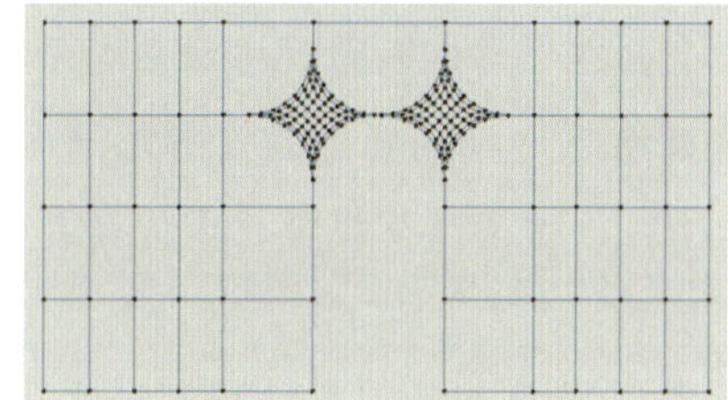

图 5-2-24　倒角效果

步骤 10　单击顶部工具栏中的“视窗独显”图标，结束对象单独显示状态。选中“平面”，然后在“属性”面板“坐标”选项卡“P.X”“P.Y”“P.Z”编辑框中分别输入“530”“170”“–655”，使拱形门洞在墙上的投影位于合适位置。此时的渲染效果如图 5-2-25 所示。

图 5-2-25　渲染效果 ②

步骤 11　创建一个宽度为 1 700 cm、高度为 30 cm、方向为“+Z”的平面。单击右侧工具栏中的“克隆”图标，创建一个“克隆”生成器，然后将“平面 .1”设为“克隆”的子级。选中“克隆”，在“属性”面板“对象”选项卡中按图 5-2-26 设置相关参数；选择“坐标”选项卡，在“P.X”“P.Y”“P.Z”编辑框中分别输入“660”“260”“–1290”，在“R.B”编辑框中输入“–5”。此时的渲染效果如图 5-2-27 所示。

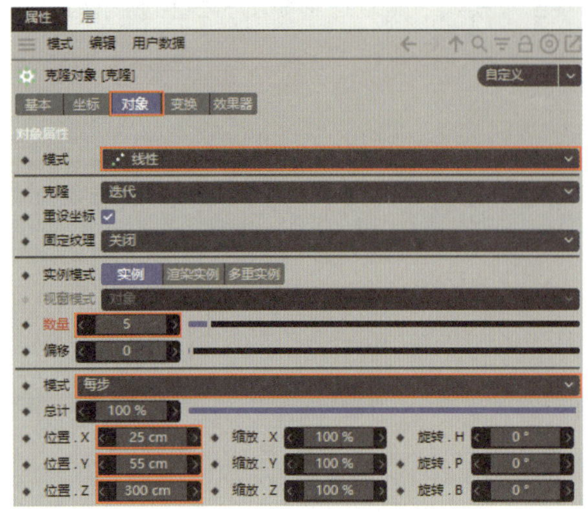

图 5-2-26 克隆的相关参数

图 5-2-27 渲染效果③

答疑解惑

问：为什么要在“属性”面板中调整各平面与墙体间的距离和角度？

答：物体离墙越近，在墙上的投影越清晰；离墙越远，在墙上的投影越模糊。图 5-2-15 中墙上的条状投影从上往下由清晰变模糊，因此需要在“属性”面板中调整各平面与墙体间的距离和角度。

步骤 12 鲜花是画面的重要组成部分之一，由于其所在位置的光线较暗，因此需要为其添加辅助光。长按右侧工具栏中的“灯光”图标，在展开的列表中选择“区域光”命令，创建一个区域光，然后在“属性”面板“常规”选项卡中按图 5-2-28 设置相关参数。选中“细节”选项卡，将矩形区域光的水平尺寸设为 190 cm、垂直尺寸设为 155 cm、衰减设为“平方倒数（物理精度）”、衰减半径设为 190 cm；选中“坐标”选项卡，按图 5-2-29 设置区域光的位置和旋转角度，渲染效果如图 5-2-30 所示。

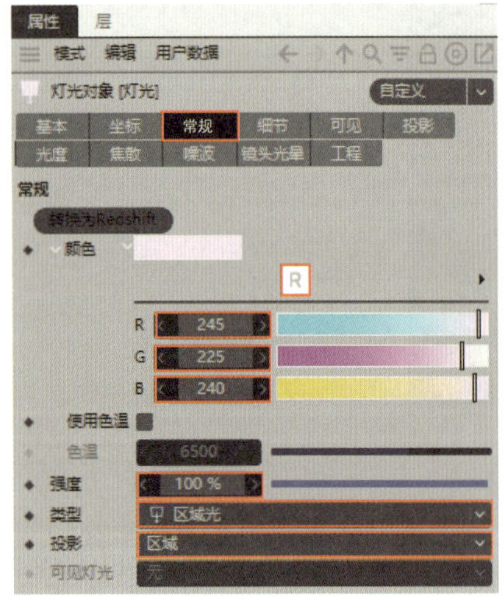

图 5-2-28 设置区域光的参数

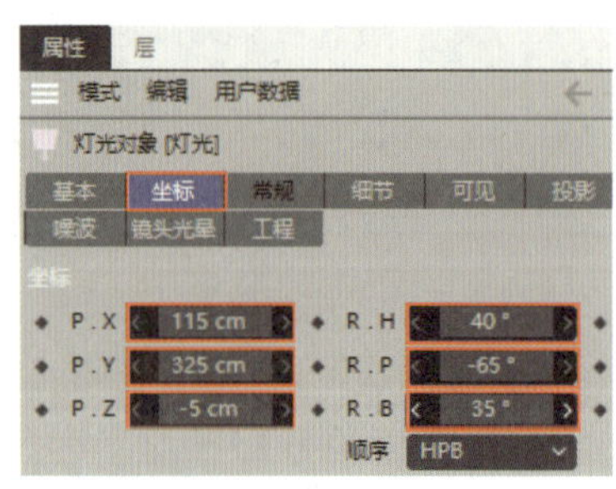

图 5-2-29 设置区域光的位置和角度

图 5-2-30 渲染效果④

步骤 13　观察图 5-2-30 可以发现，花瓶的部分区域存在曝光现象，因此需要将光源变暗。双击“材质管理器”面板中的“HDR”材质球，打开“材质编辑器”对话框，单击“发光”面板中“纹理”选项右侧的箭头按钮，在展开的列表中选择“过滤”选项，然后单击“过滤”按钮，在“着色器”选项卡中将明度设为 –50%。

步骤 14　参照图 5-2-15 调整透视视图，然后单击顶部工具栏中的“渲染到图像查看器”图标，在打开的“图像查看器”窗口中查看最终的渲染效果。

任务实施二　——为水晶球摆件布置灯光

下面通过为水晶球摆件布置灯光，学习天空对象、目标聚光灯和泛光灯的相关知识。灯光的布置效果如图 5-2-31 所示。

图 5-2-31　灯光的布置效果

扫一扫

为水晶球摆件布置灯光

制作思路

打开素材文件，在场景中创建一个天空对象并赋予其材质，然后创建一个目标聚光灯并调整其参数，将其作为照亮场景的主光源，接着创建一个泛光灯并调整其参数，将其作为照亮窗户周围的辅助光源。

制作步骤

步骤 1　打开本书配套素材“素材与实例”→“项目五”→“水晶球摆件”→“水晶球摆件.c4d”文件。单击顶部工具栏中的“编辑渲染设置...”图标，打开“渲染设置”对话框。单击该对话框中的“效果...”按钮，在弹出的下拉列表中选择“全局光照”选项。

步骤 2　单击右侧工具栏中的“天空”图标，创建一个天空对象。

步骤 3　单击顶部工具栏中的“材质管理器...”图标，打开“材质管理器”面板，在该面板中创建一个材质球，然后将其名称设为“HDR”。

步骤 4　双击“HDR”材质球，打开“材质编辑器”对话框，然后取消勾选该对话框左侧的“颜色”“反射”复选框，勾选“发光”复选框。在“发光”面板中单击“纹理”选项右侧的列表框，然后在弹出的“打开文件”对话框中双击本书配套素材“素材与实例”→“项目五”→“水晶球摆件”→“Studio.hdr”文件，接着将“材质管理器”面板中的“HDR”材质赋予“天空”，最后关闭“材质编辑器”对话框。

步骤 5 在第 1 个透视视图中单击，然后长按顶部工具栏中的“渲染活动视图”图标，在展开的列表中选择“交互式区域渲染（IRR）”命令，该视图窗口中弹出一个选取框，该选取框内的渲染效果将实时更新，如图 5-2-32 所示。再次单击顶部工具栏中的“交互式区域渲染（IRR）”图标，退出渲染模式。

图 5-2-32 创建天空对象后的渲染效果

步骤 6 长按右侧工具栏中的“灯光”图标，在展开的列表中选择“目标聚光灯”命令，创建一个目标聚光灯，在“对象”面板中单击“灯光”右侧的“目标”图标，然后拖动“对象”面板中的“水晶球摆件”到“属性”面板“目标对象”列表框中，如图 5-2-33 所示。

步骤 7 选择“灯光”，然后在“属性”面板“常规”选项卡中按图 5-2-34 设置相关参数，接着选择“细节”选项卡，将外部角度设为 65°、衰减类型设为“平方倒数（物理精度）”、半径衰减大小设为 350 cm。

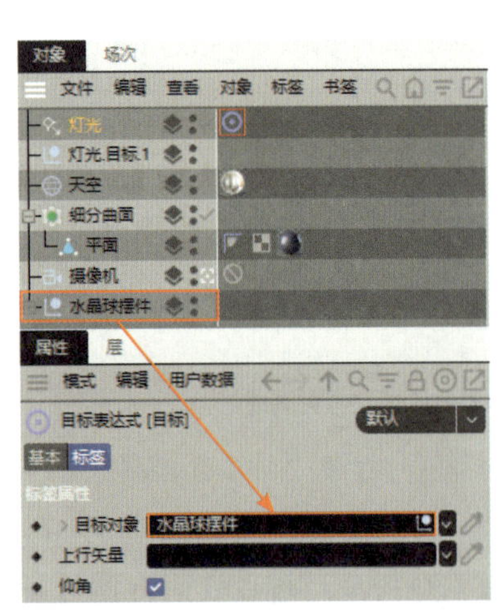

图 5-2-33 拖动“水晶球摆件”到“目标对象”列表框中

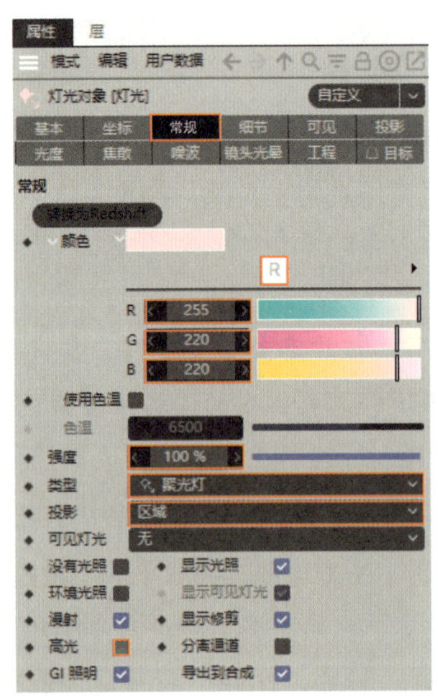

图 5-2-34 目标聚光灯的相关参数

步骤 8 参照图 5-2-35，使用“移动”命令移动目标聚光灯到合适的位置，然后渲染第 1 个透视视图，可得到如图 5-2-36 所示的渲染效果。

透视视图

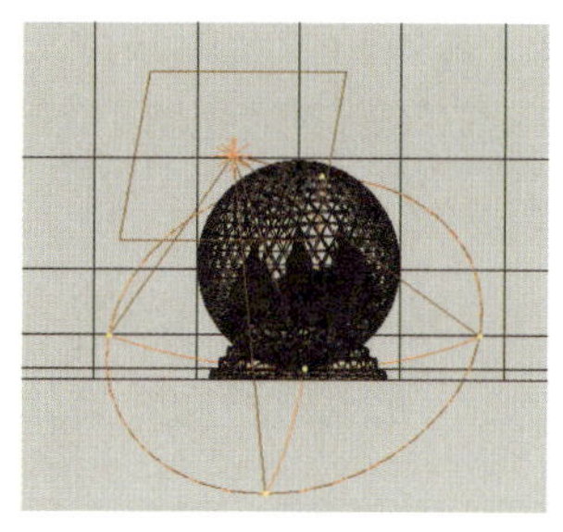
右视图

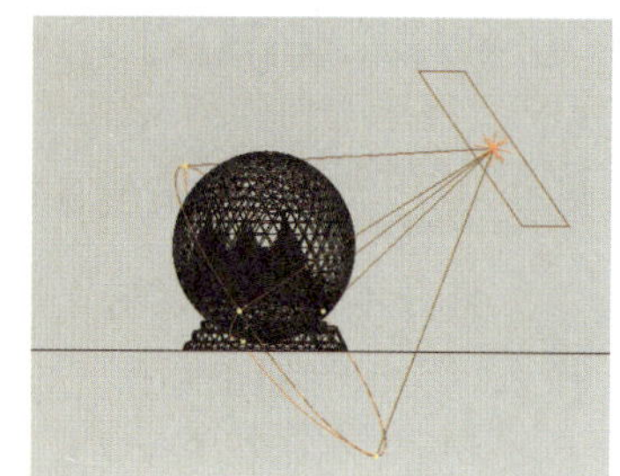
正视图

图 5-2-35　目标聚光灯的位置

图 5-2-36　渲染效果

步骤 9　单击右侧工具栏中的“灯光”图标，创建一个泛光灯，然后在“属性”面板“常规”选项卡中按图 5-2-37 设置相关参数，在“细节”选项卡中将衰减类型设为“平方倒数（物理精度）”、衰减半径设为 75 cm，在“可见”选项卡中将外部距离设为 75 cm，最后将该泛光灯移至窗户外（图 5-2-38），使窗户周围变亮。

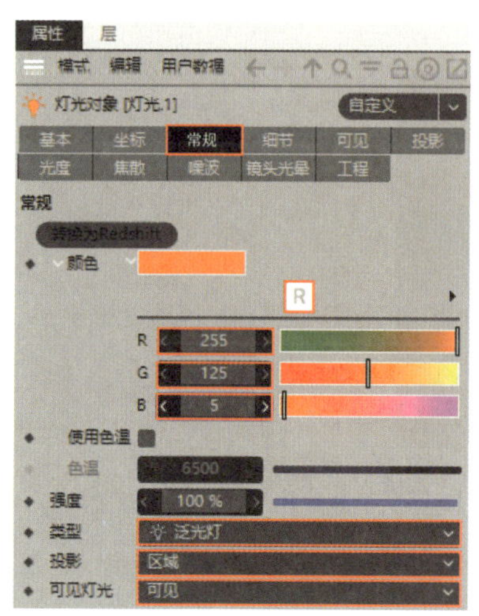

图 5-2-37　泛光灯的相关参数

右视图

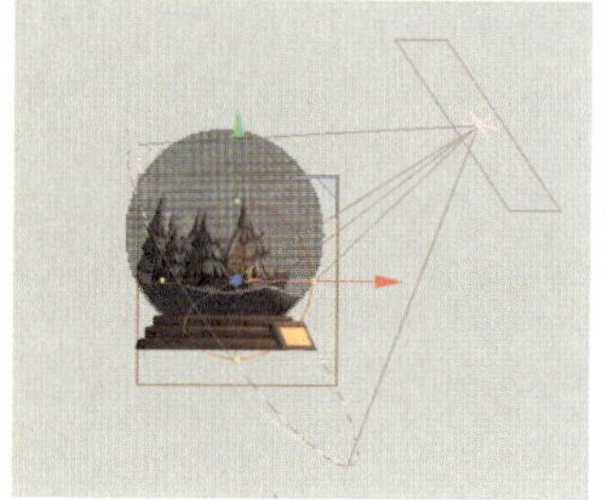
正视图

图 5-2-38　泛光灯的位置

步骤 10　参照图 5-2-31 调整透视视图，然后单击顶部工具栏中的“渲染到图像查看器”图标，在打开的“图像查看器”窗口中查看最终的渲染效果。

学习成果自测

自测习题一 制作元宝的材质

打开本书配套素材“素材与实例”→“项目五”→“元宝”→“元宝.c4d”文件，利用本项目所学知识制作元宝的材质。元宝的材质效果如图 5-3-1 所示。

图 5-3-1 元宝的材质效果

提示：

首先创建默认材质并将其赋予元宝，然后打开“材质编辑器”对话框，取消勾选该对话框左侧的“颜色”复选框，接着选择“反射”选项，将高光类型设置为“GGX”、菲涅耳类型设置为“导体”、预置类型设置为“金”，其余参数自行设置。

自测习题二 为茶壶所在场景布置灯光

打开本书配套素材“素材与实例”→“项目五”→“茶壶所在场景”→“茶壶.c4d”文件，利用本项目所学知识为茶壶所在场景布置灯光，获得如图 5-3-2 所示的光影效果。

图 5-3-2 茶壶所在场景灯光的布置效果

提示：

（1）在“渲染设置”对话框中添加“全局光照”和“环境吸收”效果。

（2）创建天空对象及其材质，材质的发光通道中的贴图为本书配套素材“素材与实例”→“项目五”→“茶壶”→“茶壶.c4d”→“Studio.hdr”文件。

（3）创建一个无限光，将其作为主光源，然后创建一个区域光，将其为辅助光源。

学习成果评价

请进行学习成果评价，并将评价结果填入表 5-4-1。

表 5-4-1　学习成果评价表

<table>
<tr><td>班级</td><td></td><td>组号</td><td></td><td>日期</td><td colspan="2"></td></tr>
<tr><td>姓名</td><td></td><td>学号</td><td></td><td>指导教师</td><td colspan="2"></td></tr>
<tr><td>评价项目</td><td colspan="3">评价内容</td><td>满分</td><td>自我评分</td><td>教师评分</td></tr>
<tr><td rowspan="7">知识
（50%）</td><td colspan="3">制作材质的方法</td><td>5</td><td></td><td></td></tr>
<tr><td colspan="3">材质编辑器</td><td>10</td><td></td><td></td></tr>
<tr><td colspan="3">贴图的类型</td><td>5</td><td></td><td></td></tr>
<tr><td colspan="3">灯光的五个要素</td><td>5</td><td></td><td></td></tr>
<tr><td colspan="3">灯光的布置方法</td><td>10</td><td></td><td></td></tr>
<tr><td colspan="3">灯光的类型与常用参数</td><td>10</td><td></td><td></td></tr>
<tr><td colspan="3">天空对象</td><td>5</td><td></td><td></td></tr>
<tr><td rowspan="2">技能
（30%）</td><td colspan="3">能够使用材质编辑器制作材质</td><td>10</td><td></td><td></td></tr>
<tr><td colspan="3">能够在场景中合理地布置灯光</td><td>20</td><td></td><td></td></tr>
<tr><td rowspan="3">素养
（20%）</td><td colspan="3">积极参与课堂讨论</td><td>6</td><td></td><td></td></tr>
<tr><td colspan="3">具备良好的学习态度，认真完成任务实施</td><td>6</td><td></td><td></td></tr>
<tr><td colspan="3">善于观察、勤于思考、勇于探索的良好习惯，自觉践行工匠精神，努力提高自己的实操技能和创作能力</td><td>8</td><td></td><td></td></tr>
<tr><td colspan="4">合计</td><td>100</td><td></td><td></td></tr>
<tr><td colspan="4">总分（自我评分 × 40%＋教师评分 × 60%）</td><td colspan="3"></td></tr>
<tr><td>自我评价</td><td colspan="6"></td></tr>
<tr><td>教师评价</td><td colspan="6"></td></tr>
</table>

项目六

摄像机与渲染器

项目引言

制作完成模型后，需要使用摄像机和渲染器将模型渲染出来。摄像机具有固定画面视角、增强画面空间感、美化渲染效果等作用，渲染器可以通过模拟光线在模型表面产生的反射、折射、散射等效果，生成高质量的图像。本项目主要介绍摄像机与渲染器的基础知识和基本操作。

知识目标

- 了解摄像机的类型。
- 掌握摄像机的参数。
- 了解渲染器的类型。
- 掌握渲染器的设置。
- 掌握渲染视图的方法。

素质目标

- 通过学习渲染器的设置，培养善于发现问题并合理解决问题的能力，不断创新解决问题的方法和手段。
- 在反复调整摄像机的参数和渲染器的各项设置的过程中，培养毅力和耐心，勇于尝试和探索，不断提高自己的设计水平。

任务一　创建摄像机

任务导入

Cinema 4D 中的摄像机主要用于构图和制作特殊的镜头效果。构图合理、巧妙的作品（图 6-1-1）不仅能够表现主题、突出主体、增强情感，还能够给人以极强的视觉冲击力。

图 6-1-1　构图合理、巧妙的作品

特殊的镜头效果包括景深效果（图 6-1-2）和运动模糊效果（图 6-1-3）。景深是指拍摄有限距离的景物时，在画面上构成清晰影像的景物的深度；运动模糊是指拍摄高速运动的物体时，使画面局部模糊的现象。通过调整 Cinema 4D 中摄像机的光圈、镜头焦距、快门速度，可获得景深效果和运动模糊效果。

图 6-1-2　景深效果

图 6-1-3　运动模糊效果

想一想：

（1）在 Cinema 4D 中如何创建摄像机？

（2）如何使用摄像机制作图 6-1-2 中的景深效果？

一、摄像机的类型

长按右侧工具栏中的“摄像机”图标，利用展开的列表中的命令可以创建自由摄像机、目标摄像机、立体摄像机共 3 种类型的摄像机。

（1）自由摄像机。创建自由摄像机后，可以通过设置焦距、曝光量、光圈大小、快门速度等参数，控制所拍摄的画面的虚实、亮度等。

（2）目标摄像机。目标摄像机除了具有自由摄像机的功能，还可以使视角始终朝向设置的目标点，常在制作动画时使用。

（3）立体摄像机。立体摄像机由两个摄像机组成，可用于模拟人眼的视觉效果，通常在制作 3D 电影中的画面时使用。

小贴士

选择“创建”→“摄像机”下的“运动摄像机”和“摇臂摄像机”菜单，可以创建相应的摄像机。其中，运动摄像机主要用于模拟现实中人手持摄像机的抖动效果，摇臂摄像机主要用于制作流畅、稳定的镜头运动动画。创建所需摄像机后，在“对象”面板中单击该摄像机右侧的图标，即可将激活的视图切换至摄像机视图。

二、摄像机的参数

由于本书不涉及动画，因此仅使用自由摄像机就能满足设计要求。下面以自由摄像机为例，讲解“属性”面板中的常用参数。

（一）“对象”选项卡中的参数

“对象”选项卡（图 6-1-4）中常用列表框和编辑框的功能如下。

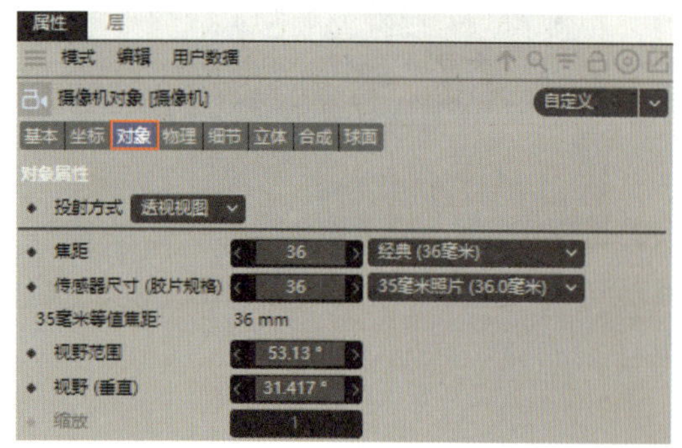

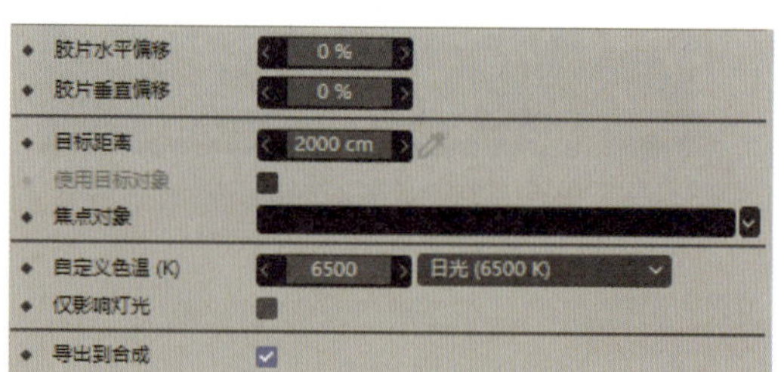

图 6-1-4 “对象”选项卡

①“投射方式”列表框：用于设置摄像机视图的投射方式，包括透视视图、平行视图、绅士视图、鸟瞰视图、蛙眼视图等。投射方式不同，摄像机视图中显示的画面也不同，如图 6-1-5 所示。

②“焦距”编辑框：用于设置摄像机透镜中某特定点与其主焦点之间的距离。焦距越短，视角越大；焦距越长，视角越小。焦距不同时的摄像机视图如图 6-1-6 所示。

透视视图

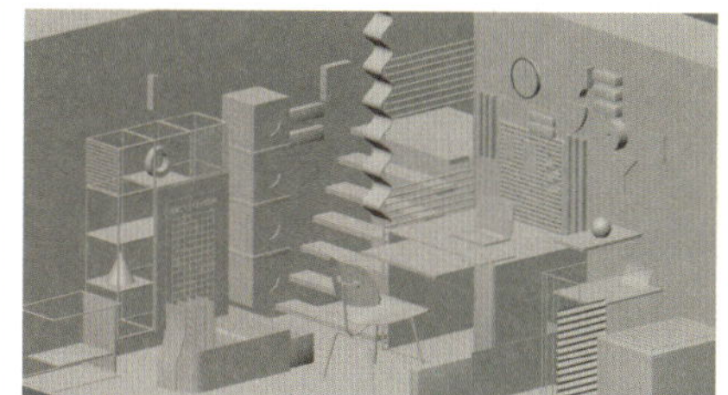
平行视图

绅士视图

图 6-1-5　投射方式不同时的摄像机视图

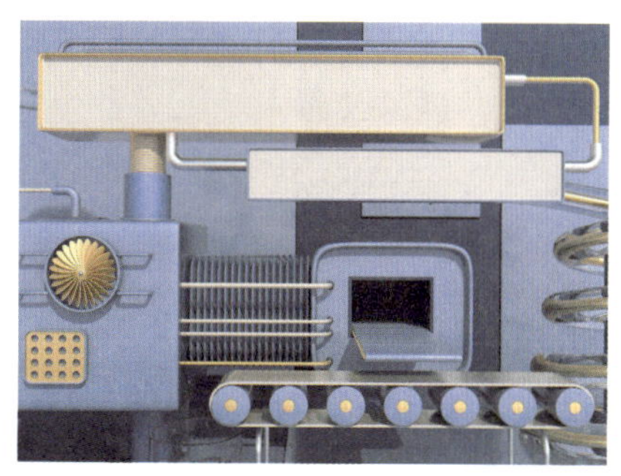

焦距为 36 mm

焦距为 80 mm

图 6-1-6　焦距不同时的摄像机视图

③“视野范围”编辑框：用于设置摄像机所显示的场景范围。视野范围越大，摄像机的视角就越小，场景中的物体看起来就越远，透视效果越明显；视野范围越小，摄像机的视角就越大，场景中的物体看起来就越近，透视效果越不明显。

④“视野（垂直）”编辑框：用于设置摄像机在垂直方向上所显示的场景范围。该编辑框中的数值越大，摄像机在垂直方向上所显示的范围就越大，视角越小，焦距越短；该编辑框中的数值越小，摄像机在垂直方向上所显示的范围就越小，视角越大，焦距越长。

⑤“目标距离”编辑框：用于设置摄像机的位置点与其焦点间的距离。当选中创建的摄像机并切换到该摄像机视图时，视图窗口中心处会出现一个小圆点，即焦点。目标距离不同时的渲染效果如图 6-1-7 所示。

目标距离为 175 cm

目标距离为 245 cm

图 6-1-7　目标距离不同时的渲染效果

⑥“焦点对象”编辑框：用于将场景中的某个特定对象作为摄像机的焦点。通过设置焦点对象，可使该对象在渲染图中更清晰。

⑦“自定义色温（K）”编辑框：用于调整画面的色彩平衡。色温为 6 500 K 时，光源发出的光为白光；大于 6 500 K 时，光源发出的光为冷光；小于 6 500 K 时，光源发出的光为暖光。

（二）“物理”选项卡中的参数

“物理”选项卡（图 6-1-8）中常用编辑框和复选框的功能如下。

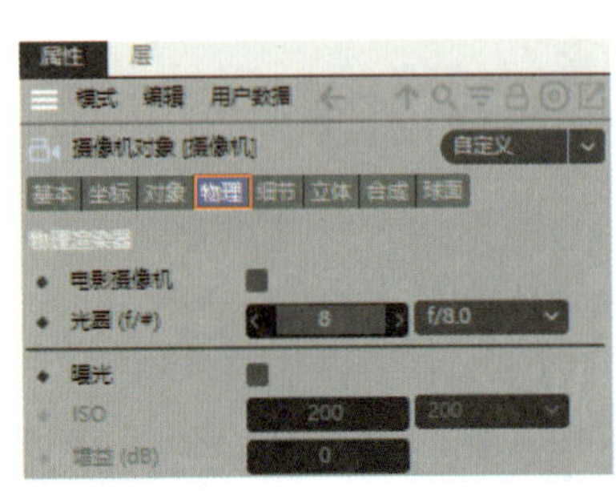

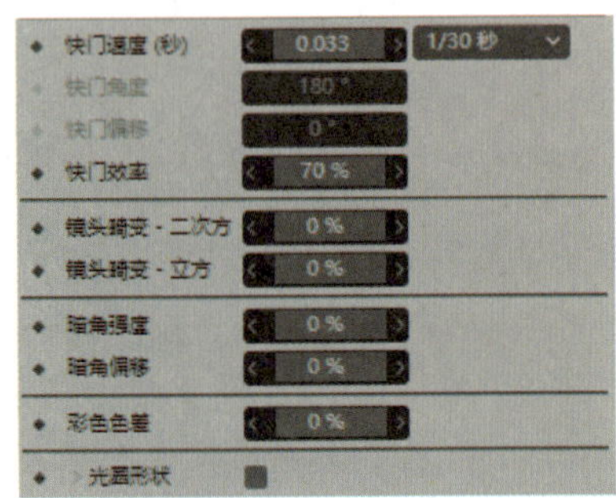

图 6-1-8 “物理”选项卡

①“光圈（f/#）”编辑框：用于设置光圈的大小，如 f/8.0。在快门速度一定的情况下，该编辑框中的数值越大，光圈值越小，景深越小。光圈大小不同时的渲染效果如图 6-1-9 所示。

光圈为 f/2.0

光圈为 f/14.0

图 6-1-9 光圈大小不同时的渲染效果

②“曝光”复选框：勾选该复选框后，“ISO”编辑框将被激活。

③“ISO”编辑框：用于设置图像的亮度。软件将根据该编辑框中的值、快门速度和光圈大小计算曝光量。ISO 值越大，生成的图像的亮度越高。

④“快门速度（秒）”编辑框：用于控制快门开关的速度。该编辑框中的数值越大，快门关闭越慢，图像就越亮。

答疑解惑

问：什么是光圈和快门？

答：光圈是摄像机上配合快门来控制曝光量的装置，光圈的大小决定了进入镜头的光束的多少，通常通过设置光圈的大小控制画面的亮度和景深。快门是摄像机上控制曝光时间的装置，快门的速度与拍摄的运动物体的清晰度密切相关。快门速度越快，运动物体的影像越清晰。

（三）“细节”选项卡中的参数

“细节”选项卡（图 6-1-10）中常用复选框的功能如下。

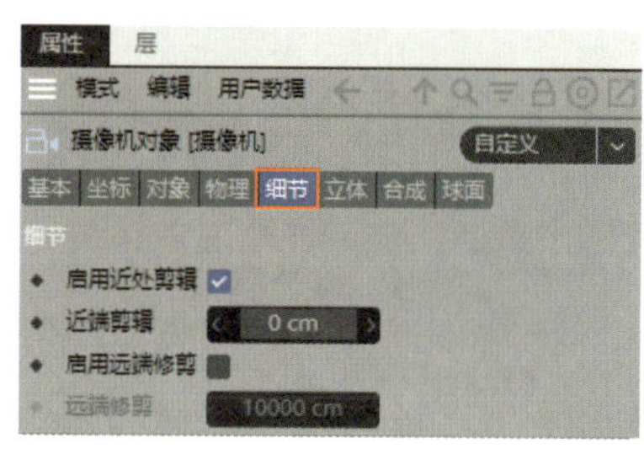

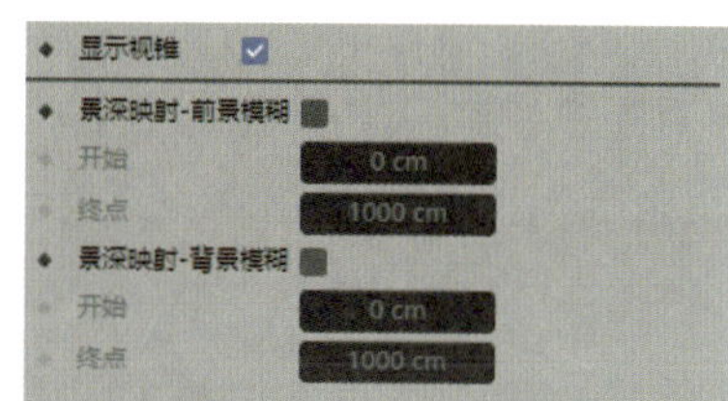

图 6-1-10　“细节”选项卡

①“启用近处剪辑”复选框：勾选该复选框后，可修剪遮挡在摄像机镜头前面的对象。

②“启用远端修剪”复选框：勾选该复选框后，可修剪位于摄像机镜头后面的对象。

③“景深映射 - 前景模糊”复选框：勾选该复选框后，可以使焦点上的对象清晰，使前景（离观众最近的物体）变得模糊。

④“景深映射 - 背景模糊”复选框：勾选该复选框后，可以使焦点上的对象清晰，使背景（离观众最远的物体）变得模糊。

探索与分享

两人一组，结合图 6-1-11 讨论当摄像机对焦于物体 *A* 时的景深范围和影响景深大小的因素，教师随机选择一组学生，让其回答。

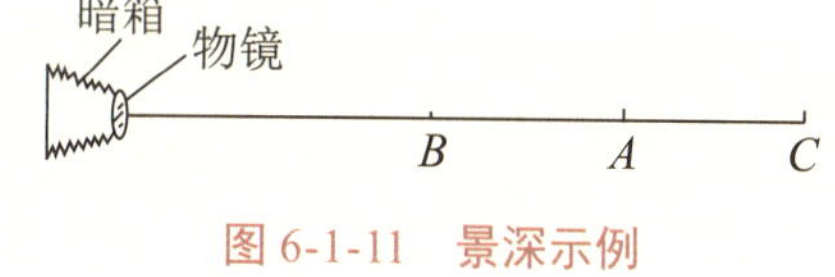

图 6-1-11　景深示例

任务实施——在甜品屋场景中创建摄像机

下面通过在甜品屋场景中创建摄像机并渲染输出如图 6-1-12 所示的图像，继续学习创建自由摄像机的相关知识。

图 6-1-12　甜品屋场景图像

在甜品屋场景中创建摄像机

制作思路

创建一个自由摄像机，在摄像机视图中调整其位置，然后设置焦距、光圈大小和目标距离。

制作步骤

步骤 1 打开本书配套素材“素材与实例”→“项目六”→“甜品屋”→“甜品屋.c4d”文件。单击右侧工具栏中的“摄像机”图标，创建一个自由摄像机。

步骤 2 选中“摄像机”，在“属性”面板“对象”选项卡中将焦距设为 80 mm。

步骤 3 仅显示透视视图，然后在“对象”面板中单击“摄像机”右侧的图标（图 6-1-13），激活摄像机视图，接着参照图 6-1-14 移动、旋转、缩放视图，以调整摄像机的位置和视角。

图 6-1-13 单击“摄像机”右侧的图标

图 6-1-14 摄像机视图

小贴士

在透视视图的菜单栏中选择“摄像机”→“使用摄像机”→“摄像机”菜单，也可以激活摄像机视图。

步骤 4 选中“摄像机”，在“属性”面板“物理”选项卡中将光圈大小设为 f/3.5，使画面产生景深效果；选择“对象”选项卡，然后单击“目标距离”编辑框右侧的按钮，接着在视图窗口中单击蛋糕模型。

步骤 5 单击顶部工具栏中的“渲染到图像查看器”图标，弹出“图像查看器”窗口并渲染图像，结果如图 6-1-12 所示。

任务二 使用渲染器

任务导入

渲染器是一种用于生成图像的工具，只有对 Cinema 4D 视图窗口中的内容进行渲染，才能得到其他软件可以查看和编辑的图像。

摄像机和渲染器的设置都会对最终渲染输出的图像产生影响。例如，创建摄像机后，通过设置光圈大小，可以为画面添加景深效果，但是如果不开启渲染器的景深功能，渲染输出的图像就不会产生景深效果。除景深外，通过设置渲染器的相关参数，还可以消除物体边缘产生的锯齿现象，模拟物体表面的反射、折射、焦散等现象。

想一想：

（1）Cinema 4D 为用户提供了哪些渲染器？这些渲染器有何不同？

（2）怎样消除物体边缘产生的锯齿现象？

一、渲染器的类型

Cinema 4D 中的渲染器有标准渲染器、物理渲染器、视窗渲染器 3 种。单击顶部工具栏中的“编辑渲染设置”图标，打开“渲染设置”对话框，然后单击“渲染器”列表框，在弹出的下拉列表（图 6-2-1）中可选择需要的渲染器。

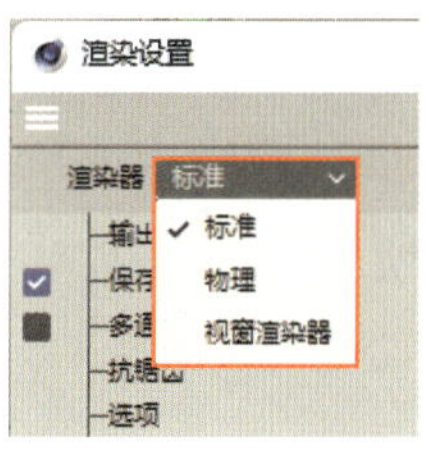

图 6-2-1 下拉列表

标准渲染器为软件默认的渲染器，渲染速度较快，当对场景和物体的渲染要求不高时使用。物理渲染器基于物理原理进行光线追踪和材质模拟，使用它渲染输出的图像更加真实，但是渲染速度较慢，当对场景和物体的渲染效果要求较高时使用。视窗渲染器主要在实时预览时使用，渲染速度快，但是渲染输出的图像质量低，不适合用于渲染最终交付的高质量图像。

二、渲染器的设置

单击顶部工具栏中的“编辑渲染设置 ...”图标，即可弹出“渲染设置”对话框，在该对话框中可设置渲染器的类型和“输出”“保存”“抗锯齿”等属性。单击“渲染设置”对话框左下角的“效果 ...”按钮，在弹出的下拉列表中选择所需选项，即可添加相应的属性。

由于标准渲染器和物理渲染器较为常用，因此下面介绍这两种渲染器的相关设置。

（一）标准渲染器的设置

1. 输出设置

选择“输出”选项后，可在打开的“输出”面板（图 6-2-2）中设置图像的大小、分辨率等。该面板中常用编辑框、复选框和列表框的功能如下。

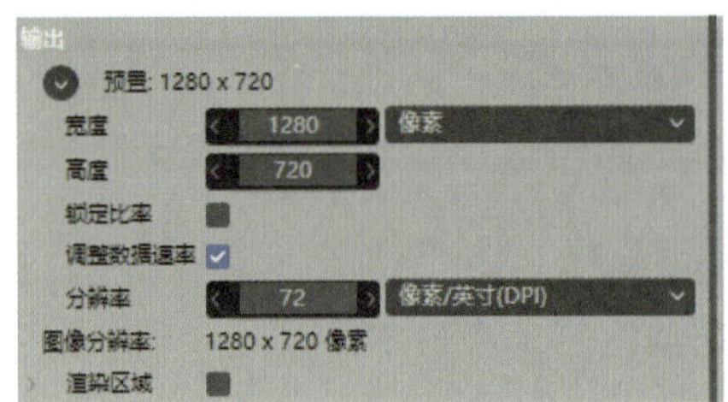

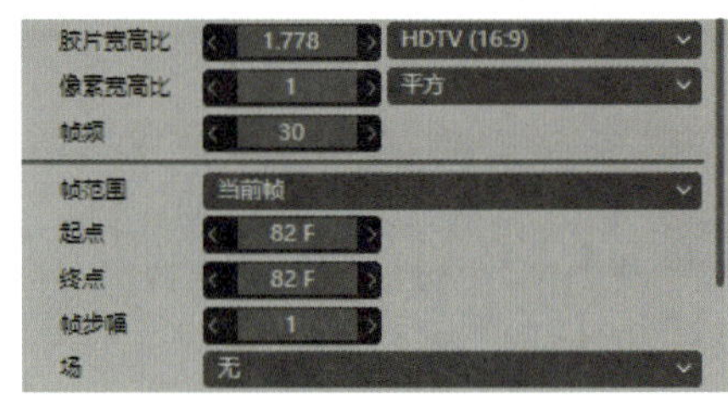

图 6-2-2 “输出”面板

①“宽度”“高度”编辑框：用于设置输出的图像的宽度、高度。

②“锁定比率”复选框：勾选该复选框后，可锁定图像的纵横比，使图像宽度与高度的比例保持不变。

③“分辨率”编辑框：用于设置图像的精细度。分辨率越高，图像上单位面积内的像素就越多，画面上显示的信息也越多。

④“帧范围”列表框：用于设置渲染的范围。若选择该列表框中的“当前帧”选项，则渲染单张图像；若选择该列表框中的“全部帧”选项，则渲染全部帧；若选择该列表框中的“手动”选项，然后在“起点”“终点”编辑框中设置帧范围，则渲染该范围内的所有帧；若选择该列表框中的“预览范围”选项，则渲染动画面板中时间轴上显示的所有帧。

小贴士

连续画面中的单幅静态画面称为帧。

2. 保存设置

选择“保存”选项后，可在打开的“保存”面板（图 6-2-3）中设置渲染输出的图像文件的储存路径、格式，以及渲染输出的图像中是否包含 Alpha 通道信息等。“保存”面板中常用选项和列表框的功能如下。

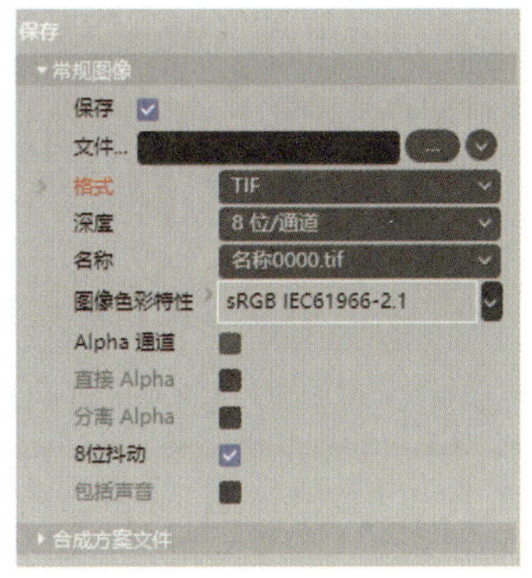

图 6-2-3 “保存”面板

①“文件”选项：用于设置渲染输出的图像文件储存的位置。单击“文件 ...”选项右侧的“...”按钮，弹出“保存文件”对话框，在该对话框中选择渲染输出的图像文件储存的位置并输入该文件的名称后单击“保存”按钮，则在渲染完成后，系统会自动将该文件储存在所设置的位置。

②“格式”列表框：用于设置渲染输出的图像文件的格式，如选择“JPG”“PNG”“PSD”“TIF”等选项。

3．其他常用设置

（1）抗锯齿设置。选择“抗锯齿”选项后，在打开的面板中单击“抗锯齿”列表框，然后选择“最佳”选项，可以消除图像中物体边缘产生的锯齿现象。

（2）环境吸收设置。选择“环境吸收”选项后，在打开的面板中通过设置光线的颜色、散射程度等参数，可以模拟物体与其周围环境之间的光线交付过程，增强物体与物体相交处和物体自身转角处产生的阴影效果。添加“环境吸收”属性前、后效果如图 6-2-4 所示。

添加前

添加后

图 6-2-4　添加“环境吸收”属性前、后效果

（3）焦散设置。焦散是指光线经过曲面物体反射和折射之后形成的聚焦或非均匀发散的光斑，如图 6-2-5 所示。选择“焦散”选项后，在打开的面板中通过设置相关参数，可以模拟焦散效果。

（4）全局光照设置。选择“全局光照”选项后，在打开的面板中选择合适的全局光照预设选项，可以模拟物体在直接照明和间接照明作用下的综合效果。合理设置全局光照，可以使渲染输出的图像产生更接近真实世界中的光照效果。添加“全局光照”属性前、后效果如图 6-2-6 所示。

图 6-2-5　焦散效果

添加前

添加后

图 6-2-6　添加“全局光照”属性前、后效果

（二）物理渲染器的设置

将渲染器设为物理渲染器，然后选择“渲染设置”对话框左侧列表区中的“物理”选项，可在打开的“物理”面板（图 6-2-7）中设置景深、运动模糊等效果。“物理”面板中常用复选框和列表框的功能如下。

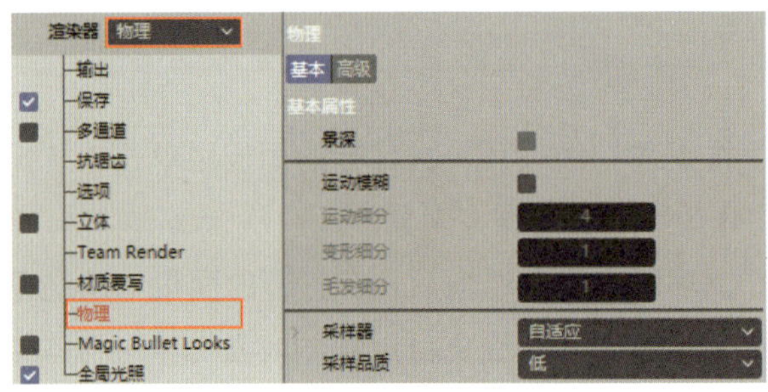

图 6-2-7　“物理”面板

①“景深”复选框：勾选该复选框后，可渲染出在摄像机中设置的景深效果。

②“运动模糊”复选框：勾选该复选框后，可渲染出场景中的运动模糊效果。

③“采样器”列表框：用于设置采样方式，包括“固定的”“自适应”“递增”3 种，其中“递增”方式较为常用。若选择“递增”选项，则渲染时间越长，得到的图像的清晰度和细腻度也越高。在渲染过程中单击“图像查看器”窗口中的“停止渲染”按钮，可随时暂停渲染。

④“采样品质”列表框：用于设置采样品质。采样品质越高，渲染时间越长，得到的图像的质量也越高。

三、渲染视图

在 Cinema 4D 中，渲染视图的常用命令包括“渲染活动视图”“渲染到图像查看器”和“交互式区域渲染”。

（1）“渲染活动视图”命令。该命令常用于测试渲染效果。单击顶部工具栏中的“渲染活动视图”图标，可渲染当前被激活的视图窗口中的视图，并在该视图窗口中显示渲染结果。渲染时，渲染进度条（图 6-2-8）会在 Cinema 4D 工作界面左下角显示。

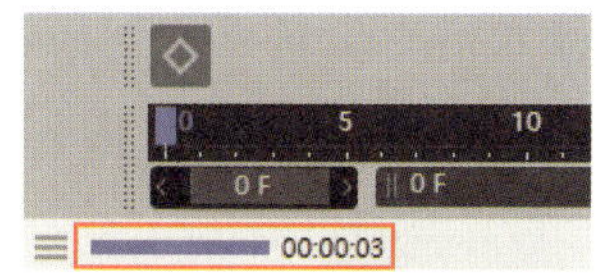

图 6-2-8　渲染进度条

（2）“交互式区域渲染（IRR）”命令。该命令常用于测试渲染效果。长按顶部工具栏中的“渲染活动视图”图标，在展开的列表中选择“交互式区域渲染（IRR）”命令，当前被激活的视图窗口中将弹出一个选取框，该选取框内显示图像的渲染效果。如果编辑对象或对场景做出其他修改，该区域内的渲染效果也会实时更新。此外，拖动选取框的边线，可调整选取框的大小。

（3）“渲染到图像查看器”命令。该命令常用于最终的渲染环节。单击顶部工具栏中的“渲染到图像查看器”图标，即可弹出“图像查看器”窗口并在该对话框中渲染图像。单击“图像查看器”窗口中的“将图像另存为 ...”按钮，在打开的“保存”对话框中设置图像文件的格式，然后单击“确定”按钮，接着在打开的“保存对话”对话框中设置图像文件的名称、储存位置等，最后单击“保存”按钮。

任务实施一——渲染新年场景

下面通过渲染新年场景并输出如图 6-2-9 所示的图像，继续学习物理渲染器的相关知识。

图 6-2-9　新年场景图像

扫一扫

渲染新年场景

制作思路

如图 6-2-9 所示的新年场景图像有景深效果，需要在摄像机中设置光圈的参数并使用物理渲染器来渲染。打开素材文件后创建一个摄像机，调整摄像机的位置和视角，然后设置摄像机的景深效果，接着在“渲染设置”对话框中选择物理渲染器并开启景深功能，最后渲染并储存图像。

制作步骤

步骤 1　打开本书配套素材“素材与实例”→“项目六”→“新年场景”→“新年场景 .c4d”文件。单击右侧工具栏中的“摄像机”图标，创建一个自由摄像机。

步骤 2　选中“摄像机”，然后在“属性”面板“对象”选项卡中将焦距设为 80 mm。

步骤 3　单击“对象”面板中“摄像机”右侧的图标，激活摄像机视图，然后移动、缩放、旋转该视图，以调整摄像机的位置和视角，结果如图 6-2-10 所示。确保“摄像机”处于选中状态，然后在

“属性”面板“对象”选项卡中单击“目标距离”编辑框右侧的按钮，在视图窗口中吸取“年”字，即可将焦点设置在“年”字周围，最后选择“物理”选项卡，将光圈大小设为 f/2.2。

图 6-2-10　调整摄像机视图

步骤 4　单击顶部工具栏中的“编辑渲染设置 ...”图标，打开“渲染设置”对话框，然后将渲染器设为“物理”。选择该对话框左侧列表区中的“物理”选项，在打开的面板中勾选“景深”复选框，将采样器的类型设为“递增”；选择该对话框左侧列表区中的“输出”选项，在打开的面板中勾选“锁定比率”复选框，然后将图像的宽度、高度分别设为 1 280 像素、720 像素，将分辨率设为 300 像素/英寸；选择该对话框左侧列表区中的“抗锯齿”选项，在打开的面板中将过滤类型设为“Mitchell”。

小 贴 士

在“抗锯齿”列表框中可选择“Mitchell”“立方（静帧）”“高斯（动画）”3 种过滤类型。若选择“Mitchell”选项，则能够在保证图像清晰度和细节质量的前提下，在一定程度上减少锯齿现象；若选择“立方（静帧）”选项，则可在一定程度上减少锯齿现象和图像的模糊效果，但是在某些情况下可能会产生伪阴影，常用于渲染静态图像；若渲染动画，则可选择“高斯（动画）”选项。

步骤 5　单击“渲染设置”对话框左下角的“效果 ...”按钮，在弹出的下拉列表中选择“全局光照”选项，在打开的面板中将“预设”设为“内部 - 高”，如图 6-2-11 所示，最后将该对话框关闭。

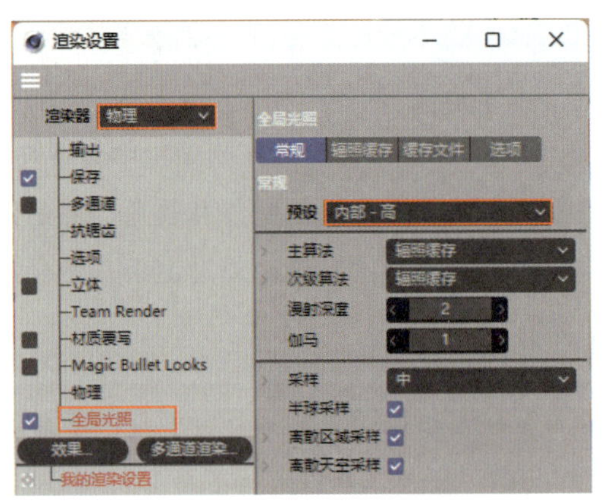

图 6-2-11　选择预设的全局光照的类型

步骤 6　单击顶部工具栏中的“渲染到图像查看器”图标，打开“图像查看器”窗口并进行渲染。渲染完毕，单击“图像查看器”窗口中的“将图像另存为 ...”按钮，在弹出的“保存”对话框中

将图像文件的格式设为 png，接着单击“确定”按钮，在弹出的“保存对话”对话框中选择图像文件的储存位置并输入文件名“新年场景”，最后单击“确定”按钮。

任务实施二——渲染水晶球摆件

下面通过渲染并输出如图 6-2-12 所示的水晶球摆件图像，继续学习标准渲染器的相关知识。

图 6-2-12　水晶球摆件图像

制作思路

水晶球为玻璃材质，受环境影响较大。为使水晶球产生更加真实的渲染效果，在渲染时，需要开启渲染器的抗锯齿、全局光照和焦散功能。

制作步骤

步骤 1　打开本书配套素材“素材与实例”→“项目六”→“水晶球摆件”→“水晶球摆件 .c4d”文件。

步骤 2　单击顶部工具栏中的“编辑渲染设置 ...”图标，打开“渲染设置”对话框，采用软件默认的标准渲染器，然后选择“抗锯齿”选项，将抗锯齿类型设为“最佳”、最小级别设为 4×4。

小贴士

当抗锯齿类型为“最佳”时，可以设置抗锯齿的最小级别和最大级别。最小级别越大，抗锯齿效果越好，渲染速度越慢。

步骤 3　单击“渲染设置”对话框左侧的“效果 ...”按钮，在弹出的下拉列表中选择“全局光照”选项，在打开的面板中将预设类型设为“内部 - 高”；单击“渲染设置”对话框左侧的“效果 ...”按钮，在弹出的下拉列表中选择“焦散”选项，最后关闭该对话框。

步骤 4　单击顶部工具栏中的“渲染到图像查看器”图标，打开“图像查看器”窗口并进行渲染。渲染完毕，单击“图像查看器”窗口中的“将图像另存为 ...”按钮，在弹出的“保存”对话框中将图像文件的格式设为 png，接着单击“确定”按钮，在弹出的“保存对话”对话框中选择图像文件的储存位置并输入文件名“水晶球摆件”，最后单击“确定”按钮。

学习成果自测

自测习题一 渲染花瓶

打开本书配套素材“素材与实例”→“项目六”→“花瓶”→“花瓶 .c4d”文件，利用本项目所学知识创建摄像机并渲染输出如图 6-3-1 所示的花瓶图像。

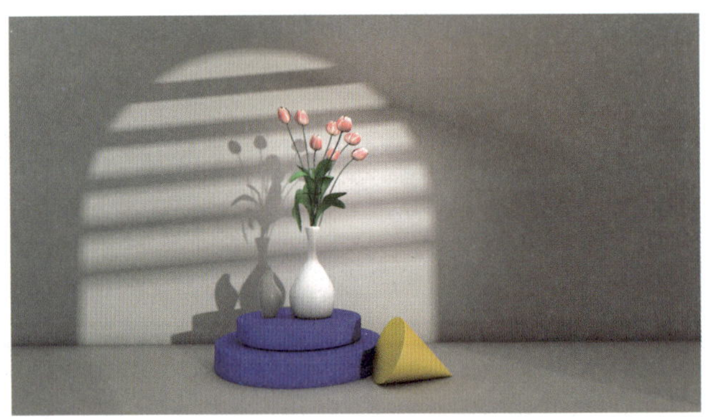

图 6-3-1 花瓶图像

提示：

首先创建一个摄像机，然后调整摄像机的位置和视角，接着设置摄像机的焦距、目标距离等参数。打开“渲染设置”对话框，设置抗锯齿类型和最小采样间隔，并开启“全局光照”和“环境吸收”功能。

自测习题二 渲染春游场景

打开本书配套素材“素材与实例”→“项目五”→“春游场景”→“春游场景 .c4d”文件，利用本项目所学知识创建摄像机并渲染输出如图 6-3-2 所示的春游场景图。

图 6-3-2 春游场景图

提示：

首先创建一个摄像机，然后调整摄像机的位置和视角，接着设置摄像机的焦距、目标距离、光圈人小等参数。打开“渲染设置”对话框，选择物理渲染器，并开启“景深”和“全局光照”功能。

学习成果评价

请进行学习成果评价，并将评价结果填入表 6-4-1。

表 6-4-1　学习成果评价表

班级		组号		日期	
姓名		学号		指导教师	
评价项目	评价内容		满分	自我评分	教师评分
知识（50%）	摄像机的类型		10		
	摄像机的参数		10		
	渲染器的类型		10		
	渲染器的设置		10		
	渲染视图的方法		10		
技能（30%）	能够根据需要创建并使用摄像机		15		
	能够使用渲染器渲染输出所需图像		15		
素养（20%）	积极参与课堂讨论		6		
	具备良好的学习态度，认真完成任务实施		6		
	培养善于发现问题并解决问题的能力		8		
合计			100		
总分（自我评分 × 40%+教师评分 × 60%）					
自我评价					
教师评价					

项目七
体积与毛发

项目引言

与样条建模和多边形建模不同，体积建模是一种基于离散体素（组成三维图像的最小体积单元，与平面图中的像素在功能上类似）的建模方法，其建模过程类似搭积木，并且在建模过程中，用户还可以对对象进行布尔运算。对于一些复杂、不规则的模型，可使用体积建模方法来制作。使用 Cinema 4D 中的毛发模块并且通过编辑毛发的材质，可以制作草坪上的小草、玩偶上的绒毛、动物的毛发等。

本项目主要介绍体积与毛发的基础知识和基本操作。

知识目标

- 了解体积生成。
- 了解体积网格。
- 掌握制作毛发的方法。
- 掌握编辑毛发材质的方法。

素质目标

- 能够具体问题具体分析，灵活使用多种方法创建模型。
- 在不断调整毛发效果的过程中，培养耐心和高度的专注力，进而提高自己的综合素质。

任务一 体积建模

任务导入

体积建模操作简单，并且模型各部分连接处过渡自然。常用的体积建模命令有“体积生成”和“体积网格”。“体积生成”命令是一种高级的布尔运算命令，使用它不仅可以将对象体素化，还可以对对象进行并集、差集、交集等布尔运算。使用“体积网格”命令能够将体素化对象转换为可渲染的实体对象。

例如，我们要创建图 7-1-1 中的小猪，可先使用“胶囊”命令创建一个胶囊，将其作为小猪的身体，然后创建 4 个圆台、一个圆柱体和 2 个四棱锥分别作为小猪的腿、鼻子和耳朵，接着使用“体积生成”命令将它们体素化，使它们融合为一个对象，最后使用“体积网格”命令将体素化对象转换为可渲染的实体对象，就可以得到小猪的基本形体。

图 7-1-1　小猪渲染图

想一想：

（1）使用“体积生成”命令建模时可设置哪些参数？

（2）进行体积建模的流程是怎样的？

一、体积生成

使用“体积生成”命令不仅可以将一个或多个对象（包括样条、基本体、可编辑对象和粒子）转化为离散的体积元素（图 7-1-2），还可以对多个对象进行并集、差集、交集等运算，使其成为一个新的对象（该对象无法被渲染），其具体操作：单击右侧工具栏中的“体积生成”图标，创建一个“体积生成”对象，然后在“对象”面板中将要编辑的对象设为“体积生成”的子级。

创建“体积生成”对象后，通常需要在“属性”面板“对象”选项卡（图 7-1-3）中设置相关参数。“对象”选项卡中的常用列表框、编辑框和按钮的功能如下。

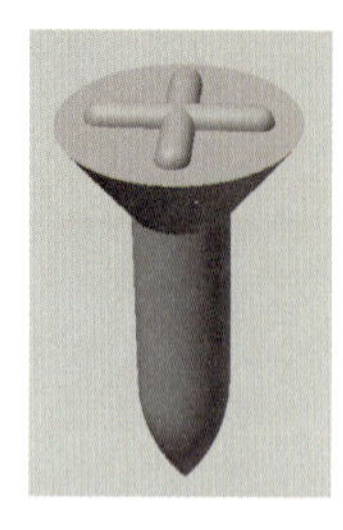
原对象

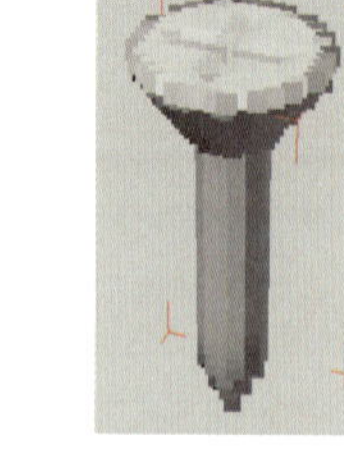
体积元素

图 7-1-2 使用“体积生成”命令前、后效果

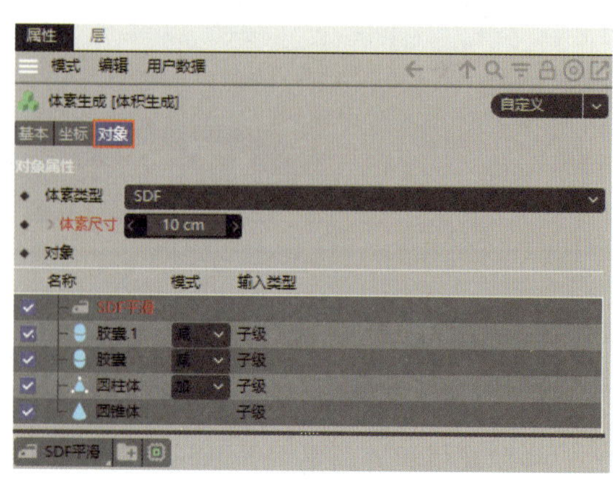

图 7-1-3 “对象”选项卡

①“体素类型”列表框：用于设置对象最小体积单元的类型，建模时常用的体素类型有 SDF 和雾两种。若选择该列表框中的“SDF”选项，则“体积生成”子级对象之间只有加、减、相交 3 种运算模式，在创建实体模型时可选择该选项；若选择该列表框中的“雾”选项，则“体积生成”子级对象之间有普通、最大、最小、加、减、乘、除等 7 种运算模式，在模拟云、烟、雾等效果时可选择该选项。

②“体素尺寸”编辑框：用于控制生成的对象的精细程度。体素尺寸越小，生成的对象的精细程度越高。体素尺寸不同时的对象如图 7-1-4 所示。

原对象

体素尺寸为 2 cm

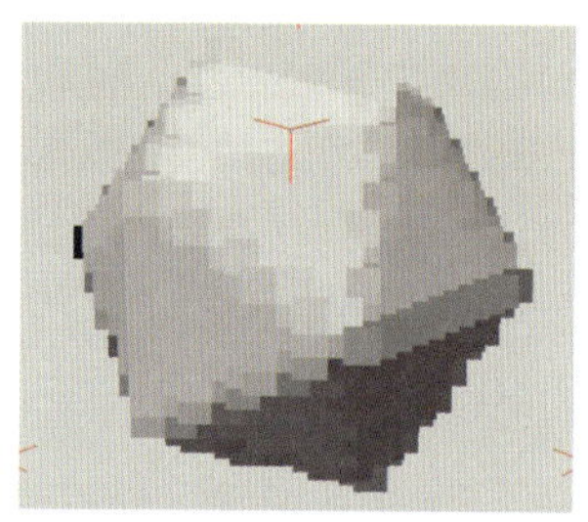
体素尺寸为 10 cm

图 7-1-4 体素尺寸不同时的对象

③“SDF 平滑”按钮：单击该按钮，可添加一个 SDF 平滑层，位于该层下方的所有对象将产生平滑效果，位于该层上方的对象不受影响。添加 SDF 平滑层前、后效果如图 7-1-5 所示。

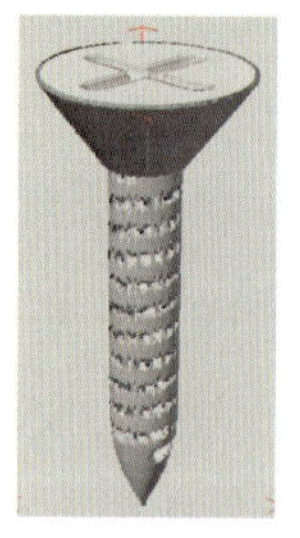
添加前

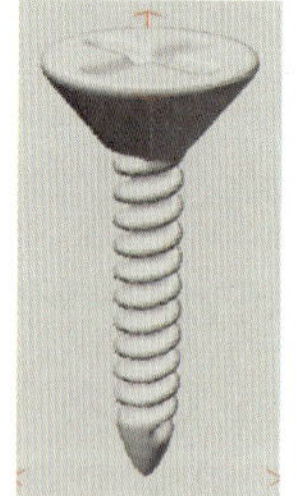
添加后

图 7-1-5 添加 SDF 平滑层前、后效果

小贴士

选中 SDF 平滑层后，可以在“属性”面板“滤镜”选项卡（图 7-1-6）中设置相关参数。该选项卡中的常用编辑框和列表框的功能如下。

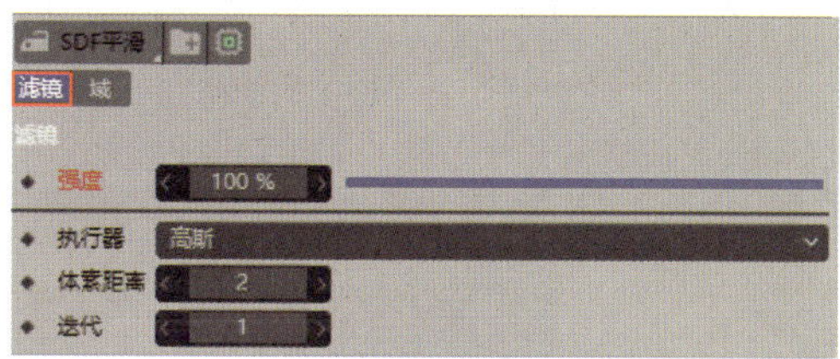

图 7-1-6　“滤镜”选项卡

①“强度”编辑框：用于控制对象的平滑程度。

②“执行器”列表框：用于设置滤镜的类型。

③“体素距离”编辑框：用于设置体素间的距离，也可通过调整体素尺寸来控制体素间的距离。

④“迭代”编辑框：用于设置 SDF 平滑重复计算的次数。重复计算次数越多，显示的对象的细节越多。

二、体积网格

使用“体积网格”命令可以为使用“体积生成”命令创建的对象添加网格，从而生成可以被渲染的实体对象，如图 7-1-7 所示。具体操作：长按右侧工具栏中的“体积生成”图标，在展开的列表中选择“体积网格”命令，创建一个“体积网格”对象，然后在“对象”面板中将“体积生成”设为“体积网格”的子级。

创建“体积网格”对象后，通常需要在“属性”面板“对象”选项卡（图 7-1-8）中设置相关参数。“对象”选项卡中的常用编辑框的功能如下。

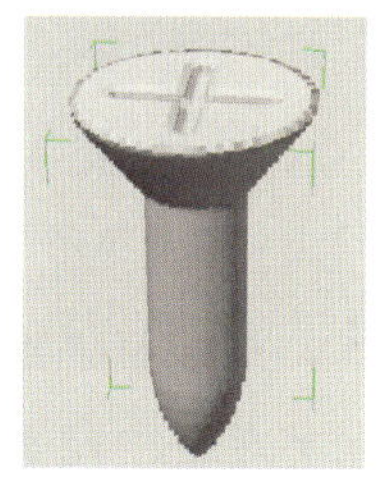

使用前

使用后

图 7-1-7　使用“体积网格”命令前、后

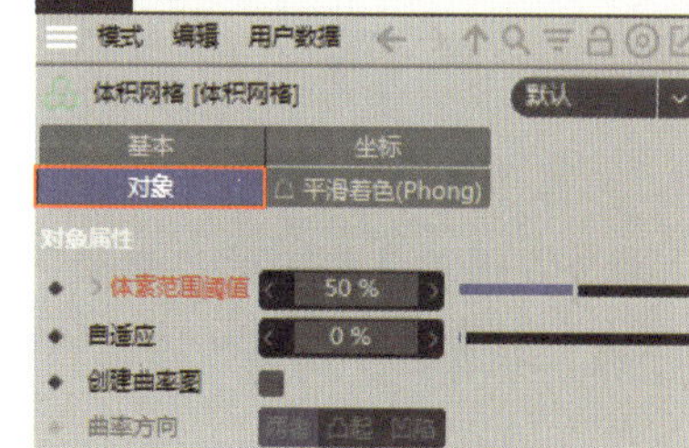

图 7-1-8　“对象”选项卡

①“体素范围阈值”编辑框：用于控制生成的实体对象的体积大小。该编辑框中的数值越大，生成的实体对象的体积就越大。

②“自适应”编辑框：用于控制生成的实体对象面数的多少。该编辑框中的数值越大，生成的实体对象的面数越少，实体对象越不平滑。

任务实施——制作蛋糕

下面通过制作如图 7-1-9 所示的蛋糕，继续学习体积建模的相关知识。

图 7-1-9　蛋糕渲染图

扫一扫

制作蛋糕

制作思路

图 7-1-9 中的蛋糕由蛋糕坯和奶油两部分组成。可按照以下步骤制作蛋糕的两个部分。

（1）制作蛋糕坯。创建一个圆柱体作为蛋糕坯的主体，再创建一个圆柱体并使用“克隆”生成器对其进行复制，制作出蛋糕坯的雏形，然后使用“FFD”变形器调整模型的形状，最后创建一个球体，通过将其沿某个方向缩放，制作出蛋糕坯的顶面。使用“体积生成”命令和“体积网格”命令将所有模型融合在一起，然后使用“置换”变形器制作出蛋糕坯表面不规则的凹凸效果，使蛋糕坯看起来更加真实。

（2）制作奶油。创建一个星形，并使用“挤压”生成器将其转换为模型，然后使用“扭曲”变形器将模型扭曲，使用“锥化”变形器使模型上半部分变尖，以制作出奶油的形状。使用“体积生成”命令和“体积网格”命令重新生成模型的网格，以呈现奶油的丝滑感，最后使用“置换”变形器制作出奶油表面的凹凸效果。

制作步骤

步骤 1　创建一个半径为 10 cm、高度为 20 cm、高度分段数为 1、旋转分段数为 36 的圆柱体和一个半径为 2 cm、高度为 20 cm、高度分段数为 1、旋转分段数为 16 的圆柱体。

步骤 2　单击右侧工具栏中的“克隆”图标，创建一个“克隆”生成器，然后将“圆柱体.1”设为“克隆”的子级，接着在“属性”面板“对象”选项卡中按图 7-1-10 设置相关参数，结果如图 7-1-11 所示。

步骤 3　长按右侧工具栏中的“弯曲”图标，在展开的列表中选择“FFD”命令，创建一个“FFD”变形器，然后选中“FFD”“克隆”“圆柱体”，按“Alt+G”组合键对其编组。

步骤 4　选中“FFD”，在“属性”面板“对象”选项卡中将栅格尺寸设为 25 cm×25 cm×25 cm，将水平网点、垂直网点、纵深网点数量均设为 2。单击顶部工具栏中的“点”图标，切换至点模式，然后采用框选方式在右视图中选中如图 7-1-12 所示的点，接着按“T”键执行“缩放”命令，将选中的点均匀缩小至 75%。

步骤 5　单击顶部工具栏中的“模型”图标，切换至模型模式。创建一个半径为 12 cm、分段数为 36 的球体，然后按“C”键，将其转换为可编辑对象。使用“移动”命令和“缩放”命令将球体移至圆柱体的正上方并沿 Y 轴缩放至合适大小，结果如图 7-1-13 所示。

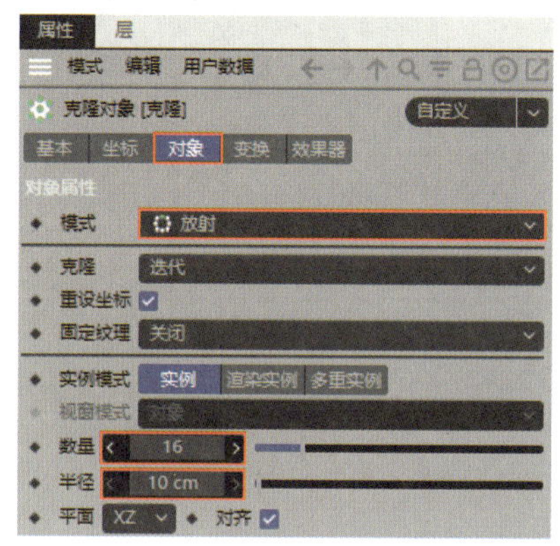

图 7-1-10　克隆的相关参数

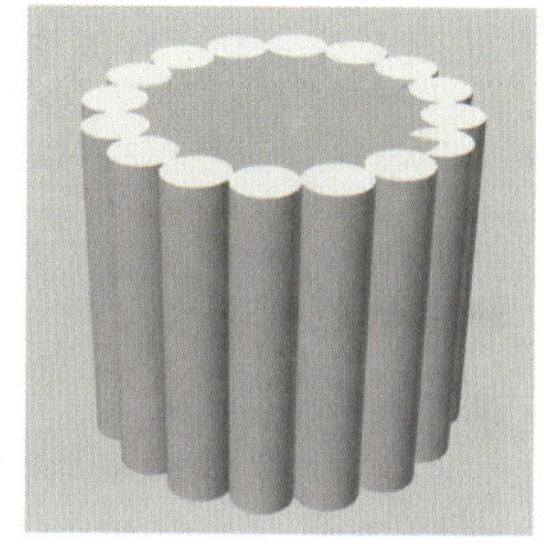

图 7-1-11　克隆效果

图 7-1-12　选中点

图 7-1-13　移动和缩放效果

步骤 6　单击右侧工具栏中的“体积生成”图标，创建一个“体积生成”对象，然后将“空白”“球体”设为“体积生成”的子级。

步骤 7　长按右侧工具栏中的“体积生成”图标，在展开的列表中选择“体积网格”命令，创建一个“体积网格”对象，然后将“体积生成”设为“体积网格”的子级。

步骤 8　选中“体积生成”，在“属性”面板“对象”选项卡中将体素尺寸设为 0.2 cm，然后单击“SDF 平滑”按钮，创建一个 SDF 平滑层，结果如图 7-1-14 所示。

步骤 9　选中“体积网格”，按住“Shift”键后长按右侧工具栏中的“弯曲”图标，在展开的列表中选择“置换”命令，创建一个“置换”变形器，然后在“属性”面板“对象”选项卡中将强度设为 −10%、高度设为 5 cm；在“着色”选项卡中单击“着色器”选项右侧的箭头按钮，在弹出的下拉列表中选择“噪波”选项，添加一张噪波贴图，如图 7-1-15 所示。

步骤 10　在“属性”面板“着色”选项卡中单击“噪波”按钮，然后在“着色器”选项卡中按图 7-1-16 设置噪波的类型、噪波贴图的全局缩放比例、噪波的相对大小，最后在“对比”编辑框中输入“70”，结果如图 7-1-17 所示。

图 7-1-14　体积生成和体积网格效果

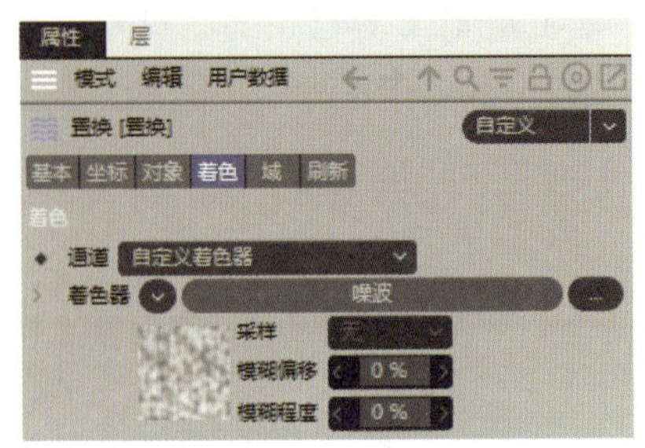

图 7-1-15　添加噪波贴图

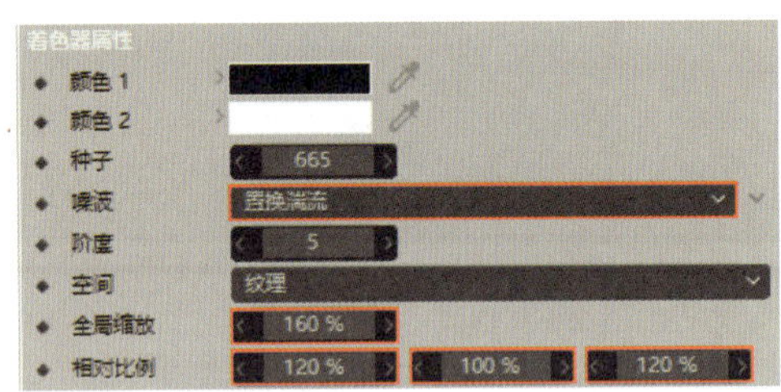

图 7-1-16　噪波的相关参数

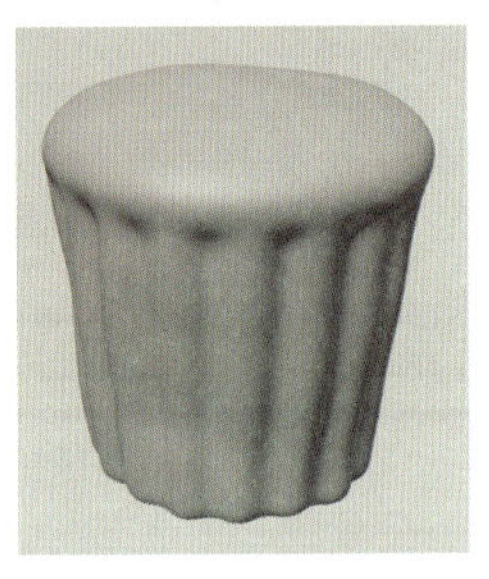

图 7-1-17　置换效果 ①

步骤 11　长按右侧工具栏中的“矩形”图标，在展开的列表中选择“星形”命令，然后单击顶部工具栏中的“视窗独显”图标，接着在“属性”面板“对象”选项卡中按图 7-1-18 设置相关参数，结果如图 7-1-19 所示。

步骤 12　长按右侧工具栏中的“细分曲面”图标，在展开的列表中选择“挤压”命令，然后将“星形”设为“挤压”的子级。选中“挤压”，在“属性”面板“对象”选项卡中将偏移距离设为 10 cm、高度方向上的细分值设为 20，结果如图 7-1-20 所示。

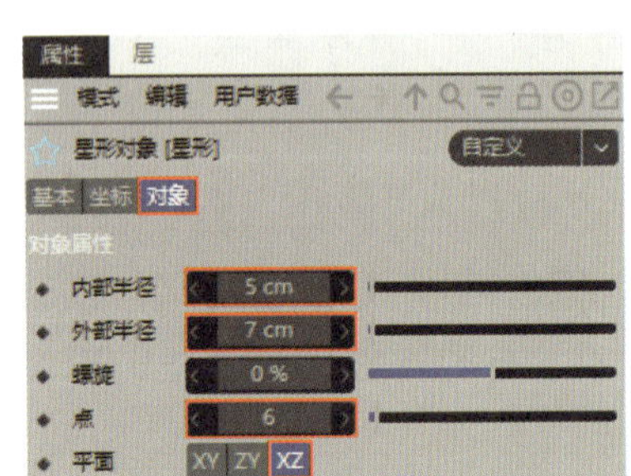

图 7-1-18　星形的相关参数

图 7-1-19　星形

图 7-1-20　挤压效果

步骤 13　长按右侧工具栏中的“弯曲”图标，在展开的列表中选择“扭曲”命令，然后将“扭曲”设为“挤压”的子级。选中“扭曲”，在“属性”面板“对象”选项卡中单击“匹配到父级”按钮，然后将扭曲角度设为 100°，结果如图 7-1-21 所示。

步骤 14　长按右侧工具栏中的“弯曲”图标，在展开的列表中选择“锥化”命令，然后将“锥化”设为“挤压”的第 1 个子级。选中“锥化”，在“属性”面板“对象”选项卡中单击“匹配到父级”按钮，然后将锥化强度设为 80%、弯曲程度设为 200%，结果如图 7-1-22 所示。

步骤 15　创建一个“体积生成”对象，并将其名称设为“奶油”，然后将“挤压”设为“奶油”的子级。创建一个“体积网格”对象，将“奶油”设为“体积网格 .1”的子级。

步骤 16 选中“奶油”，在“属性”面板“对象”选项卡中将体素尺寸设为 0.3 cm，然后单击“SDF 平滑”按钮，创建一个 SDF 平滑层，接着将平滑强度设为 45%，结果如图 7-1-23 所示。

图 7-1-21 扭曲效果

图 7-1-22 锥化效果

图 7-1-23 平滑效果

步骤 17 单击顶部工具栏中的“视窗独显”图标，结束对象单独显示状态。按“E”键执行“移动”命令，然后将奶油移至蛋糕坯上方合适位置，结果如图 7-1-24 所示。

步骤 18 选中“体积网格 .1”，按住“Shift”键后长按右侧工具栏中的“弯曲”图标，在展开的列表中选择“置换”命令，然后在“属性”面板“对象”选项卡中将强度设为 –10%，高度设为 5 cm；在“着色”选项卡中单击“着色器”选项右侧的箭头按钮，在弹出的下拉列表中选择“噪波”选项；单击“噪波”按钮，在“着色器”选项卡中将噪波贴图的全局缩放比例设为 35%，结果如图 7-1-25 所示。

图 7-1-24 移动效果

图 7-1-25 置换效果 ②

任务二 制作毛发

任务导入

利用 Cinema 4D 的毛发系统可以制作绒毛玩具和草坪上的小草等，如图 7-2-1 所示。例如，要制作如图 7-2-1（a）所示的毛线玩具，应先制作出毛线玩具的模型，然后使用“添加毛发”命令为其添加毛发，再在“属性”面板中设置毛发的数量、长度等参数，最后在“材质编辑器”对话框中修改毛发的颜色、粗细等属性。

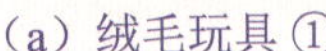

（a）绒毛玩具 ①　　（b）绒毛玩具 ②　　（c）草坪上的小草

图 7-2-1　绒毛玩具和草坪上的小草

想一想：

（1）图 7-2-1（a）和图 7-2-1（b）中的两个毛绒玩具上的毛的颜色、长度、卷曲程度分别具有什么么特点？

（2）在 Cinema 4D 中如何制作如图 7-2-1（c）所示草坪上的小草？

一、制作毛发的方法

选中对象（或对象的面），然后选择“模拟”→“毛发对象”→“添加毛发”菜单，即可为对象（或对象的面）添加毛发，如图 7-2-2 所示。默认状态下，在 Cinema 4D 中制作的毛发具有动力学效果，单击动画面板中的“播放”按钮，可以看到视图窗口中的毛发会自动飘动。

添加前

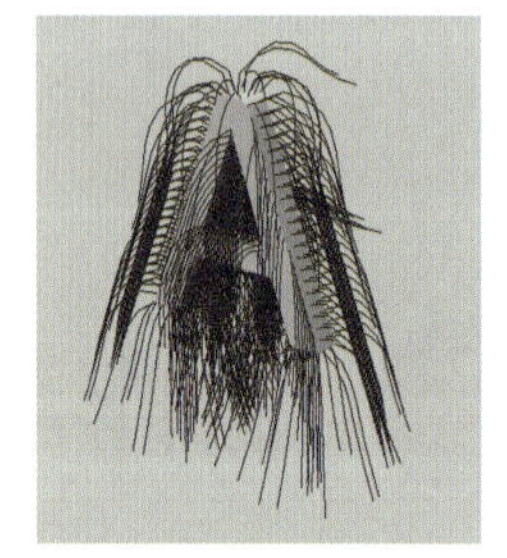

添加后视图窗口中的效果

添加后的渲染效果

图 7-2-2　给对象添加毛发前、后效果

添加毛发后，通常需要在“属性”面板“引导线”选项卡（图 7-2-3）和“毛发”选项卡中设置相关参数。

（一）“引导线”选项卡

“引导线”选项卡中的常用编辑框的功能如下。

①“数量”编辑框：用于设置引导线的数量，该数值不会影响每条引导线上毛发的数量。

②“分段”编辑框：用于设置引导线的分段数，分段数越多，毛发越柔软。分段数不同时毛发的效果如图 7-2-4 所示。

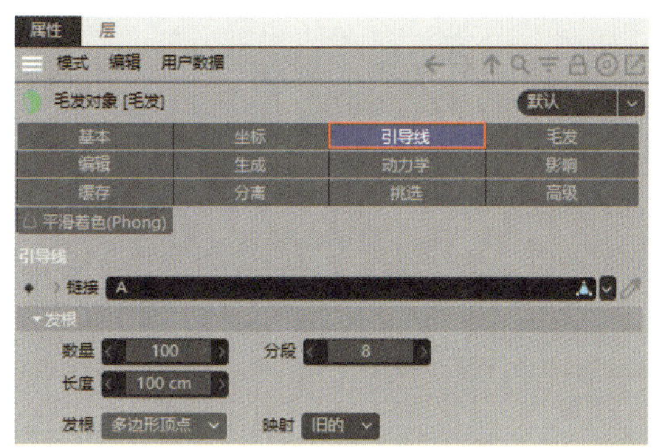

图 7-2-3　“引导线”选项卡

分段数为 8

分段数为 3

图 7-2-4　分段数不同时毛发的效果

③“长度”编辑框：用于设置毛发的长度。

(二)“毛发”选项卡

“毛发”选项卡（图 7-2-5）中的常用编辑框的功能如下。

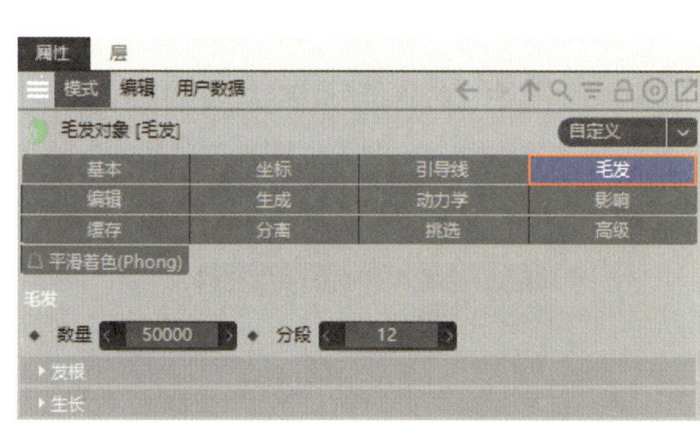

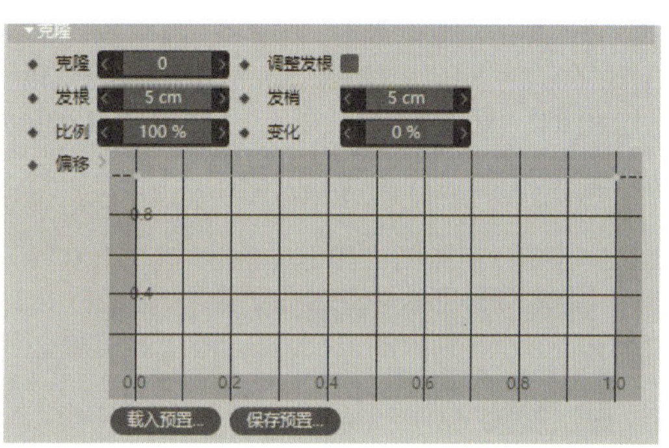

图 7-2-5　“毛发”选项卡

①“数量”编辑框：用于设置毛发的数量。

②“克隆”编辑框：用于设置毛发克隆的倍数。

③“发根”“发梢”编辑框：用于设置发根和发梢的长度。

④“比例”编辑框：用于设置克隆的毛发的长度。

⑤“变化”编辑框：用于设置克隆的毛发长度的随机变化量。

二、编辑毛发的材质

给对象添加毛发后，Cinema 4D 会自动为毛发创建相应的材质，如图 7-2-6 所示。在“属性”面板和“材质编辑器”对话框中可以设置毛发材质的“颜色”“高光”“透明”“粗细”“长度”“比例”“卷曲”“纠结”“密度”“集束”“弯曲”等 18 种属性。限于篇幅，本书仅介绍几种较常用的属性。

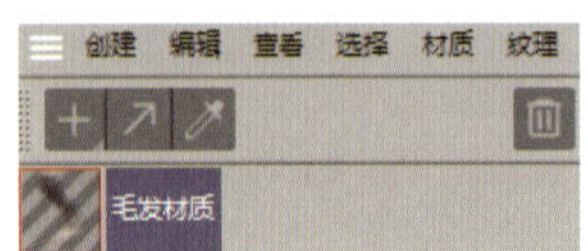

图 7-2-6　毛发材质

（一）“颜色”属性

勾选“颜色”复选框后，可在打开的“颜色”面板（图 7-2-7）中设置毛发的固有色、亮度等。“颜色”面板中常用选项和编辑框的功能如下。

①“颜色”选项：拖动色标，可调整毛发固有色的范围；双击色标，在弹出的对话框中可重新设置毛发的固有色。

②“亮度”编辑框：用于设置毛发固有色的明暗程度。当该值为 0 时，毛发为纯黑色。

③“纹理”选项：用于以添加贴图的方式设置毛发的固有色。单击“纹理”选项右侧的箭头按钮，可在弹出的下拉列表中选择需要的贴图类型，或者为选择的外部贴图添加扭曲、投射等效果。

此外，基于毛发的固有色，还可以在“发根”和“发梢”卷展栏中分别调整发根、发梢的颜色，在“色彩”卷展栏中编辑毛发的固有色。

（二）“粗细”属性

勾选“粗细”复选框后，可在打开的“粗细”面板（图 7-2-8）中设置毛发的粗细效果。“粗细”设置区中常用编辑框和选项的功能如下。

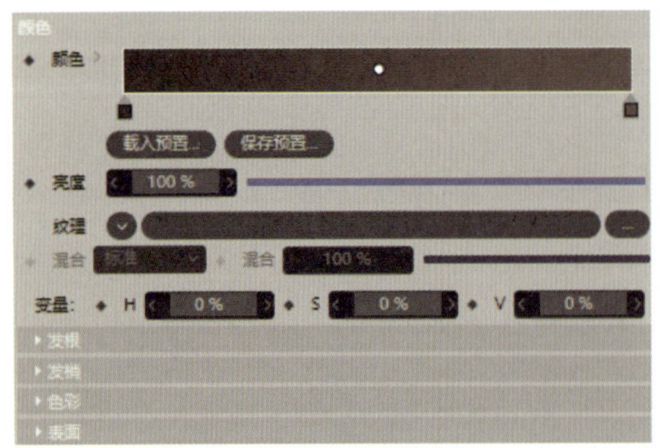

图 7-2-7　“颜色”面板

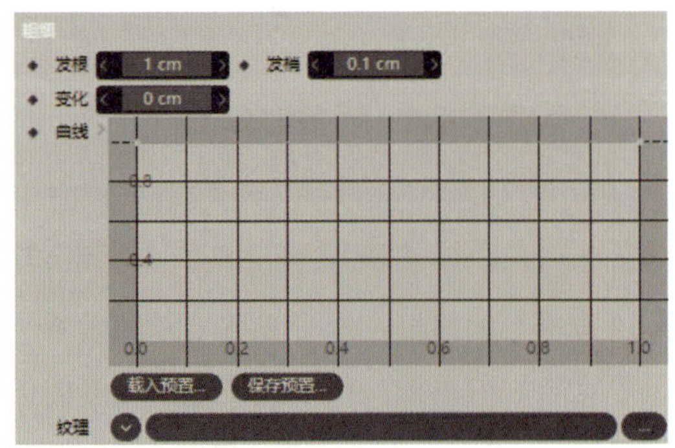

图 7-2-8　“粗细”面板

①“发根”“发梢”编辑框：用于设置发根和发梢的粗细。

②“变化”编辑框：用于设置发根到发梢的粗细变化效果。

③“曲线”选项：可通过调整曲线的形状设置毛发的粗细变化效果。

（三）“集束”属性

勾选“集束”复选框后，可在打开的“集束”面板（图 7-2-9）中设置毛发的集束效果。“集束”面板中常用编辑框的功能如下。

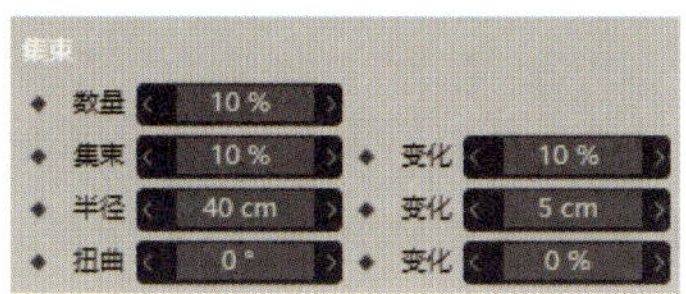

图 7-2-9　“集束”面板

①“数量”编辑框：用于控制毛发集束的数量。该编辑框中的数值越大，毛发集束的数量越多。

②“集束”编辑框：用于控制毛发集束的程度。该编辑框中的数值越大，毛发的集束效果越明显。集束值不同时毛发的效果如图 7-2-10 所示。

③“半径”编辑框：用于设置毛发集束的大小。半径不同时毛发的效果如图 7-2-11 所示。

集束值为 10%

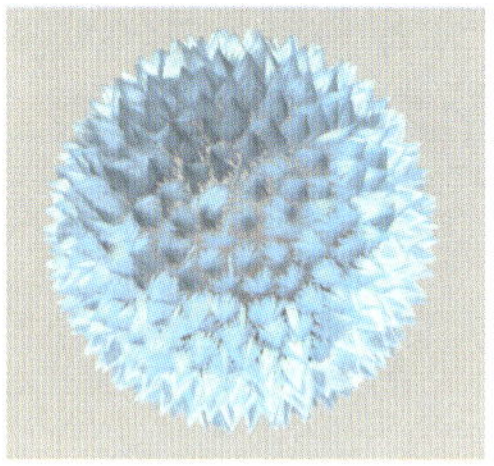

集束值为 40%

图 7-2-10　集束值不同时毛发的效果

半径为 10 cm

半径为 60 cm

图 7-2-11　半径不同时毛发的效果

（四）“弯曲”属性

勾选“弯曲”复选框后，可在打开的“弯曲”面板（图 7-2-12）中设置毛发弯曲的程度等。“弯曲”面板中常用编辑框的功能如下。

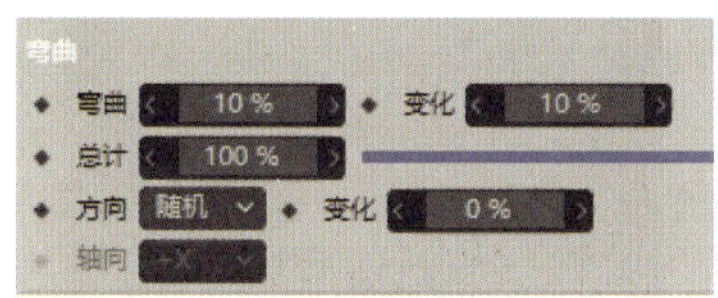

图 7-2-12　“弯曲”面板

①“弯曲”编辑框：用于控制毛发的弯曲程度。弯曲值不同时毛发的效果如图 7-2-13 所示。

弯曲值为 10%

弯曲值为 45%

图 7-2-13　弯曲值不同时毛发的效果

②“变化”编辑框：用于设置毛发的随机弯曲效果。

③“总计”编辑框：用于设置弯曲的毛发的数量。

④“方向”编辑框：用于设置毛发弯曲的方向。

（五）其他常用属性

（1）“高光”属性。勾选“高光”复选框后，可在打开的面板中设置高光区域内毛发的颜色、强度等。添加“高光”属性前、后效果如图 7-2-14 所示。

（2）“长度”属性。勾选“长度”复选框后，可在打开的面板中设置毛发的长度。

（3）“卷曲”属性。勾选“卷曲”复选框后，可在打开的面板中设置毛发的卷曲效果。添加“卷曲”属性前、后效果如图 7-2-15 所示。

添加前

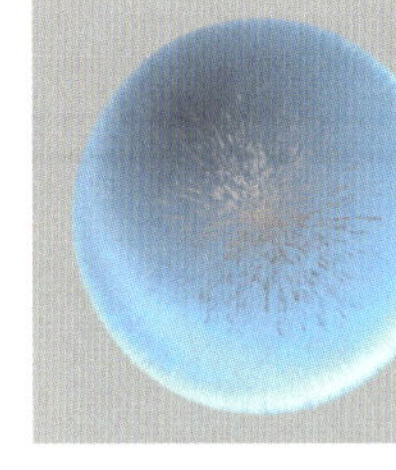

添加后

图 7-2-14 添加“高光”属性前、后效果

添加前

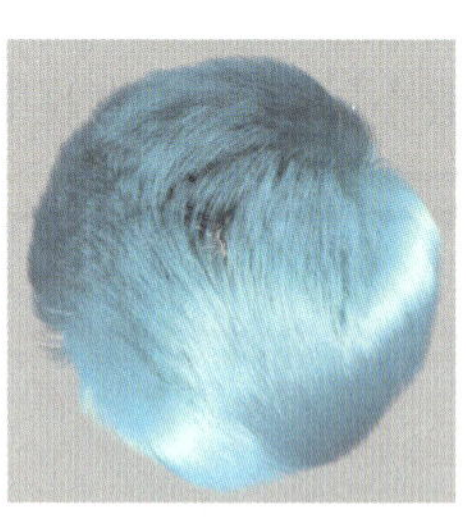

添加后

图 7-2-15 添加“卷曲”属性前、后效果

任务实施——制作网球

下面通过制作如图 7-2-16 所示的网球，继续学习制作毛发的相关知识。

图 7-2-16 网球渲染图

制作网球

制作思路

图 7-2-16 中的网球主要分为球体模型、球体的材质和毛发 3 部分，各部分的制作思路如下。

（1）制作球体模型。创建一个球体，然后将其转换为可编辑对象。

（2）制作球体的材质。创建一个材质球，并将其赋予球体，然后通过修改材质的“颜色”和“置换”属性制作出网球的底色和图案。

（3）制作毛发。先制作网球表面第 1 层较短的毛，然后制作网球表面第 2 层较长的毛。

制作步骤

步骤 1　创建一个半径为 50 cm、分段数为 64 的球体，然后按“C”键，将其转换为可编辑对象。

步骤 2　单击顶部工具栏中的“材质管理器 ...”图标，打开“材质管理器”面板，在该面板中创建一个材质球，然后将其名称设为“网球”，接着将“网球”材质赋予“球体”。

步骤 3　双击“网球”材质球，打开“材质编辑器”对话框。在“颜色”面板中单击“纹理”选项右侧的箭头按钮，在弹出的下拉列表中选择“图层”选项，然后单击“图层”按钮，在“着色器”选项卡（图 7-2-17）中单击“图像 ...”按钮，在弹出的“打开文件”对话框中双击本书配套素材“素材与实例”→“项目七”→“网球”→“网球 .png”文件，添加一个“网球”图层。

步骤 4　在“着色器”选项卡中单击“着色器 ...”按钮，在弹出的下拉列表中选择“噪波”选项，添加一个“噪波”图层，然后单击“噪波”图层右侧的缩略图，在“着色器”选项卡中按图 7-2-18 设置相关参数。

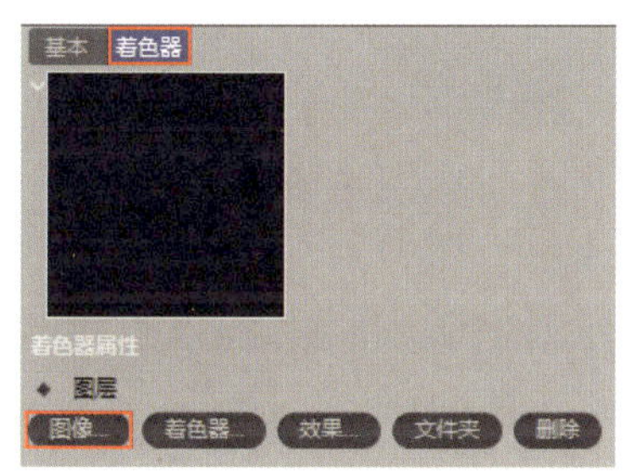

图 7-2-17　“着色器”选项卡 ①

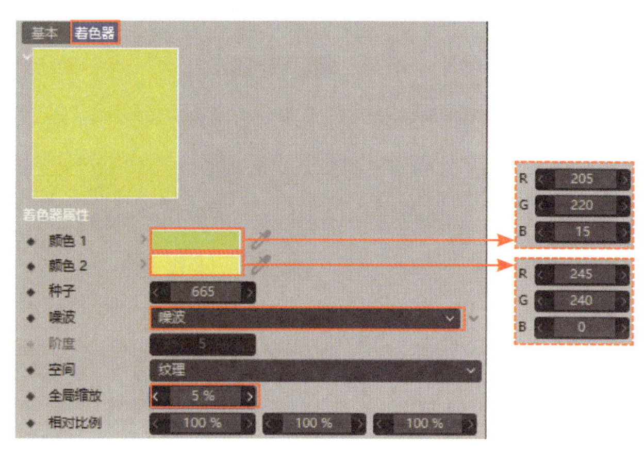

图 7-2-18　噪波的相关参数

步骤 5　单击“材质编辑器”对话框右上方的按钮，返回至上一级，然后在“着色器”选项卡中单击“着色器 ...”按钮，在弹出的下拉列表中选择“噪波”选项，添加一个噪波图层，接着单击“噪波”图层右侧的缩略图，在“着色器”选项卡中将“颜色 1”的 R、G、B 的值分别设为 190、190、160，将“颜色 2”的 R、G、B 的值分别设为 210、210、255，将全局缩放比例设为 5%。

步骤 6　单击“材质编辑器”对话框右上角的按钮，返回至上一级，然后向上拖动“网球”图层，将其设为第 2 个图层，接着将图层模式设为“图层蒙版”，如图 7-2-19 所示。单击顶部工具栏中的“渲染活动视图”图标，得到的渲染效果如图 7-2-20 所示。

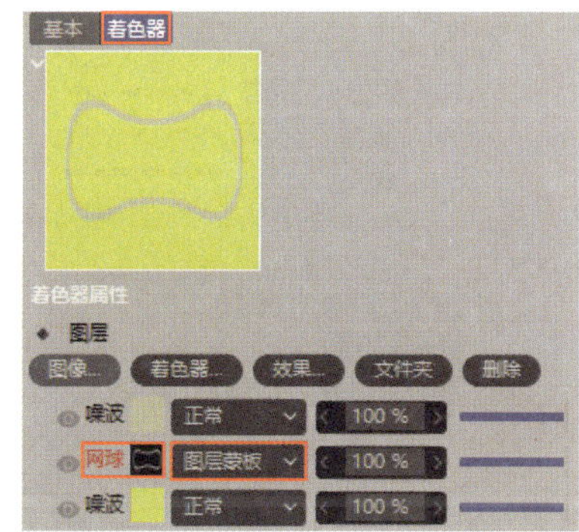

图 7-2-19　“着色器”选项卡 ②

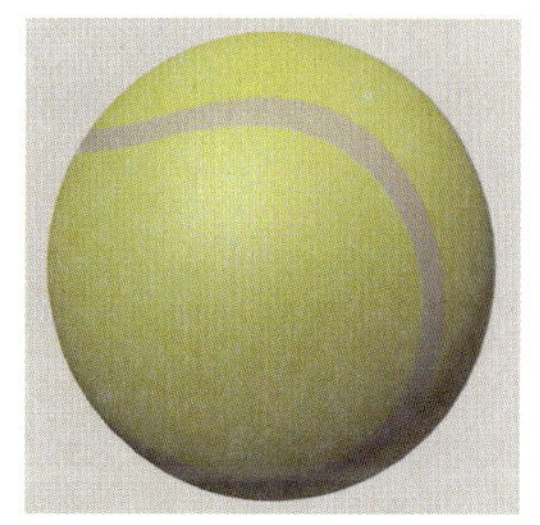

图 7-2-20　渲染效果 ①

步骤 7 勾选“材质编辑器”对话框左侧的“置换”复选框，然后在“置换”面板中单击“纹理”选项右侧的列表框，在弹出的“打开文件”对话框中双击本书配套素材“素材与实例”→“项目七”→“网球”→“网球 .png”文件。

步骤 8 展开“置换”面板中的“次多边形置换”卷展栏，然后按图 7-2-21 设置相关参数。单击顶部工具栏中的“渲染活动视图”图标，得到的渲染效果如图 7-2-22 所示。

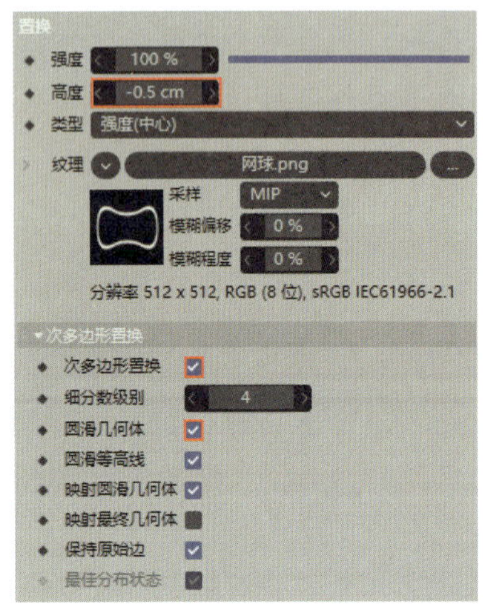

图 7-2-21 置换的相关参数

图 7-2-22 渲染效果②

小贴士

在“置换”属性通道中添加纹理贴图后，该贴图中的白色部分将产生置换效果，黑色部分将不产生效果。

步骤 9 选中“球体”，然后选择“模拟”→“毛发对象”→“添加毛发”菜单，在“属性”面板“毛发”选项卡中将毛发数量设为 100 000、分段数设为 2，在“引导线”选项卡中将发根的分段数设为 2、长度设为 5 cm。单击顶部工具栏中的“渲染活动视图”图标，得到的渲染效果如图 7-2-23 所示。

步骤 10 在“材质管理器”面板中双击“毛发材质”材质球，打开“材质编辑器”对话框。选择该对话框左侧的“颜色”选项，单击渐变色条右侧的色标，按“Delete”键将其删除，然后双击渐变色条左侧的色标，打开“渐变色标设置”对话框，接着按图 7-2-24 设置色标的颜色，最后单击“确定”按钮。

图 7-2-23 渲染效果③

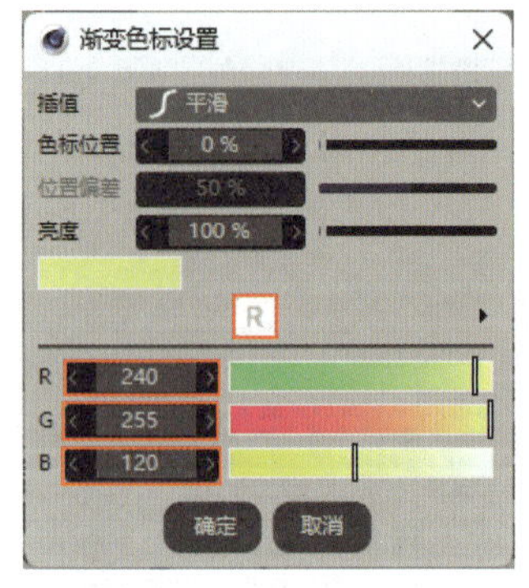

图 7-2-24 设置色标的颜色

步骤 11　选择“材质编辑器”对话框左侧的“粗细”选项，将发根和发梢的半径均设为 0.03 cm。

步骤 12　勾选“材质编辑器”对话框左侧的“长度”复选框，然后单击“纹理”选项右侧的箭头按钮，在弹出的下拉列表中选择“图层”选项，接着单击“图层”按钮，在“着色器”选项卡中单击“着色器 ...”按钮，在弹出的下拉列表中选择“颜色”选项，即可添加一个“颜色”图层；单击“图像 ...”按钮，在弹出的“打开文件”对话框中双击本书配套素材“素材与实例”→“项目七”→“网球”→“网球 .png”文件，即可添加一个“网球”图层，然后将图层模式设为“排除”，如图 7-2-25 所示。单击顶部工具栏中的“渲染活动视图”图标，得到的渲染效果如图 7-2-26 所示。

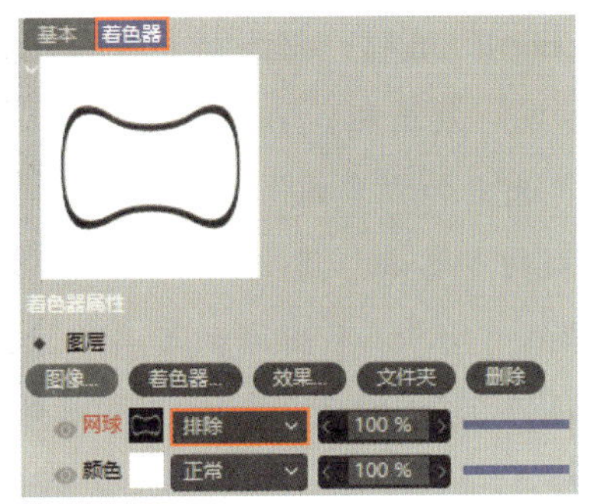

图 7-2-25　“着色器”选项卡 ③

图 7-2-26　渲染效果 ④

小贴士

在“长度”属性通道中添加纹理贴图后，该贴图中颜色越浅的部分生成的毛发越短，颜色越深的部分生成的毛发越长，黑色部分不生成毛发。

步骤 13　勾选该对话框左侧的“卷发”复选框，在“卷发”编辑框中输入“300”，使毛发产生卷曲效果；勾选该对话框左侧的“纠结”复选框，使毛发产生相互缠绕效果；勾选该对话框左侧的“集束”复选框，在“数量”和“集束”编辑框中分别输入“40”，然后将半径设为 5 cm，以调整毛发的集束效果；勾选该对话框左侧的“弯曲”复选框，在“弯曲”编辑框中输入“30”，使毛发产生弯曲效果；勾选该对话框左侧的“卷曲”复选框，在“总计”编辑框中输入“80”，使部分毛发产生卷曲效果。单击顶部工具栏中的“渲染活动视图”图标，得到的渲染效果如图 7-2-27 所示。

步骤 14　选中“毛发”，在“属性”面板“毛发”选项卡中将毛发数量设为 350 000。单击顶部工具栏中的“渲染活动视图”图标，得到的渲染效果如图 7-2-28 所示。

步骤 15　选中“球体”，然后选择“模拟”→“毛发对象”→“添加毛发”菜单，在“属性”面板“毛发”选项卡中将毛发数量设为 5 000、分段数设为 4，在“引导线”选项卡中将分段数设为 4、长度设为 10 cm。单击顶部工具栏中的“渲染活动视图”图标，即可得到添加第 2 层毛发后的渲染效果，如图 7-2-29 所示。

步骤 16　在“材质管理器”面板中双击第 1 个“毛发材质”材质球，打开“材质编辑器”对话框。选择该对话框左侧的“颜色”选项，然后单击渐变色条右侧的色标，按“Delete”键将其删除，接着将渐变色条左侧色标的 R、G、B 的值分别设为 230、240、130。

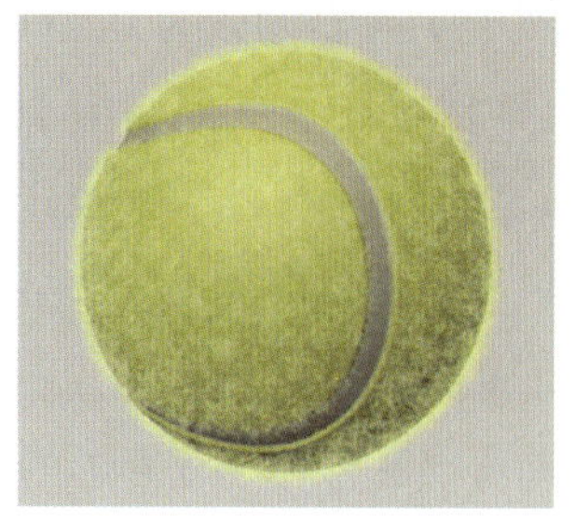

图 7-2-27　渲染效果⑤

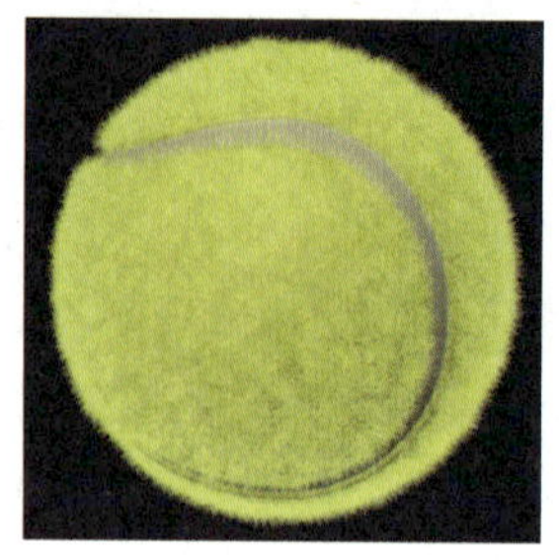

图 7-2-28　渲染效果⑥

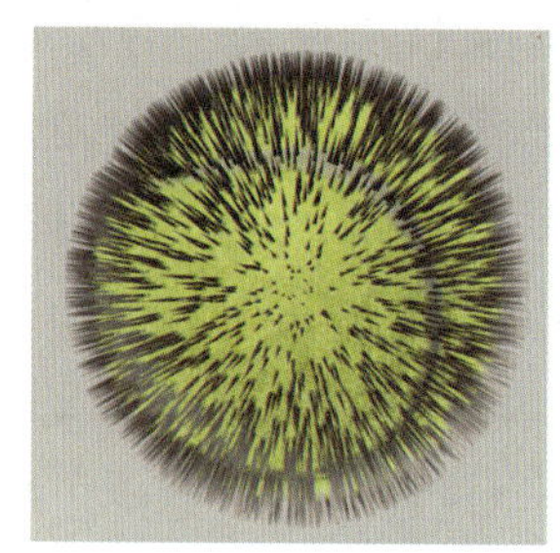

图 7-2-29　渲染效果⑦

步骤 17　选择“材质编辑器”对话框左侧的“粗细”选项，将发根和发梢的半径均设为 0.02 cm；勾选该对话框左侧的“卷发”复选框，在“卷发”编辑框中输入“85”；勾选该对话框左侧的“纠结”复选框和“弯曲”复选框，在“弯曲”编辑框中输入“80”；勾选该对话框左侧的“卷曲”复选框，在“卷曲”编辑框中输入“90”，在“变化”编辑框中输入“55”。单击顶部工具栏中的“渲染活动视图”图标，得到的渲染效果如图 7-2-30 所示。

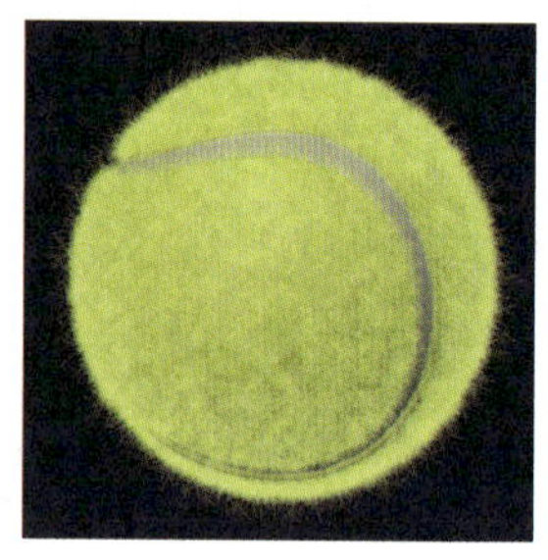

图 7-2-30　渲染效果⑧

• 素养提升 •

在制作毛发的过程中需要根据渲染效果不断对毛发的参数进行调整，才能获得理想的毛发效果。在这个反复调整的过程中，请你要保持耐心和毅力，并从中总结经验教训，进而提高自己的建模能力和建模效率。

学习成果自测

自测习题一　制作螺钉

利用本项目所学知识制作如图 7-3-1 所示的螺钉。

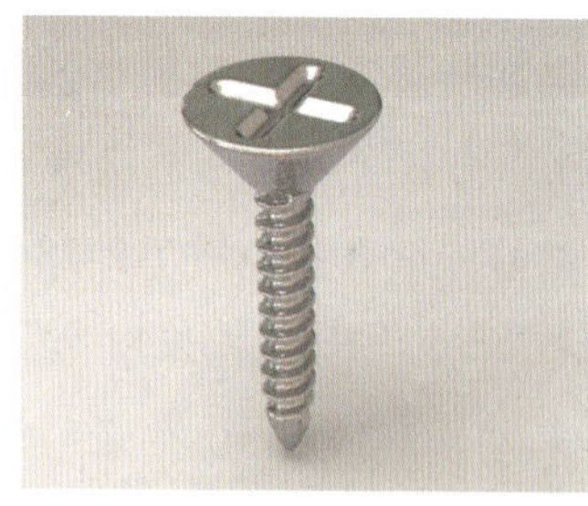

图 7-3-1　螺钉渲染图

提示：

（1）创建一个圆柱体、一个圆台、两个胶囊和一条螺旋线，然后将它们组合在一起，结果如图 7-3-2 所示。

（2）使用“锥化”变形器调整螺钉底部的形状，结果如图 7-3-3 所示。

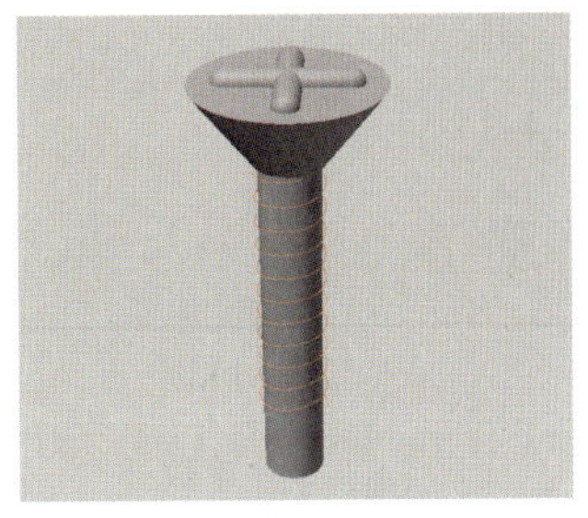
图 7-3-2　组合效果

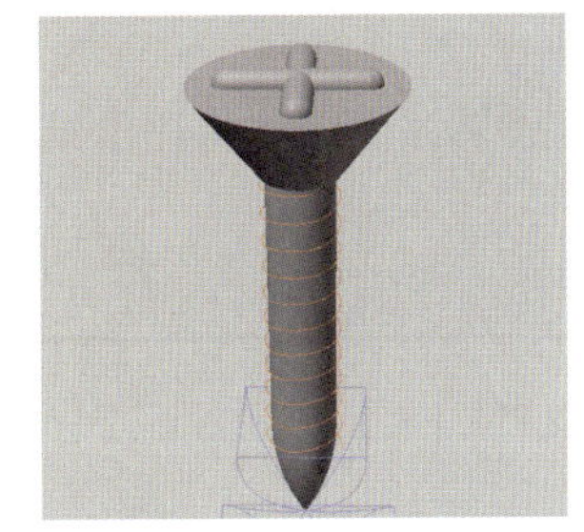
图 7-3-3　锥化效果

（3）使用“体积生成”命令和“体积网格”命令制作出螺钉模型。

自测习题二　制作小熊玩偶

打开本书配套素材“素材与实例”→“项目七”→“小熊玩偶”→“小熊玩偶.c4d”文件，利用本项目所学知识制作图 7-3-4 中小熊玩偶上的绒毛。

图 7-3-4　小熊玩偶渲染图

提示：

（1）创建固有色为棕色的材质，并将其赋予“小熊身体”，然后为小熊的嘴巴赋予白色材质。

（2）双击“对象”面板“小熊身体”右侧的多边形选集标签，以选中如图 7-3-5 所示的面，然后为其制作棕色绒毛。

图 7-3-5　选中面

（3）选中“小熊嘴巴”，为其制作白色绒毛。

学习成果评价

请进行学习成果评价，并将评价结果填入表 7-4-1。

表 7-4-1 学习成果评价表

班级		组号		日期	
姓名		学号		指导教师	

评价项目	评价内容	满分	自我评分	教师评分
知识（40%）	体积生成	10		
	体积网格	10		
	制作毛发的方法	10		
	编辑毛发材质的方法	10		
技能（40%）	能够用体积建模的方法制作模型	20		
	能够根据需要为模型制作毛发	20		
素养（20%）	积极参与课堂讨论	6		
	具备良好的学习态度，认真完成任务实施	6		
	具有耐心和高度的专注力，能够积极思考、主动学习，不断提高自己的综合素质	8		
合计		100		
总分（自我评分 × 40%+教师评分 × 60%）				
自我评价				
教师评价				

项目八

制作工业产品模型

项目引言

如今，同类产品在功能和质量方面的差距越来越小，企业为了能够在激烈的市场竞争中赢得一席之地，越来越重视产品营销。在工业产品营销环节，可使用 Cinema 4D 创建模型和制作材质，并且通过搭建场景、布置灯光和渲染，制作营销宣传图，以吸引顾客。

本项目通过制作闹钟，介绍多种建模方法的综合应用、制作多种材质、搭建场景、布置灯光和渲染场景的相关知识。

知识目标

- 掌握基本体建模、样条建模、生成器建模、变形器建模和多边形建模。
- 掌握制作多种材质的方法。
- 熟悉搭建场景、布置灯光的方法和渲染器的相关设置。

素质目标

- 通过使用多种建模方法创建模型，明白同一个模型的制作方法并不是唯一的，只有善思考、勤钻研、多练习，才能不断提高建模效率，进而提高个人的职业竞争力。
- 在反复调整摄像机和渲染器的各项设置的过程中，培养毅力和耐心，勇于尝试和探索，不断提高自己的设计水平。

任务一 制作闹钟模型

任务导入

在本任务中，通过制作如图 8-1-1 所示的闹钟模型，学习综合使用基本体建模、样条建模、生成器建模、变形器建模、多边形建模的相关知识。该闹钟由壳体、表盘、钟罩、铃壳及其连接件、支柱 4 个部分组成。首先制作出闹钟的壳体，然后依次制作出表盘、钟罩、铃壳及其连接件、支柱，最后对闹钟的壳体、铃壳进行卡线和细分曲面。

图 8-1-1 闹钟渲染图

想一想：

（1）如何制作图 8-1-1 中的闹钟壳体？

（2）闹钟的时针是怎样制作出来的？

一、制作闹钟壳体

扫一扫

制作闹钟模型

闹钟壳体的基本形体为圆柱体，壳体上有一些定位台阶。首先创建一个圆柱体，将其作为闹钟的基本形体，然后通过使用“嵌入”和“挤压”命令编辑该圆柱体的面，制作出闹钟壳体上的定位台阶。

闹钟壳体的制作步骤如下：

步骤 1 创建一个圆柱体，其半径为 80 cm，高度为 60 cm，高度分段数为 1，旋转分段数为 24，方向与 Z 轴正向一致，然后将其名称设为“壳体”，接着按“C”键，将其转换为可编辑对象。

步骤 2 单击顶部工具栏中的“多边形”图标，切换至面模式。单击左侧工具栏中的“循环选择”图标，然后选中循环面（图 8-1-2），接着在视图窗口中右击，在弹出的快捷菜单中选择“嵌入”菜单项，最后在视图窗口中拖动鼠标，嵌入大小合适的面，结果如图 8-1-3 所示。

步骤 3　确保如图 8-1-3 所示的面处于选中状态，然后按“T”键执行“缩放”命令，接着按住“Ctrl”键和“Shift”键并拖动鼠标，当出现提示信息“95%”时松开左键、“Ctrl”键和“Shift”键，结果如图 8-1-4 所示。

图 8-1-2　选中循环面 ①

图 8-1-3　嵌入面 ①

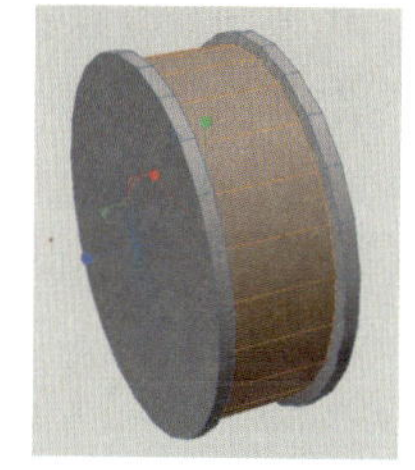

图 8-1-4　挤压面 ①

步骤 4　使用“循环选择”命令选中循环面（图 8-1-5），然后使用“嵌入”命令嵌入大小合适的面，如图 8-1-6 所示。按“E”键执行“移动”命令，然后按住“Ctrl”键将选中的面沿 Z 轴负向移动合适的距离，结果如图 8-1-7 所示。

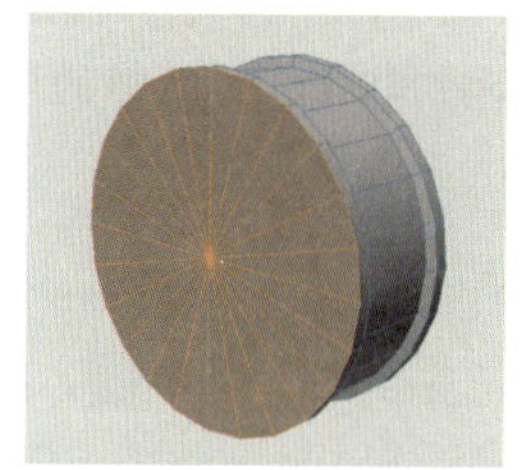

图 8-1-5　选中循环面 ②

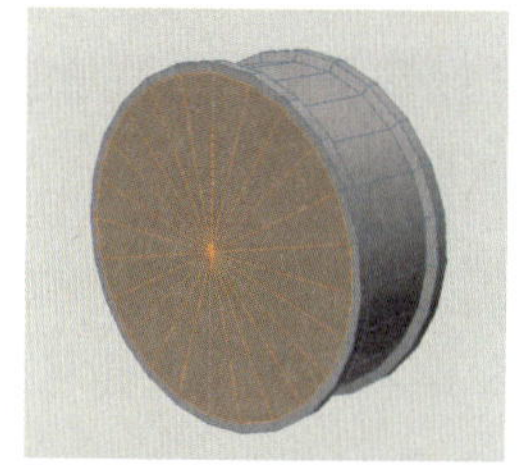

图 8-1-6　嵌入面 ②

图 8-1-7　挤压面 ②

步骤 5　确保如图 8-1-7 所示的面处于选中状态，然后使用“嵌入”命令嵌入大小合适的面（图 8-1-8），接着按住“Ctrl”键和“Shift”键并沿 Z 轴正向将选中的面移动 5 cm，结果如图 8-1-9 所示。

图 8-1-8　嵌入面 ③

图 8-1-9　挤压面 ③

二、制作闹钟表盘和钟罩

闹钟表盘上有刻度和指针。首先将闹钟壳体的面复制一份，将其副本作为闹钟表盘的底面，然后通过复制表盘的底面，制作闹钟的钟罩。创建长方体，使用“克隆”生成器和“复制”命令制作出闹钟表盘上的刻度，然后创建圆盘，通过使用“挤压”“缩放”“移动”命令编辑圆盘上的边，制作出指针的形状，最后使用“布料曲面”生成器使指针和钟罩产生厚度。

闹钟表盘的制作步骤如下：

步骤 1　选中如图 8-1-9 所示的循环面，然后在视图窗口中右击，在弹出的快捷菜单中选择“分裂”

菜单项，将选中的循环面复制一份，然后将复制得到的对象的名称设为“表盘底面”，接着沿 Z 轴负向将其移至合适的位置，使其与闹钟壳体分离。

步骤 2 确保“表盘底面”处于选中状态，然后使用“分裂”命令将其复制一份，并将复制得到的对象的名称设为“钟罩”，接着沿 Z 轴负向将其移至合适的位置，结果如图 8-1-10 所示。在“对象”面板中双击“钟罩”名称右侧的第 1 个圆形按钮，将“钟罩”隐藏。

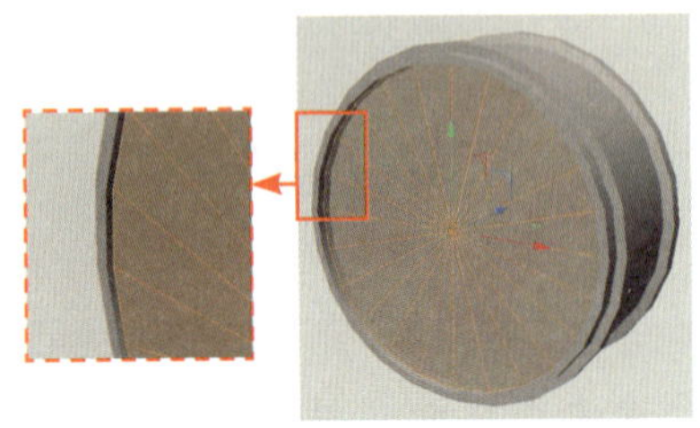

图 8-1-10 移动效果 ①

小贴士

为了避免刻度、时针、分针或秒针与钟罩相交，应在表盘底面和钟罩间留有足够的间距。

步骤 3 单击顶部工具栏中的“模型”图标，切换至模型模式。创建一个在 X、Y、Z 轴上的尺寸分别为 3 cm、12 cm、2 cm 的长方体，然后单击顶部工具栏中的“视窗独显”图标，将其单独显示。单击右侧工具栏中的“克隆”图标，创建一个“克隆”生成器，并将其名称设为“大刻度”，然后将“立方体”设为“大刻度”的子级。选择“大刻度”，在“属性”面板“对象”选项卡中将克隆模式设为“放射”、生成对象的数量设为 12、放射半径设为 62 cm、对齐平面设为“XY”，然后结束独立显示状态，接着将“大刻度”沿 Z 轴负向移至合适的位置，结果如图 8-1-11 所示。

步骤 4 选中“大刻度”，依次按“Ctrl+C”和“Ctrl+V”组合键，将其复制一份，然后将“大刻度 .1”的名称设为“小刻度”。选中“小刻度”，在“属性”面板“对象”选项卡中将偏移角度设为 15°。选中“小刻度”的子级“立方体”，在“属性”面板“对象”选项卡中的“尺寸 .X”“尺寸 .Y”编辑框内分别输入“2”和“6”，结果如图 8-1-12 所示。

步骤 5 创建一个内部半径为 0 cm、外部半径设为 5 cm、方向为“+Z”的圆盘，然后将其名称设为“时针”，最后按“C”键，将其转换为可编辑对象。使用“移动”命令将“时针”沿 Z 轴负向移至表盘底面前方的合适位置（可在顶视图中查看两者的相对位置），结果如图 8-1-13 所示。

图 8-1-11 移动效果 ②

图 8-1-12 移动效果 ③

图 8-1-13 移动效果 ④

步骤 6　确保“时针”处于选中状态，然后单击顶部工具栏中的“边”图标，切换至边模式。在正视图中选中 4 条边（图 8-1-14），然后按住“Ctrl”键沿 *Y* 轴正向将其移至合适的位置，按住“Ctrl”键继续移动两次，结果如图 8-1-15 所示。

步骤 7　确保如图 8-1-15 所示的边处于选中状态，然后在视图窗口中右击，在弹出的快捷菜单中选择“坍塌”菜单项，将选中的边坍塌为一点。按“T”键执行“缩放”命令，双击第 2 条（从上向下数）循环边，然后将其均匀缩放，结果如图 8-1-16 所示。

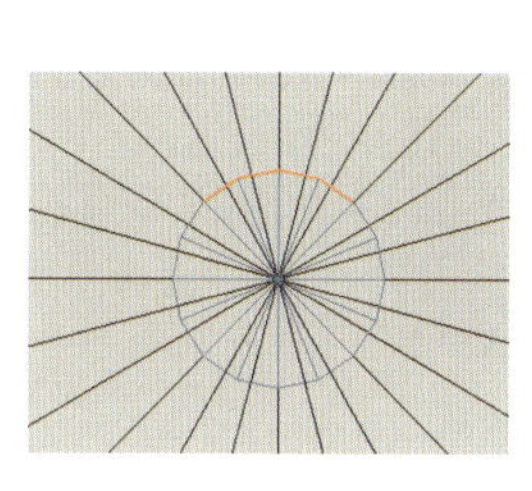

图 8-1-14　选中 4 条边

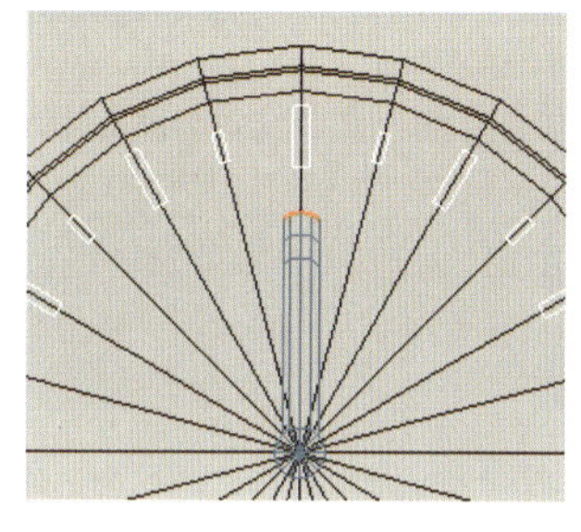

图 8-1-15　挤压边①

图 8-1-16　缩放效果

步骤 8　单击顶部工具栏中的“模型”图标，切换至模型模式。创建一个内部半径为 0 cm、外部半径为 5 cm、方向为“+Z”的圆盘，并将其名称设为“分针”，最后按“C”键，将其转换为可编辑对象。

步骤 9　按“E”键执行“移动”命令，然后将“分针”沿 *Z* 轴负向移至时针前方的合适位置。单击顶部工具栏中的“边”图标，切换至边模式。在正视图中选中如图 8-1-17 所示的两条边，然后按住“Ctrl”键沿 *Y* 轴正向将其移至合适的位置，按住“Ctrl”键继续移动两次，结果如图 8-1-18 所示。参照步骤 7 制作出如图 8-1-19 所示的分针（时针已隐藏）。

步骤 10　创建一个内部半径为 0 cm、外部半径为 3 cm、方向为“+Z”的圆盘，并将其名称设为“秒针”，然后按“C”键，将其转换为可编辑对象，最后参照步骤 9 制作出秒针的基本形状，单击顶部工具栏中的“点”图标，调整秒针两端处顶点的位置，结果如图 8-1-20 所示（时针和分针已隐藏）。

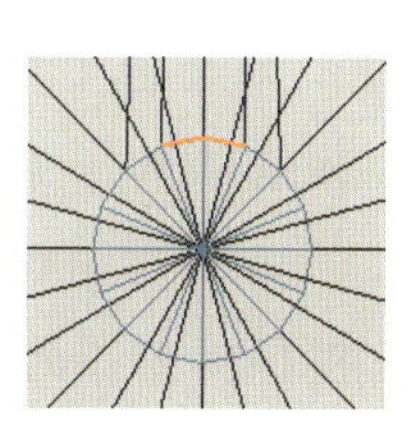

图 8-1-17　选中两条边

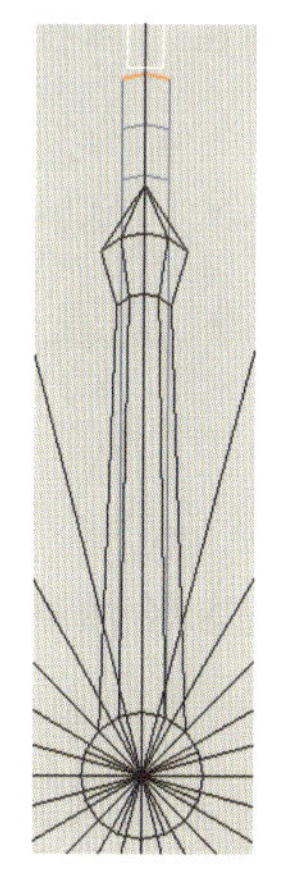

图 8-1-18　挤压边②

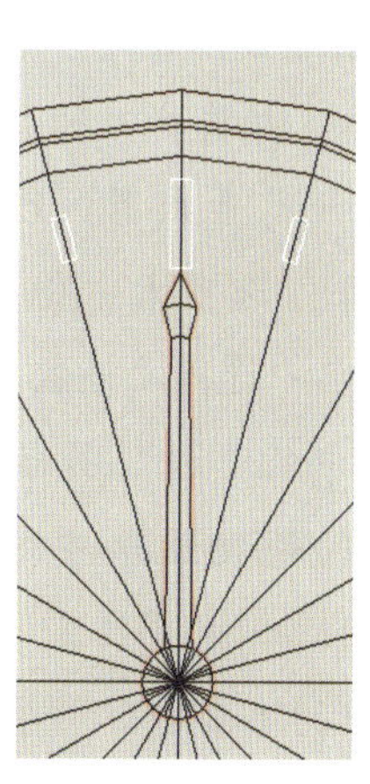

图 8-1-19　分针

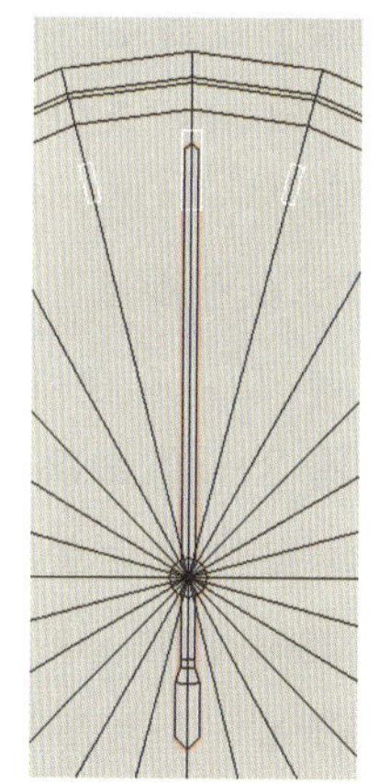

图 8-1-20　秒针

步骤 11　单击顶部工具栏中的“模型”图标，切换至模型模式。长按右侧工具栏中的“细分曲面”图标，在展开的列表中选择“布料曲面”命令，创建一个“布料曲面”生成器，并将其名称设为

“指针”，然后将“时针”“分针”“秒针”设为“指针”的子级。选中“指针”，在“属性”面板“对象”选项卡中将细分值设为 0 cm、厚度设为 1 cm。

步骤 12 使用“移动”命令调整秒针、分针、时针在 Z 轴上的位置，由前到后依次为秒针、分针、时针，并且确保三者不存在交叉，结果如图 8-1-21 所示。按“R”键执行“旋转”命令，将秒针、分针、时针分别绕 Z 轴旋转合适的角度，结果如图 8-1-22 所示。

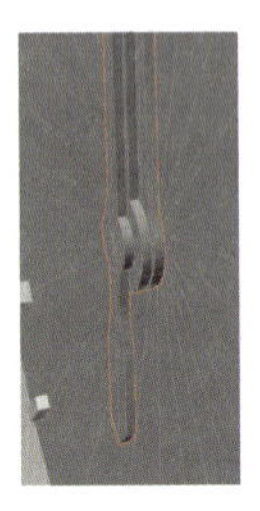

图 8-1-21 移动效果⑤

图 8-1-22 旋转效果

步骤 13 创建一个“布料曲面”生成器，然后将“钟罩”设为“布料曲面”的子级。选中“布料曲面”，在“属性”面板“对象”选项卡中将细分值设为 0 cm、厚度设为 1 cm。

三、制作铃壳及其连接件

可按照以下步骤制作铃壳及其连接件。

（1）制作铃壳。铃壳为一个半球体，其边缘有定位台阶。首先创建一个半球体面片，将其作为铃壳的基本形体，然后通过挤压曲面，制作出定位台阶，最后使用“布料曲面”生成器使面片产生厚度。

（2）制作连接件。首先创建一个球体、一个圆柱体和一个六棱柱并将它们按顺序组合，然后使用“样条画笔”命令绘制出一侧的样条，接着使用“对称”生成器绘制出样条的对称部分，最后绘制一个圆环，并使用“扫描”生成器将样条和圆环转换为模型。

铃壳及其连接件的制作步骤如下：

步骤 1 创建一个球体，将其名称设为“铃壳”，然后在“属性”面板“对象”选项卡中将球体的半径设为 30 cm、类型设为半球体，并将其单独显示。

步骤 2 创建一个“布料曲面”生成器，然后将“铃壳”设为“布料曲面 .1”的子级。选中“布料曲面 .1”，在“属性”面板“对象”选项卡中将细分值设为 0、厚度设为 2 cm。在“对象”面板中右击“布料曲面 .1”，在弹出的快捷菜单中选择“连接对象 + 删除”菜单项。

步骤 3 单击顶部工具栏中的“边”图标，切换至边模式。确保“铃壳”处于选中状态，然后在视图窗口中右击，在弹出的快捷菜单中选择“循环/路径切割”菜单项，接着添加一条循环边（图 8-1-23）。

步骤 4 单击顶部工具栏中的“多边形”图标，切换至面模式。选中如图 8-1-24 所示的循环面，按“T”键执行“缩放”命令，然后按住“Ctrl”键并在视图窗口中拖动鼠标，将选中的面移至合适的位置，结果如图 8-1-25 所示。单击顶部工具栏中的“边”图标，切换至边模式。采用双击方式选中循环边（图 8-1-26），然后按“Ctrl+Delete”组合键将其删除。

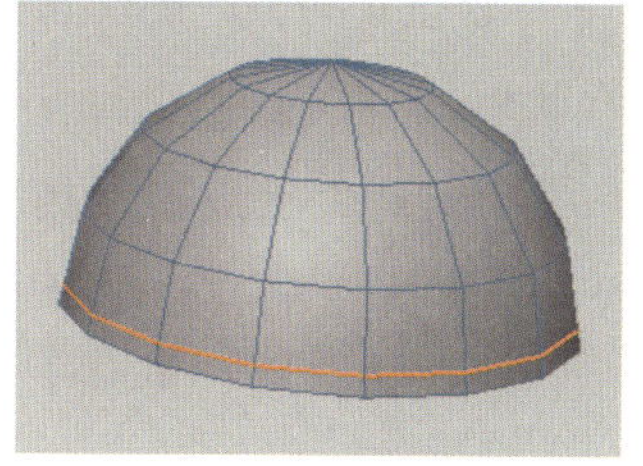
图 8-1-23 添加循环边

图 8-1-24 选中循环面

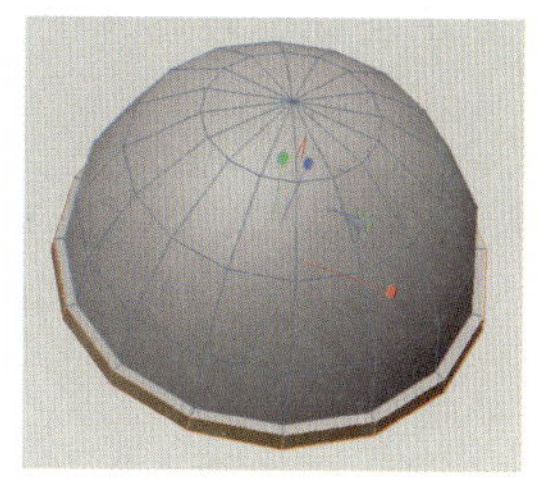
图 8-1-25 挤压面

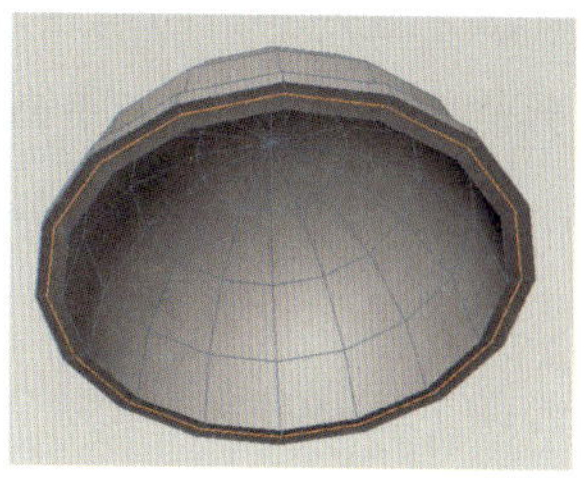
图 8-1-26 选中循环边

步骤 5 创建一个半径为 1.5 cm、高度为 45 cm、高度分段数为 1 的圆柱体，一个半径为 6 cm 的球体和一个半径为 4 cm、高度为 7 cm、高度分段数为 1、旋转分段数为 6 的六棱柱，然后使用“移动”命令将它们移至合适的位置，结果如图 8-1-27 所示。选中“圆柱体”“圆柱体 .1”“球体”和“铃壳”，然后按“Alt+G”组合键对其编组，接着将组的名称设为“闹铃”。

图 8-1-27 移动效果 ①

步骤 6 单击顶部工具栏中的“模型”图标，切换至模型模式。结束对象单独显示状态，然后使用“移动”命令将“闹铃”沿 *Y* 轴正向移至合适的位置，结果如图 8-1-28 所示。选中“闹铃”，单击顶部工具栏中的“启用轴心”图标，将其激活，然后选择“窗口”→“坐标管理器 ...”菜单，打开坐标管理器，接着在坐标管理器中将与 *Y* 轴对应的“移动”编辑框中的数值设为 0，使“闹铃”坐标系的原点位于世界坐标系的 *XZ* 平面内。再次单击顶部工具栏中的“启用轴心”图标，结束坐标系的调整。

步骤 7 确保“闹铃”处于选中状态，按“R”键执行“旋转”命令，然后按住“Shift”键将“闹铃”绕 *Z* 轴旋转 35°。利用右侧工具栏中的“对称”命令创建一个“对称”生成器，然后将“闹铃”设为“对称”的子级，结果如图 8-1-29 所示。

图 8-1-28 移动效果 ②

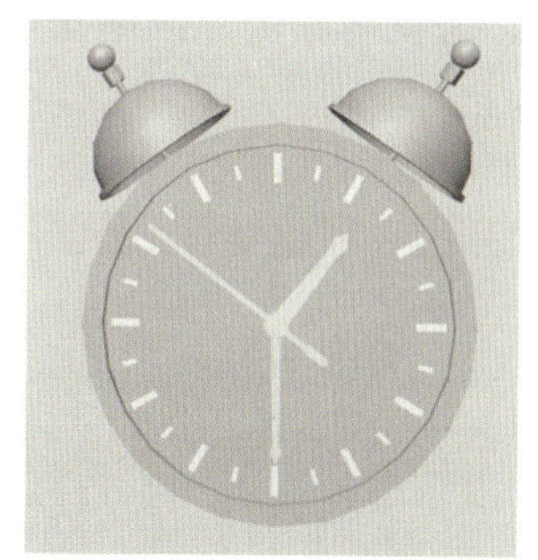
图 8-1-29 对称效果

步骤 8 单击顶部工具栏中的“点”图标，切换至点模式。单击左侧工具栏中的“样条画笔”图标，然后在正视图中绘制如图 8-1-30 所示的样条。确保“样条”处于选中状态，然后选中如图 8-1-30

所示方框内样条的端点，接着在坐标管理器中将与 *X* 轴对应的“移动”编辑框中的数值设为 0，使该点位于世界坐标系的 *YZ* 平面。

步骤 9 单击顶部工具栏中的“模型”图标，切换至模型模式。创建一个“对称”生成器，然后将“样条”设为“对称 .1”的子级，接着在“对象”面板中的“对称 .1”上右击，在弹出的快捷菜单中选择“连接对象 + 删除”菜单项。

步骤 10 创建一个半径为 1 cm 的圆环和一个“扫描”生成器，然后将“圆环”设为“扫描”的第 1 个子级、“样条”设为“扫描”的第 2 个子级，结果如图 8-1-31 所示。

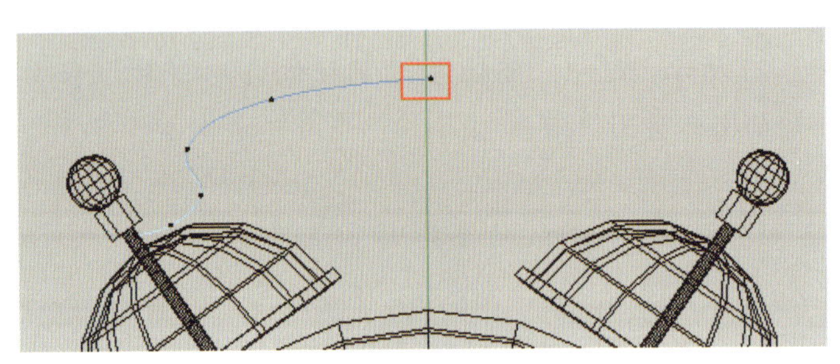

图 8-1-30 样条

图 8-1-31 扫描效果

四、制作闹钟支柱

闹钟支柱由球体、圆台和六棱柱组成，各部分的制作步骤如下：

步骤 1 创建一个半径为 10 cm、高度为 10 cm、高度分段数为 1、旋转分段数为 6 的六棱柱并将其单独显示，然后创建一个半径为 7 cm 的球体和一个顶部半径为 8 cm、底部半径为 4 cm、高度为 20 cm、高度分段数为 1 的圆台，接着使用“移动”命令将它们沿 *Y* 轴移至合适的位置，结果如图 8-1-32 所示。选中“圆柱体”“圆锥体”和“球体”，然后按“Alt+G”组合键对其编组，并将组的名称设为“支柱”，接着结束对象单独显示状态。

步骤 2 选中“支柱”，使用“移动”命令将其移至合适的位置，结果如图 8-1-33 所示。单击顶部工具栏中的“启用轴心”图标，将其激活，然后在坐标管理器中将与 *Y* 轴对应的“移动”编辑框中的数值设为 0，将坐标系的原点移至世界坐标的 *XZ* 平面内。再次单击顶部工具栏中的“启用轴心”图标，结束坐标系的调整。

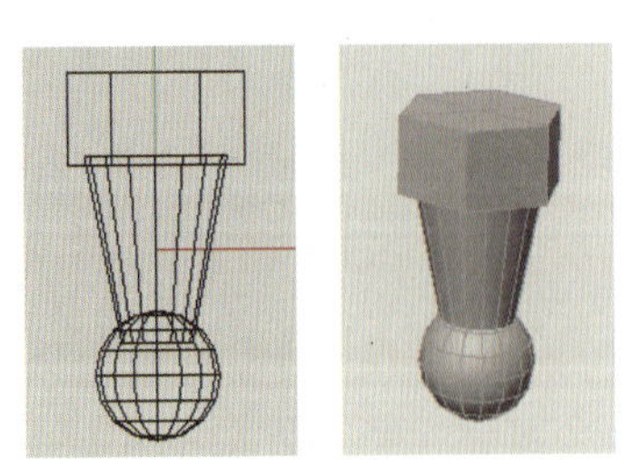

图 8-1-32 移动效果 ①

图 8-1-33 移动效果 ②

步骤 3　按“R”键执行“旋转”命令，将“支柱”绕 Z 轴旋转 35°。创建一个“对称”生成器，然后将“支柱”设为“对称 .1”的子级，结果如图 8-1-34 所示。按“Ctrl+A”组合键选中所有对象，将其绕 X 轴旋转约 –20°，使闹钟支柱和闹钟壳体最低点位于同一平面，结果如图 8-1-35 所示。

图 8-1-34　对称效果

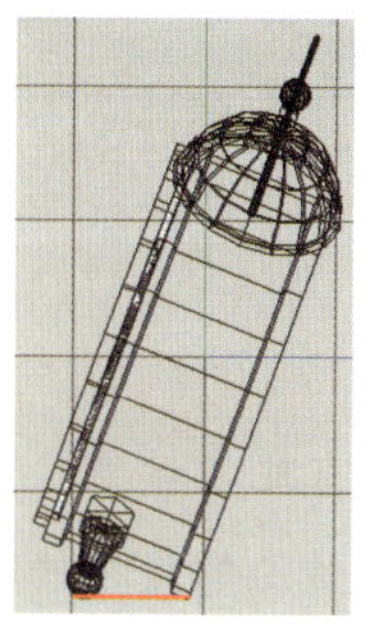

图 8-1-35　旋转效果

 **小贴士**

若旋转约 –20° 后闹钟支柱和闹钟壳体的最低点不在同一平面，可适当调整旋转角度或者调整支柱的位置。

五、对闹钟卡线并细分其曲面

闹钟中比较大的结构为壳体和铃壳，需要对这两部分卡线并细分其曲面，以提高模型的质量。首先使用两个“倒角”变形器对壳体和铃壳卡线，然后使用“细分曲面”生成器对构成这两部分的曲面进行细分。由于表盘底面也是闹钟的重要组成部分，因此也需要对其曲面进行细分。

对闹钟卡线并细分其曲面的制作步骤如下：

步骤 1　长按右侧工具栏中的“弯曲”图标，在展开的列表中选择“倒角”命令，创建一个“倒角”变形器，然后将其设为“壳体”的子级。选中“倒角”，在“属性”面板“选项”选项卡中将倒角模式设为“实体”、偏移模式设为“固定距离”、偏移距离设为 1.5 cm。

步骤 2　创建一个“倒角”变形器，然后将其设为“铃壳”的子级。选中“倒角”，在“属性”面板“对象”选项卡中将倒角模式设为“实体”、偏移模式设为“固定距离”、偏移距离设为 1 cm。

步骤 3　创建一个“细分曲面”生成器，将其设为“壳体”的父级。创建一个“细分曲面”生成器，将其设为“闹铃”的子级、“铃壳”的父级。创建一个“细分曲面”生成器，将其设为“表盘底面”的父级，结果如图 8-1-36 所示。

图 8-1-36　细分曲面效果

素养提升

同一个模型的制作方法有多种，我们只有善思考、勤钻研，才能快速厘清制作思路，并且合理使用建模命令高效地创建模型。我们在学习的过程中应勤动手、多尝试，不断提高建模效率，进而提高自己的职业竞争力。

任务二 制作闹钟的材质

任务导入

图 8-1-1 中的闹钟有玻璃材质、银色金属材质、漆面材质、塑料材质、纸质材质共 5 种。其中，钟罩为玻璃材质，铃壳的连接件和闹钟的支柱为银色金属材质，壳体和铃壳为漆面材质，表盘上的大刻度为紫色塑料材质，小刻度、时针和分针为黑色塑料材质，秒针为红色塑料材质，表盘的底面为纸质材质。

想一想：

（1）闹钟壳体的材质具有什么特点？在 Cinema 4D 中如何制作该材质？

（2）如何制作纸质材质？

一、制作玻璃材质

在“材质编辑器”对话框中通过设置“透明”属性，可以制作出玻璃材质。玻璃材质的制作步骤如下：

扫一扫

制作闹钟的材质

步骤 1 单击顶部工具栏中的“材质管理器 ...”图标，打开“材质管理器”面板。在该面板中单击“新的默认材质”按钮，创建一个材质球，然后双击该材质球的名称，将其名称设为“玻璃”。

步骤 2 双击“玻璃”材质球，打开“材质编辑器”对话框。在“材质编辑器”对话框左侧取消勾选“颜色”复选框，然后勾选“透明”复选框，在“透明”面板中单击“颜色”选项右侧的色块，在弹出的“颜色选择器”窗口中将 R、G、B 的值均设为 235（图 8-2-1），使玻璃略带灰色，最后在“折射率预设”列表框中选择“有机玻璃”选项。选择“材质编辑器”对话框左侧的“反射”选项，然后在“* 透明度 *”选项卡中将材质的粗糙度设为 5%，此时的“玻璃”材质球如图 8-2-2 所示。

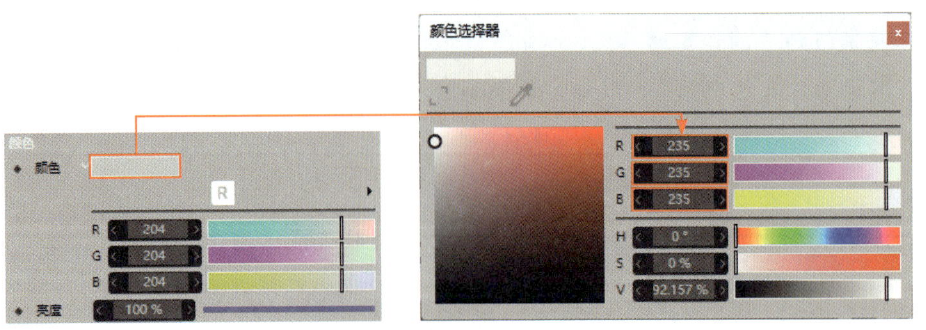

图 8-2-1　设置材质的颜色

图 8-2-2　“玻璃”材质球

步骤 3 将“材质管理器”面板中的“玻璃”材质拖动至“对象”面板中“钟罩”的名称上，即可将“玻璃”材质赋予“钟罩”。

二、制作银色金属材质

在“材质编辑器”对话框中通过设置“反射”属性，可以制作出银色金属材质。银色金属材质的制作步骤如下：

步骤 1 在“材质管理器”面板中单击“新的默认材质”按钮，创建一个材质球，然后将其名称设为“银色金属”。

步骤 2 确保“银色金属”材质处于选中状态，在“材质编辑器”对话框左侧取消勾选“颜色”复选框。选择“材质编辑器”对话框左侧的“反射”选项，然后单击“添加…”按钮，在弹出的下拉列表中选择“GGX”选项，添加一个 GGX 层，接着将材质的粗糙度设为 5%、反射强度设为 90%；在“层颜色”卷展栏中单击“颜色”选项右侧的色块，在弹出的“颜色选择器”窗口中将 R、G、B 的值均设为 245，使材质略带灰色；在“层菲涅耳”卷展栏中将菲涅耳类型设为“导体”、预置类型设为“钢”。此时的“银色金属”材质球如图 8-2-3 所示。

图 8-2-3 “银色金属”材质球

步骤 3 将“材质管理器”面板中的“银色金属”材质赋予“支柱”“扫描”和“闹铃”，然后单击顶部工具栏中的“渲染活动视图”图标，查看图像的渲染效果。

三、制作漆面材质

在“材质编辑器”对话框中通过设置“颜色”“反射”属性，可以制作出漆面材质。漆面材质的制作步骤如下：

步骤 1 在“材质管理器”面板中单击“新的默认材质”按钮，创建一个材质球，然后将其名称设为“漆面”。

步骤 2 确保“漆面”材质处于选中状态，在“材质编辑器”对话框左侧选择“颜色”选项，然后在打开的面板中单击“颜色”选项右侧的色块，在弹出的“颜色选择器”窗口中将 R、G、B 的值分别设为 175、150、220。

步骤 3 选择“材质编辑器”对话框左侧的“反射”选项，然后单击“添加…”按钮，在弹出的下拉列表中选择“GGX”选项，添加一个 GGX 层。在“层颜色”卷展栏中单击“颜色”选项右侧的色块，在弹出的“颜色选择器”窗口中将 R、G、B 的值分别设为 255、245、255；在“层菲涅耳”卷展栏中将菲涅耳类型设为“绝缘体”、预置类型设为“聚酯”。此时的“漆面”材质球如图 8-2-4 所示。

图 8-2-4 “漆面”材质球

步骤 4 将“材质管理器”面板中的“漆面”材质赋予“壳体”“铃壳”，然后单击顶部工具栏中的“渲染活动视图”图标，查看图像的渲染效果。

四、制作塑料材质

由图 8-1-1 可知，该闹钟中的塑料材质有 3 种，分别为黑色塑料材质、红色塑料材质、紫色塑料材质。在“材质编辑器”对话框中通过设置“颜色”“反射”属性，可以制作出这 3 种塑料材质。这 3 种塑料材质的制作步骤如下：

步骤 1 在“材质管理器”面板中单击“新的默认材质”按钮，创建一个材质球，然后将其名称设为“黑色塑料”。

步骤 2 确保“黑色塑料”材质处于选中状态，在“材质编辑器”对话框左侧选择“颜色”选项，然后在打开的面板中单击“颜色”选项右侧的色块，在弹出的“颜色选择器”窗口中将 R、G、B 的值均设为 30。

步骤 3 选择“材质编辑器”对话框左侧的“反射”选项，然后单击“添加 ...”按钮，在弹出的下拉列表中选择“GGX”选项，添加一个 GGX 层，接着将材质的粗糙度设为 15%、高光强度设为 40%；在“层颜色”卷展栏中单击“颜色”选项右侧的色块，在弹出的“颜色选择器”窗口中将 R、G、B 的值均设为 180；在“层菲涅耳”卷展栏中将菲涅耳类型设为“绝缘体”、预置类型设为“聚酯”。此时的“黑色塑料”材质球如图 8-2-5 所示。

步骤 4 将“材质管理器”面板中的“黑色塑料”材质赋予“小刻度”“时针”“分针”，然后单击顶部工具栏中的“渲染活动视图”图标，查看图像的渲染效果。

步骤 5 在“材质管理器”面板中选中“黑色塑料”，依次按“Ctrl+C”和“Ctrl+V”组合键，将其复制一份，然后将复制得到的材质的名称设为“红色塑料”。

步骤 6 确保“红色塑料”材质处于选中状态，在“材质编辑器”对话框左侧选择“颜色”选项，然后在打开的面板中单击“颜色”选项右侧的色块，在弹出的“颜色选择器”窗口中将 R、G、B 的值分别设为 255、55、55。选择“材质编辑器”对话框左侧的“反射”选项，在“层颜色”卷展栏中单击“颜色”选项右侧的色块，在弹出的“颜色选择器”窗口中将 R、G、B 的值均设为 245，此时的“红色塑料”材质球如图 8-2-6 所示。

步骤 7 将“材质管理器”面板中的“红色塑料”材质赋予“秒针”，然后单击顶部工具栏中的“渲染活动视图”图标，查看图像的渲染效果。

步骤 8 在“材质管理器”面板中选中“红色塑料”，依次按“Ctrl+C”和“Ctrl+V”组合键，将其复制一份，然后将复制得到的材质的名称设为“紫色塑料”。

步骤 9 确保“紫色塑料”材质处于选中状态，在“材质编辑器”对话框左侧选择“颜色”选项，然后在打开的面板中单击“颜色”选项右侧的色块，在弹出的“颜色选择器”窗口中将 R、G、B 的值分别设为 145、65、255，此时的“紫色塑料”材质球如图 8-2-7 所示。

图 8-2-5 “黑色塑料”材质球

图 8-2-6 “红色塑料”材质球

图 8-2-7 “紫色塑料”材质球

步骤 10　将“材质管理器”面板中的“紫色塑料”材质赋予“大刻度”，然后单击顶部工具栏中的“渲染活动视图”图标，查看图像的渲染效果。

五、制作纸质材质

在“材质编辑器”对话框中通过设置“颜色”“反射”属性，可以制作出纸质材质。纸质材质的制作步骤如下：

步骤 1　在“材质管理器”面板中单击“新的默认材质”按钮，创建一个材质球，然后将其名称设为“纸”。

步骤 2　确保“纸”材质处于选中状态，在“材质编辑器”对话框左侧选择“颜色”选项，然后在打开的面板中单击“颜色”选项右侧的色块，在弹出的“颜色选择器”窗口中将R、G、B的值分别设为230、220、255。

步骤 3　选择“材质编辑器”对话框左侧的“反射”选项，然后单击“添加...”按钮，在弹出的下拉列表中选择“Beckmann”选项，添加一个Beckmann层，接着将材质的粗糙度设为15%、反射强度设为100%、高光强度设为20%，最后在“层菲涅耳”卷展栏中将菲涅耳类型设为“绝缘体”，此时的“纸”材质球如图8-2-8所示。

图 8-2-8 “纸”材质球

步骤 4　将“材质管理器”面板中的“纸”材质赋予“表盘底面”，最后单击顶部工具栏中的“渲染活动视图”图标，查看图像的渲染效果。

任务三　搭建场景、布置灯光并渲染

任务导入

制作好闹钟模型和需要的材质后，还需要搭建场景、布置灯光。通过搭建场景，可以营造所需的环境，增强作品的感染力。灯光可以引导观众的视线，合理地布置灯光，可以突出场景中的主体。

在图8-1-1中，闹钟位于室内，其下方是一张木桌，灯光为暖色且较亮。要制作出如图8-1-1所示的画面效果，首先需要制作木桌，然后使用天空对象营造出室内环境氛围，接着通过布置摄像机，制作出景深效果，最后布置主光源和辅助光源，以突出闹钟。

想一想：

（1）在Cinema 4D中怎样利用摄像机制作出如图8-1-1所示的景深效果？

（2）如何利用天空对象制作出如图8-1-1所示的环境氛围和灯光效果？

一、搭建闹钟场景

创建一个天空对象并制作材质，然后将该材质赋予天空对象，从而营造出环境氛围，接着利用一个长方体制作出场景中的桌面，然后制作木质材质并将其赋予桌面。拍摄距离是影响景深的重要因素，在拍摄体积较大的物体时，如果摄像机与物体相距较远，则景深会变大，画面中模糊区域的面积将变小。由于本案例中闹钟模型的尺寸较大，为制作出如图 8-1-1 所示的景深效果，需要将该闹钟等比例缩小。

搭建场景、布置灯光并渲染

搭建闹钟场景的步骤如下：

步骤 1 单击右侧工具栏中的“天空”图标，创建一个天空对象。

步骤 2 在“材质管理器”面板中单击“新的默认材质”按钮，创建一个材质球，然后将其名称设为“HDR”，接着将“HDR”材质赋予“天空”。

步骤 3 双击“HDR”材质球，打开“材质编辑器”对话框，然后取消勾选该对话框左侧的“颜色”“反射”复选框，勾选“发光”复选框。在“发光”面板中单击“纹理”选项右侧的列表框，然后在弹出的“打开文件”对话框中双击本书配套素材“素材与实例”→“项目八”→“Studio.hdr”文件，最后关闭“材质编辑器”对话框。

步骤 4 在“对象”面板中双击“天空”名称右侧的第一个圆形按钮，将“天空”隐藏。

步骤 5 选中“对象”面板中的所有对象，然后按“Alt+G”组合键对其编组，并将组的名称设为“闹钟”。选中“闹钟”，按“T”键执行“缩放”命令，然后将闹钟均匀缩小至 20%。

步骤 6 创建一个在 X、Y、Z 轴上的尺寸分别为 200 cm、25 cm、60 cm，圆角半径为 2 cm，圆角分段数为 3 的长方体，将其名称设为“桌面”，然后在“属性”面板中选择“坐标”选项卡，在“R.H”编辑框中输入“20”，最后将“桌面”移至合适的位置，结果如图 8-3-1 所示。

图 8-3-1 “桌面”的角度和位置

步骤 7 在“材质管理器”面板中单击“新的默认材质”按钮，创建一个材质球，然后将其名称设为“木材”。

步骤 8 双击“木材”材质球，打开“材质编辑器”对话框，选择该对话框左侧的“颜色”选项，在打开的面板中单击“纹理”选项右侧的列表框，然后在弹出的“打开文件”对话框中选择本书配套素材“素材与实例”→“项目八”→“wood.png”文件，最后单击“打开”按钮。

步骤 9 选择“材质编辑器”对话框左侧的“反射”选项，然后单击“反射”面板中的“添加 ...”按钮，在弹出的下拉列表中选择“Beckmann”选项，接着将材质的粗糙度设为 55%；在“层颜色”卷展

栏中单击“纹理”选项右侧的列表框，然后在弹出的“打开文件”对话框中双击“wood.png”文件；在“层菲涅耳”卷展栏中将菲涅耳类型设为“绝缘体”。此时的“木材”材质球如图 8-3-2 所示。

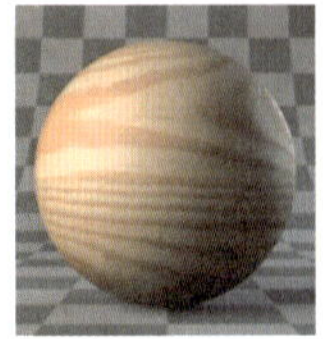

图 8-3-2　“木材”材质球

步骤 10　在“材质编辑器”对话框左侧勾选“凹凸”复选框，然后在“凹凸”面板中单击“纹理”选项右侧的列表框，在弹出的“打开文件”对话框中双击“wood.png”文件，接着将材质的凹凸强度设为 100%。

步骤 11　单击“纹理”选项右侧的箭头按钮，在弹出的下拉列表中选择“过滤”选项，然后单击“纹理”选项右侧的“过滤”按钮，按图 8-3-3 中的参数设置贴图的饱和度、明度和亮度。

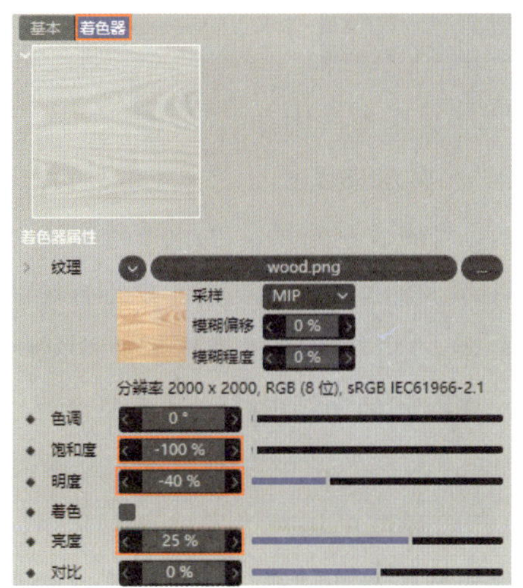

图 8-3-3　设置贴图的饱和度、明度和亮度

步骤 12　将“材质管理器”面板中的“木材”材质赋予“立方体”。单击顶部工具栏中的“渲染活动视图”图标，查看图像的渲染效果。

二、布置灯光并渲染场景

首先使用摄像机确定构图，调整渲染设置，然后创建两个区域光，将其分别作为主光源和辅助光源。布置好灯光后，渲染场景并保存图像。

布置灯光并渲染场景的步骤如下：

步骤 1　激活透视视图，然后单击右侧工具栏中的“摄像机”图标，创建一个自由摄像机。

步骤 2　选中“摄像机”，在“属性”面板“对象”选项卡中将焦距设为 135 mm。

步骤 3　在“对象”面板中单击“摄像机”右侧的图标，激活摄像机视图，然后参照图 8-3-4 移动、旋转、缩放视图，以调整摄像机的位置和视角。

步骤 4 确保“摄像机”处于选中状态，然后在“属性”面板“对象”选项卡中单击“目标距离”编辑框右侧的按钮，在视图窗口中选择闹钟，将焦点设置在闹钟周围，接着选择“物理”选项卡，将光圈大小设为 f/2.5。

步骤 5 按鼠标中键切换至 4 个视图同时显示模式，然后将顶视图设置为透视视图，并将其显示样式设为“光影着色”。此时可根据需要，参照图 8-3-5 调整摄像机的位置和角度。

图 8-3-4　调整摄像机的位置和视角

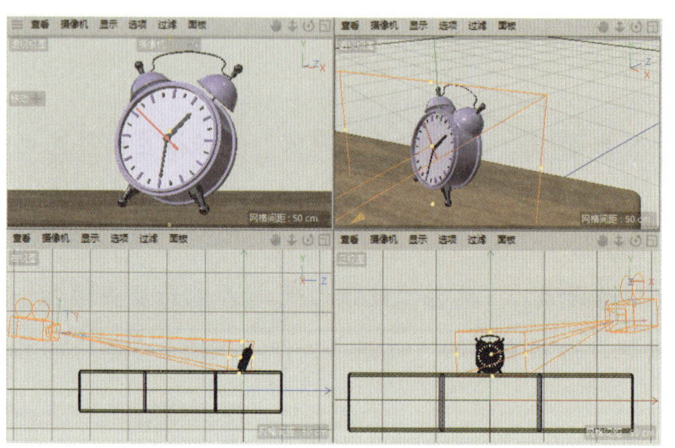

图 8-3-5　调整摄像机的位置和角度

步骤 6 单击顶部工具栏中的“编辑渲染设置 ...”图标，打开“渲染设置”对话框，然后将渲染器设为“物理”。选择该对话框左侧的“物理”选项，在打开的面板中勾选“景深”复选框，将采样器类型设为“递增”；选择该对话框左侧的“输出”选项，在打开的面板中勾选“锁定比率”复选框，然后将图像的宽度、高度分别设为 1 280 像素、720 像素，将分辨率设为 300 像素/英寸（1 英寸≈2.54 cm）；选择该对话框左侧的“抗锯齿”选项，在打开的面板中将过滤类型设为“Mitchell”。

步骤 7 在“对象”面板中单击“天空”名称右侧的第 1 个圆形按钮，将“天空”显示。长按右侧工具栏中的“灯光”图标，在展开的列表中选择“区域光”命令，创建一个区域光，然后在“属性”面板“常规”选项卡中按图 8-3-6 设置相关参数，在“细节”选项卡中按图 8-3-7 设置相关参数，接着参照图 8-3-8，沿 X 轴和 Y 轴旋转该区域光的方向，最后将其移至闹钟前方、上方合适的位置。

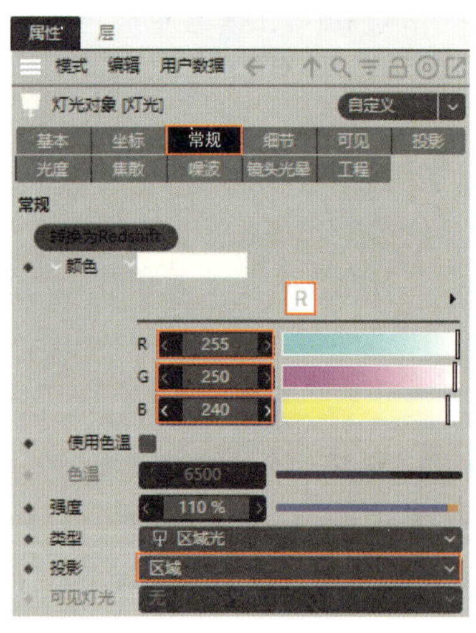

图 8-3-6　“常规”选项卡①

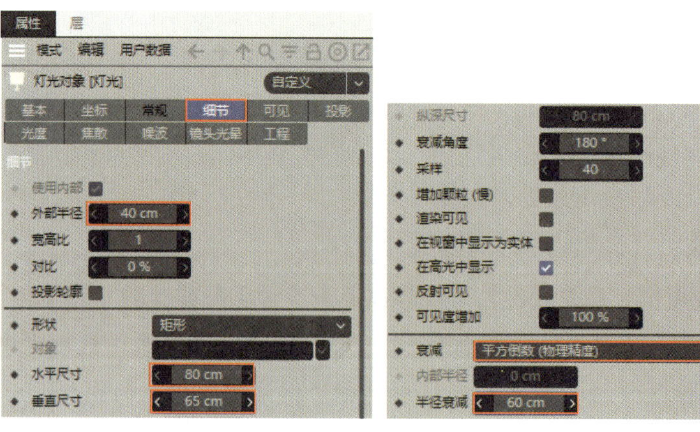

图 8-3-7　“细节”选项卡①

透视视图

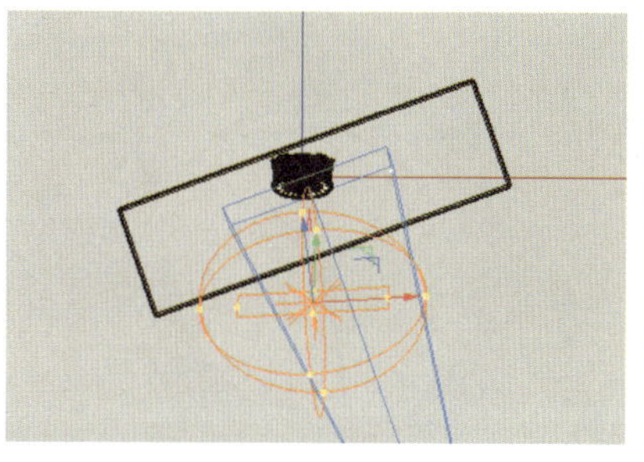
顶视图

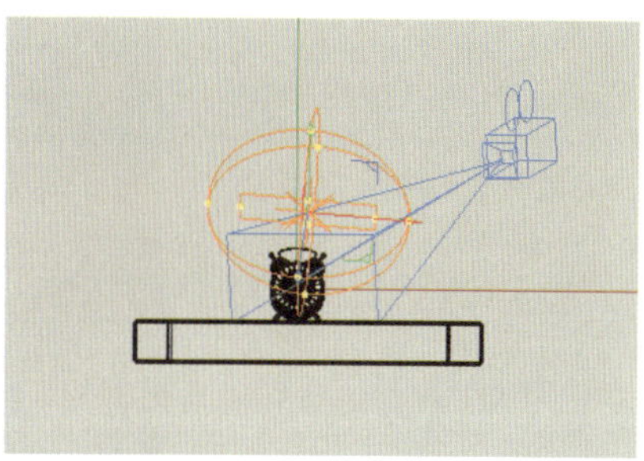
正视图

图 8-3-8 区域光的方向和位置 ①

步骤 8 由于闹钟左上方的光线更强，因此还需创建一个区域光。创建区域光后，在“属性”面板“常规”选项卡中按图 8-3-9 设置相关参数，在“细节”选项卡中按图 8-3-10 设置相关参数，接着参照图 8-3-11 调整该区域光的方向和位置。

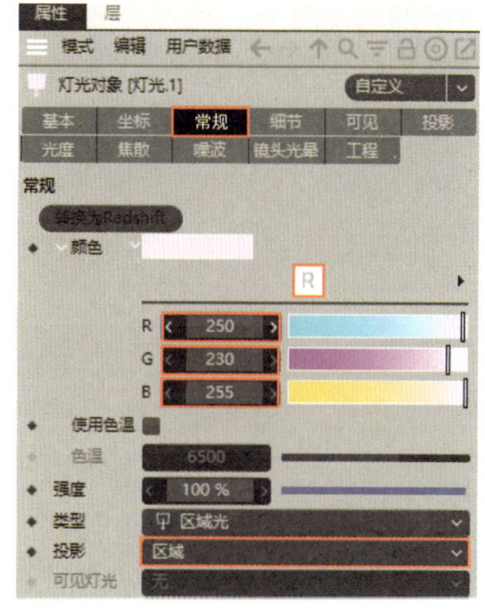

图 8-3-9 “常规”选项卡 ②

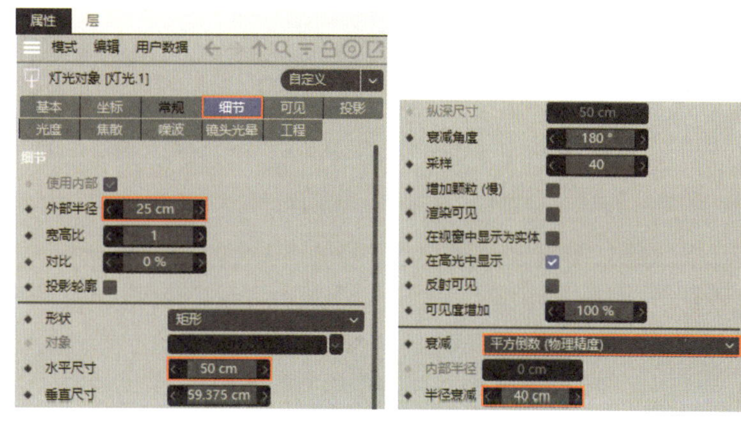

图 8-3-10 “细节”选项卡 ②

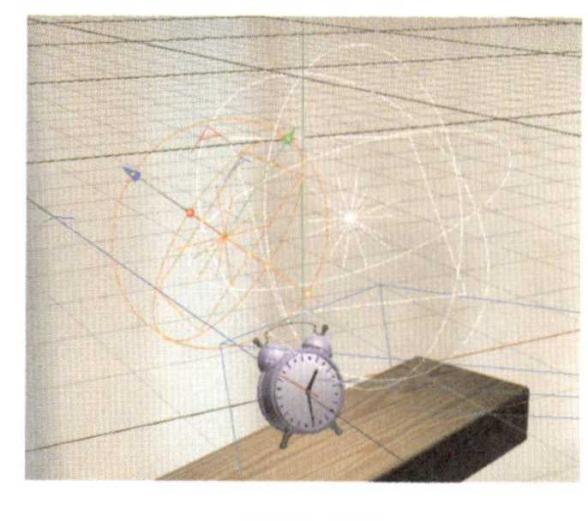
透视视图

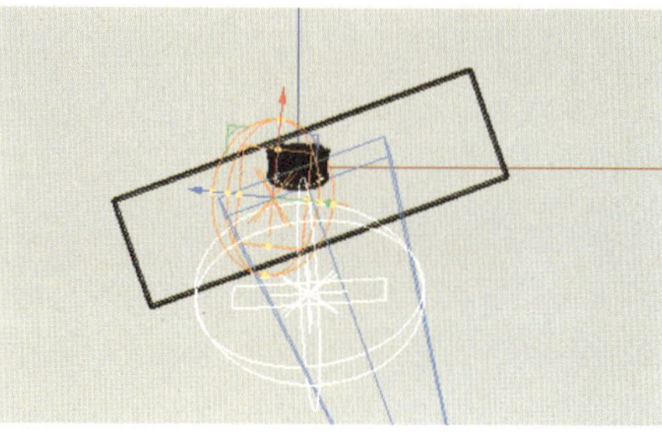
顶视图

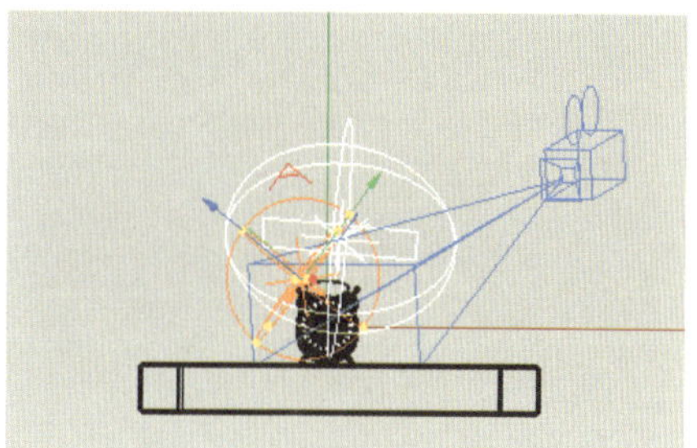
正视图

图 8-3-11 区域光的方向和位置 ②

步骤 9 选中“天空”，按“R”键执行“旋转”命令，然后在第 2 个透视视图中旋转“天空”，使第 1 个透视视图中出现所需的背景，结果如图 8-3-12 所示。

图 8-3-12 旋转效果

步骤 10 激活第 1 个透视视图，然后单击顶部工具栏中的“渲染到图像查看器”图标，打开“图像查看器”窗口并进行渲染。渲染完毕，单击“图像查看器”窗口中的“将图像另存为 ...”按钮，在弹出的“保存”对话框中将图像文件的格式设为“png”，然后单击“确定”按钮，在弹出的“保存对话”对话框中选择图像文件的储存位置并输入文件名“闹钟”，最后单击“确定”按钮，保存图像。

项目九

制作化妆品海报

项目引言

在电商领域，常用Cinema 4D制作模型和材质，并且通过搭建场景、布置灯光和渲染场景，制作营销宣传图，以吸引顾客。

本项目将通过制作化妆品海报，介绍多种建模方法的综合应用、制作多种材质、搭建场景、布置灯光和渲染的相关知识。

知识目标

- 掌握基本体建模与样条建模、生成器建模、变形器建模和多边形建模。
- 掌握搭配场景的方法。
- 掌握制作多种材质和毛发的方法。
- 掌握创建摄像机、布置灯光的方法和渲染器的相关设置。

素质目标

- 在搭建场景的过程中，学习“先整体，后局部”的建模思路，明白整体和部分的辩证关系。
- 在制作材质和布置灯光的过程中，通过多次渲染场景和调整参数，培养坚韧不拔的毅力与持之以恒的耐心。

任务一 制作化妆品瓶和场景模型

任务导入

在本任务中，通过制作如图9-1-1所示的模型，继续学习综合使用基本体建模、样条建模、生成器建模、变形器建模、多边形建模等方法制作模型的相关知识和搭建场景的方法。如图9-1-1所示的化妆品海报中的模型由化妆品瓶、展台、窗帘、立牌、地面、装饰台、屏风等7个部分组成。首先制作出化妆品瓶，然后依次制作出展台、窗帘、立牌、地面和装饰台，最后布置场景并导入屏风模型。

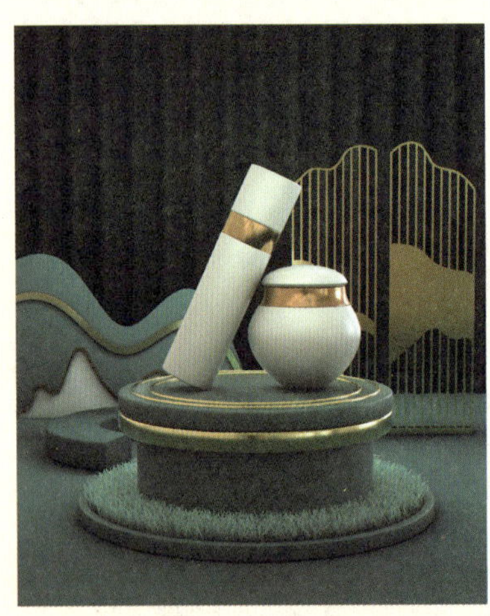

图9-1-1　化妆品海报渲染图

想一想：

（1）图9-1-1中山峰形状的立牌是怎样制作出来的？

（2）怎样制作图9-1-1中的广口瓶？

一、制作化妆品瓶

图9-1-1中有1个细口瓶和1个广口瓶，可利用3个圆柱体制作细口瓶。制作广口瓶时，应先创建一个球体，将其作为广口瓶的基本形体，然后使用“封闭多边形孔洞”“坍塌”“挤压”等命令编辑该球体，从而制作出广口瓶的基本形状，接着创建1个球体并对其缩放，制作出广口瓶的瓶盖，最后使用“循环/路径切割”命令对模型卡线，使用“细分曲面”生成器对模型的曲面进行细分。

扫一扫

制作化妆品瓶和场景模型

化妆品瓶的制作步骤如下：

步骤 1 创建一个半径为 30 cm、高度为 160 cm、高度分段数为 1、旋转分段数为 24、圆角分段数为 3、圆角半径为 2 cm 的圆柱体，再创建一个半径为 30 cm、高度为 25 cm、高度分段数为 1、旋转分段数为 24、圆角分段数为 3、圆角半径为 1 cm 的圆柱体和一个半径为 30 cm、高度为 55 cm、高度分段数为 1、旋转分段数为 24、圆角分段数为 3、圆角半径为 2 cm 的圆柱体。

步骤 2 按“E”键执行“移动”命令，沿 *Y* 轴正向将“圆柱体 .1”和“圆柱体 .2”移至合适的位置，结果如图 9-1-2 所示。选中“圆柱体”“圆柱体 .1”“圆柱体 .2”，按“Alt+G”组合键对其编组，并将组的名称设为“细口瓶”。在“对象”面板中单击两次“细口瓶”右侧的第 1 个圆形按钮，将“细口瓶”隐藏。

步骤 3 创建一个半径为 65 cm、分段数为 16 的球体，然后按“C”键，将其转换为可编辑对象。单击顶部工具栏中的“多边形”图标，切换至面模式。采用框选方式在正视图选中如图 9-1-3 所示的面，然后按“Delete”键将其删除。

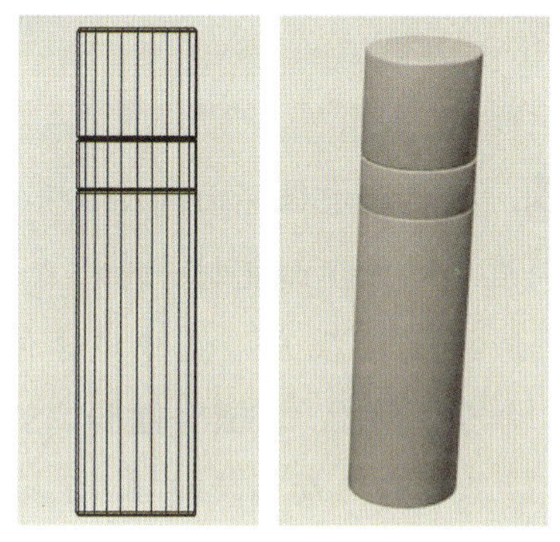
图 9-1-2 移动效果

图 9-1-3 选中面

步骤 4 单击顶部工具栏中的“点”图标，切换至点模式。单击顶部工具栏中的“建模设置”图标，在出现的面板中勾选“捕捉”选项卡中的“捕捉”“轴心”“引导线”复选框，然后在该面板外的任一位置单击，将该面板关闭。采用框选方式在正视图中选中如图 9-1-4 所示的点，然后按“T”键执行“缩放”命令，将鼠标指针移至 *Y* 轴的端部，按住左键并拖动鼠标，当出现提示信息“0%”（图 9-1-5）时松开左键，使选中的点位于同一个平面。单击顶部工具栏中的“启用捕捉”图标，退出捕捉模式。

步骤 5 采用框选方式选中如图 9-1-6 所示的点，然后按“T”键执行“缩放”命令，在视图窗口中的任一空白处按住左键不放（确保不选中任一坐标轴或坐标平面），接着按住“Shift”键并拖动鼠标，当出现提示信息“85%”时松开左键和“Shift”键，结果如图 9-1-7 所示。

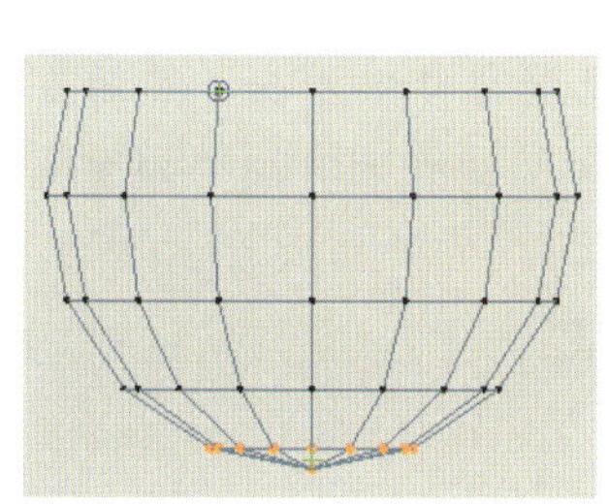
图 9-1-4 选中点 ①

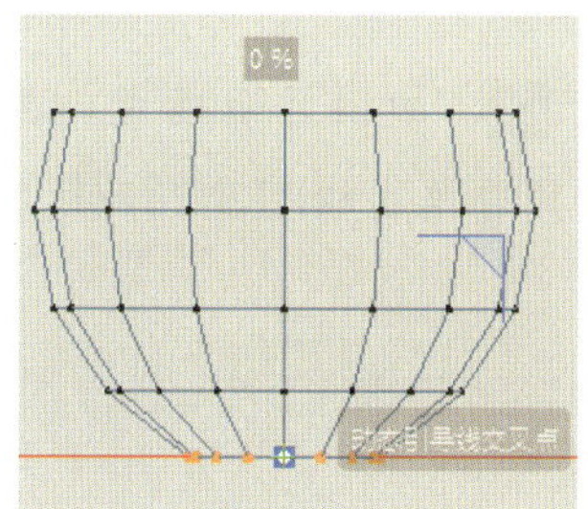

图 9-1-5 出现提示信息“0%”

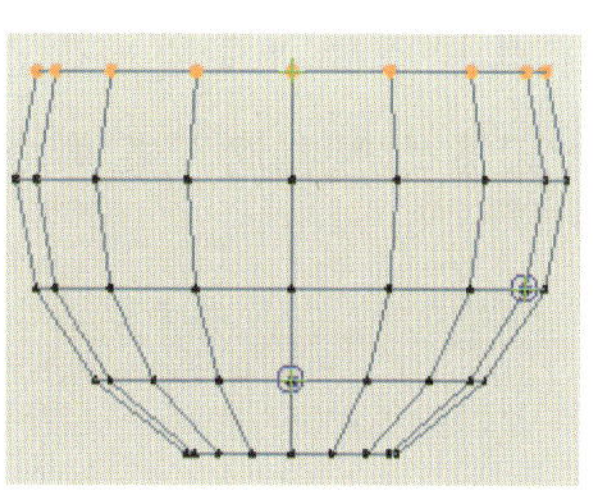
图 9-1-6 选中点 ②

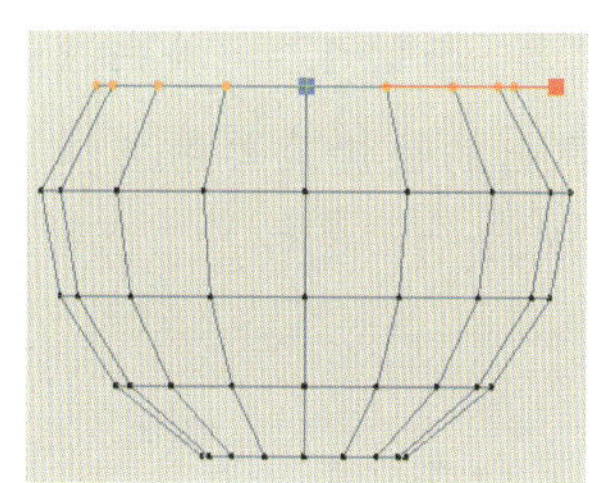
图 9-1-7 缩放效果 ①

步骤 6 单击顶部工具栏中的“多边形”图标，切换至面模式。在视图窗口中右击，然后在弹出的快捷菜单中选择“封闭多边形孔洞”菜单项，接着单击模型孔洞的边界线，将孔洞封闭，结果如图 9-1-8 所示。

步骤 7 按“T”键执行“缩放”命令，然后选中如图 9-1-8 所示的面，在视图窗口中的任意一空白处按住左键不放，接着按住“Ctrl”键并拖动鼠标，嵌入一个面，结果如图 9-1-9 所示。

步骤 8 确保嵌入的面处于选中状态，然后在视图窗口中右击，在弹出的快捷菜单中选择“坍塌”菜单项，使选中的面成为一个点，结果如图 9-1-10 所示。

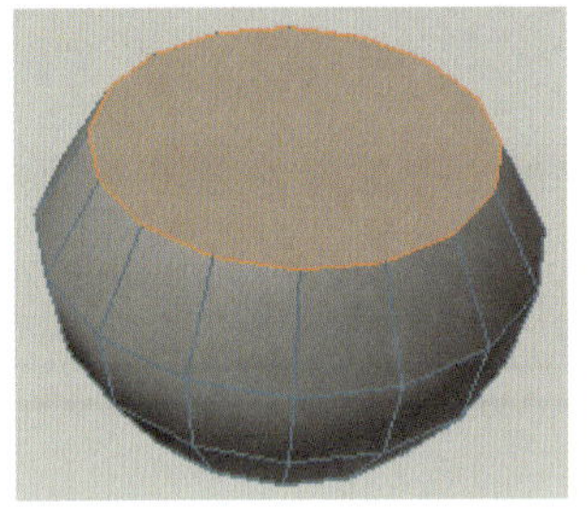
图 9-1-8 孔洞的封闭效果 ①

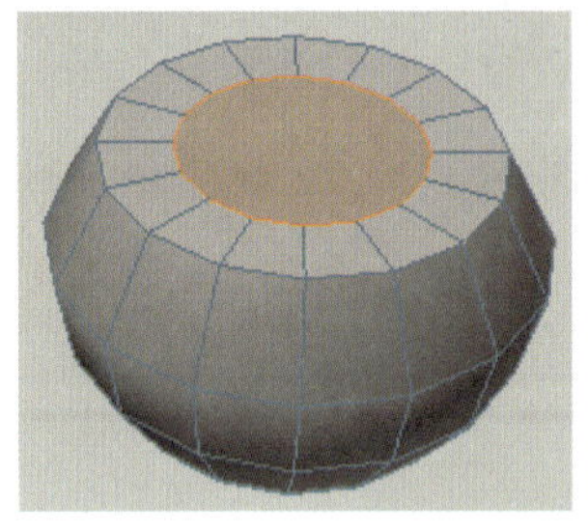
图 9-1-9 嵌入面

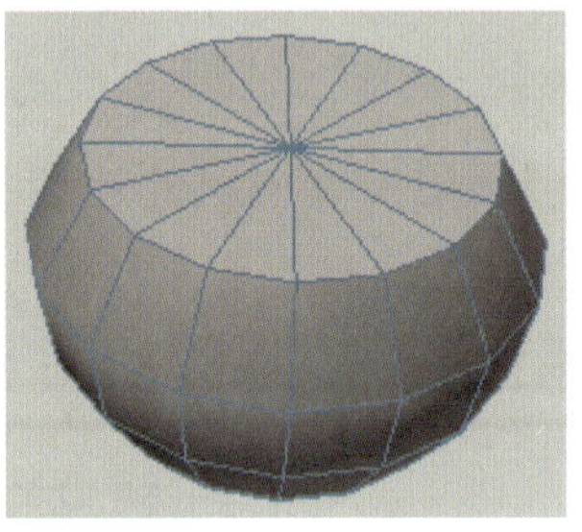
图 9-1-10 坍塌效果

步骤 9 单击左侧工具栏中的“循环选择”图标，然后选中循环面（图 9-1-11），接着在视图窗口中右击，在弹出的快捷菜单中选择“分裂”菜单项，将选中的循环面复制一份。

步骤 10 单击顶部工具栏中的“边”图标，切换至边模式。选中“球体 .1”，然后选中如图 9-1-12 所示的循环边，接着按“E”键执行“移动”命令，按住“Ctrl”键和“Shift”键沿 *Y* 轴正向将选中的边挤出 10 cm，最后使用相同的方法将选中的边沿 *Y* 轴正向再次挤出 10 cm，结果如图 9-1-13 所示。

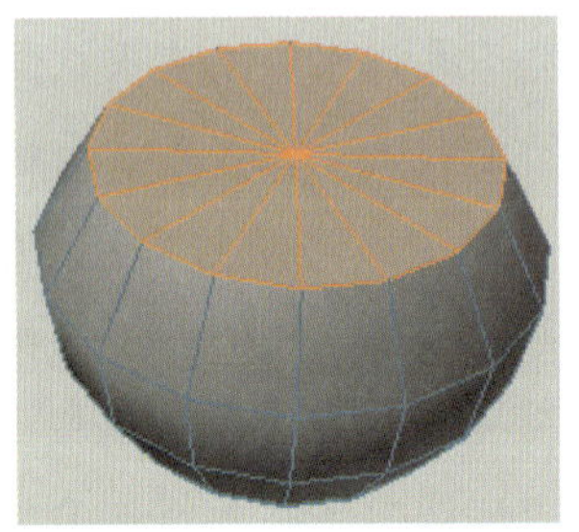
图 9-1-11 选中循环面

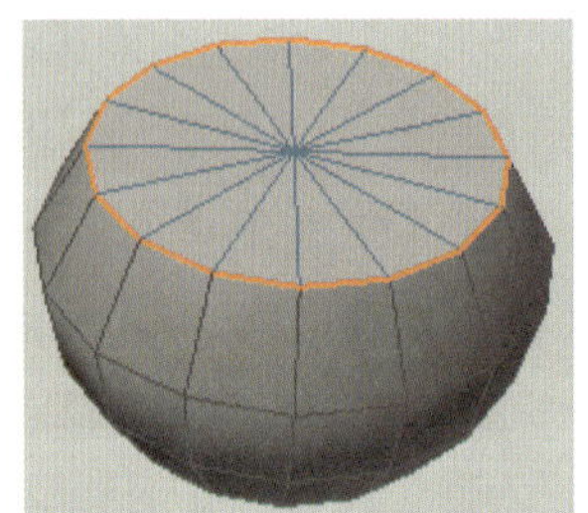
图 9-1-12 选中循环边 ①

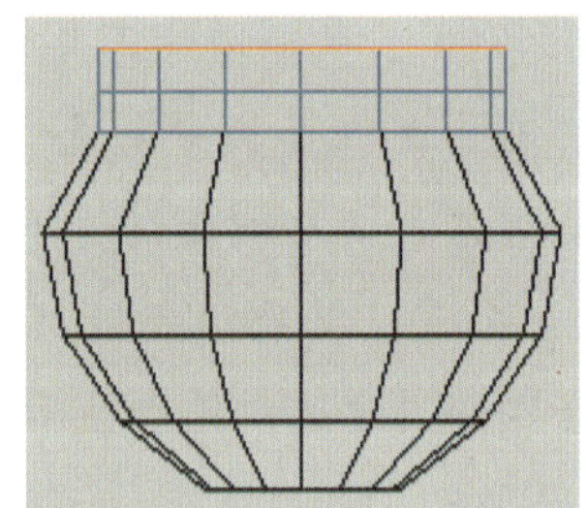
图 9-1-13 挤压效果

步骤 11 分别选中如图 9-1-14 所示的两条循环边，然后按“T”键执行“缩放”命令，将其分别均匀缩放至合适的大小，结果如图 9-1-15 所示。

步骤 12 单击顶部工具栏中的“多边形”图标，切换至面模式。在视图窗口中右击，然后在弹出的快捷菜单中选择“封闭多边形孔洞”菜单项，接着单击模型孔洞的边界线，将孔洞封闭，结果如图 9-1-16 所示。

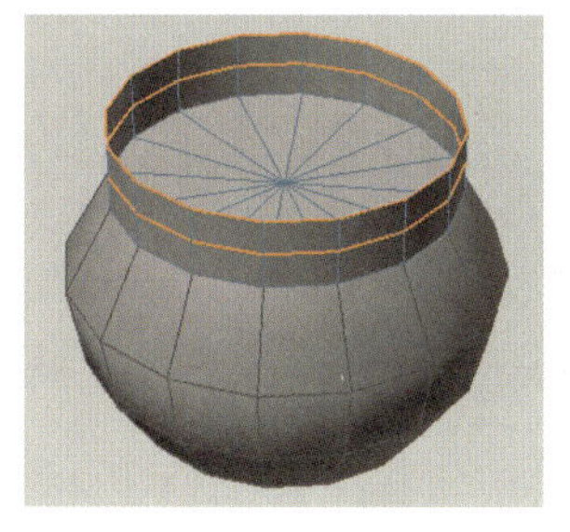

图 9-1-14 选中循环边②

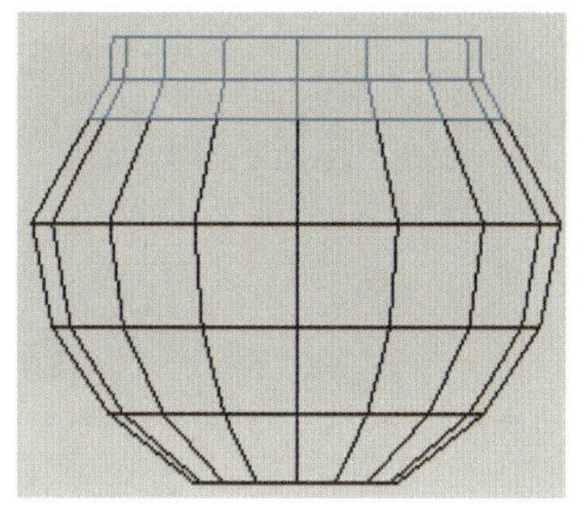
图 9-1-15 缩放效果②

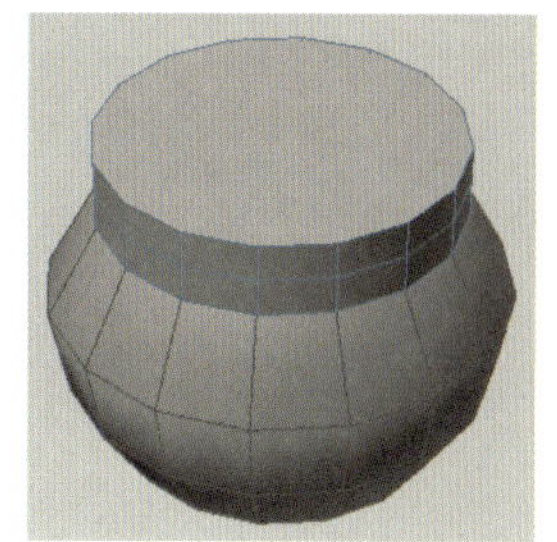
图 9-1-16 孔洞的封闭效果②

步骤 13 参照步骤 7 和步骤 8 对“球体 .1”的顶面进行切割，结果如图 9-1-17 所示。

步骤 14 采用框选方式选中“球体 .1”的所有面，然后在视图窗口中右击，在弹出的快捷菜单中选择“反转法线 ...”菜单项，结果如图 9-1-18 所示。

步骤 15 单击顶部工具栏中的“模型”图标，切换至模型模式。创建一个半径为 48 cm 的球体，然后按“C”键，将其转换为可编辑对象，接着使用“移动”命令将其沿 *Y* 轴正向移动 45 cm。按“T”键执行“缩放”命令，然后将球体沿 *Y* 轴缩小至 40%，结果如图 9-1-19 所示。

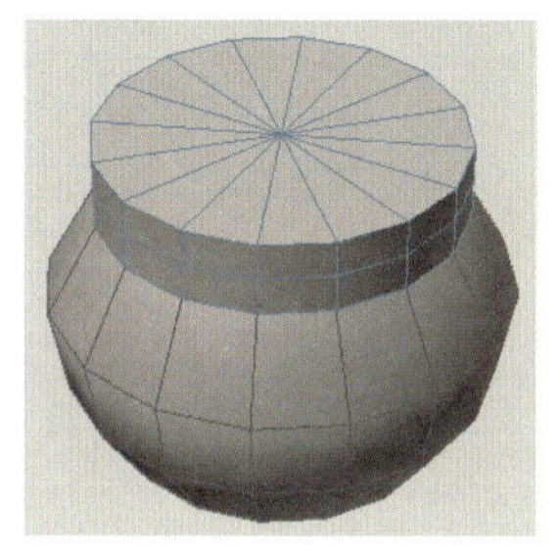
图 9-1-17 顶面的切割效果

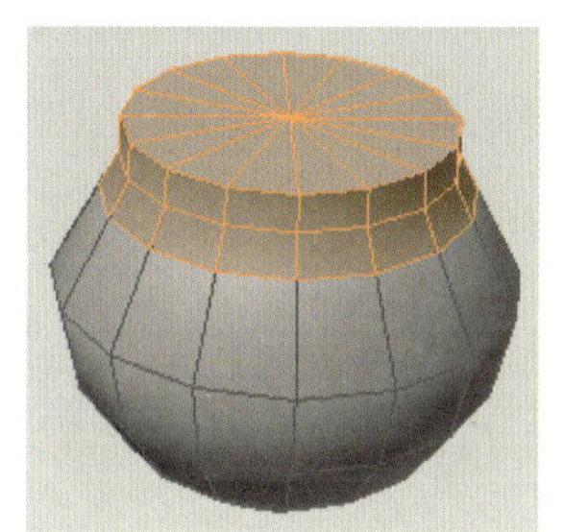
图 9-1-18 反转法线效果

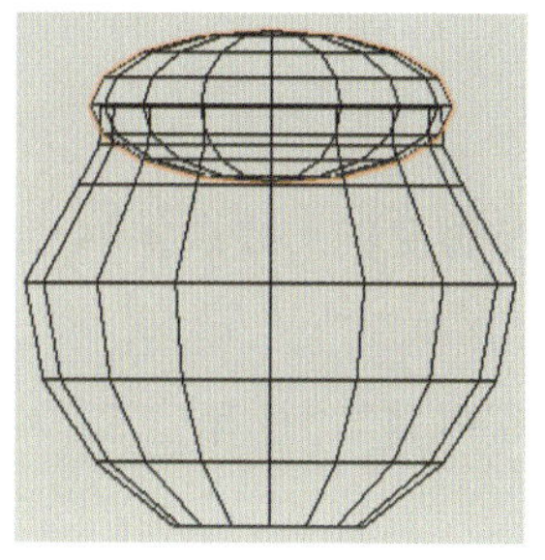
图 9-1-19 缩放效果③

步骤 16 单击顶部工具栏中的“点”图标，切换至点模式。采用框选方式在正视图中选中如图 9-1-20 所示的点，然后使用“缩放”命令将其沿 *Y* 轴缩小至 55%，接着按“E”键执行“移动”命令，将这些点沿 *Y* 轴正向移至合适的位置，结果如图 9-1-21 所示。

步骤 17 单击顶部工具栏中的“模型”图标，切换至模型模式。使用“移动”命令将“球体 .2”沿 *Y* 轴正向移至合适的位置，结果如图 9-1-22 所示。

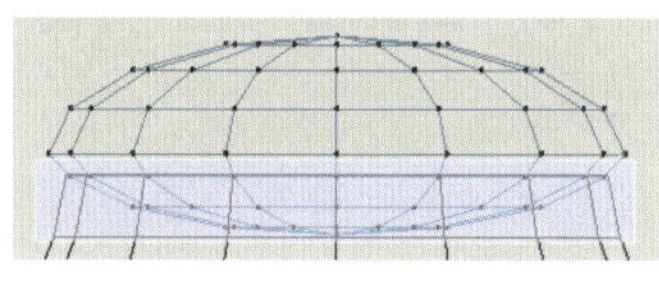
图 9-1-20 选中点③

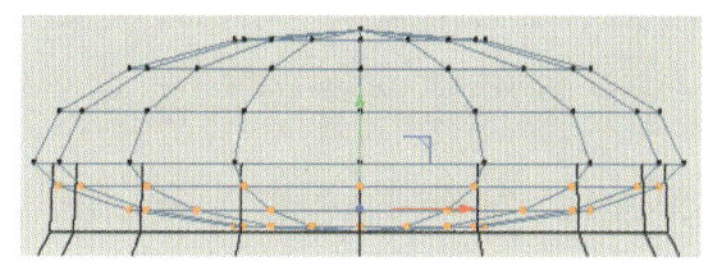
图 9-1-21 缩放并移动后的效果

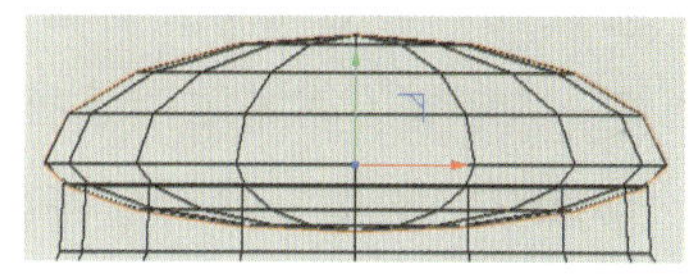
图 9-1-22 移动效果③

步骤 18 单击顶部工具栏中的“边”图标，切换至边模式。选中“球体 .2”，将其单独显示，然后在视图窗口中右击，在弹出的快捷菜单中选择“循环/路径切割”菜单项，接着在“球体 .2”的合适位置添加两条循环边，完成对“球体 .2”的卡线，结果如图 9-1-23 所示。

步骤 19 结束单独显示“球体 .2”的状态。选中“球体 .1”，将其单独显示。使用“循环/路径切割”命令在“球体 .1”的合适位置添加 4 条循环边，完成对“球体 .1”的卡线，结果如图 9-1-24 所示。

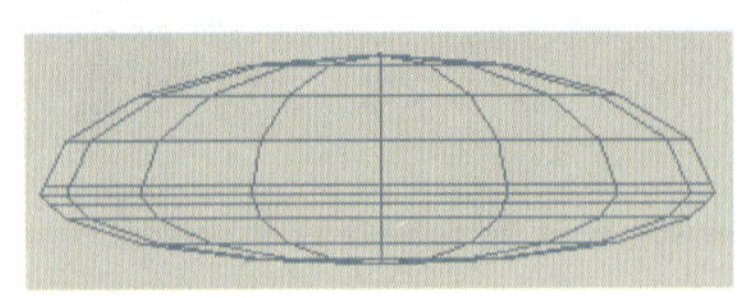

图 9-1-23　对“球体 .2”卡线

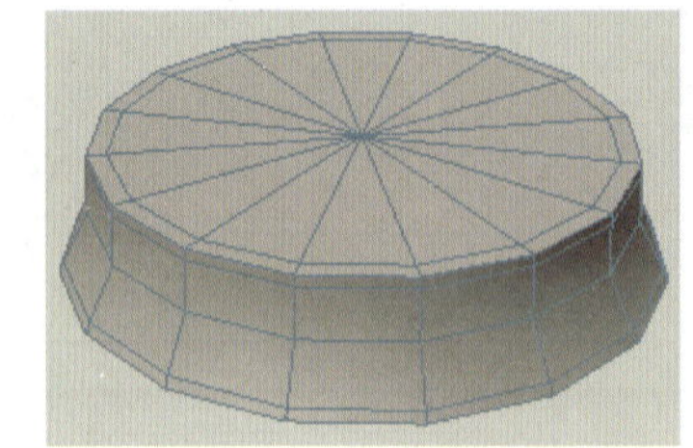

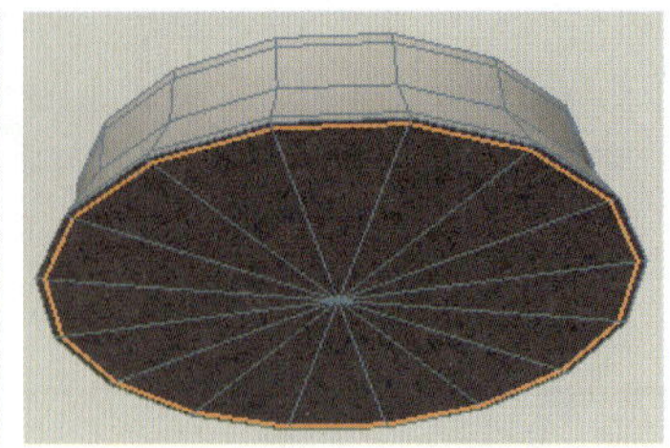

图 9-1-24　对“球体 .1”卡线

步骤 20　结束单独显示“球体 .1”的状态。选中“球体”，将其单独显示。使用“循环/路径切割”命令在“球体”的合适位置添加 4 条循环边，完成对“球体”的卡线，结果如图 9-1-25 所示。

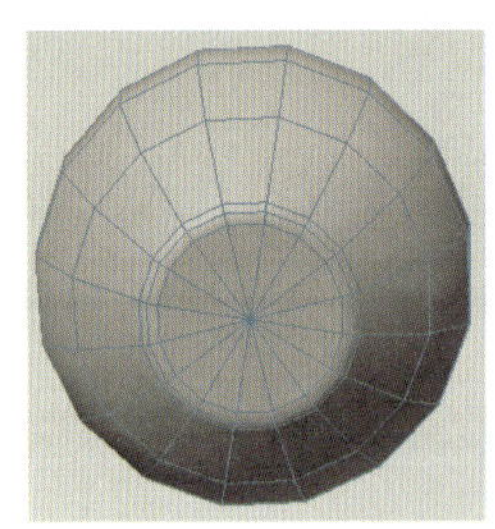

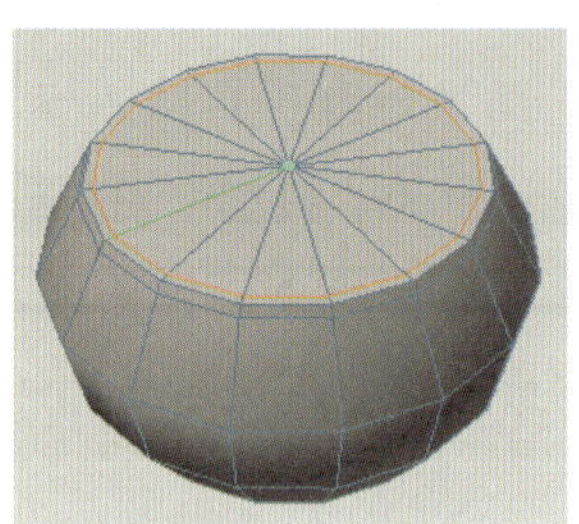

图 9-1-25　对“球体”卡线

步骤 21　结束单独显示“球体”的状态。单击右侧工具栏中的“细分曲面”图标，创建一个“细分曲面”生成器，然后将“球体”“球体 .1”“球体 .2”设为“细分曲面”的子级，接着选中“球体”“球体 .1”“球体 .2”，按“Alt+G”组合键对选中的模型编组，最后将“细分曲面”的名称设为“广口瓶”。

步骤 22　在“对象”面板中单击两次“广口瓶”右侧的第 1 个圆形按钮，将“广口瓶”隐藏。

二、制作展台

首先使用“管道”和“圆盘”命令制作展台的底座，然后使用“圆柱体”“圆环”和“扫描”命令制作展台的其余部分。

展台的制作步骤如下：

步骤 1　单击顶部工具栏中的“模型”图标，切换至模型模式。使用右侧工具栏中的“管道”命令创建一条管道，然后在“属性”面板“对象”选项卡中按图 9-1-26 设置参数。

步骤 2　创建一个外部半径为 185 cm、内部半径为 130 cm、旋转分段数为 80 的圆盘，再创建一个半径为 130 cm、高度为 85 cm、高度分段数为 1、旋转分段数为 70 的圆柱体。

步骤 3　创建一个半径为 150 cm、高度为 20 cm、高度分段数为 1、旋转分段数为 70、圆角分段数为 3、圆角半径为 3 cm 的圆柱体，依次按“Ctrl+C”和“Ctrl+V”组合键，将其复制一份。按“E”键执行“移动”命令，然后将“圆柱体”“圆柱体 .1”“圆柱体 .2”沿 Y 轴正向移至合适的位置，结果如图 9-1-27 所示。

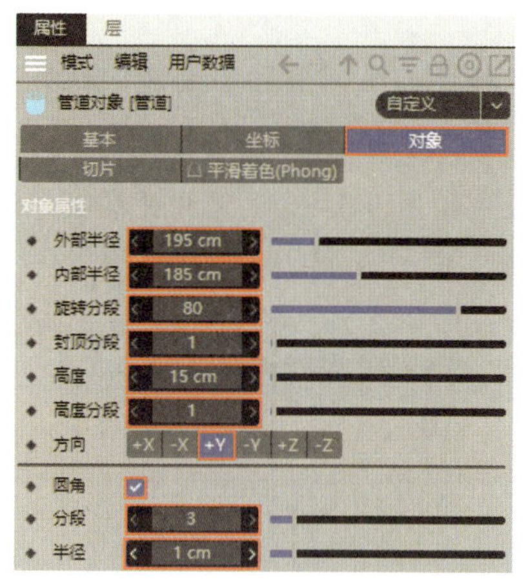

图 9-1-26 “对象”选项卡

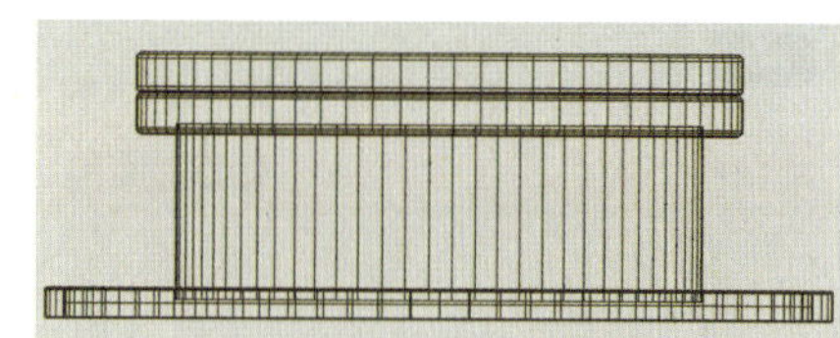

图 9-1-27 移动效果 ①

步骤 4 创建一个圆环，然后在“属性”面板“对象”选项卡中将其半径设为 135 cm、平面设为“XZ”、点的插值方式设为“统一”、点的数量设为 20。选中“圆环”，依次按“Ctrl+C”和“Ctrl+V”组合键，将其复制一份，接着将“圆环 .1”的半径设为 115 cm。

步骤 5 创建一个半径为 2 cm 的圆环。选中“圆环”“圆环 .1”，然后在“对象”面板中右击，在弹出的快捷菜单中选择“连接对象+删除”菜单项，将其合并为一个对象，并将该对象的名称设为“路径”。长按右侧工具栏中的“细分曲面”图标，在展开的列表中选择“扫描”命令，创建一个“扫描”生成器，然后将“圆环 .2”设为“扫描”的第 1 个子级，将“路径”设为“扫描”的第 2 个子级，接着将生成的扫描对象沿 *Y* 轴正向移至合适的位置，结果如图 9-1-28 所示。

图 9-1-28 移动效果 ②

步骤 6 选中“扫描”，然后按住“Shift”键选中“管道”，接着按“Alt+G”组合键对其编组，并将组的名称设为“展台”，最后单击两次“对象”面板中“展台”右侧的第 1 个圆形按钮，将“展台”隐藏。

三、制作窗帘

首先创建一个平面，然后使用“移动”命令和“倒角”命令制作出窗帘上的褶皱，最后使用“细分曲面”生成器对模型进行细分。

窗帘的制作步骤如下：

步骤 1 创建一个宽度和高度均为 1 000 cm、宽度分段数为 34、高度分段数为 1、方向为“+Z”的平面，然后按“C”键，将其转换为可编辑对象。

步骤 2 单击顶部工具栏中的“边”图标，切换至边模式。选择平面上间隔相等的边，结果如图 9-1-29 所示。按“E”键执行“移动”命令，然后将这些边沿 Z 轴负向移动 45 cm，接着在视图窗口中右击，在弹出的快捷菜单中选择“倒角”菜单项，最后在“属性”面板中按图 9-1-30 设置相关参数，结果如图 9-1-31 所示。

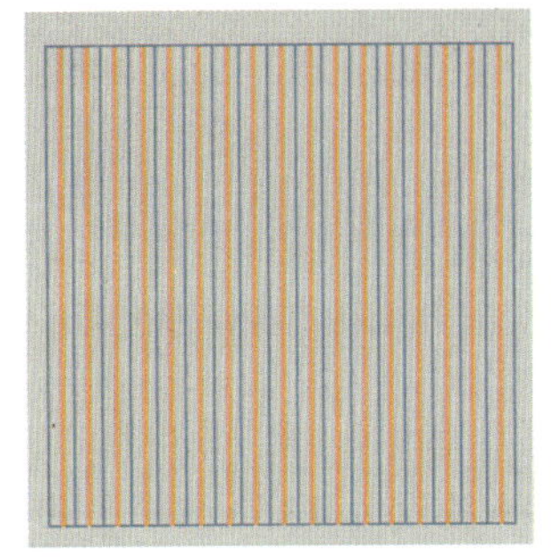

图 9-1-29 选中间隔相等的边

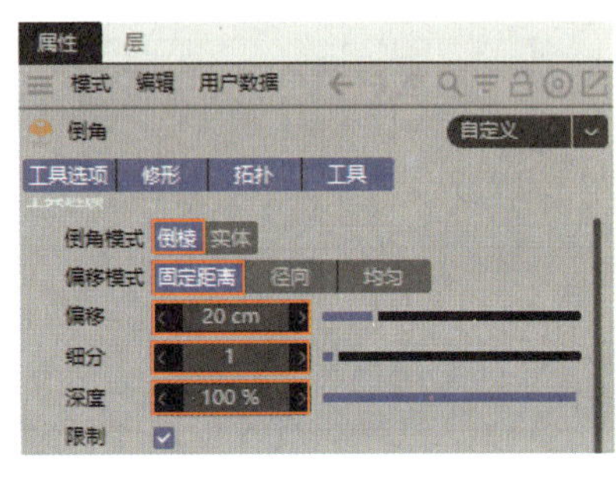

图 9-1-30 “属性”面板

图 9-1-31 倒角效果

步骤 3 创建一个“细分曲面”生成器，将其名称设为“窗帘”，然后将“平面”设为“窗帘”的子级，最后单击两次“对象”面板中“窗帘”右侧的第 1 个圆形按钮，将“窗帘”隐藏。

四、制作立牌

图 9-1-1 中有白青色和深青色两块立牌。首先导入参考图，使用“样条画笔”命令绘制白青色立牌的轮廓线，然后使用“挤压”生成器将该轮廓线转换为模型，接着使用“扫描”生成器制作白青色立牌上的装饰条。创建一个平面，然后使用“FFD”变形器制作深青色立牌的基本形状，使用“细分曲面”生成器对模型进行细分，接着使用“布料曲面”生成器使模型产生厚度，最后使用“提取样条”命令提取模型上的样条，使用“扫描”生成器制作深青色立牌上的装饰条。

立牌的制作步骤如下：

步骤 1 将本书配套素材“素材与实例”→“项目九”→“立牌参考图 .png”文件拖到正视图视口中后释放左键。按“Shift+V”组合键，或在“属性”面板中选择“模式”→“视图设置”菜单，然后在打开的面板中选择“背景”选项卡，在“透明度”编辑框中输入“85”并按回车键。

步骤 2 单击顶部工具栏中的“模型”图标，切换至模型模式。单击左侧工具栏中的“样条画笔”图标，在图 9-1-32 中的箭头处单击，创建第 1 个锚点；将鼠标指针移至合适的位置并按住左键拖动鼠标，以调整曲线的曲率，最后释放左键，以创建第 2 个锚点。重复上述操作，绘制出白青色立牌的轮廓线，最后将鼠标指针放在第 1 个锚点上，当鼠标指针右侧出现一个圆圈时单击，使该样条闭合，结果如图 9-1-32 所示。

步骤 3 选中“样条”，依次按“Ctrl+C”和“Ctrl+V”组合键，将其复制一份。创建一个“挤压”生成器，将“样条”设为其子级。选中“挤压”，在“属性”面板的“对象”选项卡中将偏移距离设为 5 cm。

步骤 4 创建一个宽度为 5 cm、高度为 15 cm 的矩形和一个“扫描”生成器，然后将“矩形”设为“扫描”的第 1 个子级，将“样条 .1”设为“扫描”的第 2 个子级，结果如图 9-1-33 所示。选中“扫描”

和“挤压”，按“Alt+G”组合键对其编组，然后将组的名称设为“白青色立牌”，最后单击两次“对象”面板中“白青色立牌”右侧的第 1 个圆形按钮，将“白色立牌”隐藏。

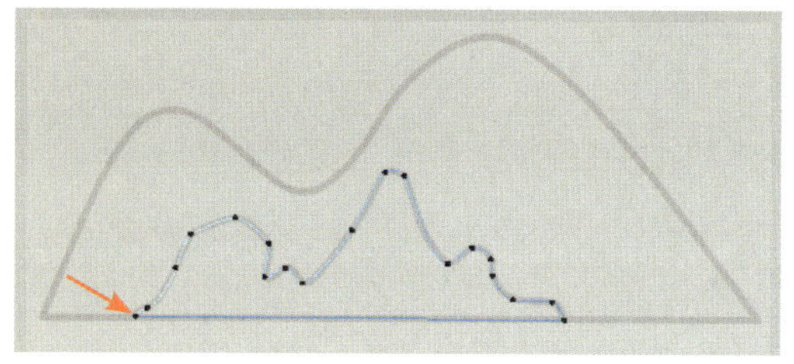

图 9-1-32　白青色立牌的轮廓线

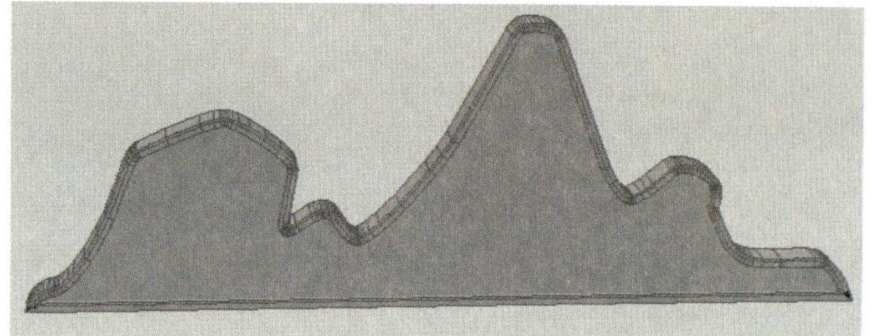

图 9-1-33　扫描效果 ①

步骤 5　创建一个宽度为 780 cm、高度为 400 cm、宽度分段数为 20、高度分段数为 1、方向为“–Z”的平面。长按右侧工具栏中的“弯曲”图标，在展开的列表中选择“FFD”命令，创建一个“FFD”变形器，然后将其设为“平面”的子级。选中“FFD”，然后在“属性”面板“对象”选项卡中按图 9-1-34 设置相关参数。

步骤 6　在正视图中采用框选方式选中“FFD”变形器框架上的顶点，然后将其移至合适的位置，使平面的外轮廓和参考图上立牌的轮廓线重合，结果如图 9-1-35 所示。

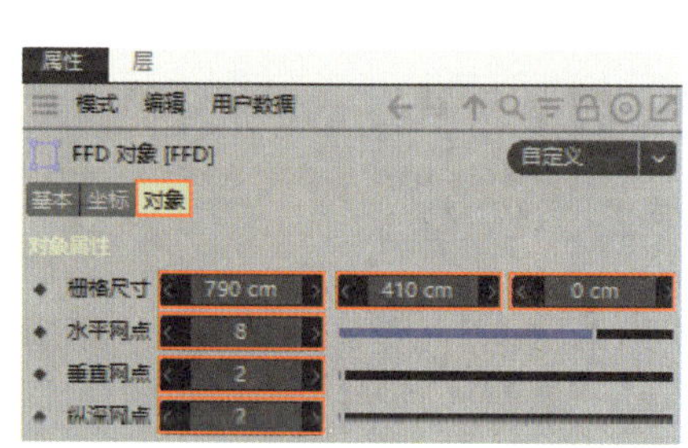

图 9-1-34　“对象”选项卡

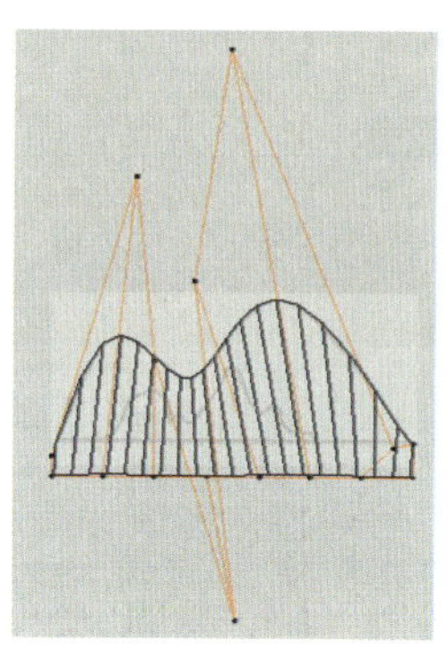

图 9-1-35　变形效果

步骤 7　创建一个“细分曲面”生成器，将“平面”设为“细分曲面”的子级。创建一个“布料曲面”生成器，将“细分曲面”设为“布料曲面”的子级。选中“布料曲面”，在“属性”面板“对象”选项卡中将细分值设为 0、厚度设为 25 cm，结果如图 9-1-36 所示。

步骤 8　选中“细分曲面”，依次按“Ctrl+C”和“Ctrl+V”组合键，将其复制一份，并将复制得到的对象的名称设为“细分曲面 .1”，然后在“细分曲面 .1”上右击，在弹出的快捷菜单中选择“连接对象 + 删除”菜单项，将“细分曲面 .1”及其子级对象合并为一个对象。单击顶部工具栏中的“边”图标，切换至边模式。使用“循环选择”命令选中如图 9-1-37 所示的循环边，然后在视图窗口中右击，在弹出的快捷菜单中选择“提取样条”菜单项，创建一个与选中的边形状相同的样条。

步骤 9　创建一个宽度为 15 cm、高度为 10 cm 的矩形，再创建一个“扫描”生成器，然后将“矩形”设为“扫描”的第 1 个子级，将“细分曲面 .1. 样条”设为“扫描”的第 2 个子级，结果如图 9-1-38 所示。选中“细分曲面 .1”，按“Delete”键将其删除。选中“扫描”“布料曲面”，按“Alt+G”组合键对其编组，并将组的名设为“深青色立牌”，最后在“对象”面板中将“深青色立牌”隐藏。

图 9-1-36　细分效果

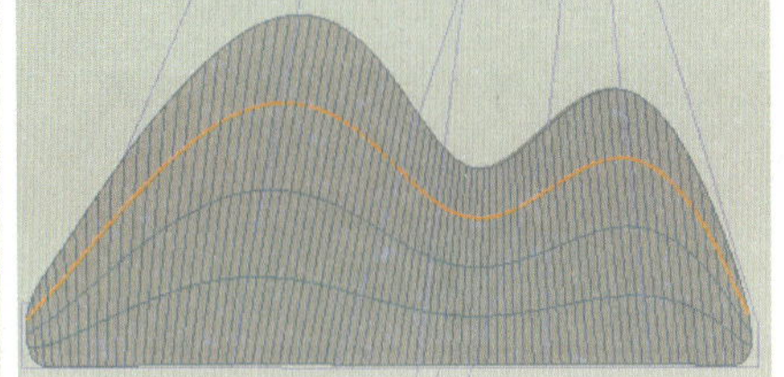

图 9-1-37　选中循环边

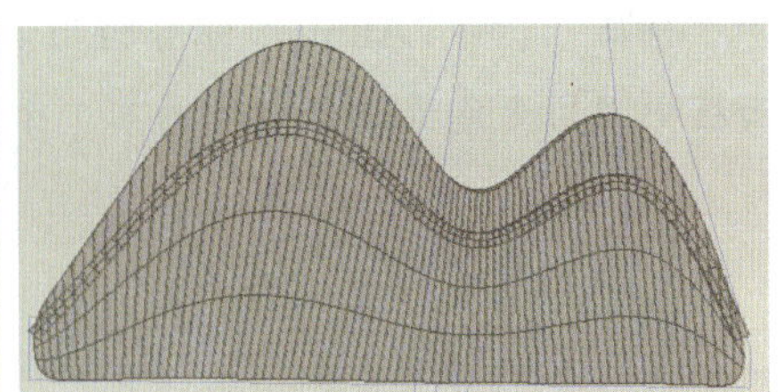

图 9-1-38　扫描效果 ②

五、制作地面和装饰台

首先创建一个平面，将其作为地面，然后创建一条管道并将其切片，制作出装饰台。地面和装饰台的制作步骤如下：

步骤 1　单击顶部工具栏中的“模型”图标，切换至模型模式。创建一个宽度和高度均为 3 000 cm 的平面，然后将其名称设为“地面”，接着双击“对象”面板中“地面”右侧的第 1 个圆形按钮，将“地面”隐藏。

步骤 2　创建一条管道，将其名称设为“装饰台”，然后在“属性”面板“对象”选项卡中按图 9-1-39 设置相关参数，在“切片”选项卡中勾选“切片”复选框，结果如图 9-1-40 所示。

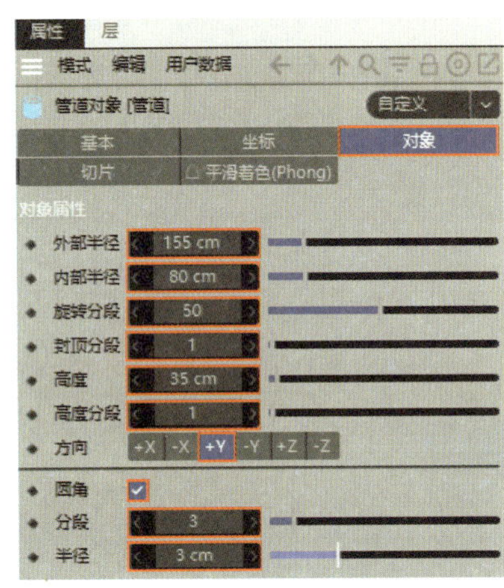

图 9-1-39　“对象”选项卡

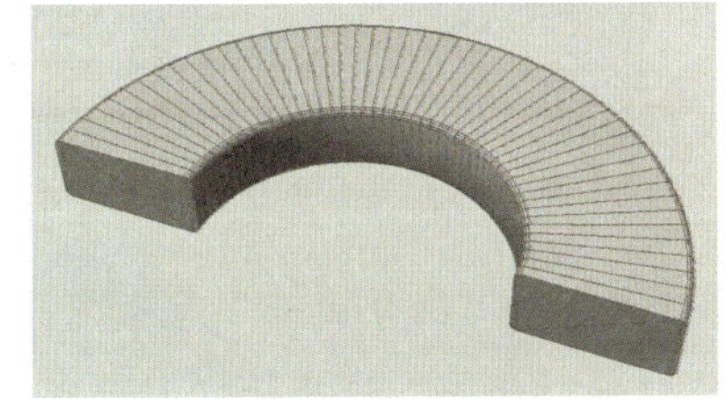

图 9-1-40　切片效果

六、搭建场景并导入屏风

首先将所有模型在视图窗口中显示，然后调整模型的位置，最后导入屏风。搭建场景并导入屏风的步骤如下：

步骤 1　在“对象”面板中单击对象名称右侧的第 1 个红色圆形按钮，使所有被隐藏的对象显示在视图窗口中。

步骤 2　选中“地面”，在“属性”面板“坐标”选项卡中的“P.Y”编辑框内输入“–10”；选中“窗帘”，在“P.X”“P.Y”“P.Z”编辑框中分别输入“70”“420”和“–800”；选中“展台”，在“属性”面板“坐标”选项卡中的“P.Y”编辑框内输入“40”；选中“白青色立牌”，在“属性”面板“坐标”选项卡中的“P.X”“P.Y”“P.Z”编辑框内分别输入“285”“85”和“–575”；选中“深青色立牌”，在“属性”面板“坐标”选项卡中的“P.X”“P.Y”“P.Z”编辑框中分别输入“285”“130”和“–620”。

步骤 3　选中“装饰台”，在“P.X”“P.Y”“P.Z”编辑框中分别输入“135”“10”“–320”，在“R.H”编辑框中输入“–110”；选中“细口瓶”，在“P.Y”“R.B”编辑框中分别输入“278”和“–25”；选中“广口瓶”，在“P.X”“P.Y”编辑框中分别输入“–55”和“188”。

步骤 4　选择“文件”→“合并项目 ...”菜单，在弹出的“打开文件”对话框中选择“素材与实例”→“项目九”→“屏风 .fbx”文件，然后单击“打开（O）”按钮，接着在弹出的“FBX 2020.1 导入设置”对话框中单击“确定”按钮，将屏风导入到场景中，结果如图 9-1-41 所示。

图 9-1-41　导入屏风

任务二　制作化妆品瓶和场景的材质

任务导入

图 9-1-1 中的模型有金色金属材质、塑料材质、普通材质、毛发材质共 4 种。其中，金色金属材质有两种，一种是化妆品瓶和白青色立牌上的金色金属材质，另一种是包括模型在内的其他模型上的金色金属材质。化妆品瓶的材质为白色塑料和金色金属，展台的材质为蓝绿色塑料，展台下方的塑料草坪为毛发材质，地面、装饰台、窗帘的材质为普通材质。

想一想:

（1）图 9-1-1 中屏风的材质具有什么特点？在 Cinema 4D 中如何制作该材质？

（2）展台下方的塑料草坪是怎样制作的？

一、制作天空对象的材质

制作化妆品瓶和场景的材质

创建一个天空对象并为其制作材质，然后将该材质赋予天空对象，从而营造出环境氛围。天空材质的制作步骤如下：

步骤 1 单击右侧工具栏中的“天空”图标，创建一个天空对象。

步骤 2 在“材质管理器”面板中单击“新的默认材质”按钮，创建一个材质球，然后将其名称设为“HDR”，接着将“HDR”材质赋予“天空”。

步骤 3 双击“HDR”材质球，打开“材质编辑器”对话框，然后取消勾选“颜色”“反射”复选框，勾选“发光”复选框。在“发光”面板中单击“纹理”选项右侧的列表框，然后在弹出的“打开文件”对话框中双击本书配套素材“素材与实例”→“项目九”→“Studio.hdr”文件。

步骤 4 在“对象”面板中单击两次“天空”名称右侧的第 1 个圆形按钮，将“天空”隐藏。

二、制作金色金属材质

在“材质编辑器”对话框中通过设置“反射”属性，可以制作出金色金属材质。本案例中的金色金属材质有两种，具体的制作步骤如下：

步骤 1 在“材质管理器”面板中单击“新的默认材质”按钮，创建一个材质球，然后双击该材质球的名称，将其名称设为“金色金属”。

步骤 2 确保“金色金属”材质处于选中状态，在“材质编辑器”对话框左侧取消勾选“颜色”复选框，然后选择“反射”选项，单击“反射”面板中的“添加...”按钮，在弹出的下拉列表中选择“GGX”选项，接着在“层菲涅耳”卷展栏中将菲涅耳类型设为“导体”、预置类型设为“金”，此时的“金色金属”材质球如图 9-2-1 所示。

步骤 3 将“材质管理器”面板中的“金色金属”材质拖动至“对象”面板中“屏风”和“展台”组中的“扫描”“圆柱体 .1”与“深青色立牌”组中“扫描”的名称上，最后单击顶部工具栏中的“渲染活动视图”图标，查看图像的渲染效果（图 9-2-2）。

图 9-2-1 “金色金属”材质球

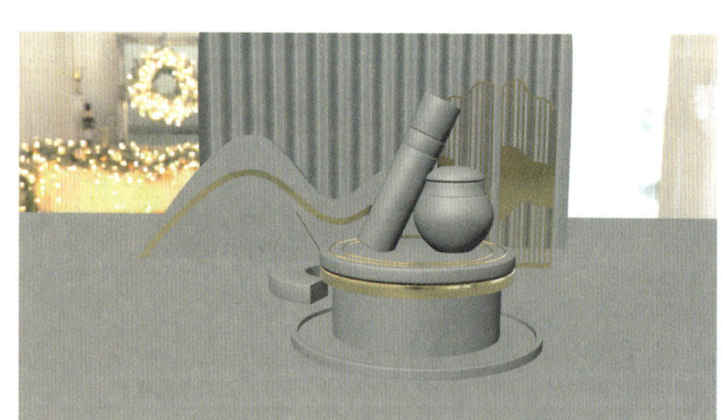

图 9-2-2 图像的渲染效果

步骤 4 在“材质管理器”面板中选中“金色金属”材质，依次按“Ctrl+C”和“Ctrl+V”组合键，将其复制一份。

步骤 5　确保“金色金属.1”材质处于选中状态，在“材质编辑器”对话框左侧选择“反射”选项，将粗糙度设为15%、反射强度设为65%，在“层颜色”卷展栏中单击“颜色”选项右侧的色块，在弹出的“颜色选择器”窗口中将R、G、B的值分别设为255、210、210，此时的“金色金属.1”材质球如图9-2-3所示。

图 9-2-3 “金色金属.1”材质球

步骤 6　将“金色金属.1”材质赋予“细口瓶”组中的“圆柱体.1”和“广口瓶”组中的“球体.1”与“白青色立牌”组中的“扫描”，然后单击顶部工具栏中的“渲染活动视图”图标，查看图像的渲染效果。

三、制作塑料材质

在“材质编辑器”对话框中通过设置“颜色”属性和“反射”属性，可以制作出塑料材质。本案例中的塑料材质有3种，具体的制作步骤如下：

步骤 1　在“材质管理器”面板中单击“新的默认材质”按钮，创建一个材质球，然后将其名称设为“白色塑料”。

步骤 2　确保“白色塑料”材质处于选中状态，在“材质编辑器”对话框左侧选择“颜色”选项，然后在打开的面板中单击“颜色”选项右侧的色块，在弹出的“颜色选择器”窗口中将R、G、B的值分别设为220、230、235，最后在该窗口外的任意位置单击，将其关闭。

步骤 3　选择“材质编辑器”对话框左侧的“反射”选项，然后单击“添加...”按钮，在弹出的下拉列表中选择“GGX”选项，添加一个GGX层，接着将粗糙度设为25%，最后在“层菲涅耳”卷展栏中将菲涅耳类型设为“绝缘体”、预置类型设为“聚酯”，此时的“白色塑料”材质球如图9-2-4所示。

图 9-2-4 “白色塑料”材质球

步骤 4　将“白色塑料”材质赋予“广口瓶”组中的“球体”“球体.2”和“细口瓶”组中的“圆柱体”“圆柱体.2”，然后单击顶部工具栏中的“渲染活动视图”图标，查看图像的渲染效果。

步骤 5　在“材质管理器”面板中选中“白色塑料”材质，依次按“Ctrl+C”和“Ctrl+V”组合键，将其复制一份，接着将复制得到的材质的名称设为“灰色塑料”。

步骤 6　确保“灰色塑料”材质处于选中状态，在“材质编辑器”对话框左侧选择“颜色”选项，然后在打开的面板中单击“颜色”选项右侧的色块，在弹出的“颜色选择器”窗口中将R、G、B的值均设为185，最后在该窗口外的任意位置单击，将其关闭。选择“材质编辑器”对话框左侧的“反射”选项，将粗糙度值设为30%，此时的“灰色塑料”材质球如图9-2-5所示。

图 9-2-5 “灰色塑料”材质球

步骤 7　将“灰色塑料”材质赋予“白青色立牌”组中的“挤压”，然后单击顶部工具栏中的“渲染活动视图”图标，查看图像的渲染效果。

步骤 8　在“材质管理器”面板中选中“灰色塑料”，依次按“Ctrl+C”和“Ctrl+V”组合键，将其复制一份，接着将复制得到的材质的名称设为“深青色塑料”。

步骤 9 确保“深青色塑料”材质处于选中状态，在“材质编辑器”对话框左侧选择“颜色”选项，然后在打开的面板中单击“颜色”选项右侧的色块，在弹出的“颜色选择器”窗口中将R、G、B的值分别设为30、70、70。选择“材质编辑器”对话框左侧的“反射”选项，然后将反射强度值设为50%，此时的“蓝绿色塑料”材质球如图9-2-6所示。

图 9-2-6 “深青色塑料”材质球

步骤 10 将“深青色塑料”材质赋予“展台”组中的“管道”“圆盘”“圆柱体”“圆柱体.2”，然后单击顶部工具栏中的“渲染活动视图”图标，查看图像的渲染效果。

四、制作普通材质

在“材质编辑器”对话框中通过设置“颜色”“反射”属性，可以制作“地面”“装饰台”“深青色立牌”“窗帘”的材质。具体的制作步骤如下：

步骤 1 在“材质管理器”面板中单击“新的默认材质”按钮，创建一个材质球，然后将其名称设为“普通”。

步骤 2 确保“普通”材质处于选中状态，在“材质编辑器”对话框左侧取消勾选“反射”复选框，然后选择“颜色”选项，在打开的面板中单击“颜色”选项右侧的色块，在弹出的“颜色选择器”窗口中将R、G、B的值分别设为40、95、100，此时的“普通”材质球如图9-2-7所示。

图 9-2-7 “普通”材质球

步骤 3 将“普通”材质赋予“地面”“装饰台”和“深青色立牌”组中的“布料曲面”，然后单击顶部工具栏中的“渲染活动视图”图标，查看图像的渲染效果。

步骤 4 在“材质管理器”面板中选中“普通”材质，依次按“Ctrl+C”和“Ctrl+V”组合键，将其复制一份。

步骤 5 确保“普通.1”材质处于选中状态，然后选择“材质编辑器”对话框左侧的“颜色”选项，在打开的面板中单击“颜色”选项右侧的色块，在弹出的“颜色选择器”窗口中将R、G、B的值分别设为15、30、30，此时的“普通.1”材质球如图9-2-8所示。

图 9-2-8 “普通.1”材质球

步骤 6 将“普通.1”材质赋予“窗帘”，然后单击顶部工具栏中的“渲染活动视图”图标，查看图像的渲染效果。

五、制作塑料草坪

首先为展台添加毛发，然后在“材质编辑器”对话框中通过设置“颜色”“粗细”“纠结”“集束”“弯曲”属性，制作出如图9-1-1所示的塑料草坪。塑料草坪的制作步骤如下：

步骤 1 选中“展台”组中的“圆盘”，然后选择“模拟”→“毛发对象”→“添加毛发”菜单，在“属性”面板的“毛发”选项卡中将毛发数量设为5 000、分段数设为4，在“引导线”选项卡中将发

根的分段数设为 4、长度设为 25 cm。单击顶部工具栏中的“渲染活动视图”图标，得到的渲染效果如图 9-2-9 所示。

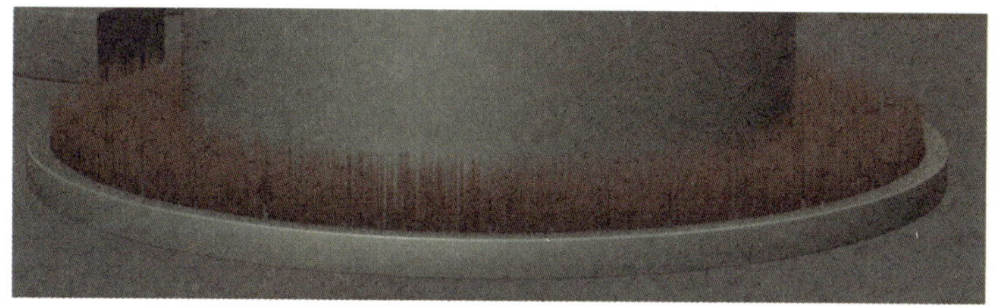

图 9-2-9　渲染效果 ①

步骤 2　在“材质管理器”面板中双击“毛发材质”材质球，打开“材质编辑器”对话框。选择该对话框左侧的“颜色”选项，然后双击渐变色条左侧的色标，打开“渐变色标设置”对话框，接着按图 9-2-10 设置色标的颜色，最后单击“确定”按钮。双击渐变色条右侧的色标，在“渐变色标设置”对话框中将 R、G、B 的值分别设为 110、190、185，最后单击“确定”按钮。

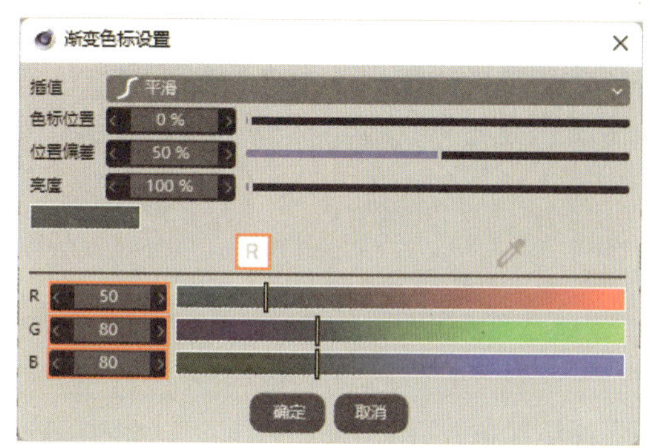

图 9-2-10　设置色标的颜色

步骤 3　选择“材质编辑器”对话框左侧的“粗细”选项，然后将发根的半径设为 1.5 cm、发梢的半径设为 0.5 cm。

步骤 4　勾选“材质编辑器”对话框左侧的“纠结”“集束”“弯曲”复选框，然后单击顶部工具栏中的“渲染活动视图”图标，得到的渲染效果如图 9-2-11 所示。

图 9-2-11　渲染效果 ②

任务三 创建摄像机、布置灯光并渲染

任务导入

制作好材质和塑料草坪后，还需要创建摄像机和布置灯光。通过创建摄像机，可以确定构图和焦点。为突出化妆品瓶，在创建摄像机时，应将焦点设置在化妆品瓶周围。由图 9-1-1 可知，场景中的物体存在阴影，因此在设置主光源时，应开启其投影功能。灯光可以照亮场景、突出场景中的主体。为突出化妆品瓶，可在设置主光源后，利用辅助光源对化妆品瓶进行补光。

想一想：

（1）怎样设置渲染参数，才能使渲染输出的图像更加逼真？

（2）设置好主光源后，如果场景中的阴影不明显，能否通过打开辅助光源的投影功能来增强场景中的阴影？

一、创建摄像机

可使用自由摄像机进行构图，具体的操作步骤如下：

扫一扫

创建摄像机、布置灯光并渲染

步骤 1 选中“对象”面板中除“天空”外的所有对象，然后按“Alt+G”组合键对其编组，并将组的名称设为“模型”。

步骤 2 激活透视视图，然后单击右侧工具栏中的“摄像机”图标，创建一个自由摄像机。

步骤 3 选中“摄像机”，在“属性”面板“对象”选项卡中将焦距设为 80 mm，然后在“对象”面板中单击“摄像机”右侧的图标，激活摄像机视图，最后参照图 9-3-1 调整摄像机的位置和角度。

摄像机视图

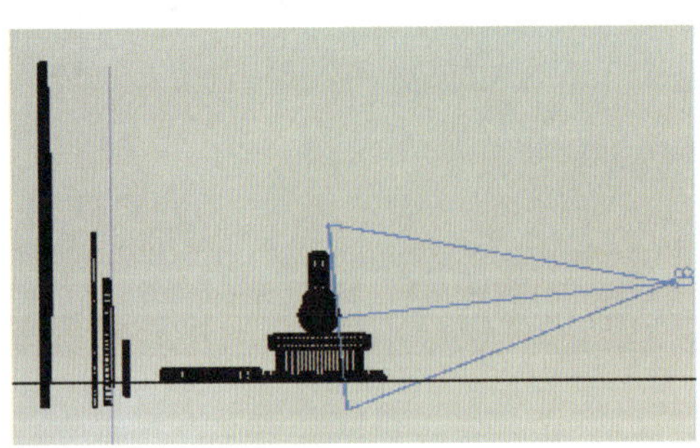

右视图

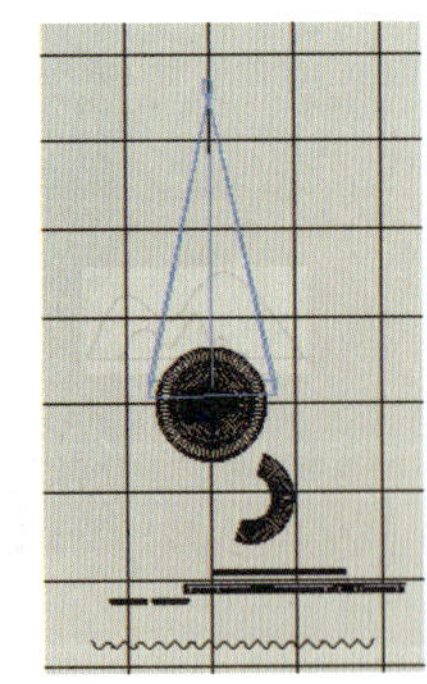

顶视图

图 9-3-1 调整摄像机的位置和角度

步骤 4 确保“摄像机”处于选中状态，然后在“属性”面板“对象”选项卡中单击“目标距离”编辑框右侧的按钮，在视图窗口中吸取任一化妆品瓶，将焦点设置在其周围。

二、布置灯光并渲染

布置灯光时，需要通过渲染场景来查看灯光的布置效果。因此在布置灯光前，需要先进行渲染设置。设置好渲染参数后，创建两个区域光，将其分别作为主光源和辅助光源。主光源用于照亮整个场景，辅助光源用于增强化妆品瓶所处位置的亮度。布置好灯光后，渲染场景并保存图像。具体的制作步骤如下：

步骤 1 单击顶部工具栏中的“编辑渲染设置 ...”图标，打开“渲染设置”对话框，采用默认的标准渲染器，然后选择“抗锯齿”选项，将抗锯齿类型设为“最佳”、最小级别设为 4×4。

步骤 2 单击“渲染设置”对话框左侧的“效果 ...”按钮，在弹出的下拉列表中选择“全局光照”选项，在打开的面板中将预设类型设为“内部 - 高”；选择该对话框左侧的“输出”选项，然后将图像的宽度、高度分别设为 1 000 像素、1 200 像素，将分辨率设为 300 像素/英寸；单击“渲染设置”对话框左侧的“效果 ...”按钮，在弹出的下拉列表中选择“环境吸收”选项，最后关闭该对话框。

步骤 3 在“对象”面板中单击“天空”名称右侧的第 1 个圆形按钮，将“天空”显示。

步骤 4 长按右侧工具栏中的“灯光”图标，在展开的列表中选择“区域光”选项，创建一个区域光，然后在“属性”面板“常规”选项卡中按图 9-3-2 设置相关参数，在“细节”选项卡中按图 9-3-3 设置相关参数，最后将顶视图设置为透视视图，并在该透视视图和其他视图中调整灯光的位置和光线的投射方向，结果如图 9-3-4 所示。

步骤 5 创建一个区域光，然后在“属性”面板“常规”选项卡中按图 9-3-5 设置相关参数，在“细节”选项卡中按图 9-3-6 设置相关参数，最后在第 2 个透视视图和其他视图中调整灯光的位置和光线的角度，结果如图 9-3-7 所示。

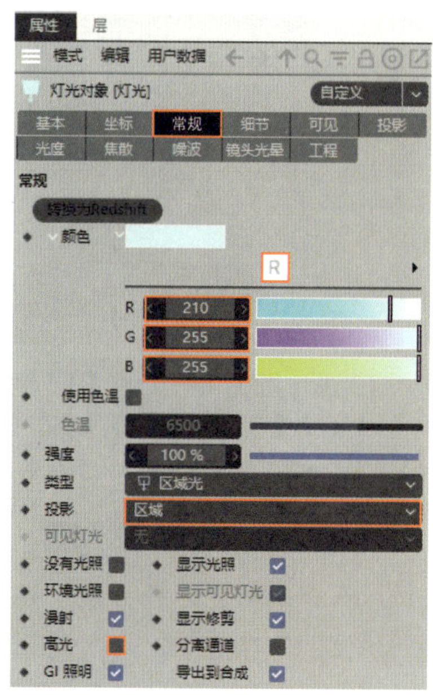

图 9-3-2 “常规”选项卡 ①

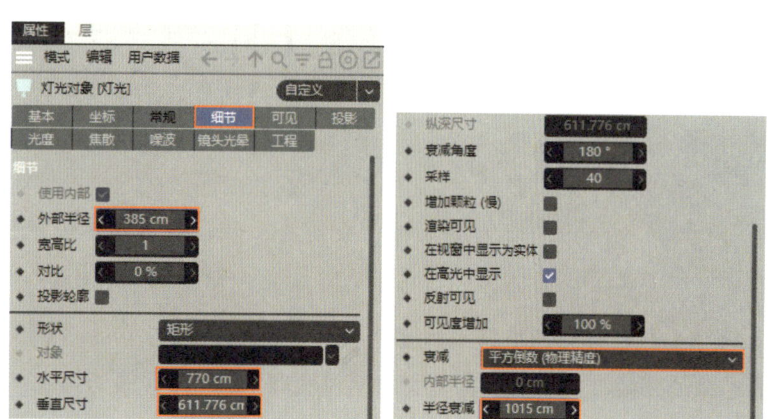

图 9-3-3 “细节”选项卡 ①

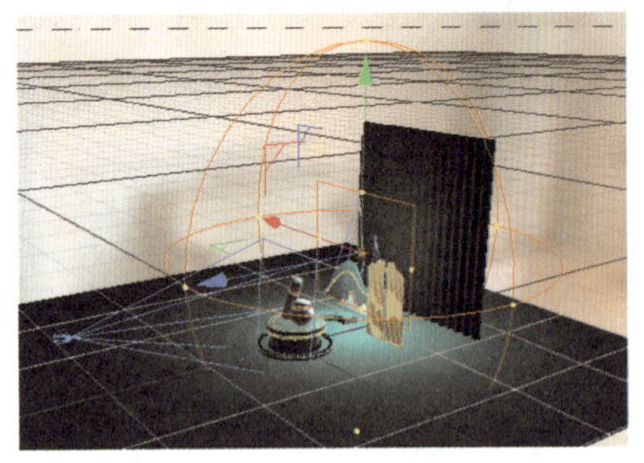
透视视图

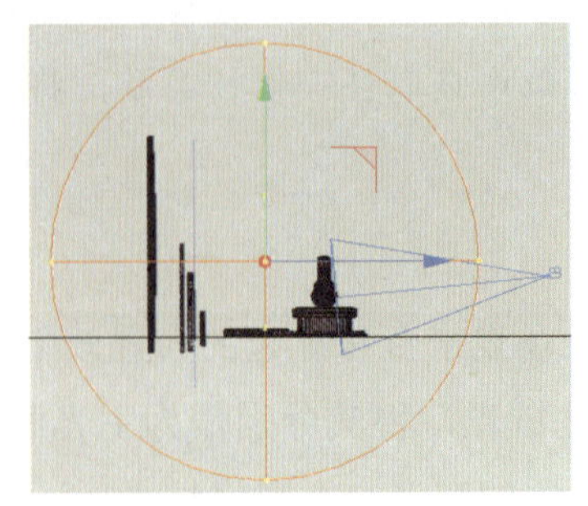
右视图

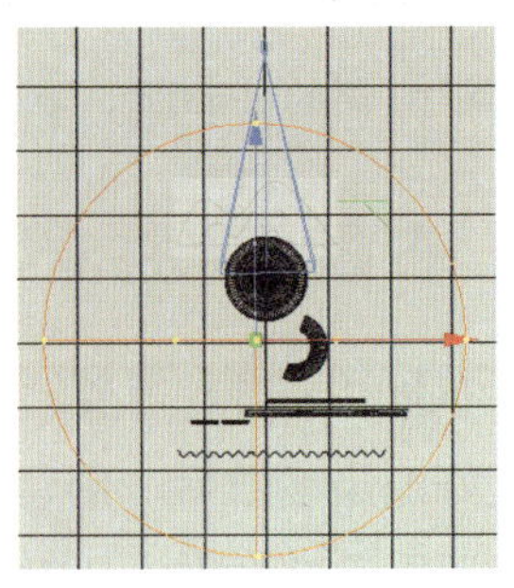
顶视图

图 9-3-4　区域光的位置和角度 ①

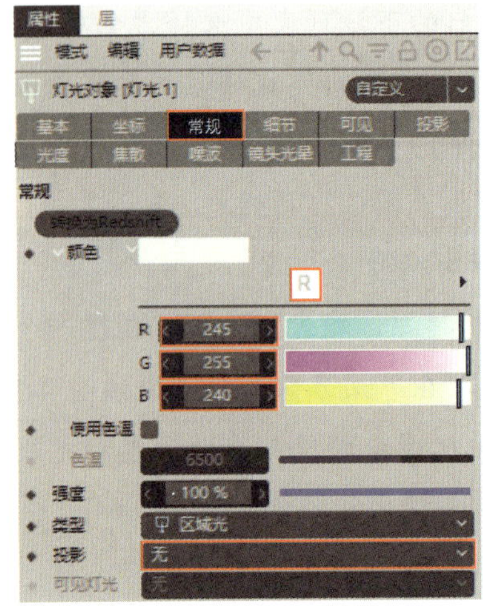

图 9-3-5 “常规”选项卡 ②

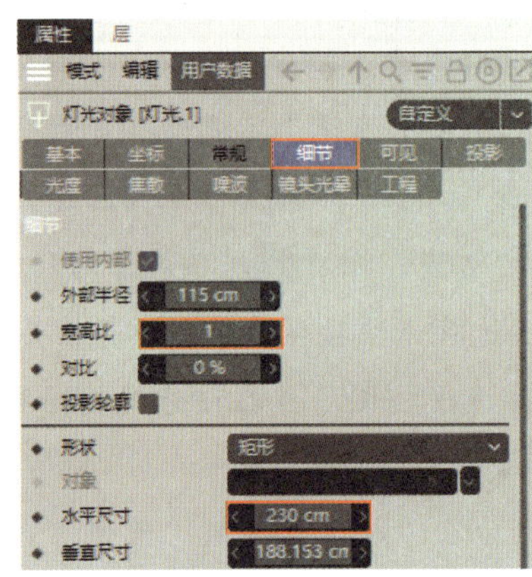

图 9-3-6 “细节”选项卡 ②

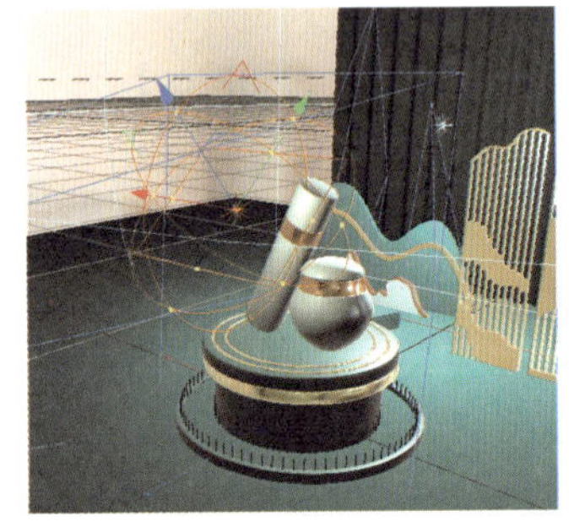
透视视图

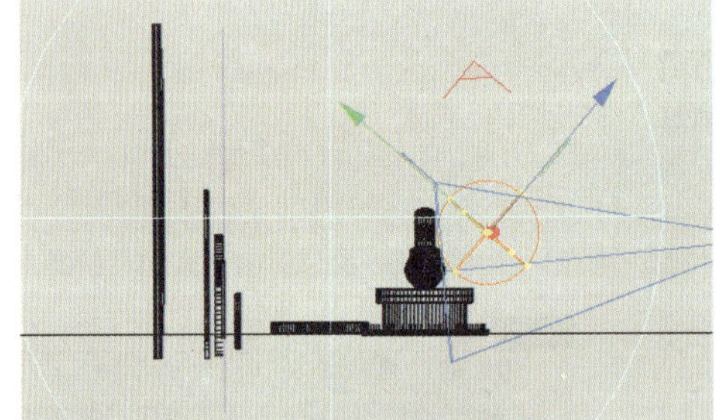
右视图

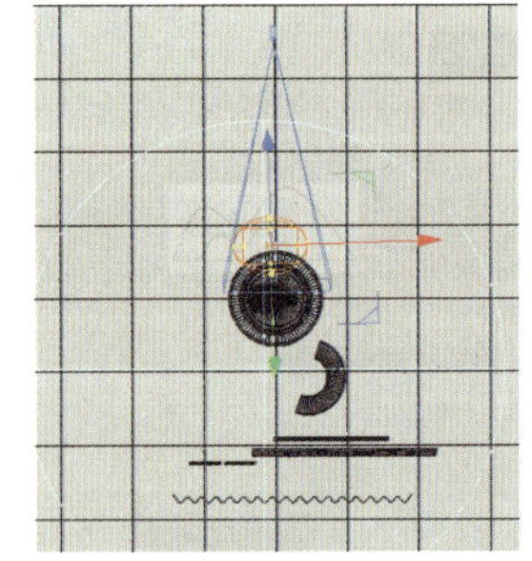
顶视图

图 9-3-7　区域光的角度和位置 ②

步骤 6　激活第 1 个透视视图，然后单击顶部工具栏中的“渲染到图像查看器”图标，打开“图像查看器”窗口并进行渲染。渲染完毕，单击“图像查看器”窗口中的“将图像另存为 ...”按钮，在弹出的“保存”对话框中将文件格式设为“png”，然后单击“确定”按钮，在弹出的“保存对话”对话框中选择文件的储存位置并输入文件名“化妆品海报”，最后单击“确定”按钮，保存图像。

参考文献

［1］曹茂鹏，肖念，张胤瑾．Cinema 4D R25 三维建模设计案例教程［M］．北京：人民邮电出版社，2024．

［2］来阳．Cinema 4D R25 三维建模实战教程［M］．北京：人民邮电出版社，2024．

［3］张优优．做 C4D Cinema 4D 电商视觉设计教程［M］．北京：电子工业出版社，2022．

［4］唯美世界，曹茂鹏．中文版 Cinema 4D R25 从入门到精通［M］．北京：中国水利水电出版社，2022．

［5］张凡．Cinema 4D R19 中文版基础与实例教程：［M］．北京：机械工业出版社，2022．

［6］张俊竹，谭蓉．Cinema 4D 三维设计与制作［M］．北京：人民邮电出版社，2024．